···●● 网络空间安全技术丛书 ●●···

国家出版基金项目
NATIONAL PUBLICATION FOUNDATION

CMP BOOKS
机工IT

U0162453

网络空间
安全体系

李明哲　黄亮　吕宁　著

CYBERSPACE SECURITY
TECHNOLOGY

CYBERSPACE SECURITY
ECOSYSTEMS

机械工业出版社
CHINA MACHINE PRESS

本书系统性地介绍了网络空间安全相关的丰富内容，跨越政策、技术和工程等多重视野。全书共 5 章，分别解读网络空间安全的基本概念、政策机制、攻防技术、运营实战和能力工程方面的必知必会内容。本书在各个话题下详解基础知识，辨析核心概念，摘述权威资料，为读者提供全面的难点释疑，是一本实用的参考手册。

本书面向国家网信工作者、企业安全运营者、安全工程实施者、安全专业进修者和安全知识爱好者等各类读者，助力不同读者突破视野壁垒建立全面的网络安全知识体系。本书可作为网络空间安全从业者的备查参考书和爱好者的快速学习指南，尤其可用作各类专业认证考试的辅助读物。

图书在版编目（CIP）数据

网络空间安全体系/李明哲，黄亮，吕宁著 . —北京：机械工业出版社，2023.5

（网络空间安全技术丛书）

ISBN 978-7-111-72829-0

Ⅰ．①网… Ⅱ．①李… ②黄… ③吕… Ⅲ．①计算机网络–网络安全–研究 Ⅳ．①TP393. 08

中国国家版本馆 CIP 数据核字（2023）第 062325 号

机械工业出版社（北京市百万庄大街 22 号　邮政编码 100037）
策划编辑：秦　菲　　　　　　责任编辑：秦　菲　赵小花　陈崇昱
责任校对：张昕妍　王明欣　　责任印制：郜　敏
三河市宏达印刷有限公司印刷
2023 年 5 月第 1 版第 1 次印刷
184mm×260mm · 22 印张 · 546 千字
标准书号：ISBN 978-7-111-72829-0
定价：139. 00 元

电话服务　　　　　　　　　网络服务
客服电话：010-88361066　机 工 官 网：www.cmpbook.com
　　　　　010-88379833　机 工 官 博：weibo.com/cmp1952
　　　　　010-68326294　金 书 网：www.golden-book.com
封底无防伪标均为盗版　机工教育服务网：www.cmpedu.com

出版说明

随着信息技术的快速发展，网络空间逐渐成为人类生活中一个不可或缺的新场域，并深入到了社会生活的方方面面，由此带来的网络空间安全问题也越来越受到重视。网络空间安全不仅关系到个体信息和资产安全，更关系到国家安全和社会稳定。一旦网络系统出现安全问题，那么将会造成难以估量的损失。从辩证角度来看，安全和发展是一体之两翼、驱动之双轮，安全是发展的前提，发展是安全的保障，安全和发展要同步推进，没有网络空间安全就没有国家安全。

为了维护我国网络空间的主权和利益，加快网络空间安全生态建设，促进网络空间安全技术发展，机械工业出版社邀请中国科学院、中国工程院、中国网络空间研究院、浙江大学、上海交通大学、华为及腾讯等全国网络空间安全领域具有雄厚技术力量的科研院所、高等院校、企事业单位的相关专家，成立了阵容强大的专家委员会，共同策划了这套"网络空间安全技术丛书"（以下简称"丛书"）。

本套丛书力求做到规划清晰、定位准确、内容精良、技术驱动，全面覆盖网络空间安全体系涉及的关键技术，包括网络空间安全、网络安全、系统安全、应用安全、业务安全和密码学等，以技术应用讲解为主，理论知识讲解为辅，做到"理实"结合。

与此同时，我们将持续关注网络空间安全前沿技术和最新成果，不断更新和拓展丛书选题，力争使该丛书能够及时反映网络空间安全领域的新方向、新发展、新技术和新应用，以提升我国网络空间的防护能力，助力我国实现网络强国的总体目标。

由于网络空间安全技术日新月异，而且涉及的领域非常广泛，本套丛书在选题遴选及优化和书稿创作及编审过程中难免存在疏漏和不足，诚恳希望各位读者提出宝贵意见，以利于丛书的不断精进。

机械工业出版社

《网络空间安全体系》是一本非常有特色的网络安全书籍。作者在网络安全领域工作、积累多年，对网络安全技术体系、法规体系、历史沿革有很深的积累。本书从基本概念、政策法规、工作体系、技术知识、安全运营、能力工程等方面对网络空间安全体系进行了全面的梳理，融入了作者多年来对相关领域的认识和理解。本书对于想全面、深刻理解网络安全领域的管理者、研究人员、运营人员以及学生具有很高的参考价值。

——严寒冰　国家互联网应急中心（CNCERT）运行部主任、教授级高级工程师

本书是网络空间安全体系领域非常全面且不可多得的一本著作。全书结构合理，清晰地阐述了网络空间安全体系，从法律、政策、历史等领域通识到网络安全技术、网络安全运营和网络安全工程层面的专业知识。对网络安全相关工作人员及研究人员很有参考价值，实用性强。

——刘志乐　杭州安恒信息技术股份有限公司高级副总裁、全国信息安全标准化技术委员会委员

本书从国内外视角全面分析和阐述网络空间安全体系，概念描述准确，观点表达客观，技术概览丰富，政策跟进及时，立体地描述了网络安全的方方面面。本书不仅有丰富的安全理念的介绍，还有大量安全技术实践和安全运营实操的体系构建方法。在数字化、智能化的新形势下，能够对甲方企业的网络安全建设注入一些新的理念和思路，非常值得一读！

——冯侦探　蔚来汽车数据安全与合规总监

前　言

当前，计算机网络已经成为国家政治、经济、文化乃至军事等几乎所有社会系统存在与发展的重要基础。网络空间是继陆地、海洋、天空、太空之后的第五空间，是国家主权延伸的新疆域。回顾过去的几十年，网络空间安全问题日益凸显，网络威胁层出不穷，网络空间安全已上升到了国家安全的高度。

对于一个国家而言，网络空间的安全态势处于持续变迁中，战略政策是宏观治理的指南针，重大事件是趋势改变的催化剂，而技术研发则提供了结构重塑的动力源。一方面，一个国家的网络空间安全是一个庞杂的体系，可分解为组织管理、法律法规、标准技术、科研教育、工程建设等诸多因素，各种因素互相影响、互相制约，形成一个系统工程。另一方面，公民和企业是国家的细胞和组织，国家网络空间安全的建设，与公民网络安全意识、安全习惯的培养及企业的安全能力建设浑然一体，上下牵制。因此，我国在强化网络空间安全的道路上，既需要从全局角度考虑各类分解因素，也需要在微观、中观和宏观不同层面上相互配合，使其服务于国家与社会网络空间的总体战略。

本书用相当多的篇幅介绍美国等西方国家在网络安全领域的体系机制、前沿技术和项目实践。实际上，本书发源于作者对国外网络安全体系建设的浓厚兴趣和长期追踪。同时，作者身处我国网络空间安全治理的实践阵地，结合我国国情对网络安全的技术采用、工程架构和运营实践等问题进行了一些思考，最终形成对本书的构想。考虑到国内读者未必满足于单纯一窥国外状况，必须结合本国实情对国外经验教训加以吸收消化，落地于本国网络安全工作实践，作者对主题内容进行了扩展，在全书的各个章节都加入了我国状况。网络安全学科跨度深广，从业者究竟应该如何"上下而求索"？虽说学海无涯，但仅靠"苦作舟"是不够的，单纯的战术性勤奋难免陷入"以有涯求无涯"的窘境。本书作者作为本领域的学习者，对此总结出了一些心得体会，即以提纲挈领为重点，先立筋骨而后实以血肉，从而详略自取，收放随心。这一学习方法有助于将零碎的知识和千差万别的表述融合为统一的知识框架和一致性的言语解释。

与网络安全领域其他综述性著作相比，本书有如下特点：

第一，本书将网络安全体系视作系统工程，立足于多个层面和辐角，内容跨度较大。本书将国家与企业、宏观与微观等不同层面的视野进行对接，将技术和工程维度、管理和运营维度、法律和历史维度的内容加以整合，既包括政策详解，又包括技术总结。本书志在成为"指南手册"式的资料，可支撑政策研究者掌握技术内涵，帮助技术研究者了解政策脉络，助力各类读者获得全面、细致的理论知识体系。

第二，本书考虑了不同层次读者的知识储备。本书一方面引述权威资料，压缩知识密度，确保对于技术人员而言的专业性价值；另一方面，针对各类读者可能存在的知识空缺，本书尽可能加以填补，搭建快速领略新领域核心概念的桥梁。作者认为，一本书适合初学者消化吸收的关键，在于"显"而不在于"浅"。只要编写者有心提供必要的辅助信息，将内容处理成易消化的形态，对于读者会大有裨益，甚至有望在短期内掌握一些深度知识。遇到抽象难懂的概念也不会回避，尝试多种方式予以辨明。

第三，本书尝试对泛滥的名词正本清源。网络安全行业现存大量含混不清的概念，同时又养成了高速发明新词的风气，其中许多新词还是面向营销目的的无谓发明，给广大从业者造成了困扰。这类滥用新词的现象曾被19世纪的英国作家狄更斯称作"词语的暴行"。对于层出不穷的新词，我们虽无须认同接纳，但又有必要理解吸收。作者主张先洞穿其实质，然后将其融入自己的认知体系和词汇框架之中。本书将力图对一些令人迷惑的概念刨根问底，强调对国家标准（尤其是 GB/T 25069）和国际标准的遵循，注重中英文术语的对照，方便读者在查阅国内外各类文献时能够建立知识关联，最终建立一套自洽的专业词汇体系。

第四，关于信息来源，本书注重对权威文件的引用，大量介绍国家标准、国际标准以及知名开源项目的内容，许多段落可看作对重要标准化文件"划重点"。此外，本书也包含作者的一些独立论断，源于作者在安全大数据和安全系统工程相关岗位长期的实践和思考，本书特别突出了相关内容，并提出了一些鲜明的观点，谨待争鸣。

由于作者才疏学浅，面对网络安全体系这一宏大的题目进行论述时，难免有管窥蠡测之嫌。虽殚精竭虑，也难免会出现大小谬误，希望读者不吝赐教。

目　录

出版说明
专家推荐
前　言

● **第 1 章　大道可名：网络安全基本概念　/　1**

● 1.1　网络安全概念内涵　/　1

1.1.1　网络空间　/　1

1.1.2　网络空间与安全　/　3

● 1.2　网络安全概念外延　/　5

1.2.1　网络安全与物理安全　/　5

1.2.2　网络安全与国家安全　/　5

1.2.3　网络安全与企业经营　/　5

1.2.4　网络安全与信息化　/　7

1.2.5　网络安全与数字化　/　8

1.2.6　网络安全与新兴技术　/　9

● 1.3　网络安全多样视角　/　9

1.3.1　四方视角　/　9

1.3.2　黑帽、白帽和其他帽　/　10

1.3.3　红队、蓝队和紫队　/　11

1.3.4　定向攻击与机会攻击　/　12

● 1.4　网络安全基本要素　/　12

1.4.1　ICT 基础概念　/　13

1.4.2　资产与威胁　/　19

1.4.3　攻击与窃取　/　20

1.4.4　事态与事件　/　20

1.4.5　漏洞与攻击载体　/　21

1.4.6　风险与暴露　/　22

1.4.7　保障与确保　/　23

1.4.8 验证与确认 / 24

1.4.9 可视性与态势 / 25

1.4.10 情报与标示 / 26

1.4.11 信任与可信性 / 27

1.4.12 网络韧性 / 28

1.4.13 网络威慑 / 28

1.5 网络安全解构思维 / 29

1.5.1 成本思维 / 30

1.5.2 人性思维 / 30

1.5.3 体系思维 / 31

第 2 章 安邦护市：网络安全政策机制 / 33

2.1 我国网络安全治理历程的萌芽期 / 33

2.1.1 安全问题的发端 / 33

2.1.2 20 世纪 90 年代政策与举措 / 35

2.1.3 安全行业的雏形 / 38

2.2 我国网络安全治理历程的发育期 / 40

2.2.1 世纪之交面临的突出威胁及其应对 / 40

2.2.2 2000—2005 年政策与举措 / 43

2.2.3 2006—2010 年政策与举措 / 47

2.2.4 2010—2013 年政策与举措 / 52

2.2.5 本时期成立的安全专业机构 / 55

2.3 我国网络安全治理的加速期 / 57

2.3.1 2014—2015 年政策与举措 / 57

2.3.2 2016—2017 年政策与举措 / 62

2.3.3 2018—2019 年政策与举措 / 68

2.3.4 2020—2021 年政策与举措 / 73

2.3.5 2022 年政策与举措 / 78

2.3.6 本时期成立的安全专业机构 / 80

2.4 外国网络安全治理机构 / 81

2.5 网络安全标准化 / 85

2.5.1 国家标准委 / 86

2.5.2 国际标准体系 / 87

2.5.3 我国标准体系 / 87

2.5.4 开放标准 / 89

2.5.5 外国标准化机构 / 90

2.6 网络安全漏洞治理 / 91

2.6.1 漏洞探测 / 92

2.6.2　漏洞征集　/　92

2.6.3　漏洞处理　/　93

2.6.4　漏洞发布　/　94

2.6.5　漏洞管制　/　95

2.7　网络安全威胁对抗　/　95

2.7.1　关键信息基础设施保护　/　95

2.7.2　网络安全风险评估　/　97

2.7.3　网络安全审查　/　99

2.7.4　网络安全监测预警　/　100

2.7.5　"两卡一号"治理　/　103

2.7.6　网络安全信息共享　/　104

2.7.7　网络事件报告　/　106

2.8　网络安全测评认证　/　106

2.8.1　评估与认证　/　107

2.8.2　认证与认可　/　108

2.8.3　测评认证机构　/　109

2.8.4　等级测评　/　111

2.8.5　商用密码检测认证　/　112

2.8.6　商用密码应用安全性评估　/　113

2.8.7　关键信息基础设施安全检测评估　/　113

2.8.8　网络关键设备和网络安全专用产品　/　114

2.8.9　数据安全认证　/　115

2.8.10　CC 认证　/　116

2.9　网络安全事件应急　/　117

2.9.1　政策文件　/　117

2.9.2　工作机构　/　119

2.9.3　CERT 组织　/　120

2.9.4　事件分级　/　123

2.9.5　响应级别　/　124

第3章　利兵坚甲：网络安全攻防技术　/　125

3.1　信息收集技术　/　125

3.1.1　网络采集　/　125

3.1.2　端点遥测　/　126

3.1.3　网空测绘　/　127

3.1.4　插桩采集　/　127

3.1.5　挂钩采集　/　127

3.1.6　样本采集　/　128

3.1.7　入侵侦察　/　129

3.1.8　情报作业　/　129

3.2　渗透攻击技术　/　131

3.2.1　社交工程　/　131

3.2.2　缓冲区溢出　/　132

3.2.3　Web 漏洞利用　/　132

3.2.4　逻辑漏洞利用　/　132

3.2.5　恶意软件分类　/　133

3.2.6　恶意软件的进化　/　134

3.2.7　灰色软件　/　137

3.2.8　僵尸网络　/　138

3.2.9　TTP　/　138

3.2.10　ATT&CK　/　139

3.2.11　网络杀伤链　/　139

3.2.12　无文件攻击　/　142

3.2.13　隐秘信道　/　143

3.2.14　信标　/　143

3.2.15　密码分析　/　144

3.2.16　渗透测试　/　144

3.2.17　自动化渗透　/　145

3.3　威胁检测技术　/　146

3.3.1　误用检测与异常检测　/　146

3.3.2　反病毒（AV）　/　146

3.3.3　HIDS 与 NIDS　/　148

3.3.4　白名单检测　/　149

3.3.5　IoC　/　149

3.3.6　TTP 检测与 IoB　/　150

3.3.7　威胁检测与 AI　/　151

3.3.8　用户与实体行为分析（UEBA）　/　152

3.3.9　检测成熟度等级（DML）　/　152

3.3.10　威胁检测技术的困境　/　153

3.4　防护阻断技术　/　153

3.4.1　防火墙　/　153

3.4.2　入侵预防系统（IPS）　/　154

3.4.3　保护环　/　155

3.4.4　沙箱隔离　/　156

3.4.5　控制流劫持防护　/　156

3.4.6　运行时应用自保护（RASP）　/　157

3.4.7 微隔离（MSG） / 157

3.4.8 DDoS 对抗 / 158

3.4.9 端口敲门（PK）与单包授权（SPA） / 158

3.4.10 虚拟专用网（VPN） / 159

3.5 数据保护技术 / 159

3.5.1 密码编码学 / 160

3.5.2 密钥共享 / 162

3.5.3 量子密钥分发（QKD） / 162

3.5.4 后量子密码学（PQC） / 163

3.5.5 区块链技术 / 163

3.5.6 可信计算（TC） / 164

3.5.7 隐私计算（PEC） / 165

3.5.8 可信执行环境（TEE） / 166

3.5.9 数据脱敏 / 167

3.6 认证授权技术 / 167

3.6.1 多因素认证（MFA） / 168

3.6.2 Cookie 与签名令牌 / 169

3.6.3 单点登录（SSO） / 170

3.6.4 主张式身份（CBI） / 171

3.6.5 联邦化身份管理（FIdM） / 172

3.6.6 自治式身份（SSI） / 172

3.6.7 访问控制范型 / 173

3.6.8 访问控制模型 / 175

第 4 章 烽火暗流：网络安全运营实战 / 180

4.1 工作框架 / 180

4.1.1 过程式方法 / 180

4.1.2 PDCA 循环 / 181

4.1.3 IT 管理与 IT 治理 / 182

4.1.4 IT 控制 / 183

4.1.5 IT 审计 / 183

4.1.6 COBIT 框架 / 184

4.1.7 信息安全治理 / 184

4.1.8 信息安全管理体系（ISMS） / 185

4.1.9 PDR 与 P2DR 模型 / 185

4.1.10 NIST 网络安全框架（CSF） / 186

4.1.11 网络安全滑动标尺（SSCS） / 187

4.1.12 数据管理与治理 / 188

4.1.13　数据安全治理（DSG）　/　189

4.1.14　安全测度　/　190

4.2　资产识别　/　192

4.2.1　IT 资产管理（ITAM）　/　192

4.2.2　配置管理（CM）　/　193

4.2.3　影子 IT　/　194

4.2.4　软件标识（SWID）　/　195

4.2.5　通用平台枚举（CPE）　/　195

4.2.6　软件物料清单（SBOM）　/　196

4.3　风险管理　/　197

4.3.1　风险管理活动　/　197

4.3.2　风险偏好　/　198

4.3.3　风险评估　/　198

4.3.4　风险处置　/　199

4.3.5　安全控制　/　199

4.3.6　安全基线　/　203

4.3.7　漏洞评估（VA）　/　204

4.3.8　基于风险的漏洞管理（RBVM）　/　204

4.3.9　进攻性安全　/　205

4.4　检测响应　/　205

4.4.1　事件管理　/　205

4.4.2　网络应急响应小组（CIRT）　/　206

4.4.3　安全运营中心（SOC）　/　206

4.4.4　托管式安全服务（MSS）　/　206

4.4.5　安全审计　/　207

4.4.6　网络安全监测（NSM）　/　207

4.4.7　检测工程　/　208

4.4.8　安全告警　/　208

4.5　深度对抗　/　209

4.5.1　主动防御　/　209

4.5.2　威胁狩猎　/　210

4.5.3　图谱化安全分析　/　211

4.5.4　拓线分析　/　212

4.5.5　关联挖掘　/　213

4.5.6　追踪溯源　/　214

4.5.7　自适应安全架构（ASA）　/　215

4.5.8　CARTA 与零信任　/　216

4.5.9　网络诱骗　/　216

4.5.10 网络卧底 / 217

4.5.11 OODA 循环 / 218

4.5.12 网络机动战 / 218

4.5.13 MITRE 交手矩阵 / 219

第 5 章 深壑高垒：网络安全能力工程 / 221

5.1 安全工程概述 / 221

5.1.1 系统工程 / 221

5.1.2 安全工程 / 222

5.1.3 系统架构 / 223

5.1.4 安全能力 / 226

5.1.5 安全服务 / 228

5.1.6 安全机制 / 228

5.1.7 安全策略 / 229

5.1.8 DevOps 与 DevSecOps / 229

5.2 安全工程原则 / 230

5.2.1 关口前移 / 230

5.2.2 纵深防御 / 231

5.2.3 最简机制 / 231

5.2.4 公开设计 / 231

5.2.5 心理接纳 / 232

5.2.6 最低特权 / 232

5.2.7 特权分离 / 233

5.2.8 机制与策略分离 / 233

5.2.9 安全左移 / 233

5.2.10 预设安全 / 234

5.2.11 防御性设计 / 234

5.2.12 失效安全 / 234

5.2.13 内生安全 / 235

5.2.14 内禀安全 / 235

5.3 安全架构模式 / 236

5.3.1 GoF 设计模式 / 237

5.3.2 约德 - 巴卡洛安全模式 / 238

5.3.3 SEI 安全设计模式 / 239

5.3.4 Azure 设计模式 / 240

5.3.5 PLoP 安全模式 / 242

5.3.6 网络韧性工程框架（CREF） / 245

5.3.7 动态目标防御（MTD） / 247

5.3.8　拟态防御（CMD）　/　247

5.3.9　安全平行切面　/　248

5.3.10　组装式架构　/　248

5.3.11　网络安全网格架构（CSMA）　/　249

5.3.12　安全架构的反模式　/　250

5.4　安全组件协同　/　251

5.4.1　MITRE"可测度安全"计划　/　252

5.4.2　安全内容自动化协议（SCAP）　/　252

5.4.3　IACD 框架　/　253

5.4.4　OCA　/　254

5.4.5　安全通报规范化　/　255

5.5　安全产品类别　/　256

5.5.1　SM 与 DM　/　257

5.5.2　UTM　/　257

5.5.3　NGFW　/　257

5.5.4　WAF　/　258

5.5.5　DLP　/　258

5.5.6　ASM　/　259

5.5.7　AST　/　259

5.5.8　BAS　/　260

5.5.9　SIEM　/　260

5.5.10　EPP 与 EDR　/　261

5.5.11　NTA 与 NDR　/　261

5.5.12　XDR　/　262

5.5.13　CWPP　/　262

5.5.14　CNAPP　/　263

5.5.15　CIEM　/　263

5.5.16　CASB　/　263

5.5.17　SWG　/　264

5.5.18　ZTNA　/　264

5.5.19　SASE 与 ZTE　/　265

5.5.20　SSE　/　265

5.5.21　SOAR　/　266

附录　/　267

附录 A　网络安全文献常见缩略语　/　267

A～B　/　267

C～D　/　271

E~F / 285

G~H / 290

I~J / 292

K~L / 298

M~N / 300

O~P / 306

Q~R / 311

S~T / 314

U~V / 323

W~Z / 326

0~9 / 328

● **参考文献** / 329

第1章 大道可名：网络安全基本概念

本章对网络安全涉及的基本概念、基本要素、基本视角和基本思维加以概述，是理解后续内容的基础。本章还将简要讲解学习网络安全所需的基本信息与通信技术（ICT）知识，旨在帮助非计算机专业读者消除学习障碍。

1.1 网络安全概念内涵

网络空间安全（cyberspace security）是网络空间作为信息环境中一个整体域的安全性。为澄清网络空间安全的概念，需要先解释何谓网络空间以及何谓安全。

1.1.1 网络空间

20 世纪 60 年代，苏联政府考虑建立一个基于控制论原理的互联计算机体系，用于增强计划经济资源调度的效果。1962 年，苏联开启了全国性的互联网络工程——全国自动化会计与系统处理系统（OGAS）计划。OGAS 的首席设计师维克托·格卢什科夫提出了一种三级网络架构：一个位于莫斯科的网络中心、约 200 个位于其他大城市的中级中心以及约 20000 个位于经济重要部门的终端。这些计算机利用已有的电话设施进行实时通信，同时各终端间也可互相通信。格卢什科夫进一步提出利用 OGAS 实现电子支付，废除纸币，这在当时属于非常先进的思想。然而在 20 世纪 70 年代，OGAS 计划未能得到充分支持，最终走向了失败，苏联由此失去了引领互联网发展的机会。

1971 年，智利政府在阿连德总统任期内启动了赛博协同控制（Synco）工程。这是一个联网化的决策支持系统，意在辅助国家级经济管理活动。Synco 由控制室、经济模拟器、工厂情况感知软件和全国电报机网络四部分组成。Synco 的首席架构师是英国运筹学家斯塔福德·比尔。比尔支持阿连德的社会主义理想，支持工人自治权。Synco 体现了他的组织控制论理念，主要目标之一就是将工业企业的决策权下放到工人中，最终发展出工厂的自我监管。1973 年的军事政变爆发后，阿连德殉职，Synco 也随之走向坟墓，其控制室遭到摧毁。

伴随着其他国家的相继失败，由美国发起的因特网体系已难觅对手，最终取得了全球垄断地位。1958 年，因苏联人造卫星而颇感焦虑的美国政府在国防部下设先进研究计划署（ARPA）。信息处理技术办公室（IPTO）是 ARPA 的核心部门，关注计算机图形、网络通信、超级计算机等研究课题。1969 年 11 月，在激烈的冷战氛围中，ARPA 启动阿帕网（ARPAnet）的研制，旨在支撑军事指挥控制需求。20 世纪 70 年代，阿帕网项目的研究人员逐渐发展出基于 TCP/IP 网络协议族的因特网（Internet）技术。开放的因特网技术使得零散的网络可以轻松互联，迅速成为阿帕网的基本构建方法。1983 年，阿帕网一分为二，用于民用科研目的的部分仍叫阿帕网，用于军方通信的军事网（MILNET）被分离出去，这标志着因特网转型为军民两用技术。1986 年，美国国家科学基金会（NSF）基于因特网技术建立起了 NSFnet 广域网。此后，在 NSF 资助下，美国各大组织纷纷建立自己的局域网，并接入 NSFnet，从而使 NSFnet 网络快速膨胀。1990 年 6 月，NSFnet 彻底取代了阿帕网，成为一个庞大因特网的主干。1995 年，NSFnet 停止运作，但因特网仍在高速扩张。它不断地跨越国界，开荒兼并，最终发展成全球一家独大的计算机网络，它的名字也被用作代表国际互联网的专有名词（the Internet）。

需要注意的是，因特网并非唯一的计算机网络，计算机网络也并不等同于网络空间，而只是网络空间的一层基础设施。网络空间亦称赛博空间。赛博（cyber）一词出自美国数学家诺伯特·维纳 1948 年所造的新词 cybernetics（控制论）。1962 年，美国学者唐纳德·迈克尔再造新词 cybernation 代表计算机化自动控制，于是 cyber 就成了与计算机有关的词汇的前缀，例如相关科幻流派被称作赛博朋克（cyberpunk）。1982 年，加拿大籍科幻作家威廉·吉布森发表短篇小说《燃烧的铬》（*Burning Chrome*），首次使用了"赛博空间"（cyberspace）一词，指代人体接入互联计算机后所进入的幻化时空。1984 年，威廉·吉布森发表了长篇科幻名著《神经漫游者》（*Neuromancer*），让赛博空间这一设定为大众熟知。吉布森对赛博空间的解释是"把日常生活排斥在外的一种极端的延伸状况"。他说，"你可以从理论上完全把自己包裹在媒体中，可以不必再去关心周围实际上在发生着什么"。从这里可以看出，赛博空间的含义包含着对现实物理空间的出离意味，是一个有着完整体系的虚拟世界。然而赛博空间又是从物理空间派生而来的，无法全然摆脱物理空间的支撑，就像火焰无法脱离燃料而独存。

在科幻文学语境之外，究竟何谓网络空间？各种观点从不同的角度给出了多种定义。2006 年，美军参谋长联席会议出台的《网络空间国家军事战略》给出的定义是：网络空间是一个作战域，其特征是通过互联的互联网上的信息系统和相关的基础设施，应用电子技术和电磁频谱产生、存储、修改、交换和利用数据。这个定义充满了军事对抗色彩，局限性明显。2008 年 1 月，美国政府的一份行政令（NSPD-54/HSPD-23）将网络空间定义为：网络空间是信息技术基础设施的相互依赖的网络，包括互联网、电信网络、计算机系统和关键工业的嵌入式处理器及控制器。这个定义被广泛引用，但它单纯强调了网络空间的基础设施层面，忽视了信息、资源和社会层面，显得片面。2014 年，俄罗斯联邦的《网络安全战略构想》给出了一个定义：信息空间是指与形成、创建、转换、传递、使用、保存信息活动相关的，能够对个人和社会认知、信息基础设施和信息本身产生影响的领域；网络空间是指信息空间中基于互联网和其他电子通信网络沟通渠道、保障其运行的技术基础设施，以及直接使用此渠道和设施的任何形式的人类活动（个人、组织、国家）的领域。俄罗斯版的网络空间定义强调了通信设施层面和社会层面，而"信息空间"的定义则更接近人们通常所理解的网络空间的全部内涵。

在 2016 年张焕国等人发表的《网络空间安全综述》一文中，网络空间被定义为所有信息系统的集合，是人类生存的信息环境，人在其中与信息相互作用、相互影响。在 2018 年方滨兴院士发表的《定义网络空间安全》一文中，网络空间被定义为"构建在信息通信技术基础设施之上的人造空间，用以支撑人们在该空间中开展各类与信息通信技术相关的活动。其中，信息通信技术基础设施包括互联网、各种通信系统与电信网、各种传播系统与广电网、各种计算机系统、各类关键工业设施中的嵌入式处理器和控制器。信息通信技术活动包括人们对信息的创造、保存、改变、传输、使用、展示等操作过程，及其所带来的对政治、经济、文化、社会、军事等方面的影响"。杨小牛院士团队在 2018 年发文提出网络空间"三分论"的思想，根据我国国情，将网络空间划分为公共互联网、党政军保密网、关键基础设施网共三大类，指出要对三类网络分而治之[1]。在 2021 年《网络空间安全——理解与思考》一文中，冯登国院士对网络空间的定义是：网络空间是一个由相关联的基础设施、设备、系统、应用和人等组成的交互网络，利用电子方式生成、传输、存储、处理和利用数据，通过对数据的控制，实现对物理系统的操控并影响人的认知和社会活动[2]。文章指出，网络空间实际上是一个屏幕后的特殊宇宙空间，在这个空间中，物联网使得虚拟世界与物理世界加速融合，云计算使得网络资源与数据资源进一步集中，泛在网（ubiquitous network）保证人、设备和系统通过各种无线或有线手段接入整个网络，各种网络应用、设备、系统和人逐渐融为一体。从我国相关法律政策可以看出，我国政府立法保护的网络空间主要指以互联网为主体，外延到移动互联网、工业控制网等与国家公民息息相关的网络的组合，更接近于学术研究中各类网络视角和信息视角定义的统称[3]。

1.1.2　网络空间与安全

在网络空间中，安全通常指信息安全（information security, infosec）。信息安全起源于无线电时代的军事通信保密要求，以密码学为主要手段。因此，早期的 security 一词特指信息保密，外国军政机关密码部门的牌匾常带"安全"字样，如美国国家安全局之名本意类似"国家通信保密局"。通信保密是密码部门的公开职能，它们可能还需要尝试对其他阵营的通信实施解密破译，从而获取信号情报。也就是说，这些"安全"机构反倒要靠破坏信息安全为生。为了同时从事两相冲突的业务目标，有"安全"机构在密码算法和加密机产品中秘密植入后门，然后在全球推广，从而暗地里达到"对你保密、对我透明"的效果。这款产品远销世界各地，受到各国不知情客户的长期支持和认可，直到后门一事遭媒体曝光，风波四起。所幸中国政府较为慎重，没有跟风采买。

目前，业内公认的信息安全是指对信息资产的保密性（confidentiality）、完整性（integrity）和可用性（availability）三要素的保持，这三个要素合称 CIA。保密性是指信息资产不被未授权的用户访问或泄露。完整性用于描述信息资产不会未经授权而被篡改，若译作"完好性"可能更容易正确理解。可用性用来度量已授权用户合法访问信息资产的机会。除了 CIA 三要素，更广义的信息安全还包括可控性（controllability）、可靠性（reliability）、可鉴别性（authenticity）、可核查性（accountability）和不可否认性（nonrepudiation）等要素。可控性是指对信息和信息系统实施安全监控管理，防止非法利用信息和信息系统。可靠性是网络信息系统能够在规定条件下和规定时间内完成规定功能的特性。可鉴别性代表一个实体是其所声称实体的性质。可核查性是指确保从一个实体的行为能唯一地追溯到该实体的性质。不可否认性，也叫抗抵赖性，用于描述审计机制或举证能力的存在，使信息源用户对其操作无法进行事后否认。某些国家使用的术语信息保障（IA）在范围上比 CIA 略大，还包括可鉴别性和不可否认性。

一个经常被忽视的信息安全目标是内容合规性（content compliance），即防止黄赌毒等有害内容产生和传播的能力。内容合规性是世界各国进行网络空间治理的重要内容。印度于2008年修订《信息技术法》，规定对冒犯信息（offensive message）应予惩处，将网络中的色情、儿童情色、暴恐和窥淫列入犯罪，并赋予执法机关对任意计算机信息加以截获、监听和解密的权限。英国2021年出台的《在线安全法草案》（*Draft Online Safety Bill*）拟将有害内容纳入立法。该草案引入了"伤害（harm）"的概念，它将"伤害"定义为"可能使具有普通情感的人产生重大生理或心理不利影响的事物"。2022年4月27日，美国国土安全部成立虚假信息治理委员，以"保护言论自由、公民权利、公民自由和隐私"为名开展互联网舆论监管。

随着20世纪末网络技术和国际互联网的兴起，信息时代已经演进到网络时代，在大众认知中信息系统逐渐等同于网络空间，而信息安全之称谓也逐渐被网络安全所替代。我国法律法规和政策文件曾长期采用"信息安全"一词泛指网络安全、信息网络安全、网络信息安全等概念，直到《网络安全法》出台之后，政策文件逐渐将"信息安全"调整为"网络安全"[4]。人们通常说的网络安全（cybersecurity）是网络空间安全（cyberspace security）的简称，但有时特指计算机网络安全（computer network security）。计算机网络安全是网络空间安全的分支，关注网络通信层面的安全防御问题，如远程访问控制、网络协议漏洞、网络入侵检测等机制。随着网络安全一词的流行，信息安全的概念有了狭义化趋势，开始特指主机CIA和内容合规等要素。

近年来，互联网已从新兴事物转变为泛在设施，而数据则日益成为至关重要的生产要素，因此，有观点认为我们已经从网络时代迈入数据时代。一些业内人士开始采用以数据为中心的立场看待信息安全问题，并用广义的数据安全（data security）术语泛指所有与数据相关的信息安全机制，使得数据安全概念几乎涵盖了整个网络空间安全体系[5]。不过，为了减少歧义，本书仍对数据安全采取狭义的定义，只关注直接作用于动、静态数据的保护机制。同时，本书下文中将对网络安全、网络空间安全和信息安全三个概念互换使用，取广义含义，涵盖网络空间中的所有安全目标（见图1-1）。

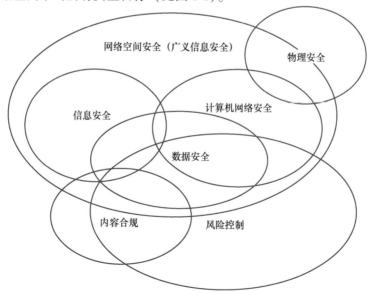

● 图 1-1　网络安全概念范畴

1.2 网络安全概念外延

1.2.1 网络安全与物理安全

网络安全与传统安全是分别发生在虚拟空间和物理空间的两类安全问题，但由于物联网的广泛存在，虚拟世界和物理世界已经打通，网络空间的安全问题日益向政治、经济、文化、社会、生态、国防等领域传导渗透，带来很多新威胁和新挑战。随着工业互联网和 5G 的发展普及，许多网络攻击都可能变成物理伤害。网络攻击可以导致一个国家发生大面积停电事件，带来重大经济损失和社会动荡。如果城铁系统或联网汽车遭到黑客控制，则可能危及乘客生命。2021 年 2 月，某黑客获得了美国佛罗里达州奥兹马水处理系统的访问权限，并试图增加该公共供水网络中的氢氧化钠浓度，给当地居民的生命健康造成了重大威胁。暗网是互联网中的阴暗角落，在这里，毒品、人口贩卖、雇凶伤人都可作为交易内容，疏于治理的网络空间成为伤害人身安全的大本营。物理世界和网络空间紧密交织，传统安全与网络安全相辅相成，需要同步开展规划、建设和运行。

1.2.2 网络安全与国家安全

网络空间安全对国家安全有深刻影响。关键信息基础设施的破坏将给国计民生带来严重后果；网络舆论平台成为政治势力"认知域作战"的发力点；网络间谍针对政府、军队和科技企业的信息设施展开广泛的探测渗透。进入大数据时代，海量的碎片化、模糊化数据汇聚到一起，通过关联分析可以洞察到隐藏的国家情报。随着网络和数字技术向社会空间愈加深入的延伸，网络安全日益成为国家安全的支柱，并被列为国家安全体系的重要组成部分。

2014 年 2 月 27 日，习近平总书记在中央网络安全和信息化领导小组第一次会议上发表重要讲话，指出"没有网络安全就没有国家安全"。这一论断将网络安全上升到国家安全的重要层面，成为我国网络安全事业发展的里程碑。2014 年 4 月 15 日，习近平总书记在中央国家安全委员会第一次全体会议上首次提出总体国家安全观这一重大战略思想：坚持总体国家安全观，走出一条中国特色国家安全道路。新时代国家安全体系总体国家安全观涵盖 16 种安全，分别为政治安全、国土安全、军事安全、经济安全、文化安全、社会安全、科技安全、网络安全、生态安全、资源安全、核安全、海外利益安全、生物安全、太空安全、极地安全、深海安全等。2022 年 10 月 16 日，习近平总书记在中国共产党第二十次全国代表大会报告中针对健全国家安全体系这一任务提出，"完善重点领域安全保障体系和重要专项协调指挥体系，强化经济、重大基础设施、金融、网络、数据、生物、资源、核、太空、海洋等安全保障体系建设"，显示了网络安全从属国家安全体系的重要定位。

1.2.3 网络安全与企业经营

企业关注网络安全的根本理由是避免经济损失。网络安全事件是大概率的灰犀牛现象，事件造成的损失是客观存在的。勒索攻击可以致瘫企业的业务过程，数据泄露会让企业名声扫地、麻烦缠身，核心技术的失窃会让企业失去市场优势。然而，企业损失能在多大程度上传递为相关决策者的个人损失？这一"传导率"在很大程度上决定了企业加强安全保障的积极性。小企业的传导率可看作百分百，小企业的管理者们对网络事件损失理应最为敏感，但同时这类企业受限于预算和专业性，未必有能力做好防护。大企业的传导率则取决于组织架构、信息透明度和追责力度等多重因素，过低的传导率会让决策层对网络安全麻木不仁。此外，对风险的误判、专业性的匮乏和执行力的不足都会让企业失去防范风险的最佳时机。

合规义务是诸多大企业开启安全建设的直接动力。许多国家的法律法规都对企业提出了安全合规要求，规定了企业承担的安全保障义务和必须采取的措施。虽然合规不等于安全，但大量企业以合规为动机迈出了安全建设的第一步，仍具有积极意义。

然而，许多业内人士片面强调企业的网络安全治理对业务活动的保障作用，却回避了它对业务的破坏作用。如果小区保安为了防止坏人混入就盲目使用暴力或其他非法手段，虽然也完成了任务，但背离了岗位设置的初心。实际上，网络安全措施存在"双刃剑"效应，在试图阻止威胁行为的同时，也会对合法的业务活动构成阻碍，这就好比医疗手段在对抗疾病的同时对人体自身也产生了医源性损伤。这种破坏力连同安全体系的建设成本，共同构成了网络安全体系的"耗损"。为了实施强有力的身份控制，用户可能会被迫接受烦琐的认证流程，从而降低了业务开展的效率；为了防范敏感数据资源失窃，企业可能会对数据访问范围进行严格的限制，并采取冗长的数据申请和审批环节，使一些合理的数据利用活动开展困难，甚至让人"知难而退"。企业权限管理经常采用最小权限原则，即仅赋予员工执行其任务的必要权限，这对于防范内部威胁、构建纵深防御具有重要意义。然而，人们常常会回避的事实是，员工所执行的任务是动态的、多变的，他们需要的权限也存在不确定性和可变性。最小权限原则给员工树立了一道狭小的围墙，并假装这个空间恰到好处，让员工"游刃"却不"有余"。但现实中员工会束手束脚，"碰壁"将时常发生。即使员工找到了充分理由去申请扩大权限，也不可避免地会被额外的审批流程拖慢进度。回忆一下网络安全的可用性目标，一些恶意的对手正是通过 DoS（拒绝服务）攻击、数据加密、篡改删除等方式破坏信息系统的可用性，意在让组织运作减缓或崩溃。DoS 中的字母 D 多被译作拒绝，但其实应释作剥夺、阻断之意，而过于严苛的安全措施恰是对业务构成了剥夺和阻断。网络安全体系既可以保障组织免遭 DoS 攻击，也可以倒戈成为 DoS 威胁的源头，做一些"亲者痛、仇者快"的事情。过于压抑的网络安全措施最终会对网络安全本身造成阻断。牛津大学的研究人员采访了一些安全响应专家，发现信息保密因素会阻碍安全事件调查。比如，安全专家针对网络入侵事件的应急调查可能需要掌握网络拓扑信息，但企业经常将其网络拓扑列为敏感信息，安全专家未必有相关的知悉权限，尤其是供应商的专家会更加不受信任，于是事件调查在此碰壁[6]。另一个例子是，各大站点不断要求用户增加登录口令的长度和复杂度，超出了普通用户的记忆能力，以至于很多人在多个站点使用同样的密码，甚至有些开发者用户会直接将口令上传到代码库，为黑客攻击制造了机会。

网络安全体系的耗损不仅局限于运营层面，也最终会上升到企业的战略层面。当一项业务的经济效益达不到它的合规成本和安全成本时，对于追求效益的企业而言，这项业务将难逃凋零的命运。当一个个业务板块纷纷被安全合规成本拖垮时，企业自身也走向衰亡。而另一些企业过于担心安全合规风险，而导致缺乏作为。例如，一方面，今天数据被认定为重要的生产要素，国家鼓励数据资源的开放、共享和交易；另一方面，数据安全的概念已深入人心，数据的流转势必产生安全风险，数据保护的法律法规也像达摩克利斯之剑一样悬在数据交易者的谈判桌上。因此，一些未必违法的数据交易，因为当事人没有能力证明其合法而被放弃；一些掌握了宝贵数据资源的企业，因为不能容忍数据流动风险而放弃了数据开放战略，让数据的价值埋没，也让自身失去了机遇。如果因为厌恶安全风险而追求绝对安全，则会产生另一个方向上的风险，即因业务不作为而导致的风险，笔者将这一规律称作"风险双刃性"。

网络安全工作是艰难的，如何在安全效果和安全耗损之间达到兼顾是一个充满挑战的课题，但仍可尝试。首先，应建立正确的网络安全观，意识到安全策略的制定必须稳妥、折中，可通过树立"风险双刃性"意识改变过去那种片面厌恶风险的企业文化。正如习近平总书记曾强调的，"网络安全是相对的而不是绝对的。没有绝对安全，要立足基本国情保安全，避免不计成本追求绝对安全，那样不仅会背上沉重负担，甚至可能顾此失彼"。其次，可以通过技术优化手段，在保证安全效果的前提下降低安全耗损，或者在同等的安全耗损下改善安全效果。例如，通过企业的数字化转型，让安全控制措施与日常业务共同纳入一个便捷的数字化生态，辅以体系化的安全运营工具，可以切实改善安全运营效率；又如，通过零信任架构智能化区分风险高低，规避对用户的过度干扰，以求在强化整体安全效果的同时保障用户体验。最后，可以持续改良管理，不断度量和改善经营流程，只有足够敏捷灵活的管理生态才能让严格的安全控制措施保持低耗损。当审批足够便捷时，即使是最小权限原则下的频繁审批也会变得可以接受。

1.2.4 网络安全与信息化

1963 年，日本学者梅棹忠夫在《信息产业论》一书中描绘了"信息革命"和"信息化社会"的前景，预见到信息科学技术的发展和应用将会引起一场全面的社会变革，并将人类社会推入"信息化社会"。1997 年 4 月，我国首届全国信息化工作会议提出了信息化和国家信息化的定义："信息化是指培育、发展以智能化工具为代表的新的生产力并使之造福于社会的历史过程。国家信息化就是在国家统一规划和组织下，在农业、工业、科学技术、国防及社会生活各个方面应用现代信息技术，深入开发广泛利用信息资源，加速实现国家现代化进程。"

网络安全和信息化简称为"网信"。2014 年 2 月 27 日，习近平总书记在中央网信领导小组第一次会议上深刻阐述了网络安全与信息化之间的辩证关系，提出了"网络安全和信息化是一体之两翼、驱动之双轮，必须统一谋划、统一部署、统一推进、统一实施"这一重要论断。此后，我国政策文件明确将网络安全提升到同信息化并列的地位，如《"十四五"国家信息化规划》强调"推动网络安全与信息化发展协调一致、齐头并进，统筹提升信息化发展水平和网络安全保障能力"。目前中央和地方党组织均有设立网络安全和信息化委员会办公室，同时也挂牌同级行政机构的互联网信息办公室，这些办公室统称网信部门。法律和行政法规中的"网信部门"特指"互联网信息办公室"，这是因为相关文件不涉及党内机构的职责。此外，军事学文献中"网信"另有含义，一般是指用于指挥控制的"网络信息体系"。

网络安全和信息化必须是相辅相成的，既不能忽视网络安全冒险推进信息化，也不能以网络安全为名遏制信息化的发展。这种网信一体理念在宏观和微观层面都具有深刻的科学内涵。从技术角度讲，信息与通信技术（ICT）是网络安全能力的来源和支柱，信息系统既是网络安全功能的保护目标，又是网络安全能力赖以生存的土壤。不仅信息化的发展有赖于网络安全能力的保障，网络安全能力的建设也以完善的信息化水平为前提。低下的软件工程能力无法产生优秀的攻防对抗武器。从人才的角度讲，信息系统安全的保障工作，除了依靠专业的网络安全从业者之外，其实更多依靠的是网络安全领域之外的 ICT 工程师。例如，如果软件开发过程中就强化软件设计规范，加强代码审计，就能有效减少产品漏洞。基础的 IT 运维工作是安全运营的基石，虽然这些运维工程师并不需要认同自己是网络安全从业者。从工程的角度讲，如果信息系统具有优秀的工程架构和充分的冗余性设计，那它就自然具备了高度的网络韧性，本身就可以预防多种攻击，或者在遭到攻击破坏后能够快速恢复。这就好比壁虎断尾求生的本领，让它更具生命力，这种本领并不涉及同天敌打打杀杀的战斗力，正如网络韧性也未必涉及攻防对抗活动。从运营的角度讲，组织的信息治理工作与安全治理工作在很大程度上是共通、一致的。例如，企业的信息管理工作需要日常摸排资产和人员情况，企业数据安全合规治理和风险态势感知也必须以持续摸排企业数据资产、网络资产和人力资产为前提。信息治理与安全治理的集约化融合不仅是提升运营效率的基本手段，也是确保安全运营效果的重要前提。

1.2.5　网络安全与数字化

数字化（digitization）这一提法在 20 世纪的电子工程学科即已出现，是指模拟信号的数值化转变。这一过程的本质是建立设备对信号强度这类语义的"理解"能力，从而让数字电路设备以更加灵活的方式广泛参与信号处理，加速了电子信息科学的发展。进入 21 世纪以来，信息技术和互联网不断重塑着经济形态和社会生态，此时又出现了"数字化"（digitalization）的呼声。从字面看，digitalization 同 digitization 的区别在于前者具有使动和赋能意味。新的数字化概念体现为对各类业务流程的改造，改善运营方式和效率，但这仅是潜在结果而非本质特征，用于给数字化下定义是不合适的。

当前，网络空间正在经历一次嬗变，在"内容空间"（content space）之上萌生出"语义空间"（semantic space），即建立计算机对业务流程的语义理解。所谓"数字"将不再是内容的序列化表达形式，而是语义内涵的载体。本轮数字化转型的本质正是语义空间的大规模滋长过程，这一运动延续了科技解放人力的数百年历史。在几个世纪前的机械化变革中，人类驾驭热力学，放大了自身力量。在电气化革命中，人类借助电磁学和化学，释放出了巨大能量。目前我们进入了信息化（informationization）时代。信息化有广义和狭义之分，广义的信息化涵盖了后来的数字化、智能化过程。早期的信息化是狭义上的信息化（informatisation，不同于 informationization），此时信息技术开始成为经济社会的基础设施，但仍停留在内容空间层面，业务运营大量依赖屏幕前的人脑和键盘上的双手，文档扫描、办公套件等过渡技术被广泛使用，机器对业务缺乏理解。如今的数字化转型中，机器对业务流程任务、角色和上下文的语义理解越发清晰，让语义空间日趋成形。于是，机器日趋广泛地介入业务流程的决策和执行，持续卸载人工劳动，并为下一步的智能化转型奠定基础。在未来的智能化时代，人工智能不再局限于人脸识别、文本分类等少数典型任务场景，而是对社会空间和内容空间形成深度理解，在此基础上建立起完备的语义空间，从而广泛替代人类的决策力与执行力。数字化的另一重要特征是透明化，这意味着原先的灰色地带将被照入阳光，势必引发一定的排斥，这也为今天的某些数字化转型项目埋下了失败的伏笔。

数字化对网络安全带来的影响是双面的。一方面，数字化带来了新的暴露面和攻击面，从而产生了新的安全风险；另一方面，数字化所催生的新技术将极大促进安全防御能力的提升。在数字化时代的安全防御场景下，资产探测取代了人工的资产申报，提升了信息资产台账的数据质量；统计机器学习模型开始替代安全专家对网络威胁的人工判别，增强了安全团队的战斗力。虽然人的作用依然不可完全代替，但业务效率和效果已经因自动化水平的提升而有所改观。当前，网络安全行业仍是人才短缺状态下的人力密集型行业，虽以自动化系统为保障对象，自身却大量使用手工劳动。安全运营的成熟度，不仅取决于安全保障系统自身的建设水平，更重要的是常规业务流程要达到充分的数字化，否则其上的安全运营自动化就无从谈起，繁重的安全感知和安全操作任务就难以实现。数字化转型带来的效率提升是网络安全工作所必须牢牢抓住的机遇。

1.2.6 网络安全与新兴技术

大数据、人工智能、云计算、物联网、5G 等不断涌现的新兴技术拓展着网络安全这一研究领域的边界。每当一个叫 X 的新兴技术火了起来，安全界多半会产生"X 安全"这一相应话题。不过需要澄清的是，不论 X 代表何物，"X 安全"通常具有多重含义。例如，Gartner 在 2019 年发布的一份报告中将"AI 安全"的含义解读成三个方面，分别是人工智能赋能安全防御、人工智能恶意应用带来的安全威胁以及人工智能自身安全。一般而言，可以将"X 安全"分解为保障力、威胁性和暴露面这三个方面。保障力是指 X 对安全防护能力的增强作用，威胁性是指 X 对敌手的助力，暴露面对应 X 自身的安全风险。每出现一个新的 X 技术，就会产生对应的三个研究课题。当 X 代表云原生技术时，保障力是指基于云原生环境的安全保障能力，威胁性包括云原生环境中的易攻击基础设施，而暴露面则代表了云原生环境下的资产和脆弱性。不过，通常说的云原生安全关注的是云原生暴露面，研究如何对这些暴露面进行保障，但保障措施却未必是云原生的。当 X 代表量子技术时，保障力可以包含量子保密通信技术，威胁性包括敌手的量子计算技术对加密算法和安全协议的威胁，暴露面可以指量子设施本身的安全性。

1.3 网络安全多样视角

1.3.1 四方视角

安全圈的从业者都需要思考如何保障网络安全吗？显然，攻击团伙是以破坏网络空间的安全性为己任的。即使是合法的漏洞挖掘者、渗透测试团队，他们的工作虽然在客观上有助于巩固网络空间的安全性，但在具体工作中却只需要研究如何去破坏 CIA（保密性、完整性、可用性）。在某些技术人员看来，网络安全就是"挖洞""搞站"。甚至专业的安全厂商也不需要思考 CIA 保障问题。厂商提供的日志采集、威胁情报、网络测绘等服务，并不能直接实现 CIA 保障，只是起到间接赋能作用。此外，合规认证机构或行业监管单位在具体工作时一般只需对照条款判断企业的安全措施是否符合预定条件即可，并不需要时刻考虑合规性与安全性之间的精确关联。实际上，只有那些作为责任主体的网络运营者需要以 CIA 保障为直接工作目标。必须认识到，不同视角下，人们对网络安全的理解存在巨大差异。国家互联网应急中心（CNCERT）的研究人员提出了"四方视角"模型，包括"组织视角""厂商视角""监管视角"和"威胁视角"，对网络安全行业中的各类角色进行概括，并用统一的模型叙述庞大的网络生态体系中的各类任务，这一认知模型被称作"网络安全大体系"。

组织视角也可称甲方视角或企业视角。在该视角下，企业需要通过引入安全能力，保障自身网络资产的 CIA 目标。厂商视角也可称作乙方视角。在该视角下，厂商针对其客户单位的 CIA 目标从事局部性的能力构建，从而输出特定产品或服务，如网络测绘数据、流量采集设备等。监管视角也可称作社会视角或社区视角，不局限于单一企业的安全保障，而是立足全局高度，涉及政策讨论、市场分析、行业协调、合规监管、调查执法等中观、宏观层面的任务。威胁视角也可称攻击视角或红队视角，是红队、骇客团伙、网络间谍所采用的视角，通过各类渗透攻击手段破坏他人的 CIA 目标。

网络安全语境下的企业一般特指网络运营者。《网络安全法》将网络运营者定义为"网络的所有者、管理者和网络服务提供者"，这里的网络服务多是指对广大用户提供的 2C 服务（虽然 2B 企业也受该法约束）。网络运营者一般是对网络资产负责的甲方角色，不包括对外提供安全保障能力的乙方厂商角色，尽管现实中的企业可以同时扮演多个角色。某些英文文献会把政府内一个归口系统下的各级分支部门合称为一个"企业"（enterprise），例如美国的政府文件经常提到"国防企业""国土安全企业""情报企业"等称呼。这里的"企业"实际上是"机关事业单位"的集合，反倒不是常规意义上的营利性企业，若改译为"国防部门""国土安全序列""情报口"之类或更为达意。这些部门所建设的全国性政务信息系统常被直译为"企业级系统"，此处"企业级"强调的是跨越部门墙的集约化建设，该翻译易被误解为某类服务质量等级，或可译作"集团级"。相比于各地区、各分支机构自主建设信息系统的工程方式，集约化建设的好处在于资源使用效率更高、信息互通性更强、协同联动性更好。

1.3.2　黑帽、白帽和其他帽

黑客（hacker）被用于称呼网络安全领域的技术人员，尤其是掌握了攻击类技术的人。黑客之"黑"只是音译，从道德伦理角度可将黑客分为黑帽和白帽，有时还会出现灰帽的说法。黑、白帽子标签的根源来自西方电影，其中主人公戴着白帽子，而反对者戴着黑帽子。美剧《西部世界》中的游戏玩家也可以选择戴黑帽还是白帽，代表自己是否扮演好人。白帽黑客也叫道德黑客或伦理黑客，一般从事漏洞挖掘、渗透测试等建设性工作，动机是改善网络安全，通常是合法的。黑帽就是骇客（cracker），从事破坏性或窃取性的活动，一般是违法的，虽然也有国家的法律允许这类行为。灰帽黑客则介于两者之间，他们的行为可能会违反某些伦理标准，但并非出于典型的恶意。例如，黑帽在发现漏洞后会进行非法利用，或售到黑市；白帽在发现漏洞后会向相关方报告，绝不非法利用；灰帽在发现漏洞后，可能既不非法利用，也不报告。白帽在从事渗透测试时，只有在获得属主同意的前提下才会攻入一个系统；黑帽则会蓄意入侵一个系统，以谋私利；灰帽会在未经授权时即对系统进行渗透，但并无恶意。

大众传媒倾向把为非作歹的黑帽看作典型的黑客形象，而白帽群体多主张黑客应该是高尚的，黑帽不符合黑客精神，所以不算黑客。著名程序员埃里克·雷蒙德（Eric Raymond）认为，黑客是有建设性的，而骇客则专门搞破坏。国家推荐标准《信息安全技术　术语》（GB/T 25069）所定义的黑客更接近灰帽：对网络或联网系统进行未授权访问，但无意窃取信息或造成损坏的个人。中国黑客界制定的《COG 黑客自律公约》用"黑客精神"形容那些热衷于解决问题、克服限制的人，公约认为黑客精神的特质在于好奇、怀疑、独立思考、开放、共享，因此黑客精神并不限于电子、计算机或网络领域，而可以是其他任何领域，如音乐或艺术等方面。

如今，黑客群体逐渐产生了其他一些色系，如红、蓝、绿等。红帽是一款操作系统的名字，它的另一个含义是指不择手段地对黑帽进行打击的人。典型的红帽行为包括侵入黑帽团伙的计算机资源进行破坏，或者对黑帽投放恶意程序。中国的一些黑客也曾自称红客，强调自己的一颗红心。蓝帽也有多个含义。蓝帽有时是指报复心重的黑客，他们成为黑客的目的就是报复他人，而不强调学习技术。蓝帽的另一个含义是独立的安全研究员，偶尔被企业作为编外专家进行邀请。微软的"蓝帽大会"活动就会邀请这类黑客，但也有人认为蓝代表微软，这个会议的名称是为了区别于知名的黑帽大会。绿帽黑客是指求知欲旺盛的新手黑客，常因大量发问而被其他黑客恶语相向，但他们不屈不挠，继续热衷学习。很少会听说中国的黑客自称绿帽。英文中的绿代表缺乏经验，比如绿手就是生手的意识。网络黑话中绿帽的同义词是菜鸟（newbie），简写为 newb、noob、n00b 或 nub。有些低水平黑客被称为脚本小子（script kiddie），他们缺乏对技术的深刻理解，只会对脚本代码进行复制粘贴，四处尝试。

1.3.3　红队、蓝队和紫队

网络攻防演练可以帮助组织提前发现网络弱点。在演练中，通常把安全技术人员分为红队和蓝队。红队负责模拟网络威胁执行攻击行动，蓝队负责防御。于是红和蓝这两种颜色有了特殊的含义，分别指代攻和防。单就技术而言，合法的红队和非法的攻击团伙使用的手段几乎一致，因此网络攻击技术也叫红队技术。也有人分别用红和蓝代表假想我方和假想敌方[7]，这种赋色方式在网络演练中比较少见。

在欧洲中央银行的 TIBER-EU（欧洲基于威胁情报的道德红队框架）中，存在一类"白队"角色。TIBER-EU 要求被测组织的大部分人都不知道红队的存在，但仍有一小部分工作人员对演练活动知情，以便对活动进行管理，如创建演练场景及充当裁判。这些人被称作白队。

在一些新型攻防演练活动中，还出现了紫队。红蓝得紫，紫队兼具红队和蓝队的角色，全面地理解安全控制和流程。相比于传统的红蓝对抗，紫队代表着更具协作性的方法，旨在帮助组织更有效地改善安全措施。例如，红队可能会片面追求取胜，而紫队则可以结合威胁情报，仅模拟那些组织可能真实面临的威胁，并在模拟威胁的过程中同步建设防御机制，在演练结束后，组织的防御效果能切实改善。在一些不太常见的场合，还有绿队、黄队、灰队等说法；绿队负责模拟普通用户，通过有线或无线网络将其通信终端连接到蓝队管理的网络基础设施上，此处再次体现出英文中用绿色代表小白的习惯；黄队负责监控和报告网络安全态势信息；灰队负责维护正常的网络流量和服务请求。

1.3.4　定向攻击与机会攻击

网络攻击者可分为定向攻击者（targeted threat）和机会攻击者（opportunistic threat）。定向攻击者有明确的攻击目标，不会轻易知难而退，而机会攻击者多采用广泛撒网战术，喜欢软柿子，厌恶硬骨头。典型的机会攻击者不需要有很高超的技术，他们可以利用 Shodan 这种网络资产搜索引擎，轻易找到大量带有特定漏洞的网络资产，然后用 Metasploit 这类开源的攻击框架发起无差别攻击，这是一种通过锤子找钉子的过程。定向攻击者则需要对单个目标持续尝试，通过给定目标的弱点确定合适的入侵渗透路径，相当于通过钉子找锤子。

某些定向攻击者对单个目标表现出百折不挠的耐心，可长达数月或数年之久，它们被称作持续性威胁（Persistent Threat，PT），其中具有先进（advanced）手段的 PT 就是 APT。APT 通常肩负情报目的，背后有外国政府支持，因此又名"国家支持的网络威胁"（State Sponsored Cyber Threat，SSCT）。近年来，APT 的"帽子"有滥用趋势，防守方会将武功平平的 PT 捧成 APT，从而体现出工作不易；同时 PT 也渴求"认可"，于是攻防双方建立了一种滥发 APT 头衔的默契。一些连 PT 都不算的攻击团伙也自封 APT，他们一般会通过战绩吹水吸引关注度。除了 PT 以外，黑客运动主义者（hacktivist）也是一类定向威胁，他们的工作是通过黑掉政企网站表达政治威慑。PT 大都从事网络间谍工作，必须"低调奢华"，而黑客运动则追求曝光度，当上网红才算赢。

企业面对的威胁不仅来自外部，内部威胁（insider threat）更为致命。他们可能是心存怨气的员工、马马虎虎的承包商或者受雇于人的卧底，可谓"家贼难防"。美国政府在屡遭重大泄密案后承认，当内部人士执意窃取资料时，得手只是时间问题。威胁甚至不全然来自主观的恶意，网络会在无人破坏的情况下自我瘫痪，造成可用性目标的失守。不良的设计、错误的配置、缺位的运维都会产生这类问题。这些威胁都是广义上的网络安全工作所应考虑的问题。

1.4　网络安全基本要素

本节介绍 ICT 及网络安全领域的若干基本概念，作为理解本书后续章节的基础。本书对相关概念的定义尽可能源自公认的技术标准文件，这些文件一般都有专门的词汇释义章节。一些技术标准自身就以概念术语为主题，如国家标准《信息安全技术　术语》（GB/T 25069）、《风险管理　术语》（GB/T 23694，等同于《ISO/IEC 第 73 指南》）、《系统与软件工程　可信计算平台可信性度量　第 1 部分：概述与词汇》（GB/T 30847.1），国际标准

《ISO/IEC 27000 信息安全管理系统概述与词汇》《ISO/IEC 2382-8 信息技术词汇第 8 部分：安全》《ISO/IEC/IEEE 24764 系统与软件工程词汇》《ISO/IEC 17000 合格评定词汇和通用原则》《RFC 4949 互联网安全词汇表》。一些权威机构的网站也提供了词汇表功能，如中国计算机学会的网络安全术语库网站（CCF Wiki）、ISO 在线浏览平台（OBP）、IEC 电工百科网（Electropedia）、美国国家标准与技术研究院（NIST）计算机安全资源中心网站（CSRC）等。Gartner、Forrester 等知名咨询公司的 IT 词汇网站也是业内人员的重要参考资料。

1.4.1　ICT 基础概念

对网络安全的理解需要具备一定的 ICT 基础知识。这里对若干 ICT 基础概念进行简要阐述，作为理解后文中网络安全概念的基础。

- 工件（artifact）：工件这个词用法很多。在软件开发领域，工件用来指代软件构造过程中的各种成品和半成品。在电子取证领域，工件一般指用户活动的痕迹，可体现为日志、注册表或文件等，其中与当前案件相关的工件可称作证据。在网络安全事件调查活动中，工件是一切可以辅助研判的网络对象，因此可以泛指网络空间中的任何可感知的实体。MITRE 公司的 D3FEND 网络防御知识库将"数字工件"概念作为网络攻防活动所关注的各种数字实体的父类，这些实体未必可观可触，而只需在概念上存在，包括进程、软件、硬件、网络、文件、账户、用户行为等[8]。
- 指纹（fingerprint）：日常说的指纹是一种用于鉴别自然人身份的生物特征。在网络安全领域，指纹还有其他两个含义，一是版本辨识指纹，即网络报文中能够透露出某一类软件版本信息的数字痕迹，包括操作系统的版本信息和网络服务软件的版本信息；二是身份区分指纹，即根据某一具体网络实体的数字痕迹特性而对其身份建立的区分性标识，这种标识使得在不知道具体身份的情况下仍能实现对该实体的行为关联和追踪。例如，用户浏览器可能会在网络请求报文中的用户代理（User-Agent，UA）等字段中体现出近乎独一无二的用户特征，可借此构建用户的身份区分指纹，应用于用户画像和广告投放等场景；又如，攻击团伙使用的客户端或服务端工具都可能暴露出一些特殊数字痕迹，将该团伙与其他团伙区分开。
- 比特（bit）：比特是一个可区分为 0 和 1 的信号，也叫位或比特位。一个字节（byte）由 8 个比特并排构成。在计算信息量时，比特和字节作为计量单位分别俗称小 b 和大 B。比特的物理形态是硬件上的电平位或磁偏转，其语义则代表信息交换、配置设定或状态标识。硬件层的配置寄存器或软件中的配置变量可以同时接收多个比特的信息，各比特位对应不同的配置项，这类比特位又叫标志位（flag）。
- 缓冲区（buffer）：缓冲区是程序执行过程中用于存放一组数据的一段连续内存空间。程序的一个执行实例称作进程，进程被分配到的内存空间一般分为代码区、数据区、堆区和栈区等不同区域（segment）。软件程序的二进制代码需要加载到内存中才能运行。数据区存储程序中的全局变量等静态数据，它们在进程生命周期中是稳定不变的。堆和栈在运行过程中是动态的，其间所存数据不断地产生和消亡。进程在堆、栈中不断地为各类临时数据分配和释放零碎的空间。区别在于，栈区的内存管理策略是后入先出，就像餐厅中的一摞盘子，最顶端的盘子是最后放上的，但又最先被再次拿走，这显得井然有序；而堆区则较为复杂，就像从一整块布料中按需裁剪成各种尺寸的小块分发出去，用完回收后重复利用，有时还得把多个小块再拼成更大的块。

- 数据包（packet）：数据包也叫包、网络包或分组，由一段连续的字节构成。如果将网络比作物流系统，一次网络会话就相当于一个车队，而数据包就是一辆货车。车队中的货车可能会掉队、损坏、切换路线，导致货物乱序或丢失。

- 流（flow）：流是一定时间内具有相同的目的地址、源地址、目的端口地址、源端口地址和传输协议的数据包的序列。从这个定义看，流是两个通信端点间单向的数据流量。流是一个逻辑概念，现实的通信经常是双向的，这两个方向上的流量应分别划分为两个流，但有人也将两个方向统一归为同一个流，因此有了双向流的概念。这种概念上的歧义在工程资料中会产生一些混淆。

- 协议（protocol）：协议是指通信双方进行沟通的方式，包含一些细节性内容。在人类交流中，协议所约定的范围包括操持何种语言，用电话还是邮件，如何进行握手，如何中断联络。通信双方必须采用一致的协议。在一段真实的网络会话中，遵循网络协议的消息被序列化为一串字节，称作协议数据单元（PDU），一般分为一段协议头部字节，一段服务数据单元（SDU）字节，有时还包括一段协议尾部字节。如果把 SDU 比作一页书信，当它被装入信封后就成了 PDU。TCP、UDP 和 IP 都是常见的网络协议，它们隶属于 TCP/IP 协议族。

- 密码（cypher）：不同于生活口语中将口令（password）称作密码，在网络学科中密码是指基于密码编码学（cryptography）的保密、校验及鉴别技术体系，有时也指加密后形成的密文（cypher text），与明文（plain text）相对应。

- 网络分层（network layering）：开放系统互联（OSI）是一种将网络功能划分为 7 个层次的概念模型，自下而上依次为物理层、数据链路层、网络层、传输层、会话层、表示层和应用层，编号为 L1~L7。各个层次上都定义了一些网络协议，并承载了相应的网络能力，供更上层调用。N 层的 PDU 相当于 $N-1$ 层的 SDU。另一个常用的网络分层模型是 TCP/IP 分层模型，它将 L1 和 L2 统称链路层，并大致将 L5~L7 统称为应用层。

- 物理层（L1）：物理层用于定义物理设备标准，如网线的接口类型、光纤的接口类型、各种传输介质的传输速率等，相当于网络世界的路面、铁轨和航道。物理层的数据形态是比特流。

- 数据链路层（L2）：数据链路层简称链路层，用于在相邻网络节点之间的链路上传递信息，类似于物流系统中两个相邻站点之间的货物运输。该层的数据传输单位叫"帧"（frame），一般长达几百字节。更高层的数据包在该层被封装为帧，添加一些链路控制信息。

- 网络层（L3）：网络层代表主机到主机的通信能力，相当于网络世界的邮政系统或长途货运公司，这种系统需要具有寻址和导航能力。IP 协议工作在该层，IP 地址就是网络世界的门牌号。网络层的信息交换单位是数据包。

- 传输层（L4）：传输层代表通信双方的端到端沟通机制。如果网络层是邮政系统，传输层则是双方的传达室；如果将网络层比作货运公司，则传输层的任务包括对接物流、拒收发错的货物和赶走路过的社会人。如果传输层采用 TCP 这种具有纠错机制的网络协议，那么双方传达室还可要求对方将中途破损的货物进行重发。TCP 和 UDP 是最常用的两种传输层协议，TCP 是保序、可靠的传输协议，而 UDP 则不对中途的信息破损和丢失负责，将躺平美其名曰"尽力而为"。可以想象一下挂号信和平信的区别。TCP 的信息交换单位称作报文段（segment），而 UDP 的信息交换单位称作数据报（datagram）。报文段和数据报在更底层会被重组、封装为 L3 数据包。

- 会话层（L5）：会话层是通信双方的联络办公室，它管理着与外单位的往来，可以指挥传达室收发货物和信件。在更高层"领导"看来，如果需要跟外单位有邮件往来，就找这个联络办公室，至于具体如何操作可以不必过于费心。

- 表示层（L6）：在公路物流的例子里，表示层相当于卖家发货时的打包工作，有些打包员不惜把货物压缩变形也要塞进一个狭小的纸箱子；在信件往来的例子里，可以想象应用层代表一个业务部门的负责领导，那么表示层相当于文秘，他可以将领导的意图转化成规整、紧凑的公文，然后要求联络办公室发送出去，并在收到外单位回馈信息时进行解读转译，组织成领导所熟悉的语言。

- 应用层（L7）：计算机网络只是通信设施，最终是为某个在线业务服务的。应用层就代表这种在线业务本身，它同网络设施的对接方式就是应用层协议。如果表示层是负责给快递或外卖配送员打包的人，那么应用层就是负责卖货的店员，或者负责做饭的厨师。

- 会话（session）：会话是两个通信方之间单次沟通过程上下文的总和。会话的概念同流（flow）非常相似，经常被混为一谈。严格地讲，流是传输层概念，而会话是会话层（OSI L5）或 TCP/IP 应用层概念。流被定义为数据包的集合，而会话是一个整体性概念，包含了通信的状态信息。流一般是单向的传递，而会话是双向的交互。一次会话可能会在传输中途被某些网络设备切分成多个流。对于 TCP 传输，一次通信对应的双向数据交互称为一个连接（connection）。

- DNS：域名系统（DNS）就是负责将上网域名转化成 IP 地址的网络系统，其形态是互联网上的一些服务器，负责回答用户的域名查询请求。这些服务器之间彼此还有分工，通过多次迭代查询，不断缩小域名检索的范围，最终为用户找到答案。如果 DNS 服务遭到黑客劫持，用户就会得到假的 IP 地址，从而被引导到一个假的网站。

- 文件哈希（hash）：文件的哈希值（也称散列值）是根据该文件内容生成的一段摘要，通常是固定长度的。在特定的哈希算法下，文件哈希值仅与文件内容有关。即使文件内容发生轻微篡改，文件哈希值也会变化。因此，文件哈希值可用于检测文件的完整性。在互联网下载大文件时，网站有时会提供该文件的哈希值，用户可在完成下载后在本地计算下载结果的哈希值，同网站提供的真正哈希值进行比对，确认下载过程正确无误。文件哈希值的长度通常比文件内容要短得多，无法避免多个不同内容的文件具有相同的文件哈希值，这种情况叫作哈希冲突，但对于安全的哈希算法而言，很难人为制造哈希冲突。常用的哈希算法包括 MD5、SHA256、SHA512 等。事实上，哈希算法的输入不局限于一个文件，它可以以任意字符串为输入，生成特定长度的摘要。所谓哈希算法"已被破解"，是指已经找到了相对容易的冲突构造办法，意味着该哈希算法已无法可靠地用于某些密码学任务。MD5 算法已被我国密码学家王小云破解。

- 终端（terminal）：终端起初是指用户连接大型机的控制台（console）外设，主要包括显示器、键盘、鼠标等。在 UNIX/Linux 系统中，终端还指代一种软件，接收用户的键盘输入，并将系统返回的结果呈现在字符界面上。在网络安全语境下，终端一般是指用户的办公上网设备，包括计算机设备和移动终端。从主流安全防护产品的运行环境看，"用户终端"默认特指运行 Windows、macOS 的办公设备，而"移动终端"特指运行安卓、iOS 等常见移动操作系统的手机、平板计算机，可以不覆盖小众操作系统和广大物联网设备。主机（host）区别于终端，一般特指服务器设备，大多运行 UNIX/Linux 操作系统，少数运行 Windows。服务器设备中可能会运行若干个虚拟机（VM）或容器，这些虚拟设备也可称作主机，一般运行 Linux。端点（endpoint）是指通信双方任意一方的用户设备，是终端与主机的总称，但"用户端点"之谓则特指用户终端。

- 南北向（north-south）：对于一个数据中心，其边界进出流量被称作南北向流量，而数据中心内部节点之间的流量称作东西向流量。

- 代理（proxy/agent）：网络代理（proxy）简称代理，是一种网络服务，代替一个通信方 A 同另一个通信方 B 进行沟通，使得 A 与 B 并未发生直接连接。网络代理的作用包括安全性、隐私性、性能优化、功能扩展等方面。在客户端/服务端架构下，客户端所使用的代理叫作正向代理，服务端侧的代理叫作反向代理。网络代理可以是一个硬件设备、一个本地软件实例或一个云端服务。网络代理的行为通常与其服务对象高度相似，甚至可以让通信对端无法察觉代理的存在。软件代理（agent）也简称代理，是一个软件体，它配合另一个软件执行特定任务。与网络代理不同，软件代理并不模仿其代理对象的行为，而是同服务对象互相协作。软件代理经常扮演特派员或者卧底之类的外派角色，利用位置便利开展工作。例如，在一个设备中安插的信息采集探针（probe）就是一种软件代理。

- 端口（port）：在电子领域，端口可理解为通信设备的一个物理插口。在网络领域，端口是逻辑意义上的网络会话端侧，同一个主机可以使用多个端口，从而同时参与多个网络会话。对于 TCP/IP 协议族而言，端口号是一个 0~65535 之间的数字，它通常同传输层协议类型（TCP 或 UDP）和 IP 地址配合使用，构成一个三元组，用于标识一个网络会话的单个端侧。一个网络会话可用一个五元组标识，包含传输层协议选项、两个主机 IP 及相应端口号。对于一个网络服务，会话双方的角色分为客户端和服务端，服务端的端口处于持续的侦听（listen）状态，长期开放，等待某个客户端申请连接，并在连接后建立网络会话；而客户端的端口仅在申请连接时才被按需启用，并在会话结束时恢复关闭状态。

- URI：统一资源标识符（URI）是一个字符串，用于对互联网中的一个资源实体（如网页、文档、主机、应用程序等）进行无歧义的标识。统一资源定位符（URL）和统一资源名称（URN）是 URI 的两类常用形态。URI 的形态可以是 URL，可以是 URN，可以同时包含 URL 和 URN，也可以采用其他形态。URL 俗称网址，用于描述一个资源实体的网络路径，通常类似计算机文件夹那样呈现出层级化结构。URN 则描述一个资源实体的名字，主要包括命名空间标识和在该命名空间内部的描述符，

这个名字是持久的，与实体是否已经消亡无关，而且独立于网络路径的变化。URN
和 URL 分别可比喻为一个人的姓名和地址。

- 封装（encapsulation）：封装是指将软件中的一组紧密关联的数据和代码捆绑为一个
  单一实体，提供统一的访问和调取接口。封装后的实体可以进一步参与更高级的封
  装，从而形成上下级联的层次结构。封装的意义在于化繁为简，实现了计算机科学
  中的关注点分离原则（Separation of Concerns，SoC）。封装对于大中型软件的开发极
  为重要，因为人类程序员智力所限，只能对软件逻辑分而治之，方可驾驭软件设计
  的复杂性。在一类号称"面向对象"（Object-Oriented，OO）的编程语言中，封装机
  制会得到语法层面的支持，封装后的实体称作对象（object），对象的设计模板叫作
  类（class）。类相当于一个程序"小宇宙"中的物种，对象是类的个体实例。

- 函数（function）：数学函数是指从输入到输出的映射。软件语境下的函数则是代码
  的基本组织方式，是共同完成特定任务的若干条程序语句的封装，封装后形成的代
  码体通过输入参数和输出值同外界交换信息。在不同的编程语言中，函数还有可能
  被称作方法（method）、规程（procedure）以及拉姆达表达式（lambda expression）。
  函数的代码体被当作工具储备在上下文中，以备程序在执行时申请调用（call）。函
  数的调用语句本身也可参与更高层级函数的封装。调用过程相当于通过函数名称向
  系统索要函数代码，然后加载执行，这是对函数的常规使用方式。部分编程语言允
  许函数像普通内存对象（学名"一等公民"）一样被参数化使用，并可被不同的逻
  辑分支动态传递，例如可用作其他函数的输入参数或输出值，这是一种更灵活的函
  数调用方式。程序函数根据完成使命的方式不同可分为算子（operator）和副作用
  （side effect）函数。算子类似数学函数，通过交付给定输入值下的输出值完成使命。
  例如，算子可对给定参数返回算式结果，或者对给定链接返回网页。副作用则体现
  为对环境的改变，如操作打印机、发送邮件等。作为不同类型的算子，映射器
  （mapper）将单值映射为单值，化约器（reducer）将序列映射为单值，聚合器（ag-
  gregator）将集合映射为单值，生成器（generator）将单值映射为序列，表值函数
  （Table-Valued Function，TVF）将单值映射为表格。

- 对象（object）：程序中的整数、浮点数（小数）、字符、布尔值（二元真假值）、字
  符串等数据类型为原始（primitive）数据项。内存对象是指内存中多个相邻的数据项
  进行封装后形成的整体，例如程序可以将一个人的姓名、身份证号、手机号三个数
  据项进行封装，创建一个代表个人身份的内存对象。多个相邻的内存对象可以进一
  步封装为更大的内存对象。广义的对象亦称实体（entity），不限于内存空间，可以
  代表信息系统中的任何组件，如磁盘文件、外设、网页、服务器集群等。在访问控
  制语境下，访问者和被访问者分别称作主体（subject 或 principal）和客体（object），
  主体也属客体。

- 引用（reference）：引用是一个位置标识，它指向计算机中特定客体（如内存变量、
  数据库条目、文件、外设等），可类比为一个人的手机号、邮箱、住址等联络信息。
  当程序需要对某客体进行访问（包括读、写、执行等动作）时，需要经过指向该客
  体的某个引用进行间接访问，这一过程称作解引（dereferencing）。在逻辑上，可以
  想象计算机系统中存在一个将引用映射到客体的表格，解引是查表的过程，但查表

动作及后续操作由系统把持，其意义是避免主体直接对客体"动手动脚"，增强客体的安全性。对底层内存区域的直接引用叫作指针（pointer），它暴露出客体的内存地址，防护力较弱。对文件、进程、网络会话、数据库会话等主机资源的引用称作句柄（handle），多为一个整数，由系统实现该整数到客体对象真正位置的转译。URI也可看作对网络资源的一种引用形式。

- 编程范型（programming paradigm）：编程范型是特定编程语言下代码的基本形态风格，决定了程序员对程序的看法，也是对编程语言进行分类的依据。编程范型可划分为指令式（imperative）和声明式（declarative）两类，前者告诉机器需要怎么做，后者告诉机器需要得到什么结果。指令式的程序是这样讲话的：你就按我说的步骤做，别管为什么；声明式的程序则会说：你怎么做我不管，我只拿结果。指令式范型又包含了规程式（procedural）和面向对象（object-oriented）等子类型。规程式程序可看作一组规程的定义（指令编排）内容，以及对它们的调用序列。面向对象程序可看作一组对象类型定义，以及它们的实例化和互动过程。SQL 是典型的声明式语言，一般用于对数据库执行查询。函数式（functional）是声明式范型的一个子类型，函数式程序可看作一批函数的复杂拼搭结构。

- 数据结构（data structure）：数据结构是指多个相关联的内存对象彼此互相链接而形成的拓扑结构，可以表现为并排状（数组）、链条状（链表）、层级分叉状（树）、网状（图）及其他任意复杂的形式。内存对象之间的两种基本链接关系是引用关系和邻居关系。通常而言，数据结构存在于内存中而非硬盘中，存在于单一程序的进程空间中而非跨程序的通信内容中，是进程这一"独立王国"中的"社会组织"，也是程序对执行上下文中的"前台"数据进行组织管理的基本方式，其形态将极大影响程序的工作效率。

- 序列化（serialization）：当数据结构需要传递给其他进程、存储于硬盘或传输至网络时，其拓扑形态无法维持，只能被处理成一维的字节序列，但保留足够信息以备还原，这一过程叫作序列化。序列化后的数据被还原为数据结构的过程称为反序列化（deserialization），这就好比游泳圈被放气压扁后带到泳池，再吹气恢复。

- 数据模式（data schema）：数据模式是一种元数据（metadata），代表了应用层内容的数据化设计，通常包含实体类型、实体属性、实体间关系类型以及语义约束等信息，这些信息也称本体（ontology）模型。数据模式常用于数据库管理系统，包含了对库表、字段、视图、索引等要素的设计蓝图。数据模式也用于定义 XML 等序列化格式中的信息项结构。数据模式与数据结构、数据格式的区别在于，数据结构一般用于描述内存对象的形态，数据格式多用于描述序列化文件的解析结构，二者均是 OSI L6 层的概念；而数据模式则位于 L7 层，与数据是否处于序列化状态无关。

- 虚拟机（Virtual Machine，VM）：虚拟机是对计算机系统的纯软件化模拟，可分为进程虚拟机和系统虚拟机。运行 VM 的主机称作宿主机。进程虚拟机又叫应用虚拟机或受管运行环境（Managed Runtime Environment，MRE），体现为在宿主机操作系统之上运行的一个程序，该程序将进一步运行其上的应用进程同底层的操作系统解耦，为其提供一个独立于平台的运行环境。Java 虚拟机（JVM）是进程虚拟机技术的典型代表。Java 开发的应用软件运行于 JVM 上，开发者通常无须关注宿主机运行何种操作系统；而 C/C++的开发结果则直接运行于操作系统中，对平台环境十分敏感。通常说的虚拟机特指系统虚拟机，这类 VM 基于完全虚拟化（full virtualization）技术，能够仿真出一个完整的计算机硬件环境，在该 VM 内部运行的操作系统和应用软件可以认为是生存于一个真正的计算机中。系统虚拟机由宿主机上的虚拟机监控器（hypervisor）创建、管理并提供运行环境。系统虚拟机可以实现软件适配和环境隔离等功能，在网络安全领域广泛应用于制造安全隔离环境。但某些虚拟机逃逸攻击能够破坏基于这种虚拟化技术的安全隔离机制。

- 容器（container）：容器是基于操作系统虚拟化技术创建的独立运行环境。同一宿主机下的多个容器可共享操作系统内核，但拥有相互隔离的专属系统资源，容器中的应用程序可以认为是独占整个计算机。相比完全的系统虚拟机，容器不需要模拟硬件和内核，具有资源开销低、启动轻便灵活等特点，在云环境中被大量使用。容器能提供一定程度的安全隔离功能，但容器逃逸漏洞的存在，会让攻击者从容器中发起对宿主机的渗透。

1.4.2　资产与威胁

网络安全工作强调知己知彼，"己"就是网络资产，而"彼"则包括攻击团伙及其基础设施。根据 GB/T 25069 的定义，资产（asset）是对组织具有价值的任何东西。与网络安全相关的网络资产包括硬件、软件、域名、IP 地址、网页等类型。网络资产是针对微观的组织视角（甲方）而言的，是管理范围内网络组件的集合。在这种组织视角下，其他组织的网络资产及攻击者的基础设施则不被视作网络资产。而有些语境会将整个网络空间中的一切网络组件都称作资产，这是一种宏观视角。在这种宏观视角下，即便是被攻击者控制的设施也算作资产，有人称其为"恶意资产"。中观视角则介于微观的组织视角和宏观视角之间，一般被监管机构及部分安全服务企业（乙方）所采用，只认同本地域的网络资产，不把攻击者的基础设施归为资产。

威胁（threat）一词也有多个用法，有时它是指己方内部的漏洞和风险，但更多情况下则指代来自外部的危险。SANS 研究所对威胁采用了一种狭义的定义：有动机、机会和能力造成伤害的对手。而 GB/T 25069 对威胁的定义则较为宽泛：可能对系统或组织造成危害的不期望事件的潜在因素。自然灾害和人为错误等无意的伤害也属于威胁，它们被称作偶然威胁（accidental threat），区别于故意威胁（intentional threat）。威胁主体（threat agent）是指"故意或意外的人为威胁的原发方和/或发起方"，也叫威胁行为体（threat actor）。网络空间威胁还可按效果划分为主动型和被动型两类：被动型威胁（passive threat）以旁观方式收集系统有意或无意公布或可获取的信息，而不去尝试修改系统资源；而主动型威胁（active threat）则是在被动型的基础上，主动篡改系统控制资源或者影响系统的正常运行。

当威胁一词用于攻击方时，常指代攻击方所控制的资源，包括攻击者的主机、虚拟机、容器、恶意程序、恶意域名、恶意 IP、恶意 URL 等，这些资源也被称作攻击基础设施。攻击基础设施中的一些主机设备是通过攻陷并劫持合法网络设备获取的，这种设备俗称"肉鸡"。如果肉鸡的真正主人有所察觉并出手修复，这个肉鸡就流失了。攻击者在日常运营过程中，必须不断丰富和维持自己的肉鸡，这一过程叫养鸡。养鸡是耗时耗力的工作。攻击者也可以从云平台购买主机来搭建自己的基础设施，或者租用其他黑客团伙的基础设施。不论使用何种方式，攻击基础设施的建设都需要攻击团伙付出人力、财力等成本。如果攻击者长期频繁使用相同的基础设施，则容易形成自己的特色模式，从而被执法机构或研究人员跟踪，甚至会被溯源，暴露自己的身份。因此，攻击者在理想情况下需要不停地变更自己的基础设施。然而，受限于成本，这多半只是他们的理想而已，他们也有降本增效的需求。

1.4.3 攻击与窃取

有观点认为，网络攻击（cyber attack）和网络窃取（cyber exploitation）是互斥概念，应该在司法、政策、国际关系等领域加以明确区分。前者是针对完整性和可用性的破坏，如对政府网站进行涂鸦、对电力网络进行干扰、对竞争对手的网站发起分布式拒绝服务攻击（DDoS）等；后者是对保密性的侵害，包括窃取国家秘密、商业秘密和个人隐私等，网络基础设施更多体现为媒介而非目标。一些西方国家提出，网络窃取的合法性应高于网络攻击。美国情报界针对两个概念分别发明了 CNA（计算机网络攻击，Computer Network Attack）和 CNE（计算机网络利用，Computer Network Exploitation）两个名词。美国情报部门主张，只要满足一定条件，他们从事的 CNE 活动就是合法合规的。一些西方学者也在学术领域对类似观点予以支持。此类观点反映了一种价值导向，背后是西方网络大国试图掌控网络空间行为准则制定权的意图。我国应对此予以警惕，需要结合自身利益和国际公义积极引导对相关国际规则的合理制定，争取规则定义权。本书采用的概念是，网络攻击涵盖了网络窃取，任何在未授权情形下故意侵害网络空间安全保密性、完整性、可用性的行为都属于网络攻击。

1.4.4 事态与事件

当网络事故发生时，资产所体现出的状态改变称作事态（event）。组织对归结到同一成因的所有事态的感知将形成一个事件（incident）。ISO/IEC 27035-1（被采用为 GB/T 20985.1）将信息安全事态定义为"表明可能的信息安全违规或某些控制失效的发生"，将信息安全事件定义为"与可能危害组织资产或损害其运行相关的单个或多个被识别的信息安全事态"。上述定义中的"发生"（occurrence）作名词用，意为某种情况的出现。

根据 ISO/IEC 的定义，事件和事态的微妙差别在于，事态更强调具有指示效果的客观痕迹，而事件更侧重于组织对攻击行为发生的主观认知。多个相关的事态可以归纳为同一事件。例如，某组织发现服务器有非法入侵的痕迹，紧接着又发现重要数据被窃取，这两个事态最终被包含到同一安全事件进行上报。多个细粒度的事件也可汇聚为单个粗粒度的事件，例如多个子公司被同一攻击团伙入侵后分别向总部报告一个安全事件，总部确认其隶属同一大型事件。不过一般而言，事态、事件和事故（accident）这几个术语是可以混用的。

网络攻击不等于网络事件，攻击是客观存在的，而事件存在于主观认知，只有为他方察觉的网络攻击才能形成网络事件。防御能力强大的企业会报告"零事故"，而看不到攻击的企业也会报告"零事故"。在短时间内，选择无视安全的企业可以如愿，甚至可以认为安全事件"不检测就没有"。但从长远看，它们会被无法回避的问题打击：业务系统在上级领导参观时出故障，硬盘被勒索程序锁死，客户发现自己的资料在网上出售。网络事件的来源也未必一定因网络攻击产生，还可能来自没有恶意的故障或过失。

1.4.5 漏洞与攻击载体

漏洞（vulnerability）也被译作"脆弱性"，源自拉丁语的"伤口"（vulnus），是一种特殊类型的 bug。bug 是导致系统行为不符合预期的缺陷，其中，安全 bug 是指能影响到系统 CIA 三要素的缺陷。在安全 bug 的范畴里，能够被攻击者恶意利用从而操纵软件故意执行非预期功能的 bug 就是漏洞。漏洞可能存在于物理环境、组织、过程、人员、管理、配置、硬件、软件和信息等各个方面。漏洞的根源是人类的智力有限，只要信息系统仍由人类负责设计、制造和使用，漏洞就难以避免。

从影响范围的角度，漏洞可以分为通用型和事件型。通用型漏洞（common vulnerability）源自存在设计、实现缺陷的通用 ICT 产品，如基础模块、APP 应用、开发框架、硬件设备等，产品的所有用户均可能受到影响。事件型漏洞来自特定部署环境下信息资产的安全弱点，比如站点独有的实现缺陷、不恰当的系统配置、弱口令等，一般仅影响单个组织或单个系统。CVE（通用漏洞和暴露）是一个开放的漏洞列表，主要收录通用型漏洞，并为之赋予枚举编号。我国的 CNVD（国家信息安全漏洞共享平台）等漏洞库也建立了类似的通用型漏洞编号体系。

GB/T 30279 基于漏洞产生或触发的技术原因，将漏洞划分为代码问题、配置错误和环境问题等类型。代码问题是指代码开发过程中产生的漏洞，可细分为资源管理错误、输入验证错误、数字错误、竞争条件问题、处理逻辑错误、加密问题、授权问题、数据转换问题和未声明功能。配置错误是指在使用过程中因不当配置产生的漏洞，如采用了默认的不安全配置。环境问题指由运行环境原因导致的安全问题，又分为信息泄露（如通过日志、调试输出或侧信道）和故障注入（通过改变物理环境触发故障）。

对于一个通用型漏洞而言，它的生命周期会经历几个重要时刻——发现时刻、报告时刻、披露时刻，每个时刻的到来都意味着它的"洞生"进入了新的阶段。漏洞可能会被白帽发现，也可能会被黑帽发现，后果迥然不同。黑帽会用其扩充自己的武器库，闷声发大财，某些西方情报机构更是漏洞收藏方面的"名家巨擘"。白帽中的好同志则会报告监管或厂商，但也有人会私藏几年用于打比赛。很难知道谁是最早的发现者，只能假设坏人早在你我之前就得知了漏洞的利用方式，并且已经钻进了我方网络潜伏多时了。报告时刻是白帽将漏洞告知厂商的那一刻，之后厂商多半会积极开展验证、修复，使漏洞在劫难逃。不过也有厂商在收到报告后仍置若罔闻，这会使白帽非常生气。披露时刻就是漏洞细节昭然天下之时，这个漏洞会被称作已知漏洞，而不再是少数人的小秘密。漏洞的披露一般由厂商做出，他们还会同时提醒用户安装补丁；某些白帽会把厂商置之不理的漏洞公之于众，希望利用舆论压力迫使厂商有所行动；也不乏研究者和媒体纯粹为求新闻热度而爆料。官方的漏洞缓解措施一般伴随漏洞本身同步披露，但有时会晚几天问世，或者就没打算问世——这些厂商期待有能耐的用户可以先行自救。漏洞一旦披露，好人和坏人都会知道，一场追跑比赛由此开始。坏人们将抓住"商机"，磨刀霍霍，将魔爪伸向无冤无仇的可怜用户。但对那些早已私藏这个漏洞的团伙来说，公开披露意味着竞争的加剧和机遇的萎缩，他们的"军火"将随着漏洞被逐渐修复而进入贬值通道，这可不是好消息。因此某些情报机构踊跃主导漏洞披露规则的制定，对"好"漏洞的披露加以限制。受到波及的用户和企业们则展现出众生百态，有的争分夺秒，有的亡羊补牢，有的浑然不知，有的手足无措，有的心怀侥幸，有的投鼠忌器，有的庄重地制订了漏洞修复计划并进入了层层审批。漏洞 PoC（Proof of Concept）是某些漏洞的附属发布物，表现为一段说明文字或一个验证程序，用于协助用户验证排查漏洞的存在性。PoC 是把双刃剑，可以帮助企业应急摸排漏洞感染范围，同样也会助力攻击者快速编写漏洞利用程序。因此，相比不夹带 PoC 的漏洞，一个伴随 PoC 披露的漏洞将更加招蜂引蝶，应得到用户的更优先处理。漏洞的生命周期伴随着种种社会乱象，国家开始通过立法手段对漏洞管理加以规范，对厂商欠作为、媒体乱披露等不负责任的行为施加限制。

漏洞的"0day""1day""nday"标签反映了它的生命周期阶段，标签内容取决于此刻距漏洞披露时刻之后已经历的天数。如果某漏洞被小明发现，但尚未公开披露，这个漏洞就是小明的"零日漏洞"（0day），风险用户大概率没有对这个漏洞采取预防措施。小明凭借这个漏洞向广大带病系统发起"零日攻击"，极易得手。他感慨地说，0day 真乃"神器"也。但"神器"用多了容易暴露、失灵，因此 0day 常被攻击者当成祖传宝贝一样压箱底。1day 一般是指漏洞披露后 1~3 天的时间窗口，此时仅有少量用户完成了修复，漏洞利用仍然会有较好的成功率，攻击者的数量也骤然升高，因此 1day 漏洞的风险不可小看。nday 是指披露多日早已不热乎的漏洞，这时系统修复率已有较大进步。攻击者仍可以拿 nday 去捡漏，但经常会碰一鼻子灰。有能力掌握 0day 的攻击者并不常见，因此对普通用户而言 0day 不等于高风险。Gartner 的研究副总裁 Craig Lawson 说，"零日漏洞"就像恐怖的鲨鱼，已知漏洞就像渺小的蚊子，蚊子每年杀人数以百万计，鲨鱼的致死数却只相当于雷击。不过，考虑到 0day 的掌握者绝非善类，多半是目的明确的 APT 团伙，对于军政机关等敏感用户而言 0day 的风险反倒很高。

有一个与漏洞相关的概念是攻击载体（attack vector），也可称作攻击媒介，是指对漏洞进行触发的途径。同一漏洞可被多个攻击载体触发，例如，网站界面上的多个输入框都可能会触发同一个内存破坏漏洞。一个给定网络环境中所有攻击载体的总和称作攻击面（attack surface），它是攻击者视角下的作用点集合。由于载体和向量对应同一英文单词，攻击载体也常被译作"攻击向量"，但实际上载体的说法来自流行病学中传播载体的概念，与数学向量无关。

1.4.6 风险与暴露

《信息技术 安全技术 信息安全管理体系 概述和词汇》（GB/T 29246，等同于 ISO/IEC 27000）将风险定义为"对目标产生不确定性的效应"（effect of uncertainty on objectives）。其中，效应是指对预期的偏离，可以是正偏离或负偏离，体现出上文所述的"风险双刃性"；不确定性被定义为对事态（event）及其后果（consequence）或可能性（likelihood）的相关理解或知识的信息缺乏状态，即使这种缺乏是"局部的"。风险常被表示为事态（包括情形的改变）的后果和其发生的可能性的组合。GB/T 29246 指出，信息安全风险与威胁方利用信息资产的脆弱性对组织造成危害的潜力相关。企业为管控风险而采取的措施称作安全控制（security control）。单项安全措施又名安全控制点、应对措施（countermeasure）、CoA（行动措施，Course of Action）、安全措施（safeguard）等。

值得注意的是, 当我们谈论信息安全风险时, 默认是指负偏离风险, 与漏洞利用造成的负面损害有关, 而正偏离情形通常被各类文献所忽视。信息安全的正偏离风险是对保密性、完整性、可用性等信息安全目标的过度保障。这类风险在经济意义上是不可取的, 甚至具有深远的危害。例如, 对信息安全的过度投入容易对其他业务目标产生负面影响, 甚至对信息安全目标本身而言也会带来不可持续性。

影响风险高低的因素, 除了造成损失的大小外, 还有发生的可能性。风险常被简单量化为后果与可能性这两个要素的乘积。一些文献会将后一量化要素称作 "暴露" (exposure)。例如, GB/T 25069 将 "暴露" 定义为特定的攻击利用数据处理系统特定的脆弱性的可能性。这一定义起源于国际标准《ISO/IEC 2382-8: 1998 信息技术词汇第 8 部分: 安全》。然而, "暴露" 一词的含义并没有形成广泛共识。《风险管理 术语》(GB/T 23694) 将 "暴露" 定义为 "组织和/或利用相关者受事件影响的程度"。这一定义更接近于风险的前一量化要素——后果。CISSP (信息系统安全专业认证) 教材对 "暴露" 的理解与上述两种定义皆不同, 它将 "暴露" 视作资产存在脆弱性的一个实例, 等同于风险存在的事实: 如果某资产存在风险, 则称该资产 "暴露" 了。显然在这种理解下 "暴露" 只有定性意义。定性意义上的 "暴露" 尤其常见于重视保密性的场合, 特指信息向非授权主体的公开。例如谍战剧中, 一个隐藏的身份被识破了, 就叫 "暴露" 了。一个组织所存在的 "暴露" 的总和被称作它的暴露面。"暴露因子" (Exposure Factor, EF) 则是公认的定量概念, 它被定义为攻击发生 (风险成为现实) 后, 损失的价值占资产总价值的比例。

1.4.7 保障与确保

国家标准《信息安全技术 信息安全保障指标体系及评价方法》(GB/T 31495) 依据国家对信息安全保障工作的相关要求, 提出了信息安全保障评价的概念和模型、指标体系及实施指南。根据这一文件, 信息安全保障被定义为对信息和信息系统的安全属性及功能、效率进行保障的一系列适当行为或过程。可见, 信息安全保障的外延几乎延伸到了整个信息安全学科领域, 尤其是覆盖了防御视角下的各种活动。根据 GB/T 31495 提出的信息安全保障模型, 信息安全保障包含三个环节: 建立保障措施、形成保障能力、实现保障效果。其中, 信息安全保障措施定义为达到信息安全目的所采用的保障手段的集合; 信息安全保障能力定义为被保障实体安全防御、响应和恢复等特性的体现; 信息安全保障效果定义为被保障实体的信息安全保障目标和属性的实现程度。

在一个计算机系统中, 安全保障机制的总体被称作可信计算基 (Trusted Computing Base, TCB), 以硬件、固件或软件的形式出现。GB/T 20271 中, TCB 被称作信息系统安全子系统 (Security Subsystem of Information System, SSoIS)。系统的安全性以 TCB 自身的安全性为前提, 当 TCB 出现漏洞时, 整个保护体系或形同虚设, 系统面临重大风险; 而当 TCB 以外的组件出错时, 风险多是局部、可控的。因此对 TCB 的安全确保过程至关重要。为了降低这一确保过程的复杂性, 现代操作系统努力精简 TCB 的尺寸, 一般只包含系统内核和少数用于安全策略执行的进程。

《信息安全技术 术语》(GB/T 25069) 收录了 GB/T 31495 对 "信息安全保障" 的定义, 但同时还收录了 "安全确保" 这一词条。虽然保障和确保对应的英文均为 assurance,

但含义完全不同，造成了许多误解。安全确保定义为"对声称业已或即将达到满足各项安全目的经论证的置信度的基础"。这一定义来自国际标准《ISO/IEC TR 15443：2012 安全确保框架》。显然，安全确保不同于安全保障，不涉及保障措施的建立，而只是一个对置信度的证明过程，一般用于系统或产品的安全性认证活动。类似地，《ISO/IEC 15026-1：2013 系统与软件工程——系统与软件确保》将确保（assurance）定义为"对一个主张业已或即将满足的合理信心的依据"（Grounds for justified confidence that a claim has been or will be achieved）。这里的主张（claim）是指对安全目标是否得到满足的断言，当通过一定的方法产生支持这些主张的证据时，就实现了"确保"。

GB/T 31495 所称的"信息安全保障评价"相当于 GB/T 25069 所称的"安全确保"。GB/T 31495 指出，信息安全保障评价是为了验证信息安全保障过程的有效性而开展的一系列评价活动，其定义是"收集信息安全保障证据，并获得信息安全保障值的过程和途径"。信息安全保障评价的过程可概述为：基于评价目标（即评价的信息需求）设计指标体系，从每项指标中提取该指标的评价对象及其属性，通过一定的测量模型和方法得出单项指标值，再进行综合研判，获得评价结果，用于支持评价目标的实现。为进一步描述对指标进行测量的过程，GB/T 31495 还给出了一个"信息安全保障的测量模型"，该模型参考了《ISO/IEC 27004：2009 信息技术 安全技术 信息安全管理 测量》（GB/T 31497—2015）中的"信息安全测量模型"，后者又参考了《ISO/IEC 15939：2002 软件工程 软件测量过程》（GB/T 20917—2007）中的"测量信息模型"。GB/T 31495 中的信息安全保障测量模型描述了如何将评价对象的相关属性进行量化并通过一系列测量过程得出测量结果的过程。其中，属性是评价对象的可定量或定性识别特征。这一模型从评价对象获得"基本测度"，通过测量函数转化为"导出测度"，再通过分析模型获得测量值，进而通过判断准则获得指标值，指标值为评价结果提供依据。其中，基本测度是指对测量对象的属性进行基本测量得到的测度（一般为统计所得的原始数据或资料）；测量函数是对基本测度进行组合以生成导出测度的计算；导出测度由两个或两个以上基本测度组合运算得出；分析模型是对导出测度进行计算得出测量值的函数。

1.4.8 验证与确认

在信息安全领域，测试（testing）活动主要有两类场景，一是确保安全产品的正确性，二是确保信息系统的整体安全性。验证（verification）和确认（validation）是测试工作的两类形态，合称 V&V。如果 V&V 由独立第三方执行，则称为 IV&V（独立验证与确认）。

验证和确认两个概念常被混用，仅有微小差别：前者重在符合规格，也称符合性测试；确认则处于更高层次，偏重满足场景诉求。现实中的甲方和产品经理在"提需求"时往往只是传达场景诉求，而不会直接给出规格，所以他们给程序员的感觉可能是"不愿把话说透"。业界总结称，验证是确保"以正确的方式制造产品"，确认则是确保"制造正确的产品"。GB/T 29246（等同于 ISO/IEC 27000）采用 ISO 9000 的定义，将"验证"定义为"通过提供客观证据，证实满足规定要求的行为"，将"确认"定义为"通过提供客观证据，证实满足特定预期使用或应用要求的行为"。两个定义均使用了"要求"（requirement，ICT 行业多称之为"需求"）这一概念，它是指"明示的、默认的或强制性的需要或期望"，区别在于验证所要满足的是"规定要求"（specified requirements），而确认则要满足"特定预期使用或应用要求"（requirements for a specific intended use or application）。例如，某个测试任务要求证明系统实现了需求规格中"对口令进行加密存储"这一功能项，该过程属于验证，但这一需求的目标还是防护攻击者对口令的破解。如果口令加密方案太弱，即使系统通过了针对特定需求规格的验证，可能也无法通过最终的确认。

对软件而言，验证方式可分为静态验证和动态验证，前者一般体现为对设计文档和源代码的分析，后者则主要检查软件运行实例的行为。形式验证是一种高级的静态验证，通过数学化方法对系统的正确性给出证明或否证。大部分验证手段均采用归纳思维，即尽可能全面地构造出能覆盖各类场景的测试用例，证明系统能够在所有测试用例中正确运行，进而不严谨地归纳出任意场景下的正确性。形式验证采用的是演绎思维，是一种逻辑严谨的验证方法，缺点在于难度高、代价大、范围受限，仅用于测评安全性要求很高的系统。

1.4.9　可视性与态势

网络防御过程中的各类决策须以网络空间的可视性（visibility）为前提，包括网络资产、网络威胁和现有网络防御能力的可视性。可视性的建立意味着对感兴趣的目标进行信息采集，并对该信息加以理解吸收从而实现尽可能充分的认知和洞察。GB/T 25069 收录了《ISO/IEC 27036 供应关系信息安全》对可视性的定义：某一系统或过程使各系统元素和过程能被记录并对监控和检查可用的性质（property of a system or process that enables system elements and processes to be documented and available for monitoring and inspection）。可视性是网络实体的属性，具有可视性的实体的状态快照和发展趋势就是态势（situation），而态势是策略制定的依据。《孙子兵法》称：势者，因利而制权也（所谓态势，是凭借有利的情况，制定随机应变的策略）。美国军事学者受战机驾驶实践启发建立了态势感知（Situation Awareness，SA）理论，该理论已被引入网络安全领域。

国防科技大学的贾焰教授将"网络安全态势感知"（Cybersecurity SA，CSA）定义为：基于大规模网络环境中的安全要素和特征，采用数据分析、挖掘和智能推演等方法，准确理解和量化当前网络空间的安全态势，有效检测网络空间中的各种攻击事件，预测未来网络空间安全态势的发展趋势，并对引起态势变化的安全要素进行溯源[9]。CSA 可概括为感知、理解和预测三个过程。NIST 对态势感知的定义是：在一定时空内对企业安全防御形势及其威胁环境的感知、综合性语义理解以及短期状态的预测投射。

CSA 活动的信息态产物称作网络态势。网络态势可分解为网络资产情势（cyber hygiene）、网络威胁趋势（threat landscape）和网络防御形势（security posture）三方面信息。网络资产情势主要包括资产清单、脆弱性、网络拓扑以及网络流量分布信息；网络威胁趋势涉及相关威胁团伙活动、身份溯源、攻击资源和攻击技术信息；网络防御形势关注企业在特定网络资产情势和网络威胁趋势下保障网络安全的能力。NIST 对网络防御形势的定义是：由致力于管理企业防御、应对态势变化的信息保障资源（如人、硬件、软件、策略）和能力所支撑的企业网络、信息、系统的安全状态。

目前许多企业开始部署以"态势感知"为名称的信息系统，期望以体系化、工程化的方式实现 CSA 目标。然而，部分 CSA 系统的建设方向陷入了误区，过度强调可视化

（visualization）为参观者带来的感官冲击，而淡忘了为实战者提供可见性效果和决策增强功能的初衷。

1.4.10 情报与标示

数据（data）、信息（information）、情报（intelligence）、知识（knowledge）和智慧（wisdom）这几类概念的关键区别在于决策价值的不同（见图1-2）。数据是信息的载体，未经萃取则不具备价值；信息是对数据进行萃取的结果，可能对今后的决策具有潜在参考价值；情报特指对当前决策过程有用的信息，是深度信息分析的产物；知识是凝练的结构化信息，具有中长期的价值，一般是归纳或演绎的产物；智慧是深刻、普遍的方法论知识，因太过抽象而失去了可证伪性，更擅长事后分析而非事中决策。DIKW金字塔模型[10]描述了数据（D）、信息（I）、知识（K）和智慧（W）四者之间的层层萃取关系，被广泛引用和解读。DIKW模型没有单独列出情报这个层级，可认为情报是信息的子集。

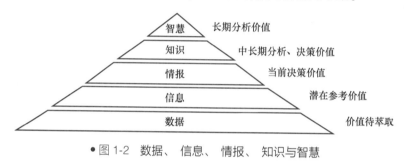

● 图1-2 数据、信息、情报、知识与智慧

威胁情报（Threat Intelligence，TI）是情报的子集，仅关注威胁行为体。Gartner对威胁情报的定义侧重于构成成分：威胁情报是基于证据的知识，包括关于现存或潜在祸害（menace or hazard）的上下文（context）、机制（mechanism）、标示（indicator）、含义（implication）和可行动建议（actionable advice），可用于向主体（subject）对该祸害的响应决策过程提供信息。NIST的定义侧重于情报与信息的关系：威胁情报是指已完成聚合、转换、分析、解释或富化（enriched）的威胁信息，以便为决策过程提供必要的上下文。网络安全语境下的网络威胁情报（Cyber Threat Intelligence，CTI）侧重于研究对手如何通过网络空间完成其目标[11]。MS-ISAC（美国州际信息分享和分析中心）对CTI做出如下解释[12]："当网络威胁信息被采集后，基于其信息源和可靠性接受评价，并被拥有高度专业性和广泛信息源的人员采用严格的结构化行业技术进行分析后，就成为网络威胁情报。如同所有类型的情报，网络威胁情报为网络威胁信息提供了增值，在情报消费者面前降低了不确定性，并且更有利于消费者识别威胁和机会。它要求分析师在海量信息中识别异同，明辨真伪，从而产生准确、及时和相关的情报。"CTI可用于事前防护、事中检测、事后溯源等多种情报消费场景，而事中检测和事后溯源同时又是CTI的生产场景。

CTI在传递时的基本单元是标示（indicator），也称"指示""指标"，是指客观描述入侵的任何一段信息。单独的标示只能算信息，而不能归为情报或知识。洛克希德-马丁公司（以下简称洛马公司）的网络杀伤链白皮书[13]将标示分为三类。

- 原子标示（atomic indicator）：原子标示是不能进一步分解为更小粒度的标示，如 IP 地址、电子邮件地址和漏洞标识符。
- 计算标示（computed indicator）：计算标示从事件数据中推导得出，如哈希值和正则表达式。
- 行为标示（behavioral indicator）：行为标示体现为一系列计算标示和原子标示的拼搭，通常要经过量化限定，有时也会被组合逻辑加以限定。作为一个例子，如下语句是一个行为标示的模板："入侵者先使用一个后门，该后门以 {某速率值} 速率产生连接到 {某 IP 值} 的流量，该流量能命中 {某正则表达式} 特征，一旦连接完成，再将其替换为另一个以 {某哈希值} 作为 MD5 哈希值的后门"。大括号内部字段对应待实例化的模板参数。

该白皮书还提到了标示的生命周期循环：揭示（reveal）、制成（mature）和收效（utilize）。"揭示"是分析师通过分析或协作过程对标示进行生产的过程；"制成"是将标示导入检测工具的过程；"收效"是指标示匹配到敌情活动。"收效"后的进一步敌情分析可以"揭示"更多标示。

1.4.11　信任与可信性

在信息安全领域，信任（trust）是某主体假定某客体的行为能够符合自己预期的单向关系，是主体的主观选择。根据国际可信计算组织（TCG）的定义，信任是对一个设备将出于某一目的做出特定行为的预期。与日常用语中带有美好意义的"信任"不同，TCG 对可信的定义不涉及价值取向。假如我们预期小明做坏事，结果他真的总做坏事，那么小明果真没有辜负我们的"信任"。不过很多人不喜欢这种不讲大是大非的定义，因此狭义的信任只适用于预期好人好事而非坏人坏事，例如对安全策略的遵守而非违背。ISO/IEC 27036 便给出了狭义的定义，"在两个实体和/或元素之间，由一组活动和某一安全策略组成的如下关系：元素 x 信任元素 y，当且仅当 x 确信 y 会以一种良好界定的方式（关于各项活动）行事时，才不会违反给定的安全策略"。

信任是动态的，随着观察结果对主体认知的影响而演变。信任也是灰度的，不会非黑即白，而是可以进行量化。某些类型的信任还是可传递的，比如对客体正确性（correctness）的信任。对正确性的信任仅仅是信任的一种特例。小红对她祖母人品绝对信任，但当祖母坚持要小红冬天穿棉裤的时候，小红就会发现祖母在某些方面并不可信。假设同时存在如下事实：①我们信任小红的意见绝对正确；②我们见到一张字条，写着"我是小红，我担保小华像我一样绝对正确"；③我们能验证字条确为小红所书。那么，我们就可以通过小红的背书建立起对小华的信任，将信任进行传递。已获得信任的小华可以进一步给小刚背书：写一张"我是小华，我担保小刚像我一样绝对正确"的签名字条。当我们验证了字条确为小华所书，那么小刚也获得了信任。这一背书过程逐级延伸，可以建立信任链（trust chain）。信任链的传递对每根链条的起点提出了两个要求，一是它没有被"腐化"，不会昧着良心给坏人背书；二是它具有辨识真伪的能力。在可信计算平台中，系统组件层层背书，构成信任链。攻击者为了混入信任链，要么会假冒受信人的签名为自己背书，要么在受信人签发的背书中篡入自己的名字，或者干脆找个同伙为自己背书。系统为了对抗这些伎俩对背书有效性加以验证的过程叫作完整性度量，通过密码学机制实现。

可信性（trustworthiness）则是客体的行为表现，是客体确保自己履行预期承诺的论证效果。需要指出的是，trusted 和 trustworthy 分别被译作可信和可信赖，其间差别未被有效表达。trusted 作为动词的被动式应理解为受到信任，而无论这份信任有理有据还是流程所需姑且信之，若译作"受信"则更为达意；而 trustworthy 意为值得（worthy）信赖，对应有充分依据的信任，这一信任源自受信客体所提供的确保证据，是名副其实的"可信"。在"可信计算基"（Trusted Computing Base，TCB）这个概念中，对 TCB 的信任是情景所需，测评人员必须姑且信任 TCB，才能进一步评价由 TCB 所确保的其他组件的可信性。未经充分确保的 TCB 依然是 TCB。事实上，TCB 经常被曝安全漏洞，并不值得信赖（trustworthy）。又如 GB/T 25069 收录了 ISO/IEC 18014 对可信第三方的定义：在安全相关活动方面，被其他实体信任的安全机构或其代理。可信第三方之所以受信是因为协议流程的规定，而非来自论证说服过程。NIST 对 trusted 和 trustworthy 进行过较为明确的定义。《NIST IR 8320 基于硬件的安全》将 trusted 定义为"一个被其他元件所赖以为其履行关键需求的元件"（An element that another element relies upon to fulfill critical requirements on its behalf）。《NIST SP 800-160 卷 1 系统安全工程：构建可信赖安全系统的跨学科方法之思》将 trustworthy 定义为"一个组件的行为经论证符合其所声称功能的程度"（The degree to which the security behavior of a component is demonstrably compliant with its stated functionality）。

1.4.12 网络韧性

韧性（resilience）也称弹性、弹复力、复原力，是指系统面对干扰的鲁棒性和应对灾变的修复力。其中，鲁棒性又称健壮性，是指系统在扰动或不确定的情况下仍能保持它们原有特征、行为的能力，也就是对干扰和不确定性的吸收能力。由于"弹性"一词还另指云计算的灵活伸缩能力，而弹复力、复原力则没能体现出鲁棒性意味，因此本书优先使用术语"韧性"。在网络安全领域中，网络韧性（Cyber Resilience，CR）是指网络系统能够有效吸收网络攻击，保持业务运行不受攻击的影响，或者在受到影响后可快速恢复的特性。简而言之，CR 体现为抗打击和快速恢复两类能力。

小明得罪了小华，被小华揍了一顿。小明说，你是打到我了，但我该吃吃该喝喝，就是皮实。这体现了小明的抗打击能力。小华听罢打得更狠了。小明说，你确实打得我影响吃喝了，不过你等着，过几天我就该吃吃该喝喝。这体现了小明的快速恢复能力。几天后，刚出院的小明遇到了刚从拘留所出来的小华，于是对着他扭动起恢复自如的腰身。小明说，怎么样，看我多有韧性。

1.4.13 网络威慑

书接上回，话说小华见小明被打之后嚣张更甚，真想对那张脸再来一锤。但一想到占不了便宜，只得悻悻道，我今后不揍你便是，你好自为之。这句话标志着小明成功建立起了威慑力，实现了以慑止战的效果。在国际关系领域，网络威慑（cyber deterrence）是指一国通过显示强大的反制能力，使敌方因顾虑后果而对网络行动有所收敛。网络威慑最早由美国布朗大学国际关系学教授詹姆斯·德·代元（James Der Derian）于 1994 年提出，此后成为美国网络安全战略的核心组成部分。我国的《"十三五"国家信息化规划》也明确提出"增强网络安全防御能力和威慑能力"，但相较而言，"威慑"一词在我国政策文件中的出现频率非常有限。

网络威慑常被偏狭地理解为通过展示网络空间进攻能力，而在网络空间之外对他国进行施压。实际上，网络威慑所展示出的反制能力既可以是网络进攻能力，也可以是网络防御能力；既可以是网络空间中的攻防对抗能力，也可以是传统的军事威慑、政治压力或经济制裁，只因为其目的是慑阻对手的网络空间行动，而被归为网络威慑。网络威慑重在止战而非作战，其基本原理是，让对手相信，其网络行动的代价将超过受益。这本质上是一个认知域目标而非网络域目标，即使威慑方的反制手段极其有限，但只要善于虚张声势，就有望达成以慑止战的目的；反之，如果一个国家总给人一种兔子式印象，那么即使其能力非常强大，从威慑角度而言也是不占优势的。网络空间装备展示和作战演习都是建立威慑力的常用手段。美国前任参谋长联席会议副主席卡特赖特（James Cartwright）称，美国需要对攻击性网络武器的开发和应用更加开放（而非遮遮掩掩）。他说："你不能指望一个秘密的东西成为威慑，因为如果人们不知道它的存在，就没有害怕它的可能。"

具体而言，网络威慑效果有四类形成机制：惩罚式威胁（threat of punishment）、规范式禁止（normative taboos）、防御式拒止（denial by defense）和纠缠式施损（entanglement）[14]。

- 惩罚式威胁是指展示己方有能力也有胆量实施报复，包括采用网络攻击手段、经济制裁手段乃至军事打击手段。这类手段存在法律和伦理的限制，在效果上还容易招致局势升级，受到了一定的质疑。惩罚还以精确的网络归因溯源为前提，而后者又存在巨大的技术难度。

- 规范式禁止是指对国际关系行为规范进行塑造，选择性地限制其他国家实施网络行动的能力。这类手段的威慑性在于对破坏规则的行为体实施点名和羞辱，同样依赖于准确的归因溯源。

- 防御式拒止是最为常用的网络威慑手段，是指展示己方的网络保障能力，向对手发出一个消息：你只会劳师无功。这种方式看似缺乏反制性，其实是最符合伦理也最令人信服的威慑形态。假如某地下团伙的成员需要自己选择攻击目标，完成业绩考核。小明选择了一个目标后久攻不下。大头目失去了耐心，只听小明说了句"大哥再给我一次机会吧"就再也不出现了。于是，团队中的每个成员都不敢再轻易选择那些看起来防备森严的目标。

- 纠缠式施损也是一类防御性威慑手段，强调了对攻击者的资源消耗，例如通过网络欺骗战术牵制住对手的精力，让对手为网络行动付出巨大的成本直至难以为继。不过，防御方也将为高对抗性活动的开展付出代价。

1.5 网络安全解构思维

网络安全工作包含"三分技术，七分管理"，这是业内共识。技术和管理应互相配合，其中管理工作则更为繁重而关键。在进一步实践中，从业者还需要建立更深刻的认知。除了技术和管理，安全还可以衍生出产品、工程、营销、合规等元素，这就让安全的体系生态更加复杂。除了将安全分解为不同元素的化约论（reductionism）观点外，更需要将各种元素加以整合考虑。整体论（holism）主张一个系统中各部分为一有机之整体，而不能割裂或分开来理解。通过整体论方法，笔者总结出了网络安全的三种解构思维，有助于对网络安全的内部规律抽丝剥茧，透过现象抵达本质。

1.5.1 成本思维

成本决定成败。不虑耗损者，不堪谋安全。正如习近平总书记在"4·19"讲话中所强调，"网络安全是相对的而不是绝对的。没有绝对安全，要立足基本国情保安全，避免不计成本追求绝对安全，那样不仅会背上沉重负担，甚至可能顾此失彼"。印度于2019年颁布的《数据保护法案》提出了严苛的合规要求，遭到了企业界的强烈反对，于是在2022年8月被迫撤销。降本保效应是安全运营的核心议题，这一目标的实现效果决定了安全是可扩展、可维持的实战武器，还是小范围、短时效的演习道具。

古代军事家孙子从成本和收益角度看待战争，他指出，"百战百胜非善之善也，不战而屈人之兵善之善也"。在网络空间，安全和危险的边界归根结底也是经济学的边界[15]。网络和防御都需要耗费人力、财力和物力。攻击者资源有限，必须在多个目标之间进行筛选，以追求产投比；防御者被淹没在海量的事务中，也要在资源和精力的分配问题上做出艰难的选择。攻击行动过程中，攻击团伙的手法和基础设施资源都会有暴露的风险。暴露的肉鸡将不再可用。团伙本身也会被追踪、画像，甚至被归因和起诉。防守方布下层层机关，也是为了抬高攻击方的成本，这就是"网络威慑"效应的主要发力点。同时，防守方还需要降低自身成本，因此会采用精细化、集约化运营方式，追求高效的分工合作。当攻击收益足够诱人时，攻击者才会愿意付出巨大的代价，不厌其烦地翻越高墙，绕过岗哨，打捞密码，策反内鬼，直至攻陷系统。而如果目标比较鸡肋，高级对手将不屑一顾，能遭遇到的对手大多是机会攻击者，在受挫时容易浅尝辄止，一般强度的安全措施则可起到足够的保护效果。APT的本质其实也是经济层面上的：攻击者有钱有闲，才能吃秤砣铁了心地长期渗透一个目标。工业控制系统宁可带着一身漏洞去运作也不打补丁，就是因为认定了，相对于网络安全风险，贸然施加安全措施造成的稳定性风险是更高的代价。

网络安全的成本，不仅是财务成本，更是人力成本和精神成本。网络对抗中的消耗战，终究会归结到对人才的消耗战。防御者一方，阵地之安不在于坚不可摧，而是在于迫使对手派出宝贵的"高手"出马才有望攻克；而另一方面，防御者对自动化的追求也是以节省己方的人力为目的。弱口令大行其道，是因为强口令造成了不受欢迎的心智压力。代价过于高昂、措施过于严苛的安全控制可以支撑运动式的短期行动，但长期的运营则难以维持。它将引发组织内部的广泛排斥，甚至让规避IT管控的"影子IT"成为潜规则，让安全体系名存实亡。

1.5.2 人性思维

计算机学科处处隐藏着对人性的认识、妥协和适应，它不仅是关于机器的学问，更是关于使用机器的人的学问。高级编程语言是为了规避机器指令的反人类设计而出现的，软件工程是为了避免软件开发的复杂性超过人类的梳理能力而提出的套路，设计模式是为了便利开发者之间的沟通而总结出的惯用"桥段"，网络漏洞是人类智力局限的必然结果，网络攻防更是有关人性的对抗交锋。抽丝剥茧之后，网络安全领域处处映射出人性的脉动。

网络安全管理的失败，常常是因为高估了人的理性，或者挑衅了人的耐心。要认识到人类对精细工作的不可靠性，例如对网络资产的梳理如果依赖人工填报，则必然错漏百出。网络安全管理，既要注重经济预算，也要注重心理预算：措施的烦琐程度超过经济预算或心理预算都会崩溃。对组织而言，网络安全事件是大概率的灰犀牛事件，却常因为决策者的各种非理性心态而被放任发生。根据经济学家丹尼尔·卡尼曼的理论，相对于潜在的损失，人的感性思维对于眼前确定性的花销更加敏感，这解释了许多企业对于网络安全的预防工作为何会一拖再拖。当安全事件真真切切发生后，人的积极性又会被应激式地调动起来，安全工作的受重视程度将在短期内发生巨大的扭转。现实中，安全事件经常扮演安全管理措施变革的催化剂。

物理世界中存在四种基本力：引力、弱力、电磁力以及强核力。如果把力学模型引入组织行为学，或许可以总结出组织行为的几种基本动力：营利，显功，避罚，降负，从善。这几种力在不同的组织文化下具有不同的比重。利欲熏心的犯罪组织受营利的力量支配，不惜铤而走险；一些僵化的大型组织则追求在保证避罚的前提下实现降负，只要不出事就可以不干事，表现出了懒惰；从善泛指非功利性的理想主义动力，比如理想信念、社会责任等。这种组织力学模型有助于理解和预测组织对网络安全的心态和动机。避罚动力让一些企业追求合规性，从而间接地实现了一定程度的网络安全。某些单位致力于打造华而不实的态势感知系统，可以认为是以显功为驱动力。一些高新技术企业非常依赖于核心技术秘密，这密切关系到它们的市场地位和营收状况，因此特别重视信息数据的保密性措施，可以归结为受营利这种力量的驱使。如果企业的网站被黑，数据发生泄露，或者服务宕机，将严重损害企业的形象和市场前景，因此营利动力也同完整性、可用性等安全目标息息相关。人性是大自然的力量，因此不妨按照力学的方式解析人性，像驾驭力量一样引导组织中的人性，借助于非理想主义的人性动力达到网络安全的理想目标。

1.5.3 体系思维

习近平总书记在"4·19"讲话中强调，"网络安全是整体的而不是割裂的""在信息时代，网络安全对国家安全牵一发而动全身，同许多其他方面的安全都有着密切关系"。在2021年国家网络安全宣传周活动中，国家互联网应急中心（CNCERT）总工程师陈训逊对记者说："网络安全不是单方面的，在人员、认识、技术储备等各方面都面临着一些挑战。"网络安全是一门融合技术、管理、法律和心理学等多领域知识的学科。安全从业者需要具备宽广的视野，既要研究模块，又要分析系统；既要管理设备，又要维护网络；既要熟稔信息技术，又要理解安全管理；既要关注单个企业，又要纵览行业生态。先进的攻防技术是网络安全的生存土壤，而技术至上主义却是让网络安全走向失败的祸根。网络空间的安全必须通过体系化能力才有望实现，这个体系由国家、企业、个人等多个层次的诸多要素构成。

站在宏观层面，网络空间防御的成败具有明显的短板效应。在2017年补天白帽大会上，

CNCERT 运行部主任严寒冰说，"一个国家网络安全的防御体系由很多层面组成，任何单位都应该把自己的网络安全防护工作做好，这是对国家网络安全防护体系的一个重要支撑。如果仅仅是一两家单位、一两家公司有很好的防护水平，并不能改变我国整体的网络安全防御水平，必须让每个公司的网络安全防护能力得到普遍提高"。站在企业治理层面，网络安全体系是人、流程和技术的有机生态，科学化网络安全建设不是时松时紧的应试性整改，不是好大喜功的技术产品堆砌，它应该是持续、动态、全面的治理过程。站在技术架构层面，传统的网络安全架构由一堆外挂的黑盒构成，这些黑盒并没有针对企业业务的特点进行定制化，互相之间也没有形成合力。这就好比一位病人从十个药商那里各买一块膏药贴在身上，不论膏药本身好坏，这些互不相识的药商不可能给出成体系的医治方案。安全产品的互操作性和体系化是实现广泛网络安全的必由之路。

第 2 章　安邦护市：网络安全政策机制

本章介绍我国网络安全宏观治理的历史进程、重要政策和基本制度。本章的内容分为前后两部分，前半部分以时间维度展开，回顾我国网络安全治理的不同阶段，并沿着时间脉络展现我国网络安全基本制度的建成过程，有助于读者把握我国网络安全法制建设与政策演进的脉络，建立体系化的政策知识。后半部分按主题展开，涉及标准化、漏洞治理、测评认证、应急等制度，分别探讨各主题下的政策规定和工作机制，相关篇幅包含了网络安全从业者的必知必会知识。一些国家和地区的网络安全治理情况也会被介绍，从中可以看出中外治理体系的一些异同点。本章收录了大量的历史事实，可为本领域的历史研究提供资料。

我国的网络安全治理是伴随着信息化的逐步发展而渐次推进的，本书将这一历程划分为三个阶段：①萌芽阶段，持续时间自网络安全威胁产生开始，到世纪更迭之前夕。这一时期我国网络安全产业要素逐渐形成，网络安全监管机构开始筹建，并产生了早期的立法实践和制度建设。在 20 世纪即将进入尾声的几个月里，全球都在为即将到来的"千年虫"时刻严阵以待。②发育阶段，持续时间自世纪之交起，到 2013 年止。这跨越十数年的时间里，我国互联网规模蓬勃发展，网络安全产业随之壮大，网络安全监管逐渐成熟。③加速阶段。2014 年，中央网络安全和信息化领导小组的成立，标志着我国网络安全事业进入加速期，同年我国举办了第一届世界互联网大会。此后，我国网络安全立法明显加快，各项监管政策密集出台，网络安全产业加速迭代。

2.1　我国网络安全治理历程的萌芽期

2.1.1　安全问题的发端

我国的计算机事业从 20 世纪 50 年代开始起步。1956 年，周恩来总理主持制定的《十二年科学技术发展规划》中，把计算机列为发展科学技术的重点之一，并在 1957 年筹建中国第一个计算技术研究所。1958 年 8 月 1 日，我国第一台通用电子计算机——103 型计算机在中国科学院计算技术研究所诞生。

20 世纪 80 年代，我国正式将信息化纳入国家战略，并积极寻求同国际社会建立网络连接。1986 年 5 月 27 日，中国同意大利打通了 X.25 网络链接。同年 8 月 25 日，中国科学院高能物理所的吴为民研究员从北京远程登录了西欧核子研究中心的网络，使用了彼端的电子邮件服务，而当时中国尚未建立自己的邮件服务器。同年 12 月，《中德计算机网络领域内的合作协议书》签订，协议的第一步计划是中国兵器工业计算机应用技术研究所（简称 ICA）同卡尔斯鲁厄大学合作，建立 ICA 同国际计算机科学网（CSNET，后于 1991 年关闭）的点对点联系。随后，国内众多高校和科研院所围绕这个国际连接通道组建中国学术网（CANET）。1987 年 9 月 14 日，CANET 的 ICA 节点正式发出中国第一封电子邮件，主题是"越过长城，通向世界"，收件人为多位欧美网络专家。然而，正在蹒跚起步的 CANET 尚不完善，经过 6 天的调试，才得以让合作伙伴收到这封邮件。1989 年 8 月，中国科学院展开了对"中关村教育与科研示范网络"（NCFC）的建设。1990 年 11 月，中国拥有了自己的顶级域名 CN，但域名服务器暂居德国卡尔斯鲁厄大学。1994 年 4 月 20 日，NCFC 通过美国 Sprint 公司开通了国际专线，从此国际社会承认中国是拥有全功能因特网的第 77 个国家。同年 5 月 15 日，中国拥有了自己的 Web 服务器。1994 年 5 月 21 日，中国科学院计算机网络信息中心从卡尔斯鲁厄大学接管 CN 域名的运营，标志着拥有了因特网的中国开始自主运营顶级域名服务器。1995 年 1 月，邮电部电信总局分别在北京、上海接入国际专线，并开始向社会提供因特网接入服务。1995 年 3 月，中国科学院完成上海、合肥、武汉、南京四个分院的远程连接，开始了因特网向全国扩展的第一步。1995 年 5 月，张树新创立了中国第一家互联网服务供应商——瀛海威时空，引导普通百姓进入互联网。1995 年 12 月，中国科学院百所联网工程完成，因特网扩展到全国 24 个城市。1996 年 1 月，中国公用计算机互联网（CHINANET）全国骨干网建成并正式开通，全国范围的公用计算机互联网络开始提供服务。1996 年年底，中国互联网用户已达十万之众。从此，互联网逐渐渗透到中国人的生产生活，中国社会萌生出的网络空间开始快速生长。

伴随着网络空间的孵化孕育，网络空间安全威胁随之产生。1986 年，我国破获了第一起计算机犯罪，作案者利用计算机盗抄银行账号并盗取储户存款。1988 年，中国出现了第一例感染型计算机病毒——小球病毒。到 1989 年年底，这个病毒已经侵入了全国 5 万台计算机。大连市统计局是小球病毒疫情的重灾区，以致国家统计工作也遭到了严重干扰。原来不仅人会染疫，计算机竟也会感染病毒。越来越多的中国人开始意识到，信息空间原来充满了威胁，这些威胁终会跳出信息设备的边界，延伸到现实社会中为祸四方。中国同计算机威胁的战斗拉开了帷幕。

20 世纪 80 年代，伴随着信息技术的快速发展，党和国家为抓住这一历史机遇及时采取一系列重大举措。我国信息化管理体制机制开始建立，国家层面对信息化的有力领导得以加强。1982 年 10 月 4 日，国务院成立了计算机与大规模集成电路领导小组，确定了我国发展大中型计算机、小型机系列机的选型依据。1984 年，国务院计算机与大规模集成电路领导小组被改为国务院电子振兴领导小组。该小组在"七五"期间，重点抓了十二项应用系统工程，支持应用电子信息技术改造传统产业。1986 年 2 月，为了统一领导国家经济信息系统建设，在组建国家经济信息中心的同时，成立了国家经济信息管理领导小组，时任国家计委主任的宋平任组长[16]。

这一时期，计算机应用在我国走向普及，计算机安全问题随之发轫，并迅速引起了相关人士的重视。早在中国尚未接入互联网的 1983 年，公安部就已成立了计算机管理监察机构。1998 年 8 月，公安部正式成立公共信息网络安全监察局（后于 2008 年改称网络安全保卫局），旨在加强对互联网的安全管理[17]。为了对信息安全这一新兴挑战开展深入研究，中国计算机学会计算机安全专业委员会（Professional Committee of Computer Security of China

Computer Federation）于 1989 年 6 月成立，简称安全专委会（Technical Committee on Computer Security，TCCS）。TCCS 是我国最早的计算机安全专业研究机构之一。中国计算机学会（China Computer Federation，CCF）是成立于 1962 年的全国一级学会，彼时国产计算机已初露头角。CCF 的各个专委会（Technical Committee，TC）是 CCF 的二级专业分支机构，根据各子学科需要而设立，是 CCF 开展学术活动的主体，接受 CCF 的直接领导。TCCS 作为 CCF 的专委会之一，由 CCF 所属的计算机安全学学科和计算机安全保护、监察等应用领域的分支组织，由我国计算机领域的党政军公检法和科研教育部门的专家、技术和管理人员组成，挂靠公安部十一局，接受 CCF 的业务指导[18]。

2.1.2　20 世纪 90 年代政策与举措

1993 年是国家信息化建设的腾飞之年，我国启动了金卡、金桥、金关等重大信息化工程，拉开了国民经济信息化的序幕。1993 年 12 月 10 日，国务院成立了国家经济信息化联席会议，统一领导和组织协调政府经济领域信息化建设工作，时任国务院副总理邹家华担任联席会议主席。随着国家信息化的进一步发展，信息网络的用途不再局限于国家经济信息化，开始进入各行各业。在此背景下，中央于 1996 年决定在原国家经济信息化联席会议的基础上，成立国务院信息化工作领导小组，由 20 多个部委共同组成，统一领导和组织协调全国的信息化工作，时任国务院副总理邹家华任组长。原国家经济信息化联席会议办公室相应改为国务院信息化工作领导小组办公室，简称国务院信息办。国务院信息办在后续两年的战略行动中发挥了重要作用，直至 1998 年被国家信息化办公室取代。

1998 年 3 月 10 日，九届全国人大一次会议审议通过了《关于国务院机构改革方案的决定》[19]，国务院组成部门由原有的 40 个减少到 29 个。在这次调整中，信息产业部在当时的邮电部和电子工业部的基础上组建，简称信产部，主管全国电子信息制造业、通信业和软件业，推进国民经济和社会信息化。中华人民共和国邮电部于 1954 年 9 月正式成立，其前身是 1949 年 11 月 1 日设立的中央人民政府邮电部。电子工业部在 1982 年 5 月成立，由第四机械工业部、国家广播电视工业总局、国家电子计算机工业总局合并而成。

国务院信息办被整建制并入新组建的信息产业部，成为信息产业部信息化推进司，又称国家信息化办公室，简称国信办，负责推进国民经济和社会服务信息化的工作。国信办主要职责为：研究制定推进国民经济和社会信息化发展规划；指导各地区、各行业的国民经济信息化工作；协助业主推进重大信息化工程；组织协调和推进全国软件产业的发展；研究制定有关信息资源的发展政策和措施，指导、协调信息资源的开发利用和信息安全技术开发；推动信息化普及教育。

在国家信息化不断加快的背景下，各类信息在存储和传输过程中的安全保密问题日益突出，商用密码的应用需求应运而生。我国对密码实行分类管理，将密码分为核心密码、普通密码和商用密码，核心密码用于保护各种密级的国家秘密信息，普通密码可保护机密级以下国家秘密信息，商用密码保护非国家秘密信息。长期以来，三类密码自身也属于国家秘密，直到 2020 年 1 月 1 日起施行《密码法》仅规定核心密码和普通密码属于国家秘密。1996 年 7 月，中央办公厅印发《关于发展商用密码和加强对商用密码管理工作的通知》，确定了"统一领导、集中管理、定点研制、专控经营、满足使用"的商用密码发展和管理方针。

1999 年 10 月 7 日，国务院第 273 号令发布《商用密码管理条例》，即日实施。根据该条例，商用密码是指"对不涉及国家秘密内容的信息进行加密保护或者安全认证所使用的密码技术和密码产品"，但商用密码技术本身属于国家秘密，国家对商用密码产品的科研、生产、销售和使用实行专控管理。国家密码管理委员会及其办公室为国家密码管理机构，主管全国的商用密码管理工作。商用密码产品由国家密码管理机构许可的单位销售（2005 年 3 月 25 日，国家密码管理委员会办公室更名为国家密码管理局，简称国密局）。

1994 年 2 月 18 日，国务院第 147 号令发布《计算机信息系统安全保护条例》（以下简称《计算机保护条例》），即日实施。条例包含总则、安全保护制度、安全监督、法律责任、附则五章内容，针对计算机系统的保护做出多方面的规定。总则明确了国内信息安全保护的管理主体：公安部"主管全国计算机信息系统安全保护工作"，国家安全部、国家保密局和国务院其他有关部门"在国务院规定的职责范围内做好计算机信息系统安全保护的有关工作"。

《计算机保护条例》明确规定了"故意输入计算机病毒以及其他有害数据危害计算机信息系统安全"系违法行为。条例对计算机病毒进行了定义：编制或者在计算机程序中插入的破坏计算机功能或者毁坏数据，影响计算机使用，并能自我复制的一组计算机指令或者程序代码。

《计算机保护条例》还规定实施"计算机信息系统安全专用产品的销售实行许可证制度"，"具体办法由公安部会同有关部门制定"。其中计算机信息系统安全专用产品是指"用于保护计算机信息系统安全的专用硬件和软件产品"。

《计算机保护条例》历史性地提出了"计算机信息系统实行安全等级保护"，是我国信息安全等级保护（简称"等保"）这一基本制度的发端文件。但《计算机保护条例》并未就"等级保护"的具体内容进行解释规定，仅是确立了公安部门在等保制度中的牵头地位，要求"安全等级的划分标准和安全等级保护的具体办法，由公安部会同有关部门制定"。

《计算机保护条例》是我国网络安全法律法规的先驱。一般而言，一国的法律体系按位阶自上而下依次有宪法（constitution）、法律（law）、行政法规（administrative law and regulation）、地方性法规（local law and regulation）、部门规章（departmental rule）等类型。下位法多作为上位法的细化和补充，发生抵触时应让位上位法。我国法律由主席令发布，分为基本法律和普通法律，分别由全国人大和全国人大常委会制定，前者如《民法典》《刑法》，后者如《网络安全法》《数据安全法》。行政法规由国务院制定，以条例、办法、实施细则、规定等形式组成，由国务院令发布。地方性法规是指省、自治区、直辖市以及设区的市和自治州的人民代表大会及其常委会，在其法定权限内制定的法律规范性文件，包括章程、条例、办法等。部门规章指国务院各部、委、直属机构，根据法律和国务院的行政法规、决定、命令，在本部门的权限范围内制定的规范性文件，主要形式是命令、指示、规定等。

《计算机保护条例》出台后，国务院有关部门又陆续发布了与其配套的法规、规章，对国际联网管理和信息安全保护工作做出进一步细化。

- 1996 年 2 月 1 日，国务院第 195 号令发布《中华人民共和国计算机信息网络国际联网管理暂行规定》（以下简称《国际联网暂行规定》），即日实施，旨在加强对计算机信息网络国际联网的管理，保障国际计算机信息交流的健康发展。《国际联网暂行规定》的重要条款包括：国际联网必须使用邮电部提供的国际出入口信道，不得自行建立或者使用其他信道；新建互联网络，必须报经国务院批准；不得利用国际联网从事危害国家安全、泄露国家秘密等违法犯罪活动，不得制作、查阅、复制和传播妨碍社会治安的信息和淫秽色情等信息。1996 年 4 月 9 日，邮电部根据《国际联网暂行规定》制定发布了针对 CHINANET 的《中国公用计算机互联网国际联网管理办法》，即日实施。1997 年 5 月 20 日，国务院第 218 号令对《国际联网暂行规定》进行了修订，将"国务院经济信息化领导小组"修改为"国务院信息化工作领导小组"，并对国际联网经营活动相关规定进行了调整。《国际联网暂行规定》确定了国际互联网的管理主体：国务院信息化工作领导小组负责协调、解决有关国际联网工作中的重大问题；领导小组办公室按照本规定制定具体管理办法，明确国际出入口信道提供单位、互联单位、接入单位及用户的权利、义务和责任，并负责对国际联网工作的检查监督。

- 1997 年 12 月 12 日，公安部第 32 号令发布《计算机信息系统安全专用产品检测和销售许可证管理办法》，即日实施。《办法》包含总则、检测机构的申请与批准、安全专用产品的检测、销售许可证的审批与颁发、罚则、附则六章内容，确立了计算机信息系统安全专用产品销售许可制度，明确公安部计算机管理监察部门负责销售许可证的审批颁发工作和安全专用产品安全功能检测机构的审批工作[20]。

- 1997 年 12 月 30 日，公安部第 33 号令发布《计算机信息网络国际联网安全保护管理办法》。这一《办法》根据《计算机保护条例》《国际联网暂行规定》及其他法律法规制定，明确公安部计算机管理监察机构负责计算机信息网络国际联网的安全保护管理工作。《办法》第四~七条规定了若干禁止行为；第八~十四条规定了单位和个人的安全保护责任；第十五~十九条规定了公安机关的安全监督责任；第二十~二十三条规定了法律责任后果。

- 1998 年 2 月 13 日，国务院信息化工作领导小组发布《计算机信息网络国际联网管理暂行规定实施办法》，自颁布之日施行。《实施办法》根据《国际联网暂行规定》制定，其中的重要内容包括：国务院信息办负责组织、协调有关部门制定国际联网的安全、经营、资费、服务等规定和标准的工作，并对执行情况进行检查监督；CNNIC 提供互联网络地址、域名、网络资源目录管理和有关的信息服务；国际联网必须使用邮电部提供的国际出入口信道；CHINANET、CHINAGBN（中国金桥信息网）、CERNET（中国教育和科研计算机网）、CSTNET（中国科学技术网）四大网分别由邮电部、电子工业部、国家教委和中科院管理；新建互联网络需由国务院最终批准；接入网络必须通过互联网络进行国际联网，不得以其他方式进行国际联网；用户向接入单位申请国际联网时，应当提供有效身份证明或者其他证明文件；不得擅自进入未经许可的计算机系统，篡改他人信息；不得在网络上散发恶意信息，冒用他人名义发出信息，侵犯他人隐私；不得制造、传播计算机病毒及从事其他侵犯网络和他人合法权益的活动；不得利用国际联网从事危害国家安全、泄露国家秘密等不法活动，不得制作、查阅、复制和传播妨碍社会治安和淫秽色情等有害信息；发现有害信息应当及时向有关主管部门报告，并采取有效措施，不得使其扩散。

- 1999 年 9 月 13 日，我国早期的等保国家标准《GB 17859—1999 计算机信息系统安全保护等级划分准则》发布，2001 年 1 月 1 日起实施。GB 17859 参考了美国国防部

《可信计算机系统评估准则》（俗称"橙皮书"）和《可信计算机网络系统说明》（俗称"红皮书"），将计算机信息系统安全分为 5 级，由低至高分别为用户自主保护级、系统审核保护级、安全标记保护级、结构化保护级和访问验证保护级。GB 17859 是我国信息安全领域为数不多的强制性国家标准。

- 2000 年 4 月 26 日，公安部第 51 号令发布《计算机病毒防治管理办法》，对计算机病毒的防治管理主体、具体管理制度、惩罚等做出规定。根据这一《办法》，公安部公共信息网络安全监察部门主管全国的计算机病毒防治管理工作，地方各级公安机关具体负责本行政区域内的计算机病毒防治管理工作；从事计算机病毒防治产品生产的单位，应当及时向公安部公共信息网络安全监察部门批准的计算机病毒防治产品检测机构提交病毒样本；计算机病毒防治产品检测机构应当对提交的病毒样本及时进行分析、确认，并将确认结果上报公安部公共信息网络安全监察部门；对计算机病毒的认定工作，由公安部公共信息网络安全监察部门批准的机构承担。

伴随着计算机犯罪的产生和蔓延，中国社会开始意识到这类威胁的严重性，刑法需要对这类新型犯罪进行明确规定。1997 年 3 月 14 日，第八届全国人民代表大会第五次会议修订《中华人民共和国刑法》，自同年 10 月 1 日起施行。1997 刑法在 1979 刑法的基础上，增加了计算机时代的若干犯罪类型：侵犯著作权罪、侵犯商业秘密罪、非法侵入计算机信息系统罪、破坏计算机信息系统罪以及利用计算机实施金融诈骗、盗窃、贪污、挪用公款、窃取国家秘密或者其他犯罪等。1998 年 6 月 16 日，上海某公共信息网发现遭到网络入侵，随后上海警方于同年 8 月 21 日以涉嫌破坏计算机信息系统罪对犯罪嫌疑人杨某进行逮捕，这是中国第一次以该罪批捕的案件。杨某为上海交大数学系研究生，计算机水平高超，为逃避上网资费而侵入网络服务系统，破译工作人员账号。案件引发了舆论争议。

2.1.3　安全行业的雏形

20 世纪 90 年代，多个互联网管理及信息安全工作机构相继成立，我国网络安全技术支撑体系开始萌芽。

- 国家保密技术研究所于 1991 年 5 月正式成立，是中央保密委员会办公室暨国家保密局下属的研究所，于 2008 年 7 月更名为国家保密科学技术研究所。研究所的主要任务是为国家保密局制定全国保密技术政策、规划提供技术依据，为开展保密工作提供支撑与服务。

- 1996 年，天津市公安局和天津市技术监督局联合组建天津市质量检验站第 70 站，负责对在我国销售的计算机病毒防治产品进行质量检验认证[21]。该站挂牌计算机病毒防治产品检验中心（AVPTCC）和计算机病毒防治产品检验实验室，是我国计算机病毒防治领域唯一获得公安部批准的产品检验机构，在我国信息安全专用产品销售许可制度中承担重要职责[22]。AVPTCC 建立了我国的计算机病毒标准样本库，编制起草了《DOS 操作系统环境下计算机病毒检测方法》（GA 135—1996）和《计算机病毒防治产品评级准则》（GA 243—2000）等公共安全行业标准。

- 1997 年 5 月 30 日，国务院信息办发布《中国互联网络域名注册暂行管理办法》，授权中国科学院组建和管理中国互联网络信息中心（CNNIC），授权 CERNET 网络中心与 CNNIC 签约并管理二级域名 EDU. CN。CNNIC 行使国家互联网络信息中心的职责，负责国家网络基础资源（如 IP、顶级域名、网站等）的运行管理和服务。CN 顶级域名有多个二级子域名，如 EDU. CN 对应教育机构，AC. CN 为科研机构，GOV. CN 为政府机构。1997 年 6 月 3 日，中国科学院计算机网络信息中心正式组建 CNNIC。同日，国务院信息办宣布成立 CNNIC 工作委员会。

- 1997 年，第一届国务院信息化工作领导小组授权国家质检总局启动信息安全产品测评认证体系建设工作，中国信息安全测评中心（CNITSEC）开始筹建。1999 年 2 月，CNITSEC 正式运行。目前，CNITSEC 主要职能包括：开展信息安全漏洞分析与风险评估；开展信息技术产品、系统和工程建设的安全性测试与评估；开展信息安全服务和信息安全专业人员的能力评估与资质审核；开展信息安全技术咨询、工程监理与开发服务；从事信息安全测试评估的理论研究、技术研发、标准研制；出版《中国信息安全》杂志等[23]。

- 公安部计算机信息系统安全产品质量监督检验中心隶属公安部第三研究所，于 1997 年下半年开始筹建，并于 1998 年 7 月 6 日通过国家技术监督局的计量认证和公安部审查认可，成为国家法定的检测机构。该中心承担国内计算机信息系统安全产品和同类进口产品的质量监督检验工作[24]。

- 1998 年，信息产业部授权华北计算技术研究所（中国电子科技集团公司第十五研究所）组建成立"信息产业部计算机安全技术检测中心"（ITSTEC），为国家信息安全产业健康、有序发展提供可靠的技术保障。2000 年，CNITSEC 授权华北计算技术研究所在 ITSTEC 基础上成立 CNITSEC 计算机测评中心。2008 年，ITSTEC 被国家认证认可监督管理委员会（CNCA，简称国家认监委）指定为信息安全产品强制性认证检测实验室，开展信息安全产品强制性认证测评。ITSTEC 于 2011 年 5 月更名为"信息产业信息安全测评中心"。

- 1999 年 5 月，CERNET 在清华大学网络工程研究中心成立了中国第一个安全事件应急响应组织 CCERT（CERNET 计算机应急响应组，CERNET Computer Emergency Response Team）。同年 9 月，CCERT 正式提供服务。CCERT 是 CERNET 专家委员会领导之下的一个公益性服务和研究组织，从事网络安全技术的研究和非营利性质的网络安全服务，网站为 ccert. edu. cn。

20 世纪 90 年代，中国出现了第一批信息安全厂商，安全市场正在破壳而出。1991 年，王新投资成立瑞星电脑科技开发部，由当时尚在中科院数学所工作的刘旭开发个人计算机硬件防病毒卡。1995 年 11 月 6 日，北京天融信网络安全技术有限公司登记成立，是我国最早成立的专注计算机网络安全的企业，其"网络卫士"防火墙于 1998 年获得公安部颁发的第一张防火墙类产品销售许可证。1996 年 6 月，启明星辰公司成立，后于 2000 年推出首款硬件 IDS 产品。1996 年 8 月，江民科技在中关村注册成立，由反病毒专家王江民创建，此前他已推出多款成功的杀毒软件。1998 年 4 月，北京瑞星科技股份有限公司正式成立，该月，瑞星杀毒已迭代到 8.0 版。

据 CNNIC 统计报告，截止到 20 世纪最后一天，中国共有上网计算机 350 万台，上网用户数约 890 万，CN 下注册的域名 48695 个，WWW 站点约 15153 个，国际出口带宽 351Mbit/s。随着 Web 应用的流行，Web 安全问题伴生出现。SQL 注入和跨站脚本攻击等

Web 攻击方法在 1999 年左右开始出现[25]，并逐渐流行开来，日益成为威胁 Web 安全的大敌。20 世纪 90 年代的中国，随着互联网山花烂漫地生发，这里产生了早期的黑客群体。与当时世界上大多数地区的黑客一样，他们的典型特征是对计算机技术和安全漏洞的好奇心与求知欲。这个年代的黑客大多数属于白帽，崇尚开放、自由、分享的互联网精神，而非利用漏洞的牟利之徒，但其中一些人也会漠视法律的规制，甚至化身黑客行动主义者（hacktivist）。随着群体规模的不断增长和内部交流的日益密切，黑客们开始依托互联网社群结成兴趣团体。1997 年，上海黑客龚蔚（goodwell）创建了中国早期的黑客组织"绿色兵团"。1998 年，杨某计算机入侵案发酵后，许多知名黑客对他表达同情，并利用网络平台为其发声。1999 年 5 月 8 日凌晨，中国驻南斯拉夫大使馆遭北约轰炸，三名记者遇难。一些愤怒的黑客对美国军、政网站展开了报复。与他们相对立的亲美黑客群体也不甘示弱，随后对中国网站开展了攻击，最终两败俱伤。在这场并不受两国官方认可的网络冲突中，出现了一个自称"红客"（honker）的群体，他们强调"红客"意在维护网络安全和中国利益，不同于做坏事的骇客。

2.2 我国网络安全治理历程的发育期

2.2.1 世纪之交面临的突出威胁及其应对

时间进入 20 世纪尾声，中国社会清醒地意识到信息化和信息安全必将在新世纪产生深远影响。信息化工作在国家战略中的地位理应得到进一步提升，国家信息化工作领导小组在这一背景下产生。与此同时，某些计算机程序仅用 2 位数字代表年份，在世纪交替之际会出现故障，甚至引发灾难性后果，因此，计算机 2000 年问题（俗称"千年虫"）被世界各国视作迫在眉睫的威胁，必须在国家层面调动资源加以应对，防患于未然。

1999 年 12 月 23 日，国务院办公厅发出《关于成立国家信息化工作领导小组的通知》（国办发〔1999〕103 号），宣布成立国家信息化工作领导小组，由时任国务院副总理吴邦国任组长[26]。领导小组的主要职责包括：组织协调国家计算机网络与信息安全管理方面的重大问题；组织协调跨部门、跨行业的重大信息技术开发和信息化工程的有关问题；组织协调解决计算机 2000 年问题，负责组织拟定并在必要时组织实施计算机 2000 年问题应急方案；承办国务院交办的其他事项。领导小组不单设办事机构，具体工作由信息产业部承担，涉及四个工作机构：①计算机网络与信息安全管理工作办公室（简称国信安办），设在已经成立的国家计算机网络与信息安全管理中心，同时撤销计算机网络与信息安全管理部际协调小组；②国家信息化推进工作办公室，设在信息产业部信息化推进司，同时撤销国家信息化办公室；③计算机 2000 年问题应急工作办公室，设在信息产业部电子信息产品管理司，完成任务后自行撤销；④国家信息化专家咨询组，负责就我国信息化工作中的重大问题向领导小组提出建议。根据通知规定，以上工作办公室和专家咨询组均不再另行增加编制。按照政府机构改革的要求，各省不再另设跨部门的信息化工作协调领导机构。

随着网络空间的扩张，国家秘密的载体由纸介质为主发展到声、光、电、磁等多种形式，国际互联网已成为主要的泄密途径，网络间谍是国家秘密的首要威胁。为应对这一挑战，将涉密信息同国际互联网进行隔离是国际通用做法。1999 年 12 月 27 日，国家保密局发布《计算机信息系统国际联网保密管理规定》（国保发〔1999〕10 号，以下简称《联网保密规定》），自 2000 年 1 月 1 日开始施行。《联网保密规定》旨在加强计算机信息系统国际联网的保密管理（下文简称"联网保密"），确保国家秘密的安全。《联网保密规定》实质上确立了一条基本的保密工作准则，可概括为"上网不涉密，涉密不上网"。

中国共产党自初创时期起就高度重视保密工作，并将其写入入党誓词。在革命战争年代，保密被看作党的生命线。直到今天，保守国家秘密依然是事关国家安全和利益的大事要务。1988 年 4 月，国务院设立国家保密局，为国务院部委归口管理的国家局，是主管全国保密工作的职能部门。1988 年 9 月 5 日通过的《中华人民共和国保守国家秘密法》将这一传统工作进行了法制化规范。然而，该版《保密法》诞生于前互联网时代，直到 2010 年重新修订时才加入网络信息安全相关内容。因此，《联网保密规定》对当时的《保密法》起到了及时的补充作用。

《联网保密规定》第四条提出了控制源头、归口管理、分级负责、突出重点、有利发展的五点原则。《联网保密规定》第五条规定了主管责任："国家保密工作部门"主管全国联网保密工作，"县级以上地方各级保密工作部门"主管本行政区域内联网保密工作，中央国家机关在其职权范围内主管或指导本系统联网保密工作。《联网保密规定》第六条指出："涉及国家秘密的计算机信息系统，不得直接或间接地与国际互联网或其他公共信息网络相连接，必须实行物理隔离"。第八条指出，凡向国际联网的站点提供或发布信息，必须经过保密审查批准，有关单位应建立健全上网信息保密审批领导责任制。《联网保密规定》还对保密培训和保密监督等内容提出了要求。

自 1995 年起，传统的新闻传媒和文化传播机构纷纷建立网站，新兴的互联网内容服务也如雨后春笋般涌现。1995 年 1 月 12 日，教育部主办的《神州学人》杂志通过 CERNET 发行《神州学人周刊》电子版，成为我国首家走上互联网的传统媒体。1995 年 8 月，电子布告栏系统（BBS）站点"水木清华"开通。中央人民广播电台、中央电视台、人民日报、新华社分别于 1996 年 10 月、1996 年 12 月、1997 年 1 月、1997 年 11 月开通网站。网易、搜狐、新浪、中华网、百度分别在 1997 年 5 月、1998 年 2 月、1998 年 12 月、1999 年 5 月、2000 年 1 月创立。互联网内容服务的兴起给网民带来了极大的价值，但另一方面，谣言、网暴、色情等有害信息的传播力和危害性也被放大。为此，国务院有关部门在 21 世纪初出台了一系列法规规章，对相关问题实施监管。

- 2000 年 9 月 25 日，国务院第 291 号和 292 号令分别发布《中华人民共和国电信条例》和《互联网信息服务管理办法》（以下简称《电信条例》和《信管办法》），即日施行。《电信条例》所称电信业务分为基础电信业务和增值电信业务，涵盖了电话、寻呼、卫星通信和互联网数据传送等形态。《电信条例》规定对电信业务经营按照电信业务分类实行许可制度，对于不在分类目录的新型电信业务实行备案制度。《信管办法》所称互联网信息服务，是指通过互联网向上网用户提供信息的服务活动，分为经营性和非经营性两类，分别实行许可制度和备案制度。《电信条例》要求国务院信息产业主管部门依照本条例的规定对全国电信业实施监督管理，旨在规范电信市场秩序，维护电信用户和电信业务经营者的合法权益，保障电信网络和信息的安全，促进电信业的健康发展。这是我国针对电信业的第一部综合性法规，标志着中国电信业的发展步入法制化轨道。《电信条例》第五章题为《电信安全》，其中第 57 条涉及内容合规性，第 58 条禁止了若干类危害电信网络安全和信息安全的行为，第 59 条禁止了几类扰乱电信市场秩序的行为，第 60 条要求电信业务经营者建立健全内部安全保障制度，第 61 条要求"电信网络的设计、建设和运行"应做到同国家安全和网络安全"同步规划，同步建设，同步运行"。《信管办法》旨在规范互联网信息服务活动，促进互联网信息服务健康有序发展，是多部后续规章的制定依据。《信管办法》第 14 条规定"服务提供者的记录备份应当保存 60 日"，第 15 条列举了不得涉及的有害内容的类别，第 16 条规定了内容提供者对有害内容的报告义务，第 17 条规定服务提供者的某些涉外活动应"事先经国务院信息产业主管部门审查同意"，第 18 条规定了国务院信息产业主管部门和省级电信管理机构的监督管理义务。

- 2000 年 11 月 6 日，信息产业部第 3 号令发布《互联网电子公告服务管理规定》。该规定根据《信管办法》制定，旨在加强对电子公告服务的管理。所称电子公告服务，是指在互联网上以电子布告牌（BBS）、电子白板、电子论坛、网络聊天室、留言板等交互形式为上网用户提供信息发布条件的行为。这一规章文件在 2014 年 9 月 23 日被工信部第 28 号令废止，以响应国务院取消和下放行政审批项目的有关要求。

- 2000 年 11 月 7 日，国务院新闻办公室、信息产业部发布《互联网站从事登载新闻业务管理暂行规定》，旨在建立互联网新闻业务审批机制，明确禁止若干类有害信息的新闻传播，维护互联网新闻的真实性、准确性、合法性。2000 年 12 月 12 日，人民网、新华网、中国网、央视国际网、国际在线网、中国日报网、中青网等获得国务院新闻办公室批准进行登载新闻业务，率先成为获得登载新闻许可的重点新闻网站。

- 2002 年 6 月 27 日，新闻出版总署、信息产业部第 17 号令发布《互联网出版管理暂行规定》（以下简称《出版暂行规定》）。这一规章根据《出版管理条例》和《信管办法》制定，旨在加强对互联网出版活动的管理，保障互联网出版机构的合法权益，于 2002 年 8 月 1 日起实施。《出版暂行规定》指出，新闻出版总署负责监督管理全国互联网出版工作，省级新闻出版行政部门负责本行政区域内互联网出版的日常管理工作，包括申请审核和违规处罚。所称互联网出版，是指互联网信息服务提供者将自己创作或他人创作的作品经过选择和编辑加工，登载在互联网上或者通过互联网发送到用户端，供公众浏览、阅读、使用或者下载的在线传播行为。所称作品主要包括：（一）已正式出版的图书、报纸、期刊、音像制品、电子出版物等出版物内容或者在其他媒体上公开发表的作品；（二）经过编辑加工的文学、艺术和自然科学、社会科学、工程技术等方面的作品。《出版暂行规定》要求，从事互联网出版活动，必须经过新闻出版行政部门批准，再持批准文件到省级电信管理机构办理相关手续。

- 2003 年 5 月 10 日，文化部第 27 号令发布《互联网文化管理暂行规定》（以下简称《文管规定》），自 2003 年 7 月 1 日起施行。《文管规定》根据《信管办法》制定，旨在加强对互联网文化的管理，保障互联网文化单位的合法权益，促进我国互联网文化健康、有序地发展。《文管规定》所称互联网文化产品是指通过互联网生产、传播和流通的文化产品，包括音像制品、游戏产品、演出剧（节）目、艺术品、动画等其他文化产品；所称互联网文化活动是指提供互联网文化产品及其服务的活动，分为经营性和非经营性两类，分别实行许可制度和备案制度；所称互联网文化单位，是指经文化行政部门和电信管理机构批准，从事互联网文化活动的互联网信息服务提供者，实行审查制度。《文管规定》的重要内容是：明确文化部承担互联网文化的政策制定、制度执行和内容监管的责任，规定了省级文化行政部门的责任；规定了许可制度和备案制度的运作方式；规定了若干内容禁区。2004 年 7 月 1 日，文化部令第 32 号发布对《文管规定》进行修改的决定。这次修改更新了对互联网文化产品和互联网文化活动的定义，体现出最新互联网业态；对经营性互联网文化单位的申请进行调整，增强了对资金实力和业务发展能力的要求；简化了非经营性文化单位的申请流程，由审批改为事后备案。

2.2.2　2000—2005 年政策与举措

2000 年 8 月 4 日，国家信息化工作领导小组计算机网络与信息安全管理工作办公室召开了关于建立国家计算机网络应急处理体系的工作会议，会上提出了成立 CNCERT/CC 的建议[27]。2001 年 8 月初，"红色代码"病毒开始在中国境内大规模蔓延。这一事件进一步催化了国家互联网安全应急体系的建立。同月，CNCERT 正式成立。刚刚组建的 CNCERT 在信息产业部领导下，积极召集和协调各个运营商、网络安全研究机构和安全厂商，联合处理了红色代码蠕虫事件。2001 年 10 月，信息产业部提出建立国家计算机紧急响应体系，并且要求各互联网运营单位成立紧急响应组织，能够加强合作、统一协调、互相配合。到 2002 年，中国的骨干互联网运营商都成立了应急响应组织，整个国家公共互联网安全事件应急处理体系初步形成，CNCERT 成为中国计算机网络应急处理体系中的牵头单位[28]。

2000 年年底，我国网络安全立法行动迈出了重要一步。2000 年 12 月 28 日，《全国人民代表大会常务委员会关于维护互联网安全的决定》获得通过。这是我国最高立法机构首次针对互联网安全制定的立法文件，明确指出了网络空间中应予追究民事和刑事责任的若干行为。2009 年 8 月 27 日，《全国人民代表大会常务委员会关于修改部分法律的决定》获得通过，将该文件引用"治安管理处罚条例"之处修改为"治安管理处罚法"。

2001 年 4 月 1 日，在中美南海撞机事件中，我军飞行员王伟不幸牺牲。事件引发中美网民舆论冲突。自 4 月 4 日以来，PoizonBOx、Prophet、罪恶世界、MIH 等臭名昭著的美国黑客组织利用网络串联，悍然对大量中国网站发起攻击[29]。他们声称这是一次对中国的"网络战争"。国信安办负责人在接受新华社专访时说，进入 4 月中旬以来，针对中国网络的攻击事件频繁发生。这位负责人提醒国内运营者要注意防范黑客攻击，并建议将攻击事件上报 CNCERT[30]。到 4 月末，中国大量网站已遭到严重损失。在这种情况下，一批"红客"组织决定于 4 月 30 日起对美国网站展开"反击"。他们攻陷了一批美国政府网站，在首页处张贴烈士照片，留下反霸权主义标语。5 月 9 日，三大"红客"组织突然发表联合声明，宣布停止对美国网站的攻击。有当事者事后回忆道，许多"红客"一边攻击外部网络，一边还要协助国内遭受袭击的网站修复漏洞，所以最终两边其实都没有得到所谓的"胜利"。事后，中国互联网协会表态，倡导良性网络行为。何德全院士公开表示不支持黑客大战，并寄语中国的黑客们，把力量和聪明才智用在自己国家的信息化发展和信息安全积极防御的体系建设上。

2001年的"中美黑客大战"是中国黑客的高光时刻，吸引了众多青年走上安全攻防学习道路。事件的后果也引起了从业者的反思，最终导致了中国黑客团体的分化。一些人放弃了这类激情行为，转而投身正在成型的网络安全产业，促进了安全产业的成长；也有团体走上了娱乐化、炒作化、商业化道路，以"红客"为名吸引学员和捐款；更有甚者，尝试利用漏洞技术牟取非法利益，黑色产业链开始形成。网络空间中，安全产业和黑产展开了长期的搏杀。

2001年4月26日，国信安办发布《国家信息化工作领导小组、计算机网络与信息安全管理工作办公室关于选择我国计算机网络安全服务试点单位的公告》，面向社会选择我国计算机网络安全服务试点单位，试点单位将参与建设若干项计算机网络安全服务示范工程。公告称，国信安办根据国家赋予的"组织全国主网络安全保障体系，协调各行业的计算机网络安全应急工作"和"组织和协调计算机网络信息安全技术标准和网络安全等级标准的制订工作"的职责，决定组织建设我国计算机网络安全保障和应急处理体系，并酝酿制定我国计算机网络安全服务的行业规范[31]。

2001年5月25日，中国互联网协会（ISC）正式成立。ISC是在信息产业部的指导下，经民政部批准，由国内从事互联网行业的网络运营商、服务提供商、设备制造商、系统集成商以及科研、教育机构等70多家互联网从业单位共同发起成立的非营利性社会组织。ISC的基本任务是：（一）团结互联网行业相关企业、事业单位和社会组织及个人，向政府主管部门反映会员和业界的诉求，维护会员合法权益，向会员宣传国家相关政策、法律、法规。（二）制定并实施互联网行业自律规范和公约，规范会员行为，协调会员关系，调解会员纠纷，促进会员间沟通与协作，发挥行业自律作用，维护国家网络与信息安全，保护公民的信息安全，维护行业整体利益和用户合法权益。（三）开展互联网行业发展状况、新技术应用以及其他影响行业发展的重大问题研究，发布统计数据和调研报告，向政府有关部门提出政策建议，为业界提供相关信息服务。（四）开展互联网发展与管理相关的研讨、论坛、年会等活动，促进互联网行业交流与合作，发挥互联网对我国经济、文化、社会以及生态文明建设的积极作用。（五）经政府有关部门授权，参与制定互联网有关的国家标准和行业标准，组织制定协会团体标准，指导会员单位自主制定实施企业标准，开展标准符合性推动活动，积极参与国际标准化活动。（六）经政府有关部门批准，开展互联网行业资质及职业资格审核、评价评估及评比表彰等工作。（七）开展国际交流与合作，经政府有关部门批准，参与全球互联网政策、规范和标准制定等国际事务，完善全球互联网治理体系，维护网络空间秩序。（八）开展互联网公益活动，开展互联网行业信用体系建设、社会责任建设等工作，引导会员单位增强社会责任，维护行业良好风尚。（九）开展法规、管理、技术、人才等专业培训，提高会员单位管理及服务能力，提高从业人员业务素质。（十）开展网络文化活动，引导网民文明上网。根据授权受理网上不良信息及不良行为的投诉和举报，协助相关部门开展不良信息处置工作，净化网络环境。（十一）承担会员单位或政府有关部门委托的其他符合本会宗旨的工作。

2001年8月23日，中共中央、国务院决定重新组建国家信息化领导小组，以进一步加强对推进我国信息化建设和维护国家信息安全工作的领导，时任中央政治局常委、国务院总理朱镕基任组长。国家信息化领导小组负责审议国家信息化的发展战略、宏观规划、有关规章、草案和重大的决策，综合协调信息化和信息安全工作。与1999年12月成立的国家信息化工作领导小组相比，名称略有变化。新组建的领导小组规格更高，组长由国务院总理担任，副组长包括两位政治局常委和两位政治局委员，体现出了更强有力的协调领导能力。国务院信息化办公室（简称国信办）和国家信息化专家咨询委员会也相继成立，分别作为领导小组下设的办事机构和咨询机构，形成"一体、两个支撑机构"的格局[16]。

2001年秋季，武汉大学设置的国内第一个信息安全本科专业正式开始招生，这是我国网络安全人才培养事业的里程碑。

2002年3月26日，中国互联网协会在北京发布《中国互联网行业自律公约》，旨在建立我国互联网行业自律机制，规范行业从业者行为，依法促进和保障互联网行业健康发展。公约称，互联网行业自律的基本原则是爱国、守法、公平、诚信。《公约》倡议全行业从业者加入本公约，从维护国家和全行业整体利益的高度出发，积极推进行业自律，创造良好的行业发展环境。中国互联网协会作为本公约的执行机构，负责组织实施本公约。

2002年4月15日，全国信息安全标准化技术委员会（简称信安标委或TC260）在北京正式成立。TC260是在信息安全技术专业领域内，从事信息安全标准化工作的技术工作组织。委员会负责组织开展国内信息安全有关的标准化技术工作，主要包括安全技术、安全机制、安全服务、安全管理、安全评估等领域。

2002年8月5日，中国共产党中央委员会办公厅（简称中办）、中华人民共和国国务院办公厅（简称国办）通知转发《国家信息化领导小组关于我国电子政务建设指导意见》（中办发〔2002〕17号）[32]。该文件指出国家电子政务有"各自为政""重复建设""安全存在隐患"等问题，要求"建设和整合统一的电子政务网络"，并建立信息安全保障体系。我国电子政务网络由政务内网和政务外网构成，政务内网主要是副省级以上政务部门的办公网，与副省级以下办公网物理隔离。政务外网是政府的业务专网，主要运行政务部门面向社会的专业性服务业务和不需要在内网上运行的业务，与政务内网物理隔离，与互联网逻辑隔离。

2003年1月25日，某骨干网向CNCERT/CC举报网络流量不正常。经研究发现，这是一次世界范围的"SQL杀手蠕虫"攻击。该蠕虫的蔓延导致韩国网络基本处于瘫痪状态，我国有两万多台数据库服务器受到影响，其中我国某骨干网的国际出入口基本瘫痪。CNCERT/CC立即和运营商的应急组织进行分析，根据该蠕虫在网络上传播和攻击的数据特点，找到在网络上隔离蠕虫传播的有效方式并迅速推广到各互联网单位，使得事件在较短时间内得到了遏制[33]。

2003年3月，国务院换届后成立了新一届国家信息化领导小组，时任中央政治局常委、国务院总理温家宝任组长。为了应对日益严峻的网络与信息安全形势，同年在国家信息化领导小组之下成立了国家网络与信息安全协调小组，组长由中央政治局常委、国务院副总理担任[16]。

2003年9月7日，中办、国办联合发出通知（中办发〔2003〕27号），要求各地结合实际对《国家信息化领导小组关于加强信息安全保障工作的意见》认真贯彻落实[34]。该文件是我国对网络安全工作做出的顶层设计，明确了加强网络安全工作的总体要求和主要原则，提出坚持"积极防御、综合防范"的方针，针对进一步提高信息安全保障工作的能力和水平提出了一系列任务，具有划时代的意义，被业内称作"27号文"[35]。27号文指出，我国信息安全保障工作取得了明显成效，但存在一些亟待解决的问题，包括防护水平不高，应急处理能力不强；管理和技术人才缺乏，产业缺乏核心竞争力；法律法规和标准不完善；全社会的信息安全意识不强，信息安全管理薄弱。27号文要求实行信息安全等级保护；加强以密码技术为基础的信息保护和网络信任体系建设；建设和完善信息安全监控体系，提高对网络攻击、病毒入侵、网络失窃密的防范能力，防止有害信息传播；进一步完善国家信息安全应急处理协调机制，建立健全指挥调度机制和信息安全通报制度，加强信息安全事件的应急处置工作；加强信息安全技术研究开发，推进信息安全产业发展；加快信息安全人才培养，增强全民信息安全意识；保证信息安全资金；加强对信息安全保障工作的领导，建立健全信息安全管理责任制，按照"谁主管谁负责、谁运营谁负责"的要求，由各主管部门和运营单位负责各重要信息系统的安全建设和管理。27号文阐明了实行信息安全等级保护的必要性："信息化发展的不同阶段和不同的信息系统有着不同的安全需求，必须从实际出发，综合平衡安全成本和风险，优化信息安全资源的配置，确保重点"，要求"重点保护基础信息网络和关系国家安全、经济命脉、社会稳定等方面的重要信息系统，抓紧建立信息安全等级保护制度，制定信息安全等级保护的管理办法和技术指南"，预示着等保政策体系即将形成。

2003年8月11日，冲击波病毒（Worm. Blaster）从境外传入我国。它利用微软网络接口RPC漏洞进行传播，在短短几天内就影响到全国绝大部分地区的用户。该病毒感染速度极快，成为历史上影响力最大的计算机病毒之一。国家有关部门采取有效措施控制住了病毒的传播。

2004年9月6日，两高《关于办理利用互联网、移动通讯终端、声讯台制作、复制、出版、贩卖、传播淫秽电子信息刑事案件具体应用法律若干问题的解释》（法释〔2004〕11号）开始施行，明确将"制作、复制、出版、贩卖、传播淫秽物品牟利罪"和"传播淫秽物品罪"的法律适用拓展到了网络空间，使其适应了网络通信日渐普及的时代。司法解释属于法律体系的一部分，用于指导案件审理，具有较强的针对性和实用性。"解释""规定""规则""批复""决定"为司法解释的五种形式。2010年2月4日，两高《关于办理利用互联网、移动通讯终端、声讯台制作、复制、出版、贩卖、传播淫秽电子信息刑事案件具体应用法律若干问题的解释（二）》（法释〔2010〕3号）开始施行，对前期司法解释进行补充及取代。

2004年9月15日，公安部、国家保密局、国家密码管理委员会办公室和国务院信息办联合通知印发《关于信息安全等级保护工作的实施意见》（公通字〔2004〕66号，以下简称《等保实施意见》）[36]。《等保实施意见》是一个指导相关部门贯彻落实《计算机保护条例》和27号文、实施信息安全等级保护工作的纲领性文件，主要内容包括信息安全等级保护制度的基本原则，等级保护工作的基本内容、工作要求和实施计划，以及各部门的工作职责分工等。根据《等保实施意见》，信息安全等级保护是指对国家秘密信息、法人和其他组织及公民的专有信息以及公开信息和存储、传输、处理这些信息的信息系统分等级实行安全保护，对信息系统中使用的信息安全产品实行按等级管理，对信息系统中发生的信息安全事件分等级响应、处置。《等保实施意见》提出了一个不同于GB 17859的等级划分方式，这一方式又被后来的《信息安全等级保护管理办法》替代。

2004年10月18日，国家认监委等八部门联合发布《关于建立国家信息安全产品认证认可体系的通知》（国认证联〔2004〕57号）[37]，被行业称作"57号文"。57号文针对建立统一的、适应我国经济和社会发展需要的国家信息安全产品认证认可体系提出了多个工作目标：通过建立集中统一、严格规范、科学高效的认证认可体系，彻底解决由于多重行政许可和评价活动导致的重复检测和一个产品多张证书的问题；解决实验室低水平重复建设及部分产品检测水平低下的问题；解决评价标准不一致及覆盖面不够的问题；解决企业负担过重的问题。57 号文提出了认证认可体系建设的政事分开的原则：国家建立专门的认证机构，与检测机构分离；由政府部门执行的发证工作应过渡到由认证机构去实施；对信息安全产品的监督执法工作必须与认证活动分离，认证机构与相关执法机关不宜存在任何行政隶属和经济利益关系。根据 57 号文提出的组织建设方案，国家成立由国务院有关部门（公安部、安全部、信息产业部、保密局、国密办、国信办、认监委等）、生产方、用户方、研究开发以及标准等方面的代表共同组成国家信息安全产品认证管理委员会，简称认证管理委员会，秘书处设在国家认监委；在体系建立的初期阶段只设立一个认证机构，由认证机构依据国家发布的认证基本规范、认证规则，开展认证活动，提供认证服务；具备相关资质的检查机构、检测实验室为认证活动提供检查、检测服务。

2005 年 4 月 1 日，《电子签名法》在我国正式施行，旨在规范电子签名行为，确立电子签名的法律效力，维护有关各方的合法权益。电子签名是指数据电文中以电子形式所含、所附用于识别签名人身份并表明签名人认可其中内容的数据，而数据电文是指以电子、光学、磁或者类似手段生成、发送、接收或者储存的信息。该法规定，民事活动中的合同或者其他文书，除某些类型外，当事人可以约定使用电子签名、数据电文，不得因此而否定其法律效力。该法的施行标志着我国的信息化立法迈出重要步伐，将对我国的电子政务、电子商务等信息化建设有非常积极的促进和保障作用。该法在 2015 年修改，对电子认证服务机构增加了法人资格要求，取消了工商登记流程；在 2019 年删除了对"土地、房屋等不动产权益转让"这类不涉及电子签名的业务的相关规定。信息产业部第 35 号令发布的《电子认证服务管理办法》（以下简称《电认办法》），配合《电子签名法》同日实施，为我国电子认证服务业的发展奠定了监管基础。2009 年 3 月 31 日，工信部第 1 号令发布工信部《电认办法》，废止信息产业部《电认办法》，明确工信部对电子认证服务机构的监管职责。2015 年 4 月 29 日，工信部第 29 号令对《电认办法》进行了细节修订。

2005 年 2 月 8 日，信息产业部发布《非经营性互联网信息服务备案管理办法》。根据此办法，信息产业部会同中宣部、国务院新闻办公室、教育部、公安部等 13 个部门，联合开展全国互联网站集中备案工作。备案工作将建立 ICP 备案信息、IP 地址使用信息、域名信息三个基础数据库，为加强互联网管理奠定基础。

2005 年 5 月，国家信息化领导小组印发《国家信息安全战略报告》（国信〔2005〕2号）。这是我国首部真正意义上的信息安全战略。27 号文侧重于工作部署，但战略性不突出，对信息内容安全的关注也不够，《国家信息安全战略报告》则弥补了这一缺憾，在更高层面确定了国家信息安全的战略布局和长远规划。但这份文件的知悉范围有限，加之受后来的机构变化等因素影响，文件对实际工作的指导作用并没有 27 号文显著[35]。

2.2.3　2006—2010 年政策与举措[⊖]

2006 年 1 月 17 日，公安部、国家保密局、国密局、国务院信息化工作办公室通知印发

⊖　本小节在讨论 2006—2010 年政策与举措时，为体现相关工作的动态发展及内容延伸，将不可避免地涉及其他时间段的政策及事件。特此说明，后文类似情况将不再赘述。

《信息安全等级保护管理办法（试行）》（公通字〔2006〕7号），自3月1日起施行。2007年6月22日，上述四部门通知印发《信息安全等级保护管理办法》（公通字〔2007〕43号，以下简称《等保办法》），即日施行，2006年试行版同时废止。《等保办法》详细规定了信息安全等级保护的具体事项，标志着等保制度拥有了具体设计。《等保办法》明确了公安机关、国家保密工作部门、国家密码管理部门的监管责任，明确了国务院信息化工作办公室及地方信息化领导小组办事机构的协调责任，规定了信息系统主管部门对本行业、本部门或者本地区等保工作的督导、检查、指导角色，规定了系统运营、使用单位（以下简称"单位"）履行等保的义务和责任。《等保办法》属于规范性文件，不具备法律效力，约束力仅限政府内部，仍需要后续立法支撑等保制度的有力落实[38]。

《等保办法》第二章提出"自主定级、自主保护"原则，并修改了《等保实施意见》中的信息系统等级划分方案，见表2-1。第三章提出了五个等保规定动作：定级、备案、建设整改、等级测评、监督检查。单位应自主定级，由主管部门审批；对拟定为四级以上系统，单位或主管部门应当请国家信息安全保护等级专家评审委员会评审；等级确定后，单位开展系统安全建设或者改建工作，制定并落实安全管理制度；系统建设完成后，定期开展自查和等级测评，并整改问题；二级以上系统应到公安机关备案；公安机关应当对三、四级系统单位等保工作情况进行检查，频率同测评。《等保办法》第四章规定涉密系统分级保护管理（"分保"）工作，第五章规定密码管理工作。

表2-1　等保定级依据及监管要求

等　级	破坏后影响			监管部门责任	测评、检查频率要求
	公民、法人和其他组织的合法权益	社会秩序和公共利益	国　家　安　全		
一级	损害	不损害	不损害		
二级	严重损害	损害	不损害	受理备案、指导	
三级		严重损害	损害	监督、检查	一年
四级		特别严重损害	严重损害	强制监督、检查	半年
五级			特别严重损害	专门监督、检查	依据特殊安全需求

随着《等保实施意见》和《等保办法》的颁布，等保制度在中国日渐落地生根，取得一个又一个进展。

- 2006年5月左右，国家信息化领导小组发布《关于推进国家电子政务网络建设的意见》（中办发〔2006〕18号），部署保障国家电子政务网络和信息安全的工作：政务内网和政务外网的建设要按照等保有关要求分别采取相应保护措施；要通过建立统一的密码和密钥管理体系、网络信任体系和安全管理体系，分级、分层、分域保障信息安全；涉及国家秘密的信息系统建设和管理，要严格按照党和国家的有关保密规定执行[39]。

- 2007年7月16日，发布《等保办法》的四部委又发出《关于开展全国重要信息系统安全等级保护定级工作的通知》（公信安〔2007〕861号）[40]。根据通知要求，四部委定于 2007 年 7 月至 10 月在全国范围内组织开展重要信息系统安全等级保护定级工作。定级范围涵盖了电信、广电行业的公用通信网、广播电视传输网等基础信息网络，经营性公众互联网信息服务单位、互联网接入服务单位、数据中心等单位的重要信息系统；铁路、银行、海关、税务、民航、电力、证券等行业的重要信息系统；地市级以上党政机关的重要网站和办公信息系统；涉密信息系统。

- 2007 年 10 月 26 日，公安部通知印发《信息安全等级保护备案实施细则》（公信安〔2007〕1360 号），对二级以上非涉密系统的等保备案工作流程加以规范，并划定了国家、省、市级公安机关的备案受理范围[41]。

- 2007 年 11 月 27 日，国密局通知印发《信息安全等级保护商用密码管理办法》（国密局发〔2007〕11 号），自次年元旦正式施行，旨在规范等保工作中商用密码的使用[42]。该《办法》规定，单位应按照《商用密码产品目录》选用商用密码产品；等保二级以上系统应备案商密产品；国、省级密码管理机构对等保三级以上系统使用商用密码的情况进行检查，三级系统两年一检，四、五级一年一检；检查工作可结合商用密码测评工作进行；商用密码测评工作由国密局指定的测评机构承担。

- 2009 年 10 月 27 日，公安部向中央国家机关各部门印发《关于开展信息安全等级保护安全建设整改工作的指导意见》（公信安〔2009〕1429 号），指导各部门在等保定级工作基础上，开展已定级信息系统（不包括涉密信息系统）安全建设整改工作[43]。文件要求，自 2009 年起，要对定级备案、等级测评、安全建设整改和自查等工作开展情况进行年度总结，于每年年底前报同级公安机关网安部门。备案单位每半年要填写《信息安全等级保护安全建设整改工作情况统计表》并报受理备案的公安机关。

- 2009 年 10 月 29 日，国密局印发《信息安全等级保护商用密码管理办法实施意见》，配合《信息安全等级保护商用密码管理办法》实施，重点对等保三级以上商用密码管理制度做进一步细化[42]。《信息安全等级保护商用密码技术实施要求》作为其附件发布，明确了一至四级系统使用商用密码实施等保的基本要求和应用要求，前者涉及商用密码应用系统的功能、密钥管理、密码配用、密码实现和密码保护，后者涉及对相应等级物理安全、网络安全、主机安全、应用安全和数据安全的实现。

- 2010 年 4 月，公安部出台《关于推动信息安全等级保护测评体系建设和开展等级测评工作的通知》（公信安〔2010〕303 号），提出等级保护工作的阶段性目标[44]。

- 2010 年 12 月，公安部和国资委下发了《关于进一步推进中央企业信息安全等级保护工作的通知》（公通字〔2010〕70 号），要求中央企业贯彻执行等保制度[45]。

- 2012 年 7 月 6 日，国家发改委等五部门联合发布《关于进一步加强国家电子政务网络建设和应用工作的通知》（发改高技〔2012〕1986 号），明确规定"国家电子政务工程建设项目在验收前，应委托具备资质的测评机构，分别对涉及和不涉及国家秘密项目开展分级或等级测评和风险评估，对符合要求的，方可申请项目竣工验收"[46]。

2006 年 3 月 19 日，中办、国办印发《2006—2020 年国家信息化发展战略》（中办发〔2006〕11 号），将建设国家信息安全保障体系作为战略重点之一，要求全面加强国家信息安全保障体系建设、大力增强国家信息安全保障能力[47]。其中，国家信息安全保障体系建设的基本内容包括：坚持积极防御、综合防范，探索和把握信息化与信息安全的内在规律，主动应对信息安全挑战，实现信息化与信息安全协调发展；坚持立足国情，综合平衡安全成本和风险，确保重点，优化信息安全资源配置；建立和完善信息安全等级保护制度，重点保护基础信息网络和关系国家安全、经济命脉、社会稳定的重要信息系统；加强密码技术的开发利用；建设网络信任体系；加强信息安全风险评估工作；建设和完善信息安全监控体系，提高对网络安全事件的应对和防范能力，防止有害信息传播；高度重视信息安全应急处置工作，健全完善信息安全应急指挥和安全通报制度，不断完善信息安全应急处置预案；从实际出发，促进资源共享，重视灾难备份建设，增强信息基础设施和重要信息系统的抗毁能力和灾难恢复能力。

2006 年 10 月 26 日，ISC 成立"反恶意软件协调工作组"。工作组下设三个专项工作组：政策与自律规范研究组负责组织对恶意软件相关问题的调查研究，组织互联网服务提供商制定《抵制恶意软件自律公约》及其实施机制；技术研究组负责组织成员单位研究恶意软件的定义、标准、特征、分类，对恶意软件举报信息进行初审，开发恶意软件查杀工具，组织对查杀软件的测评和鉴定；举报工作组负责设立恶意软件举报热线和举报受理机构，制定受理信息的处理流程，研究举报信息的发布机制。

2007 年 2 月 15 日，文化部等 14 部委联合下发《关于进一步加强网吧及网络游戏管理工作的通知》，首次对网络游戏中的虚拟货币交易进行规范。

2007 年 3 月 24 日，国密局第 8 号公告发布《商用密码产品使用管理规定》，旨在规范商用密码产品使用行为，自 5 月 1 日起施行。所称商用密码产品，是指采用密码技术对不涉及国家秘密内容的信息进行加密保护或安全认证的产品。该规章要求，中国公民、组织应当使用国密局准予销售的商用密码产品，到商用密码产品销售许可单位实名购买，不得使用自行研制的或境外生产的密码产品。

2007 年 4 月 5 日，国务院第 492 号令发布《中华人民共和国政府信息公开条例》，旨在"保障公民、法人和其他组织依法获取政府信息，提高政府工作的透明度，促进依法行政，充分发挥政府信息对人民群众生产、生活和经济社会活动的服务作用"。条例自 2008 年 5 月 1 日起施行。条例第 14 条规定，"行政机关不得公开涉及国家秘密、商业秘密、个人隐私的政府信息。但是，经权利人同意公开或者行政机关认为不公开可能对公共利益造成重大影响的涉及商业秘密、个人隐私的政府信息，可以予以公开"。

2008 年 3 月 15 日，十一届全国人大一次会议通过《国务院机构改革方案》。这次改革探索实行职能有机统一的大部门体制。当时，工业行业管理由国家发展和改革委员会、国防科学技术工业委员会、信息产业部分别负责，管理分散。为了加强整体规划和统筹协调，有必要对相关职责进行整合。这次改革组建了工业和信息化部（简称工信部），将国家发展和改革委员会的工业行业管理有关职责、国防科学技术工业委员会核电管理以外的职责、信息产业部和国务院信息化工作办公室的职责，整合划入工信部，同时不再保留国防科学技术工业委员会、信息产业部、国务院信息化工作办公室。工信部的主要职责是，"拟订并组织实施工业行业规划、产业政策和标准，监测工业行业日常运行，推动重大技术装备发展和自主创新，管理通信业，指导推进信息化建设，协调维护国家信息安全等"。在后续的一些法律、政策文件中，工信部和省级通信管理局（简称"通管局"）统称"电信主管部门"。我国电信行业实行部省双重管理体制，工信部对各省、自治区、直辖市设立的通管局进行垂直管理。

截至 2008 年 6 月 30 日，我国网民总人数达到 2.53 亿人，首次跃居世界第一。同年 7 月 22 日，以 1218.8 万个 CN 域名注册量首次成为全球第一大国家顶级域名。

2008 年 7 月，根据国务院大部制改革的总体部署，国务院信息化工作办公室的工作职责划归新组建的工信部，具体工作由信息化推进司负责。国家信息化领导小组的具体工作由工信部承担。工信部成为我国互联网的行业主管部门[16]。

2008 年 8 月 6 日，国家发改委、公安部和国家保密局下发文件《关于加强国家电子政务工程建设项目信息安全风险评估工作的通知》（发改高技〔2008〕2071 号）[48]，规定国家电子政务项目应开展信息安全风险评估工作。

2009 年 1 月 5 日，国务院新闻办公室、工信部、公安部、文化部、工商总局、广电总局、新闻总署七部委在北京召开电视电话会议，部署在全国开展整治互联网低俗之风专项行动。

2009 年 2 月 28 日，《刑法修正案（七）》获审议通过，即日施行。修正案完善了互联网普及时代的刑事责任类型，在刑法第二百八十五条增加两款，设置了若干网络犯罪类型，包括"非法获取计算机信息系统数据""非法控制计算机信息系统""提供侵入、非法控制计算机信息系统程序、工具"；增设"第二百五十三条之一"内容，设置"侵犯公民个人信息罪"，将国家机关和电信、金融等行业工作人员侵害公民个人信息行为入刑。自该修正案施行至 2014 年年初，两高为正确审理信息网络相关刑事案件，先后三次出台司法解释。

- 2011 年 9 月 1 日，两高《关于办理危害计算机信息系统安全刑事案件应用法律若干问题的解释》（法释〔2011〕19 号）开始施行，对"非法侵入计算机信息系统罪""非法获取计算机信息系统数据""非法控制计算机信息系统罪""提供侵入、非法控制计算机信息系统程序、工具罪""破坏计算机信息系统罪"等罪名的法律适用问题提供司法解释，以依法惩治危害计算机信息系统安全的犯罪活动。

- 2013 年 9 月 9 日，两高公布《关于办理利用信息网络实施诽谤等刑事案件适用法律若干问题的解释》（法释〔2013〕21 号），对利用信息网络实施诽谤、寻衅滋事、敲诈勒索、非法经营等罪名的认定进行明确。此前，刑法对诽谤罪、寻衅滋事罪、敲诈勒索罪、非法经营罪已有规定。信息网络的公共性、匿名性、便捷性特点使得网络空间成为上述犯罪的新平台，具有严重的社会危害性，人民群众十分痛恨，两高适时出台司法解释，具有重要的现实意义。

- 2013 年 9 月 29 日，最高法公布《关于审理编造、故意传播虚假恐怖信息刑事案件适用法律若干问题的解释》（法释〔2013〕24 号），明确规定编造、故意传播虚假恐怖信息的六种情形应认定为"严重扰乱社会秩序"，当追究刑事责任。

2009 年 6 月 26 日，文化部、商务部联合下发《关于网络游戏虚拟货币交易管理工作》的通知，规定同一企业不能同时经营虚拟货币的发行与交易，并且虚拟货币不得用于购买实物。

2009 年 11 月 16 日，全国扫黄打非办下发了《关于严厉打击手机网站制作、传播淫秽色情信息活动的紧急通知》，要求各相关部门就手机网站制作、传播淫秽色情等有害信息活动进行专项治理[49]。12 月 8 日，中央对外宣传办公室、全国扫黄打非办、工信部、公安部、文化部、国资委、工商总局、国家广播电视总局、新闻出版总署九部委召开电视电话会议，决定从 2009 年 12 月到 2010 年 5 月底，部署在全国范围内联合开展深入整治互联网和手机媒体淫秽色情及低俗信息专项行动[50]。

2.2.4　2010—2013 年政策与举措

2010 年 1 月 21 日，工信部第 11 号令发布《通信网络安全防护管理办法》，自 3 月 1 日起施行。该《办法》根据《电信条例》制定，适用于电信业务经营者和域名服务提供者（统称"通信网络运行单位"）管理和运行的公用通信网和互联网（统称"通信网络"）的网络安全防护工作（以下简称"网络防护"），建立了通信网络的分级、备案、安全风险评估等制度，首次将域名机构纳入通信网络安全管理。根据该《办法》，网络防护工作坚持积极防御、综合防范、分级保护的原则；工信部和省级通管局（统称"电信管理机构"）分别负责全国和本地网络防护工作的指导、协调和检查；通信网络运行单位对本单位通信网络安全负责，对已投入运行的通信网络进行单元划分，将单元按遭破坏后的危害程度由低到高划分为一～五级，按照相应级别要求进行符合性测评和安全风险评估；电信管理机构应当组织专家对分级情况进行评审，对网络防护工作进行检查。通信网络的分级保护制度非常类似于公安部门主导的等保制度，但管理对象为通信网络单元。

2010 年 4 月 29 日，《中华人民共和国保守国家秘密法》获十一届全国人大第十四次会议修订通过，自 2010 年 10 月 1 日起施行。该版《保密法》诞生于互联网应用如火如荼的时代，充分考虑了信息系统和计算机网络的泄密风险，对现代通信和计算机网络条件下存储、处理和传输国家秘密的制度进行了补充完善，将"上网不涉密、涉密不上网"的实践准则以法律形式正式体现。该法的另一重点是解决定密过度、解密不足的顽疾，寻求信息公开与信息安全目标之间的平衡，明确要求"确保国家秘密安全，又便利信息资源合理利用"，设定了保密期限的上限，撤销县级机关单位的定密权。

2010 年 6 月 3 日，文化部第 49 号令发布《网络游戏管理暂行办法》，同年 8 月 1 日施行。这是我国第一部针对网络游戏进行管理的部门规章，根据《全国人民代表大会常务委员会关于维护互联网安全的决定》和《信管办法》制定，旨在加强网络游戏管理，规范网络游戏经营秩序，维护网络游戏行业的健康发展。2019 年 7 月 10 日，文旅部第 2 号令根据《文化和旅游部职能配置、内设机构和人员编制规定》废止了《网游管理办法》。

2011 年 1 月 8 日，国务院第 588 号令公布《国务院关于废止和修改部分行政法规的决定》，将行政法规中引用的"治安管理处罚条例"修改为"治安管理处罚法"，包括《计算机信息系统安全保护条例》《计算机信息网络国际联网安全保护管理办法》《互联网信息服务管理办法》《互联网上网服务营业场所管理条例》等。《治安管理处罚法》于 2005 年 8 月 28 日通过，2006 年 3 月 1 日实施，2012 年 10 月 26 日做过修正。

2011 年 2 月 17 日，文化部第 51 号令发布《互联网文化管理暂行规定》修订版，自同年 4 月 1 日起施行。该版在制定依据中增加了《全国人民代表大会常务委员会关于维护互联网安全的决定》。为反映互联网应用的最新业态，该版《文管规定》对互联网文化产品的范围进行了修改："音乐娱乐、游戏、演出剧（节）目、表演、艺术品、动漫等"，包括专门为互联网而产生的或者复制到互联网上传播的文化产品。另一处主要修改在于简化了互联网文化单位的设立流程：经营性互联网文化单位不再需要报文化部审批，只需省级文化行政部门审核批准，但申请从事网络游戏经营活动的应当具备不低于 1000 万元的注册资金；不再提及针对文化单位的审查制度，"审查"一词仅用于对进口文化产品的内容审查。

新华社 2011 年 5 月 4 日电称，国办就设立国家互联网信息办公室（简称"国家网信办"）发出通知：国家网信办不另设新的机构，在国务院新闻办公室加挂牌子，主要职责包括"落实互联网信息传播方针政策和推动互联网信息传播法制建设，指导、协调、督促有关部门加强互联网信息内容管理，负责网络新闻业务及其他相关业务的审批和日常监管，指导有关部门做好网络游戏、网络视听、网络出版等网络文化领域业务布局规划，协调有关部门做好网络文化阵地建设的规划和实施工作，负责重点新闻网站的规划建设，组织、协调网上宣传工作，依法查处违法违规网站，指导有关部门督促电信运营企业、接入服务企业、域名注册管理和服务机构等做好域名注册、互联网地址分配、网站登记备案、接入等互联网基础管理工作，在职责范围内指导各地互联网有关部门开展工作"［新华社 2011］[51]。

2011 年 12 月 8 日，工信部宣布印发《信息安全产业"十二五"发展规划》。这一规划在总结"十一五"信息安全产业发展现状、分析面临形势的基础上，规划明确了"十二五"的发展思路和目标，确定了发展重点和重大工程，提出了相关政策措施。规划的发布实施，促进了我国信息安全产业持续健康发展[52]。

2011 年 12 月 16 日，《北京市微博客发展管理若干规定》出台，规定任何组织或者个人注册微博客账号，应当使用真实身份信息。随后广州、深圳、上海、天津等地也采取相同措施。多项事件表明，微博已成为我国重要舆论平台。中国互联网络信息中心（CNNIC）数据显示，2011 年我国微博客用户已达 2.5 亿，较上一年增长 296.0%[53]。

2011 年 12 月 21 日，开发者技术社区 CSDN 中有 600 万用户的数据库信息被黑客公开，随后天涯网证实部分用户数据库泄露。用户信息泄露事件，引发了网民对网络和信息安全的高度关注[53]。

2012 年 5 月 5 日，国家发改委印发《"十二五"国家政务信息化工程建设规划》（发改高技〔2012〕1202 号），提出到"十二五"末期，要"基本建成国家网络与信息安全基础设施，网络与信息安全保障作用明显增强"[54]。

2012 年 6 月 28 日，国务院发布《国务院关于大力推进信息化发展和切实保障信息安全的若干意见》（国发〔2012〕23 号），文件被行业称作"23 号文"。23 号文指出了我国信息化建设和信息安全保障仍存在一些亟待解决的问题，包括信息安全工作的战略统筹和综合协调不够，重要信息系统和基础信息网络防护能力不强，移动互联网等技术应用给信息安全带来严峻挑战。文件提出了"国家信息安全保障体系基本形成"的目标：重要信息系统和基础信息网络安全防护能力明显增强，信息化装备的安全可控水平明显提高，信息安全等级保护等基础性工作明显加强。文件提出了八项意见，与信息安全相关的措施包括：健全安全防护和管理，保障重点领域信息安全；加快能力建设，提升网络与信息安全保障水平；完善政策措施[55]。23 号文继承了 27 号文，对 2012 年之后一段时期的重要工作提出了要求[35]。

2012 年 11 月 8 日至 14 日，中共十八大胜利召开。党的十八大和随后召开的党的十八届一中全会选举产生的以习近平同志为总书记的新一届中央领导集体，是一个实践经验丰富、勇于改革创新、深得人民群众信任和拥护的领导集体[56]。网络安全治理作为党和国家事业的重要组成部分，即将迎来重大升级。

2013 年 2 月 26 日至 28 日，十八届二中全会召开，审议了《国务院机构改革和职能转变方案》。方案于 3 月 14 日获十二届全国人大一次会议表决通过，要求国务院深化机构改革和职能转变，重点围绕转变职能和理顺职责关系，稳步推进大部门制改革[57]。其中，新闻出版总署、广电总局职责整合，组建国家新闻出版广电总局，加挂国家版权局牌子。3 月 21 日，国务院发布《关于部委管理的国家局设置的通知》（国发〔2013〕15 号），规定"国家档案局与中央档案馆、国家保密局与中央保密委员会办公室、国家密码管理局与中央密码工作领导小组办公室，一个机构两块牌子，列入中共中央直属机关的下属机构序列"[58] [国务院 2013]。

2013 年 11 月 9 日至 12 日，中共十八届三中全会在京召开。11 月 12 日，十八届三中全会通过了《中共中央关于全面深化改革若干重大问题的决定》[59]。针对健全公共安全体系这一目标，《决定》提出"坚持积极利用、科学发展、依法管理、确保安全的方针，加大依法管理网络力度，加快完善互联网管理领导体制，确保国家网络和信息安全"。《决定》还提出"设立国家安全委员会，完善国家安全体制和国家安全战略，确保国家安全"。习近平总书记在对《决定》的说明中表示，"从实践看，面对互联网技术和应用飞速发展，现行管理体制存在明显弊端，主要是多头管理、职能交叉、权责不一、效率不高。同时，随着互联网媒体属性越来越强，网上媒体管理和产业管理远远跟不上形势发展变化"。

党的十八大以来，我国加速建立个人信息保护体系，保护力度逐渐增强。2013 年，中国的互联网产业已得到了长足发展，移动互联网方兴未艾，新兴的网络服务正在深刻变革社会生活面貌。与此同时，公民个人隐私问题也因网络空间乱象陷入了前所未有的风险，加强网络信息保护立法势在必行。2012 年 12 月 28 日，《全国人民代表大会常务委员会关于加强网络信息保护的决定》获得通过并即日施行，主要内容是对个人电子信息保护做出规定，标志着立法机关开始向危害个人信息安全的行为"亮剑"。此外，这份文件的第五至八条还涉及网络服务信息内容合规、用户实名入网、商业性信息发送限制问题。2013 年 2 月 1 日，我国首个个人信息保护国家标准《信息安全技术　公共及商用服务信息系统个人信息保护指南》（GB/Z 28828）开始实施，标志着我国个人信息保护标准体系开始建立。2013 年 7 月 16 日，工信部第 24 号令发布《电信和互联网用户个人信息保护规定》，自 9 月 1 日施行。这是国内第一部针对个人信息保护的部门规章，明确了电信业务经营者、互联网信息服务提供者对个人信息的收集和使用应遵循"合法、正当、必要"原则，并对相关信息的安全保障措施提出要求。

2013 年，我国在网络外交事务上取得了诸多积极进展。6 月 7 日至 8 日，国家主席习近平与时任美国总统奥巴马在美国加利福尼亚州安纳伯格庄园举行会晤，其中就网络安全问题进行了交流。习近平表示，中国政府是网络安全的坚定维护者，也对网络安全持有重大关切；通过一种真诚的合作，消除猜疑，反而可以使中美在信息安全领域、网络安全领域的合作成为今后加强中美关系的一个亮点，因为这是我们共同的需求和关切，中国也是网络安全方面的受害者，我们也希望切实解决这个问题。奥巴马说，网络安全有其局限性，对社会有广泛影响，大量数据和通信通过网络空间传播，如何确保网络安全事关重大[60]。6 月 14 日，外交部发言人华春莹在记者会上宣布，"外交部近日已设立网络事务办公室，负责协调开展有关网络事务的外交活动，我们将与有关各方继续就网络安全问题开展建设性的对话与合作"。7 月 8 日，中美战略安全对话框架下设立的网络安全工作组第一次会议在华盛顿举行，双方就网络工作组机制建设、两国网络关系、网络空间国际规则、双边对话合作措施以及其他共同关心的问题进行交流。

2013 年，我国就打击网络黑产和网络犯罪多次重拳出击。此时，以网络诈骗、信息窃取、流量攻击、网络钓鱼为代表的黑客活动呈快速增长趋势，并形成地下产业链，严重危害互联网用户和企业的切身利益。

- 2013 年 6 月 18 日，公安部召开电视电话会议，部署全国公安机关从今年 6 月至 12 月开展为期半年的集中打击整治网络违法犯罪专项行动。公安部要求各地全面梳理排查网络诈骗、黑客攻击破坏、侵害公民个人信息、涉枪涉爆等不法活动线索，以及管理混乱、不法活动突出的网络平台。行动集中打掉一批为网络不法活动"输血供电"的网络服务商、代理商、销售商、广告商、黑客程序制作者/维护者以及提供"洗钱"服务的利益链条；同时依法查处不法活动突出的网络服务平台，整治安全管理责任不落实、屡出问题的接入服务商、信息服务商。
- 2013 年 6 月 25 日，在公安部指导下，阿里巴巴、腾讯、百度、新浪、盛大、网易、亚马逊中国等 21 家互联网企业，成立了"互联网反欺诈委员会"，以推进全网联合，打击网络诈骗，共建交易安全生态圈。
- 2013 年 7 月 30 日，工信部印发《防范治理黑客地下产业链专项行动方案》（工信部保函〔2013〕333 号），通知于 8 月至 12 月开展防范治理黑客地下产业链专项行动。专项行动的主要任务包括加强威胁监测，强化联动处置；切断利益链条，深挖控制源头；落实防护措施，健全应急机制；开展用户教育，提高安全意识；拓展国际合作，完善协作机制。各项任务的牵头单位包括 CNCERT、CNNIC、ISC、通管局、基础电信企业等。

从上述案例看，公安部和工信部在黑产治理活动中呈双头出击之势。若能集多部门之合力，必将显著扩大胜果，建立更强有力的顶层协调机制势在必行。

2014 年是中国接入国际互联网 20 周年。据 CNNIC 统计，截至 2013 年年底，中国网民规模突破 6.18 亿，手机用户超过 12 亿，手机网民已达 5 亿，国内域名总数 1844 万个，网站近 400 万家。此时的中国已是名副其实的"网络大国"，但距离网络强国目标仍有较大差距，必须加速奔跑。

2.2.5 本时期成立的安全专业机构

本时期，伴随着网络安全领域的生长发育，网络安全技术机构大量诞生。

- 2000 年 8 月，国信安办和公安部网络安全监察局对 AVPTCC（病毒防治产品检验中心）进行考察，随后决定在 AVPTCC 的基础上建立国家计算机病毒应急处理中心（CVERC）。CVERC 于 2001 年获批成立，主要任务是充分调动国内防病毒力量，对计算机病毒疫情进行快速发现、反应和处置[21]。
- 2001 年 10 月，国家信息安全工程技术研究中心（NISEC）由科技部批复成立，是从事信息安全工程技术研究的公益二类事业单位，受科技部领导。按照科技部属地化管理要求，NISEC 在上海注册成立了"上海信息安全工程技术研究中心"。NISEC 以密码技术研究为核心，以密码技术应用为主线，以关键密码设备研发为重点，开展信息安全技术工程化研究工作。

- 2002 年 3 月，中国电子科技集团有限公司（CETC）在原信息产业部直属 46 家电子类科研院所及 26 户企业基础上组建。2017 年 12 月，CETC 完成公司制改制，更名为中国电子科技集团有限公司。CETC 是中央直接管理的国有骨干企业，是我国"军工电子主力军、网信事业国家队、国家战略科技力量"，拥有电子信息领域相对完备的科技创新体系，在电子装备、网信体系、产业基础、网络安全等领域占据技术主导地位，肩负着支撑科技自立自强、推进国防现代化、加快数字经济发展、服务社会民生的重要职责。

- 国家保密局涉密信息系统安全保密测评中心是于 2002 年 6 月获批成立的信息安全保密测评机构。保密测评中心受国家保密局领导，挂靠在国家保密技术研究所，主要工作领域为：对涉密信息系统进行安全保密测评；对包括防火墙、入侵检测、漏洞扫描系统在内的二十余类安全保密产品进行检测；制定国家保密标准；研究和开发用于涉密信息系统测评和产品检测的专用工具和技术；建立遍及全国的系统测评分中心体系，并对各个系统测评分中心进行管理和培训[61]。

- 2003 年 7 月 28 日，公安部信息安全等级保护评估中心（CSPEC）依托公安部第三研究所成立。评估中心是专业技术支撑机构，主要任务是依据国家信息安全等级保护制度的相关政策、标准和规范，为深入贯彻实施信息安全等级保护制度提供专业技术支撑；对国家关键信息基础设施和重要信息系统的安全保护状况进行权威测评；为全国信息安全测评服务体系的建设提供技术指导、支持和管理[62]。

- 2005 年，国家信息技术安全研究中心（NITSC）遵照中央领导重要批示组建。NITSC目前为中央网信办所属的国家事业单位，履行科研技术攻关与网络安全保障双重职能，主要开展网络安全核心技术研究、国家网络安全保障及网络安全技术服务等业务。

- 2006 年 6 月 20 日，中央机构编制委员会办公室批准成立中国信息安全认证中心（ISCCC，简称认证中心或中认）。2018 年，ISCCC 正式更名为中国网络安全审查技术与认证中心（CCRC）。CCRC 为市监总局直属正局级事业单位，接受中央网信办业务指导，依据国家有关强制性产品认证、信息安全管理的法律法规，承担网络安全审查技术支撑和认证工作；在批准范围内开展与网络安全相关的产品、管理体系、服务、人员认证和培训等工作；同时设有国家信息安全产品质量监督检验中心（北京）。目前，CCRC 是国内唯一获得中国合格评定国家认可委员会（CNAS）认可的信息安全服务资质认证机构；第一家获得 CNAS 认可的信息安全管理体系（ISMS）认证机构；第一家获得 CNAS 认可的信息技术服务管理体系（ITSMS）认证机构；唯一在 CNAS 备案的数据中心服务能力成熟度认证机构。

- 2007 年 3 月 25 日，中国密码学会（CACR）在北京成立。中国密码学会是国家一级学会，由国内从事密码学术研究的知名专家、学者和部分大专院校、科研院所从事密码学研究的人员自愿发起，经民政部批准，依法登记成立。学会是全国性、学术性非营利法人社会团体，由中国科协主管，挂靠国密局。学会的宗旨是，团结全国密码学术研究工作者，促进密码学术研究以及密码学术人才成长。学会成立后大力推动开展学术性密码基础理论、应用理论研究，开展多种形式的国内外密码学术交流活动，出版、发行密码学术刊物，举办相关培训班，促进密码技术的应用和发展。

与此同时，国内网络安全市场进一步壮大，众多网络安全厂商得以创立。2000 年 4 月 25 日，北京中联绿盟公司成立，并于 7 月启用域名 nsfocus.com，于 8 月吸收原上海绿盟公司资产。2000 年 5 月 31 日，任子行网络技术股份有限公司成立，主营业务包括网络审计与监管。2000 年 12 月 25 日，深信服公司注册成立，目前专注于企业级网络安全、云计算、IT 基础设施与物联网的产品和服务供应。2001 年 4 月，哈尔滨安天信息技术有限公司成立，目前已发展为拥有众多产品线的大型网络安全供应商。2002 年 2 月，长安通信清算有限公司由信息产业部机关第一服务局、CNCERT 共同出资创立，并于 2012 年成为 CNCERT 全资子公司，更名为长安通信科技有限责任公司（CHANCT）。此后，CHANCT 在网络信息安全领域对 CNCERT、中央网信办及其他部门提供技术支撑。2005 年 9 月，北京奇虎科技有限公司成立，是一家主营安全相关业务的互联网公司。2007 年，安恒信息公司成立于浙江杭州，专注于云安全、大数据安全、物联网安全、智慧城市安全、工业控制系统安全及工业互联网安全。2008 年 8 月 7 日，恒安嘉新在北京注册成立，当前主营业务是为政企客户提供网络信息安全、数据分析、智能业务应用解决方案和运营运维服务。

2.3 我国网络安全治理的加速期

2.3.1 2014—2015 年政策与举措

我国网络管理体制由于历史原因，呈现出"九龙治水"的管理格局。2008 年国务院机构改革后，我国信息化管理体制机制方面出现了较大变化。为了探索新历史条件下的国家信息化管理体制问题，国家信息化专家咨询委员会于 2011 年设立《国家信息化管理体制机制研究》课题，由汪玉凯委员主持。2012 年 11 月 20 日，国家信息化专家咨询委员会收到了课题最终形成的政策建议稿。建议稿指出了四个突出问题：一是管理机构缺乏权威，难以统揽全局；二是协调机制不力，统筹推进困难；三是部门各自为政，重复建设严重；四是条块矛盾突出，综合效能低下。鉴于此，建议稿提出进一步加强国家信息化领导小组的职责，提升国家层面信息化的领导力。建议稿还提出组建国家信息化办公室，作为国家信息化领导小组的常设办事机构。该办公室是国家层面的管理协调机构，落实国家信息化领导小组制定的战略和政策，统筹协调推进全国信息化发展工作，应当具有足够的权威性、综合性和战略性。办公室的组织形式，可以实行"双跨制"——既属于党中央的机构，又属于国务院的机构，组织上隶属于党中央，这样有利于提升国家信息化办公室的权威性，提高其全局的统筹能力和协调能力[16]。

2014 年 2 月 27 日，中央网络安全和信息化领导小组宣告成立，并召开第一次会议。新设立的中央网络安全和信息化领导小组将统筹协调各个领域的网络安全和信息化重大问题，研究制定网络安全和信息化发展战略、宏观规划和重大政策。相比此前的国家信息化领导小组，中央网络安全和信息化领导小组实际已经不是政府层面上的，而是党中央层面上设置的一个顶层领导机构。组长已经不是过去的由政府总理担任，而是由党的总书记担任，这能从根本上改善过去协调困难的弊端，大大提高该小组总揽全局的整体规划能力和高层协调能力。这个小组不单是信息化领导小组，而是把网络安全放在更突出的位置，并与国家信息化整体战略一并考虑，无疑具有重大战略意义[16]。领导小组的成立是中国网络安全和信息化国家战略迈出的重要一步，标志着这个当时已有 6 亿网民的网络大国加速向网络强国挺进。

在中央网络安全和信息化领导小组第一次会议上，习近平总书记提出了"没有网络安全就没有国家安全"的重要论断，将网络安全上升到了国家安全层面，该论断在此后被从业者广泛引用。针对网络安全和信息化的关系，总书记指出，网络安全和信息化是一体之两翼、驱动之双轮，必须统一谋划、统一部署、统一推进、统一实施。做好网络安全和信息化工作，要处理好安全和发展的关系，做到协调一致、齐头并进，以安全保发展、以发展促安全，努力建久安之势、成长治之业。在本次会议上，习近平总书记正式提出"网络强国"这一重大战略，并强调了实现网络强国的五个重点。总书记指出，建设网络强国的战略部署要与'两个一百年'奋斗目标同步推进，向着网络基础设施基本普及、自主创新能力显著增强、信息经济全面发展、网络安全保障有力的目标不断前进。

中央网络安全和信息化领导小组的办事机构为中央网络安全和信息化领导小组，简称中央网信办。目前，中央网信办与国家网信办是"一个机构两块牌子"[63]。2014 年 8 月 26 日，国务院发出《关于授权国家网信办负责互联网信息内容管理工作的通知》（国发〔2014〕33 号），授权重新组建的国家网信办负责全国互联网信息内容管理工作，并负责监督管理执法。同 2011 年 5 月初创时相比，重组后的国家网信办增加了互联网内容的监督管理执法权。国家网信办下设违法和不良信息举报中心，统筹协调全国互联网违法和不良信息举报工作。在我国后续的法律文件中，国家网信办被称作"国家网信部门"。

2014 年 4 月 15 日，中国共产党中央国家安全委员会召开第一次会议，习近平总书记在会议中提出总体国家安全观："构建集政治安全、国土安全、军事安全、经济安全、文化安全、社会安全、科技安全、信息安全、生态安全、资源安全、核安全等于一体的国家安全体系"。总书记指出："当前我国国家安全内涵和外延比历史上任何时候都要丰富，时空领域比历史上任何时候都要宽广，内外因素比历史上任何时候都要复杂，必须坚持总体国家安全观。"此后，网络安全被看作总体国家安全体系的有机组成部分。中央国家安全委员会是中共中央关于国家安全工作的决策和议事协调机构，统筹协调涉及国家安全的重大事项和重要工作，由中共中央总书记任主席，中央政治局常委任副主席，下设常务委员和委员若干名。

2014 年 10 月 10 日，最高法公布《关于审理利用信息网络侵害人身权益民事纠纷案件适用法律若干问题的规定》（法释〔2014〕11 号）开始施行，为正确审理利用信息网络侵害人身权益民事纠纷案件做出 19 条规定。所称人身权利包括姓名权、名称权、名誉权、荣誉权、肖像权、隐私权等。这一《规定》文件在 2020 年《民法典》出台后被相应修订。

2014 年 11 月 1 日，第十二届全国人民代表大会常务委员会第十一次会议通过了《中华人民共和国反间谍法》。制定和实施《反间谍法》，是在新的历史时期维护国家安全的客观要求，是加强隐蔽战线反奸防谍斗争的迫切需要，是贯彻党的全面依法治国战略决策的重要举措。

2014 年 11 月 19 日至 21 日，以"互联互通、共享共治"为主题的首届世界互联网大会（WIC）在浙江乌镇召开。大会旨在搭建中国与世界互联互通的国际平台和国际互联网共享共治的中国平台，让各国在交流中求共识、在共识中谋合作、在合作中创共赢。此后，世界互联网大会每年都会在乌镇例行召开，"携手构建网络空间命运共同体"是大会一以贯之的主题。

2014 年 11 月 24 日至 30 日，中央网信办会同多部门举办首届国家网络安全宣传周。活动对提升人民群众网络安全意识，了解和掌握网络安全防范方法意义重大。此后，这一活动在每年9月第三周例行举行。

2014年以来，信息安全等保制度的贯彻落实继续深化。2014年年底，公安部、国家发改委和财政部联合印发《关于加强国家级重要信息系统安全保障工作有关事项的通知》（公信安〔2014〕2182号），明确要求对500个国家级重要信息系统的所在单位每年开展一次网络安全执法检查，涉47个行业和276家单位[64]。2015年5月18日，公安部召开电视电话会议，专题部署为期三个月的国家级重要信息系统和重点网站安全执法检查工作。检查范围除500个重要信息系统外，还包括政府部门和企事业单位的网站，以及省、市两级大型互联网综合、搜索、新闻、电商、社交、IT、财经等门户网站[65]。

2015年4月13日，新华社公布了中办、国办印发的《关于加强社会治安防控体系建设的意见》。《意见》要求加强信息网络防控网建设，具体内容包括：加强网络安全保护，落实相关主体的法律责任；落实手机和网络用户实名制；健全信息安全等级保护制度，加强公民个人信息安全保护；深入开展专项整治行动，坚决整治利用互联网和手机媒体传播暴力色情等违法信息及低俗信息[66]。

2015年5月29日，360天眼实验室（奇安信红雨滴团队前身）发布报告《Ocean Lotus（APT-C-00）：数字海洋的游猎者 持续3年的网络空间威胁》，披露"海莲花"APT组织。报告称，"海莲花"自2012年4月以来，针对中国政府、海事机构、海域建设部门、科研院所和航运企业展开了长时间的APT攻击。2015年6月1日，国家网信办出台的《互联网新闻信息服务单位约谈工作规定》开始实施，建立了针对互联网新闻信息服务单位的约谈制度。所称约谈，是指国家和地方网信部门在互联网新闻信息服务单位发生严重违法违规情形时，约见其相关负责人，进行警示谈话、指出问题、责令整改纠正的行政行为。

2015年6月11日，国务院学位委员会和教育部下发《关于增设网络空间安全一级学科的通知》（学位〔2015〕11号），明确在工学门类下增设网络空间安全一级学科，学科代码为0839，授予工学学位。此后，多所高校整合资源，设立网络安全学院。10月30日，国务院学位委员会发布通知（学位〔2015〕39号），决定组织开展网络空间安全一级学科博士学位授权点申报。全国29所高校获得首批网络空间安全一级学科博士学位授权点资格。

2015年6月19日，中国互联网协会组织民间漏洞平台、重要行业部门、基础电信企业、软硬件厂商、网络安全企业与CNCERT等32家单位举行《漏洞信息披露和处置自律公约》签约仪式。公约首次以行业自律的方式规范漏洞信息的接收、处置和发布工作，规定了各签约方在漏洞披露和处置方面的责任和自律条款，提出漏洞信息披露的"客观、适时、适度"三原则，并要求各方加强协同配合，积极做好漏洞的验证、评估、修复和用户的主动响应工作。当时，国内的民间漏洞平台开始出现并迅速发展，在带来积极意义的同时也存在若干亟待规范的问题，如披露前未及时通知涉事单位、信息过于详细、信息描述不准确或信息夸大造成社会恐慌等。

2015年6月，国务院批复成立由公安部牵头、23个部门和单位组成的"国务院打击治理电信网络新型违法犯罪工作部际联席会议制度"，加强对全国打击治理电信网络诈骗工作的组织领导和统筹协调。联席会议办公室设在公安部刑侦局。联席会议第一次会议于2015年10月9日在京召开。会议决定，从2015年11月1日至2016年4月30日，在全国范围内开展打击治理电信网络新型违法犯罪专项行动。2016年2月25日，联席会议第二次会议决定将专项行动延长至 2016 年年底。

2015 年 7 月 1 日，新的《国家安全法》获得通过，即日施行，以法律形式确立总体国家安全观，并首次将"建设网络与信息安全保障体系"写入国家法律。该法第 25 条规定，国家实现网络和信息核心技术、关键基础设施和重要领域信息系统及数据的安全可控；加强网络管理，防范、制止和依法惩治网络攻击、网络入侵、网络窃取、散布违法有害信息等网络不法行为，维护国家网络空间主权、安全和发展利益。

2015 年 7 月 10 日，中央编办发布公告[67]，就工信部有关职责和机构进行了调整。公告称，将工信部信息化推进、网络信息安全协调等职责划给中央网信办（国家网信办）；将原信息化推进司和原信息安全协调司承担的生产和制造系统信息安全和信息化职责与软件服务业司的职责进行整合，并将软件服务业司更名为信息化和软件服务业司；将电信管理局更名为信息通信管理局；将通信保障局更名为网络安全管理局；将通信发展司更名为信息通信发展司。其中，网络安全管理局的主要职责是：组织拟订电信网、互联网及其相关网络与信息安全规划、政策和标准并组织实施；承担电信网、互联网网络与信息安全技术平台的建设和使用管理；承担电信和互联网行业网络安全审查相关工作，组织推动电信网、互联网安全自主可控工作；承担建立电信网、互联网新技术新业务安全评估制度并组织实施；指导督促电信企业和互联网企业落实网络与信息安全管理责任，组织开展网络环境和信息治理，配合处理网上有害信息，配合打击网络犯罪和防范网络失窃密；拟订电信网、互联网网络安全防护政策并组织实施；承担电信网、互联网网络与信息安全监测预警、威胁治理、信息通报和应急管理与处置；承担电信网、互联网网络数据和用户信息安全保护管理工作；承担特殊通信管理，拟订特殊通信、通信管制和网络管制的政策、标准；管理党政专用通信工作。

2015 年 7 月 31 日，CNCERT 联合中国互联网协会网络与信息安全工作委员会组织开展互联网网络安全威胁治理行动。截至 2015 年年底，CNCERT 处置网络安全事件 52950 起，发布 URL 黑名单地址 47061 条。相比行动前，日均 DDoS 攻击事件次数大幅下降 76.7%；境内被篡改网站月均数量下降 8.6%，其中被篡改政府网站月均下降了 44%。

2015 年 7 月起，全国公安机关发起为期半年的"净网"行动，打击网络违法犯罪，以网络攻击破坏、入侵控制网站、网银木马盗窃、网络诈骗等违法犯罪为重点。2018 年，公安部重启"净网"行动，并形成了年度惯例。此时网络黑产已呈现生态化、体系化特征，"净网"行动因此强调"打七寸、打全链、打生态"，侧重于对物料供应、技术支持、广告推广和支付结算等黑产供应链的打击，致力于斩断利益链条。此时《网络安全法》已经实施，公安机关在网络犯罪案件中采用"一案双查"原则，既追捕犯罪分子，又查处不履行法定义务的网络运营者。2018 年至 2021 年，"净网"行动年度侦破刑事案件数分别为 2.2 万、4.6 万、5.6 万、6.2 万，战果逐年扩大，越发有力地震慑了网络犯罪分子。

需要注意的是，公安部发起的"净网"行动与全国"扫黄打非"工作小组办公室牵头的"扫黄打非·净网"行动并非同一事务。"扫黄打非"行动使用"清源""净网""秋风""护苗""固边""新风"等代号开展专项行动，其中"净网"专注于治理网络淫秽色情信息。全国"扫黄打非"工作小组办公室设在中央宣传部[68]。

2015 年 8 月 29 日，《中华人民共和国刑法修正案（九）》表决通过，自 11 月 1 日起施行。修正案增补第一百二十条，设置"宣扬恐怖主义、极端主义、煽动实施恐怖活动罪"和"非法持有宣扬恐怖主义、极端主义物品罪"；修改"第二百五十三条之一"，将"出售、非法提供公民个人信息罪"和"非法获取公民个人信息罪"整合为"侵犯公民个人信息罪"，扩大了犯罪主体和侵犯个人信息行为的范围，强化个人信息保护；修改第二百八十三条，对非法生产、销售间谍器材行为加以惩处；增加"第二百八十六条之一"，设置"拒不履行信息网络安全管理义务罪"；增补第二百八十七条，设置"非法利用信息网络罪"和"帮助信息网络犯罪活动罪"（简称"帮信罪"）；修改第二百八十八条，加强对"扰乱无线电通讯管理秩序罪"的处罚；增设"第二百九十一条之一"第二款，设置"编造、故意传播虚假信息罪"。此后，两高基于后续司法实践中发现的问题，针对上述罪名多次出台司法解释，见表2-2。

表2-2 针对网络安全犯罪的若干司法解释文件

施行日期	发布单位	文 件 名	编 号	内容概要
2017年6月1日	最高法、最高检	关于办理侵犯公民个人信息刑事案件适用法律若干问题的解释	法释〔2017〕10号	对侵犯公民个人信息罪的法律适用问题和定罪量刑标准提供司法解释，同时规定了在此类案件中按非法利用信息网络罪、拒不履行信息网络安全管理义务罪定罪处罚的情景
2017年7月1日	最高法、最高检	关于办理扰乱无线电通讯管理秩序等刑事案件适用法律若干问题的解释	法释〔2017〕11号	对扰乱无线电通信管理秩序犯罪的法律适用问题和定罪量刑标准提供司法解释，同时规定了此类案件中应按照其他罪名进行定罪处罚的情景
2019年11月1日	最高法、最高检	关于办理非法利用信息网络、帮助信息网络犯罪活动等刑事案件适用法律若干问题的解释	法释〔2019〕15号	对拒不履行信息网络安全管理义务、非法利用信息网络、帮助信息网络犯罪活动等犯罪的法律适用问题和量刑标准提供司法解释
2021年6月22日	最高法、最高检、公安部	关于办理电信网络诈骗等刑事案件适用法律若干问题的意见（二）	法发〔2021〕22号	对前期司法解释进行补充，进一步完善案件的管辖规定、跨境电信诈骗犯罪的认定，进一步明确涉"两卡"犯罪的法律适用、其他关联犯罪的法律适用，进一步强调贯彻基本刑事政策，进一步健全追赃挽损机制，旨在进一步依法严厉惩治电信网络诈骗犯罪，对其上下游关联犯罪实行全链条、全方位打击

2015年9月17日，公安部、中央网信办、中央编办、工信部四部门联合发布《党政机关、事业单位和国有企业互联网网站安全专项整治行动方案》（公信安〔2017〕2562号），通知自2015年9月底至2016年6月底，在全国范围内开展党政机关、事业单位和国有企业网站安全专项整治行动。专项行动将落实网站开办审核，开展网站统一标识，督促指导网站群建设，全面加强网站安全保护、安全监测、应急处置和责任追究，严厉打击不法行为。

2015年12月3日下午，白帽袁某发现"世纪佳缘"网站上有系统漏洞。当晚，他为了证实漏洞，进入网站并取走900条数据。同时，网站方发现了入侵事件。4日，袁某向漏洞报告平台乌云网提交漏洞，后者于同日通报给世纪佳缘。7日，世纪佳缘在完成漏洞修补后，在乌云网对提交者致谢。事后，世纪佳缘发现有900条数据被盗，于2016年1月18日报警。根据法律规定（法释〔2011〕19 号），获取身份认证信息五百组以上达到入刑标准。袁某因"非法获取计算机信息系统数据犯罪"被检方批捕。案件引发广泛关注，对白帽善意行为的鉴别和保护成为热议焦点。世纪佳缘称，报警时不知入侵者与提交者系同一人。

2.3.2　2016—2017 年政策与举措

为阻断暴恐信息的网络传播，我国持续加大网络反恐的立法力度，《反恐怖主义法》自 2016 年 1 月 1 日起施行。该法第 19 条规定："电信业务经营者、互联网服务提供者应当依照法律、行政法规规定，落实网络安全、信息内容监督制度和安全技术防范措施，防止含有恐怖主义、极端主义内容的信息传播；发现含有恐怖主义、极端主义内容的信息的，应当立即停止传输，保存相关记录，删除相关信息，并向公安机关或者有关部门报告。"

2016 年 2 月 4 日，国家新闻出版广电总局、工信部第 5 号令发布《网络出版服务管理规定》，自 3 月 10 日起施行，原国家新闻出版总署、信息产业部 2002 年颁布的《出版暂行规定》同时废止。《网络出版服务管理规定》根据《出版管理条例》《信管办法》等法律法规制定，旨在规范网络出版服务秩序，促进网络出版服务业健康有序发展。所称网络出版服务，是指通过信息网络向公众提供网络出版物。所称网络出版物，是指通过信息网络向公众提供的，具有编辑、制作、加工等出版特征的数字化作品。《网络出版服务管理规定》规定了监管分工：国家新闻出版广电总局作为网络出版服务的行业主管部门，负责全国网络出版服务的前置审批和监督管理工作；工信部作为互联网行业主管部门，依据职责对全国网络出版服务实施相应的监督管理；地方各级出版行政主管部门和各省级电信主管部门依据各自职责对本行政区域内网络出版服务及接入服务实施相应的监督管理工作并做好配合工作。《网络出版服务管理规定》第二章《网络出版服务许可》规定：从事网络出版服务，必须依法经过出版行政主管部门批准，取得《网络出版服务许可证》；图书、音像、电子、报纸、期刊出版单位应当有确定网站域名、智能终端应用程序等出版平台；相关服务器和存储设备必须存放在境内；法定代表人必须是在境内长久居住的具有完全行为能力的中国公民。

2016 年 3 月 16 日，十二届全国人大四次会议表决通过了关于国民经济和社会发展第十三个五年规划纲要的决议，并专辟了"拓展网络经济空间"篇，提出宽带中国、物联网应用推广、云计算创新发展、"互联网+"行动、大数据应用、国家政务信息化、电子商务和网络安全保障八项信息化重大工程，推进网络强国战略。

2016 年 4 月 19 日，习近平总书记在网络安全和信息化工作座谈会上发表了"4·19"重要讲话。总书记以哲学视野和辩证思维提出网络安全观，指出网络安全是整体的而不是割裂的，是动态的而不是静态的，是开放的而不是封闭的，是相对的而不是绝对的，是共同的而不是孤立的。讲话还对加快构建关键信息基础设施安全保障体系、全天候全方位感知网络安全态势、增强网络安全防御能力和威慑能力、促进互联网持续健康发展和为网信事业发展提供有力人才支撑几个问题提出了明确要求。"4·19"讲话是指导我国网信事业发展的纲领，标志着网络强国路线的进一步明确，开启了我国网络安全战略和法律制度规划的全新时代。

"4·19"讲话发表后一年内，我国相继发布多个网络安全顶层设计文件，为我国网络安全治理指明了方向。

- 2016 年 7 月，中共中央办公厅、国务院办公厅印发《国家信息化发展战略纲要》，作为规范和指导未来 10 年国家信息化发展的纲领性文件，是国家战略体系的重要组成部分，是信息化领域规划、政策制定的重要依据。该《战略纲要》对网络安全高度重视，指出"坚持积极防御、有效应对，增强网络安全防御能力和威慑能力，切实维护国家网络空间主权、安全、发展利益"。《战略纲要》在总结已有成绩基础之上，面向新时期维护国家安全的重大需求，对网络安全工作做出了新的顶层设计，是我国以文件形式对国家网络安全战略的清晰阐述。《战略纲要》将以往的"积极防御、综合防范"方针改为"积极防御，主动应对"，通过"增强网络安全防御能力和威慑能力"实现以慑止战[35]。

- 2016 年 12 月 15 日，国务院印发《"十三五"国家信息化规划》[69]，将"健全网络安全保障体系"作为一项重要任务。《规划》提出"构建关键信息基础设施安全保障体系"。《规划》对实现"全天候全方位感知网络安全态势"提出了具体要求："建立统一高效的网络安全风险报告机制、情报共享机制、研判处置机制，准确把握网络安全风险发生的规律、动向、趋势；建立政府和企业网络安全信息共享机制，加强网络安全大数据挖掘分析，更好地感知网络安全态势，做好风险防范工作"。《规划》要求部署建设"网络安全监测预警和应急处置工程"，包括："建立国家网络安全态势感知平台，利用大数据技术对网络安全态势信息进行关联分析、数据挖掘和可视化展示，绘制关键信息基础设施网络安全态势地图。建设工业互联网网络安全监测平台，感知工业互联网网络安全态势，为保障工业互联网安全提供有力支持。"《规划》还提出了要建立国家网络安全态势感知平台和党政机关网络安全态势感知系统。

- 2016 年 12 月 27 日，经中央网信领导小组批准，国家网信办发布《国家网络空间安全战略》。该战略贯彻落实习近平总书记网络强国战略思想，阐明了中国关于网络空间发展和安全的重大立场和主张，明确了战略方针和主要任务，切实维护国家在网络空间的主权、安全、发展利益，是指导国家网络安全工作的纲领性文件。

- 2017 年 3 月 1 日，经中央网信领导小组批准，外交部和国家网信办共同发布《网络空间国际合作战略》。该战略以和平发展、合作共赢为主题，以构建网络空间命运共同体为目标，就推动网络空间国际交流合作首次全面系统提出中国主张，为破解全球网络空间治理难题贡献中国方案，是指导中国参与网络空间国际交流与合作的战略性文件。

"4·19"讲话要求"全面加强网络安全检查，摸清家底，认清风险"。2016 年 7 月，中央网信办牵头组织了我国首次全国范围的关键信息基础设施（CII）网络安全检查工作。这是国家关键信息基础设施安全保护的基础性工作，是进一步开展风险治理、威胁防范的前提。

2016 年 6 月 6 日，中央网信办等六部门联合印发《关于加强网络安全学科建设和人才培养的意见》，提出加快网络安全学科专业和院系建设，创新网络安全人才培养机制，强化网络安全师资队伍建设，推动高等院校与行业企业合作育人、协同创新，完善网络安全人才培养配套措施。

2016 年 8 月 21 日，山东临沂一位家境困难的高中女孩徐玉玉遭遇电信诈骗后身亡，引发舆论强烈关注。事件源头是高考报名网站存在漏洞，黑客利用漏洞侵入并下载了64万多条该省考生信息。这一信息被非法出售后抵达诈骗团伙。悲剧发生后，我国对个人信息的保护和对电信诈骗的打击进一步增强。9月23日，国务院打击治理电信网络新型违法犯罪工作部际联席会议第三次会议召开。要求加强对行业和地区的问责，并决定在全国组织开展为期一年的打击侵犯公民个人信息专项行动。同日，两高、公安部、工信部、央行、银监会联合发布《防范和打击电信网络诈骗犯罪通告》，要求各部门采取多方面措施，对电信网络诈骗犯罪发起攻势。10月31日提审的民法总则二审稿首次在民事权利章节加入了个人信息保护条款。2016年全年，全国公安机关针对网络诈骗、黑客攻击和侵害公民个人信息等高发频发犯罪活动，持续组织开展专项行动，共侦破黑客攻击案件828起，抓获犯罪嫌疑人1288人；侦破侵害公民个人信息案件1886起，抓获犯罪嫌疑人4261人，查获各类公民个人信息307亿条，抓获各行业"内鬼"391人、黑客98人[70]。

2016年10月9日，中共中央政治局就实施网络强国战略进行第三十六次集体学习。习近平总书记在主持学习时强调，加快推进网络信息技术自主创新，加快数字经济对经济发展的推动，加快提高网络管理水平，加快增强网络空间安全防御能力，加快用网络信息技术推进社会治理，加快提升我国对网络空间的国际话语权和规则制定权，朝着建设网络强国目标不懈努力。

2016年11月25日，国家网信办官网宣布，在本年度内已完成"清朗"系列专项行动，深入整治网络顽疾，对网络空间各类违法违规行为形成持续有力震慑。"清朗"系列专项行动是由国家网信办牵头，工信、公安、文化、工商、新闻出版广电等多部门共同参与的网络空间治理行动，治理范围覆盖门户网站、搜索引擎、网址导航、微博微信等各平台各环节，治理内容包括淫秽色情、虚假谣言、暴力血腥等各类违法违规文字、图片、音视频信息，是对网络空间的一次"大清理""大扫除"。行动期间，国家网信办还配合立法机关推动出台《网络安全法》，牵头起草《未成年人网络保护条例》，修订《互联网新闻信息服务管理规定》，制定《移动互联网应用程序信息服务管理规定》《互联网直播服务管理规定》，在全国网信系统进行行政执法培训，颁发首批新的互联网信息内容管理行政执法证，持续推进全国网信行政执法体系建设[71]。这是国家网信办首次公开以"清朗"为代号开展网信生态治理行动。

2016年12月9日，国务院发函确认同意建立网络市场监管部际联席会议制度（国办函〔2016〕99号）[72]。联席会议制度旨在进一步加强网络市场监管，加强部门间协调配合，促进网络市场持续健康发展。联席会议由工商总局、发改委、工信部、公安部、商务部、海关总署、质检总局、食品药品监管总局、网信办、邮政局10个部门组成，工商总局为牵头单位。这一制度在2020年被调整完善（国办函〔2020〕52号），强调了党中央对联席会议制度的领导，将参与部门由10个扩展到14个，明确国家市场监督管理总局为牵头单位。

2016年12月20日，"两高一部"发布《关于办理电信网络诈骗等刑事案件适用法律若干问题的意见》（法发〔2016〕32号）。《意见》规定了对利用电信网络技术手段实施的诈骗罪定罪量刑标准，规定了对扰乱无线电通讯管理秩序罪、侵犯公民个人信息罪、招摇撞骗罪、妨害信用卡管理罪、"掩饰、隐瞒犯罪所得、犯罪所得收益罪"等关联犯罪的法律适用情景，对共同犯罪与主观故意的认定、案件管辖的确定、证据的收集和审查判断方式、涉案财物的处理方式提供了解释意见。

2017 年 1 月 10 日，中央网信办印发《国家网络安全事件应急预案》（中网办发文〔2017〕4 号），标志着我国拥有了国家层面组织应对特别重大网络安全事件的应急处置行动方案。该预案是各地区、各部门、各行业开展网络安全应急工作的重要依据。

2017 年 2 月 17 日，习近平总书记主持召开国家安全工作座谈会并发表重要讲话，强调要准确把握国家安全形势，牢固树立和认真贯彻总体国家安全观，并对当前和今后一个时期国家安全工作提出明确要求，强调要突出抓好政治安全、经济安全、国土安全、社会安全、网络安全等各方面安全工作。在会议上，习近平特别强调了网络安全工作，提出"要筑牢网络安全防线，提高网络安全保障水平，强化关键信息基础设施防护，加大核心技术研发力度和市场化引导，加强网络安全预警监测，确保大数据安全，实现全天候全方位感知和有效防护"。

2017 年 5 月 2 日，《互联网新闻信息服务管理规定》经国家网信办第 1 号令发布，自 6 月 1 日起施行，旨在加强互联网信息内容管理，促进互联网新闻信息服务健康有序发展。该规定确立了互联网新闻信息服务许可制度，"禁止未经许可或超越许可范围开展互联网新闻信息服务活动"。国家网信办还公布了《互联网新闻信息服务许可管理实施细则》，与该规定同步施行。

2017 年 6 月 1 日起，《中华人民共和国网络安全法》（以下简称《网安法》）正式施行。这是我国第一部全面规范网络空间安全管理方面问题的基础性法律，是我国网络空间法治建设的重要里程碑，是依法治网、化解网络风险的法律重器，是让互联网在法治轨道上健康运行的重要保障。《网安法》总则规定，我国网络安全的主管部门是国家网信部门、国务院电信主管部门、公安部门和其他有关机关、县级以上地方人民政府有关部门。《网安法》第三章对网络运行安全做出规定，该章第二节用整节篇幅对关键信息基础设施（CII）的运行安全提出要求，是我国首次将关键信息基础设施保护（以下简称"关保"）写入国家法律。《网安法》第四章对个人信息保护和网络内容安全做出规定。《网安法》第五章将监测预警与应急处置工作制度化、法制化，明确国家要建立网络安全监测预警和信息通报制度，建立网络安全风险评估和应急工作机制，制定网络安全事件应急预案并定期演练，这为深化网络安全防护体系、实现全天候全方位感知网络安全态势提供了法律保障。

《网安法》明确"国家实行网络安全等级保护制度"，将等保制度提升到国家法律层面，标志着"等保 2.0"时代的到来。在《网安法》将信息安全等级保护更名为网络安全等级保护之后，相关国家标准也被重新更名、修订，在 2018—2020 年间陆续以"网络安全等级保护"名称发布。2018 年 6 月 27 日，《网络安全等级保护条例》征求意见稿公布。征求意见稿由公安部会同中央网信办、国家保密局、国密局总结十几年等保工作经验起草，旨在贯彻落实《网安法》关于等保制度的要求，将前期等保工作实践成果上升为行政法规，进一步健全相关法律规范体系，促进等保制度进一步成熟。

2017 年 8 月至 11 月期间，全国人大常委会对《网安法》在各单位的实施情况进行调研。调研结论认为，网络安全普遍没有得到应有的重视，"说起来重要、干起来次要、忙起来不要"的情况比较常见。极少有单位的网络安全负责人是单位一把手。各单位普遍将分管信息化工作的副职领导定为网络安全责任人，在实践中会遭遇权限不够、资源不足等问题，"出事"后则将副职一免了之。甚至还有单位完全没有将网络安全列入议事日程[73]。这种责任缺位的现状同网络安全的严峻形势背道而驰，必须加以改革。《党委（党组）网络安全工作责任制实施办法》(厅字〔2017〕32号)于2017年8月15日印发实施,于2021年8月解密,明确"各级党委(党组)对本地区本部门网络安全工作负主体责任","领导班子主要负责人是第一责任人,主管网络安全的领导班子成员是直接责任人"。《党委(党组)网络安全工作责任制实施办法》的实施标志着我国在各级单位正式建立网络安全责任制。

2017年8月8日,为贯彻落实党中央和习近平总书记关于建设一流网络安全学院的指示精神,落实《网络安全法》《关于加强网络安全学科建设和人才培养的意见》明确的工作任务,中央网信办和教育部联合印发《一流网络安全学院建设示范项目管理办法》(中网办秘字〔2017〕573号),决定在2017—2027年间实施一流网络安全学院建设示范项目。西安电子科技大学、东南大学、武汉大学、北京航空航天大学、四川大学、中国科学技术大学、战略支援部队信息工程大学共7所高校获批为首批建设示范单位。

2017年9月29日,世界首条量子保密通信干线——"京沪干线"正式开通。结合"京沪干线"与"墨子号"量子卫星的天地链路,我国科学家成功实现了首次洲际量子保密通信。这标志着我国已构建出天地一体化的广域量子通信网络雏形,为未来实现覆盖全球的量子保密通信网络迈出了坚实的一步[74]。在"京沪干线"应用示范的基础上,国家发展改革委于2018年2月批复了"国家广域量子保密通信骨干网络"项目,将覆盖京津冀、长三角、粤港澳、成渝等重要区域,推动量子保密通信的规模化应用。

2017年10月1日,《民法总则》正式施行。该法首次从民事法律角度对个人信息的保护作出规定——任何组织和个人应当确保依法取得的个人信息安全,不得非法收集、使用、加工、传输个人信息,不得非法买卖、提供或者公开个人信息。传统的民法没有单独承认个人信息保护,只承认隐私权,但从目前情况看,个人信息权已不能完全被隐私权覆盖。此次规定扩大了自然人私生活的保护范围,扩大了对财产权的保护。同时,它最大的一个特点是明确了个人信息的归属关系,强调信息也是个人所有的财产,个人对其具有支配地位,也对保护自己的信息有了相关权利。这就意味着,手机号码、住址等个人信息被明确地作为一种民事权利,如果有加害人侵害了个人信息的权利,受害人可以提起诉讼[75]。

2017年10月18日至10月24日,党的十九大在北京召开。十九大报告专门强调"牢牢掌握意识形态工作领导权",明确提出"加强互联网内容建设,建立网络综合治理体系,营造清朗的网络空间"三大互联网治理任务。此时,互联网的社会动员功能日益增强,互联网日益成为意识形态斗争的主阵地、主战场、最前沿。国际上一些势力通过操纵网络舆情、炮制谣言、裹挟民意,就可以让一个国家政局动荡。习近平总书记敏锐把握互联网在党和国家工作全局中的重要作用,高度重视网络意识形态工作,多次强调坚持"党管互联网"[76]。十九大以来,党和政府为维护国家安全,净化社会风气,保障网民权益,全面加强了网信内容生态的治理,不断出台相关政策,开展专项行动。

- 2019年1月,国家网信办正式启动为期半年的网络生态治理专项行动,对各类网站、移动客户端、论坛贴吧、即时通信工具、直播平台等重点环节中的淫秽色情、低俗庸俗、暴力血腥等12类负面有害信息进行整治,集中解决网络生态重点环节的突出问题。

- 2019年12月20日,国家网信办第5号令发布《网络信息内容生态治理规定》,自次年3月1日施行。这是我国在网络信息内容管理方面的一部重要立法,系统回应了当时网络信息内容服务市场所面临的问题,全面规定了网络信息内容生产者、网络信息内容服务平台、网络信息内容服务使用者以及网络行业组织等主体应当遵守的管理要求。根据这一规定，网络信息内容服务使用者和网络信息内容生产者、网络信息内容服务平台不得通过人工方式或者技术手段实施流量造假、流量劫持以及虚假注册账号、非法交易账号、操纵用户账号等行为，破坏网络生态秩序。

- 2020 年，国家网信办重启了代号为"清朗"的互联网内容生态治理行动。2020 年"清朗"专项行动覆盖各类网络传播渠道和平台，重点整治色情低俗、网络暴力、恶意营销、侵犯公民个人隐私等互联网内容。2021 年"清朗"行动分为 8 个专项行动："清朗·整治网上历史虚无主义"，清理歪曲党史、国史、军史等信息；"清朗·春节网络环境"，整治首页首屏不良信息、生活服务类平台广告推送等；"清朗·算法滥用治理"，规范应用推荐算法进行新闻信息分众化传播的行为和秩序等；"清朗·打击网络水军、流量造假、黑公关"，清理网络水军等；"清朗·未成年人网络环境整治"，清理 QQ 群组、网络游戏、视频直播等环节存在的不良亚文化信息；"清朗·整治 PUSH 弹窗新闻信息突出问题"，整治移动客户端 PUSH 推荐违规"自媒体"信息等；"清朗·规范网站账号运营"，整治假冒党政机关、媒体和机构名称等违反管理要求的问题等；"清朗·整治网上文娱及热点排行乱象"，规范明星及其背后机构、官方粉丝团的网上行为，打击应援行为等。2022 年"清朗"系列专项行动聚焦影响面广、危害性大的问题开展整治，具体包括十个方面的重点任务："清朗·打击网络直播、短视频领域乱象"专项行动、"清朗·MCN 机构信息内容乱象整治"专项行动、"清朗·打击网络谣言"专项行动、"清朗·2022 年暑期未成年人网络环境整治"专项行动、"清朗·整治应用程序信息服务乱象"专项行动、"清朗·规范网络传播秩序"专项行动、"清朗·2022 年算法综合治理"专项行动、"清朗·2022 年春节网络环境整治"专项行动、"清朗·打击流量造假、黑公关、网络水军"专项行动、"清朗·互联网用户账号运营专项整治行动"。

- 2021 年 11 月 11 日，十九届六中全会通过《中共中央关于党的百年奋斗重大成就和历史经验的决议》。《决议》中写入了习近平总书记"过不了互联网这一关就过不了长期执政这一关"这一重要论断。《决议》指出，"党高度重视互联网这个意识形态斗争的主阵地、主战场、最前沿，健全互联网领导和管理体制，坚持依法管网治网，营造清朗的网络空间"。

- 2022 年 3 月 1 日，国家网信办等四部门发布的《互联网信息服务算法推荐管理规定》正式施行。近年来，在算法应用给政治、经济、社会发展注入新动能的同时，算法歧视、"大数据杀熟"、诱导沉迷等算法不合理应用导致的问题也深刻影响着正常的传播秩序、市场秩序和社会秩序，给维护意识形态安全、社会公平公正和网民合法权益带来挑战。在互联网信息服务领域出台具有针对性的算法推荐规章制度，是防范化解安全风险的需要，也是促进算法推荐服务健康发展、提升监管能力水平的需要[77]。

- 2022 年 4 月，新浪微博、微信、知乎、抖音、快手、今日头条、百家号、小红书等多家网络平台陆续宣布公开账号 IP 属地。这类功能将对网络中的造谣、冒充、网络暴露等恶意行为形成一定震慑。

2017 年 12 月 12 日，江苏 T 公司负责人万某某因怀疑公司网站遭对手 Y 公司攻击，雇佣黑客实施"反击"，通过 DDoS 攻击使 Y 公司网站瘫痪一小时以上。事后，万某某等人因破坏计算机信息系统罪获刑二至三年不等，适用缓刑。本案被最高检评为依法惩治破坏市场竞争秩序犯罪典型案例。

2017 年 12 月 15 日，文化部第 57 号令发布《文化部关于废止和修改部分部门规章的决定》，其中包括对《文管规定》和《网游管理办法》进行修订，在制定依据中增加了《网安法》，对相关业务的开展条件增加了"拥有确定域名"要求，取消了资金要求。

2017 年 12 月 26 日，财政部通知印发《政务信息系统政府采购管理暂行办法》（财库〔2017〕210 号）[78]。该《办法》涉及政务信息系统采购环节的网络安全要求，规定采购需求应当包括安全审查和保密要求、等级保护要求、分级保护要求，对密码保障系统做到"同步规划、同步建设、同步运行"并定期进行评估，验收方案应当包括密码应用和安全审查情况等内容。

自 2017 年起，我国对密码管理领域展开改革，以贯彻落实党中央、国务院关于深化"放管服"改革的决策部署。2017 年 9 月 29 日，国务院发布《国务院关于取消一批行政许可事项的决定》（国发〔2017〕46 号），取消国家密码局"商用密码产品生产单位审批""商用密码产品销售单位许可""外商投资企业使用境外密码产品审批""境外组织和个人在华使用密码产品或者含有密码技术的设备审批"事项，要求相关部门的管理职能要重点转向制定行业标准规范，加强事中事后监管。2017 年 10 月 16 日，国家密码局发出通知（国密局字〔2017〕344 号），根据国务院要求调整了行政审批事项公开目录[79]，保留了 8 个审批事项。2021 年 1 月 1 日，国密局发布《国家密码管理局行政审批事项公开目录》，再次调整行政审批事项公开目录，只保留了 5 个审批事项：商用密码科研成果审查鉴定（60002）、商用密码产品质量检测机构审批（60005）、电子认证服务使用密码许可（60011）、信息安全等级保护商用密码测评机构审批（60012）、电子政务电子认证服务机构认定（60014）。

2.3.3　2018—2019 年政策与举措

2018 年 2 月，十九届三中全会专题研究机构改革问题，审议通过《中共中央关于深化党和国家机构改革的决定》[80]和《深化党和国家机构改革方案》[81]。根据改革方案，中央网络安全和信息化领导小组改为中央网络安全和信息化委员会，主要职责是负责网络安全和信息化领域重大工作的顶层设计、总体布局、统筹协调、整体推进、督促落实，办事机构为中央网信办。改革方案优化了中央网信办职责，明确将国家计算机网络与信息安全管理中心由工信部管理调整为由中央网信办管理，工信部仍负责"对国家计算机网络与信息安全管理中心基础设施建设、技术创新提供保障"。改革方案还规定，中宣部统一管理新闻出版工作，将国家新闻出版广电总局的新闻出版管理职责划入中宣部，中宣部对外加挂国家新闻出版署（国家版权局）牌子。

2018 年 3 月 17 日，《国务院机构改革方案》[82]发布，其中规定，在国家新闻出版广电总局广播电视管理职责的基础上组建国家广播电视总局，作为国务院直属机构，不再保留国家新闻出版广电总局。2018 年 3 月 24 日，《国务院关于机构设置的通知》（国发〔2018〕6号）指出，国家网信办与中央网信办"一个机构两块牌子，列入中共中央直属机构序列"；国务院新闻办公室在中宣部加挂牌子[63]。

2018 年 4 月 20 日至 21 日，全国网信工作会议在京召开，习近平总书记发表"4·20"重要讲话，站在人类历史发展、党和国家事业全局高度，科学分析了信息化变革趋势和我们肩负的历史使命，系统阐述涵盖网信事业发展观、安全观、治理观的网络强国战略思想，深刻回答了一系列重大理论和实践问题，是指导新时代网络安全和信息化发展的纲领性文献，吹响了建设网络强国的时代号角[83]。"4·20"讲话强调，党的十八大以来，党中央重视互联网、发展互联网、治理互联网，统筹协调涉及政治、经济、文化、社会、军事等领域信息化和网络安全重大问题，作出一系列重大决策、提出一系列重大举措，推动网信事业取得历史性成就。讲话指出，要加强党中央对网信工作的集中统一领导，确保网信事业始终沿着正确方向前进。[84]

2018 年 6 月 5 日，中央网信办、公安部联合发布《关于规范促进网络安全竞赛活动的通知》（中网办发文〔2018〕8 号），对网络安全竞赛活动进行规范，确立了若干基本原则：要坚持国家安全和社会效益优先，公平公正、科学严谨、健康有序；严格遵守有关法律法规，不得危害国家安全、损害企业和个人合法利益；禁止以竞赛为名进行商业炒作、牟取不正当利益；不鼓励以高额奖金吸引选手参赛。

自 2019 年起，我国的顶层网信战略体现出了对大数据、云计算、区块链、物联网等新兴 ICT 技术的高度关注。这些新技术词汇在政策文件中被反复提及。

- 2019 年 1 月 10 日，国家网信办发布《区块链信息服务管理规定》，自 2019 年 2 月 15 日起施行。国家网信办有关负责人表示，出台该《规定》旨在明确区块链信息服务提供者的信息安全管理责任，规范和促进区块链技术及相关服务健康发展，规避区块链信息服务安全风险，为区块链信息服务的提供、使用、管理等提供有效的法律依据。

- 2019 年 3 月，《2019 年国务院政府工作报告》中首次提出"智能+"重要战略：打造工业互联网平台，拓展"智能+"，为制造业转型升级赋能，推动传统产业改造提升。从"互联网+"升级为"智能+"，是中国社会生产和生活方式的又一次升级迭代，也是技术发展的必然结果，体现了人工智能、大数据、云计算、物联网、区块链、5G 等新兴技术对社会生产生活的全新赋能。

- 2019 年 7 月 2 日，国家网信办等四部门发布《云计算服务安全评估办法》，规定参照国家标准《信息安全技术 云计算服务安全指南》（GB/T 31167）、《信息安全技术 云计算服务安全能力要求》（GB/T 31168），对面向党政机关、关键信息基础设施提供云计算服务的云平台进行安全评估。开展云计算服务安全评估，是为了提高党政机关、关键信息基础设施运营者采购使用云计算服务的安全可控水平，降低采购使用云计算服务带来的网络安全风险，增强党政机关、关键信息基础设施运营者将业务及数据向云服务平台迁移的信心。

- 2019 年 9 月 16 日，习近平总书记对国家网络安全宣传周做出重要指示，强调要坚持促进发展和依法管理相统一，既大力培育人工智能、物联网、下一代通信网络等新技术新应用，又积极利用法律法规和标准规范引导新技术应用。

- 2019 年 10 月 20 日，习近平主席向第六届世界互联网大会致贺信。习近平在贺信中指出，2019 年是互联网诞生 50 周年。当前，新一轮科技革命和产业变革加速演进，人工智能、大数据、物联网等新技术、新应用、新业态方兴未艾，互联网迎来了更加强劲的发展动能和更加广阔的发展空间。发展好、运用好、治理好互联网，让互联网更好造福人类，是国际社会的共同责任。各国应顺应时代潮流，勇担发展责任，共迎风险挑战，共同推进网络空间全球治理，努力推动构建网络空间命运共同体。

- 2019 年 10 月 24 日，中共中央政治局就区块链技术发展现状和趋势进行第十八次集体学习。习近平总书记在主持学习时强调，区块链技术的集成应用在新的技术革新和产业变革中起着重要作用。我们要把区块链作为核心技术自主创新的重要突破口，明确主攻方向，加大投入力度，着力攻克一批关键核心技术，加快推动区块链技术和产业创新发展。

- 2020 年 3 月 20 日，工信部发布《关于推动工业互联网加快发展的通知》，推动建设覆盖全国所有地市的高质量外网，利用 5G 改造工业互联网内网，增强完善工业互联网标识体系，提升工业互联网平台核心能力，深化工业互联网行业应用，加快健全安全保障体系。

- 2020 年 3 月 30 日，中共中央、国务院首次公布关于要素市场化配置的文件——《关于构建更加完善的要素市场化配置体制机制的意见》，指出土地、劳动力、资本、技术、数据五大生产要素的改革方向和相关体制机制的建设要求，包括推进政府数据开放共享、提升社会数据资源价值和加强数据资源整合和安全保护等内容。

- 2020 年 12 月 23 日，国家发改委、中央网信办、工信部、国家能源局发布《关于加快构建全国一体化大数据中心协同创新体系的指导意见》，提出数据是国家基础战略性资源和重要生产要素，要"加速数据流通融合"。同时，要"推动核心技术突破及应用"，"强化大数据安全保障"。2021 年 5 月 24 日，四部门进一步印发了《全国一体化大数据中心协同创新体系算力枢纽实施方案》，明确提出在京津冀、长三角、粤港澳大湾区、成渝，以及贵州、内蒙古、甘肃、宁夏这 8 个地区布局全国算力网络国家枢纽节点，启动实施"东数西算"工程，构建国家算力网络体系。

- 2022 年 4 月 10 日，《中共中央、国务院关于加快建设全国统一大市场的意见》发布。根据这一文件，我国将加快培育数据要素市场，建立健全数据安全、权利保护、跨境传输管理、交易流通、开放共享、安全认证等基础制度和标准规范，深入开展数据资源调查，推动数据资源开发利用。

- 2022 年 6 月 22 日，中央全面深化改革委员会第二十六次会议审议通过了《关于构建数据基础制度更好发挥数据要素作用的意见》。习近平总书记在主持会议时强调加快构建数据基础制度体系。会议指出，要把安全贯穿数据治理全过程，守住安全底线，明确监管红线，加强重点领域执法司法，把必须管住的坚决管到位。

在数据资源的价值被充分肯定、大数据深刻改变社会生活面貌的同时，数据安全问题相伴而生。数据安全日益成为网络安全体系的重中之重，并被提上立法日程。2019 年 5 月 28 日，国家网信办关于《数据安全管理办法（征求意见稿）》公开征求意见。这一《办法》一旦确立通过，在境内利用网络开展数据收集、存储、传输、处理、使用等活动，以及数据安全的保护和监督管理，均适用于本《办法》。《数据安全法》作为保障数据安全的国家法律，自 2021 年 9 月 1 日起施行。

在移动互联网普及的时代，个人信息被大量数字化，个人隐私数据的保护成为数据安全的核心挑战。2019 年，移动 APP 过度收集用户个人信息的现象已经十分凸显，用户权益遭到严重侵害，党和国家决心出手整治。习近平总书记对这一年的国家网络安全宣传周做出指示时强调，国家网络安全工作要坚持网络安全为人民、网络安全靠人民，保障个人信息安全，维护公民在网络空间的合法权益。到 2021 年《个人信息保护法》正式通过之前，已经有诸多部门规章、国家标准、行业标准陆续出台，对各类 APP 信息收集行为进行规范。

- 2019 年 6 月，TC260 推出《网络安全实践指南——移动互联网应用基本业务功能必要信息规范》，明确规定了金融借贷类 APP 基本业务功能收集的必要信息范围，包括"手机号码""账号信息""身份信息""银行账户信息""个人征信信息""紧急联系人信息""借贷交易记录"7 项内容。

- 2019 年 10 月 1 日，国家网信办发布的《儿童个人信息网络保护规定》正式施行。这是我国第一部专门针对儿童网络保护的部门规章，该规定填补了互联网时代儿童个人信息保护的法律空白。

- 2020 年 2 月 5 日和 2 月 13 日，中国人民银行分别正式发布新修订的金融行业标准《网上银行系统信息安全通用规范》（JR/T 0068—2020）和金融行业标准《个人金融信息保护技术规范》（JR/T 0171—2020）。新版 JR/T 0068 立足于移动互联和云计算等新技术在网上银行系统的不断深入应用，以及手机银行使用愈加广泛的背景，规范了网上银行系统安全技术要求、安全管理要求、业务运营安全要求，为网上银行系统建设、运营及测评提供了依据。JR/T 0171 规定了个人金融信息在收集、传输、存储、使用、删除、销毁等生命周期环节的安全防护要求，从安全技术和安全管理两个方面，对个人金融信息保护提出了规范性要求。

- 2020 年 10 月 1 日，《信息安全技术 个人信息安全规范》（GB/T 35273—2020）取代 2017 版本正式实施。2020 版结合网络和社会发展变化进行了针对性修订，进一步契合了相关法律法规要求，增强了指导性和适用性。GB/T 35273 是 APP 安全认证和个人信息保护认证工作的认证依据，还是多个立法文件的重要参考。

- 2021 年 3 月 22 日，国家网信办等四部门联合公开发布《常见类型移动互联网应用程序必要个人信息范围规定》。该《规定》自 5 月 1 日施行，旨在贯彻落实《网络安全法》关于"网络运营者收集、使用个人信息，应当遵循合法、正当、必要的原则""网络运营者不得收集与其提供的服务无关的个人信息"等规定，明确移动互联网 APP 运营者不得因用户不同意收集非必要个人信息，而拒绝用户使用 APP 基本功能服务。

- 2021 年 4 月 26 日，在国家网信办的统筹指导下，工信部会同公安部、市监总局发布《移动互联网应用程序个人信息保护管理暂行规定（征求意见稿）》，向社会公开征求意见。征求意见稿共计二十条，界定了适用范围和监管主体；确立了"知情同意""最小必要"两项重要原则；细化了 APP 开发运营者、分发平台、第三方服务提供者、终端生产企业、网络接入服务提供者五类主体责任义务；提出了投诉举报、监督检查、处置措施、风险提示四方面规范要求[85]。征求意见稿提出，从事 APP 个人信息处理活动的，应当以清晰易懂的语言告知用户个人信息处理规则，由用户在充分知情的前提下，做出自愿、明确的意思表示；从事 APP 个人信息处理活动的，应当具有明确、合理的目的，并遵循最小必要原则，不得从事超出用户同意范围或者与服务场景无关的个人信息处理活动。

在上述相关规章、标准的支撑下，监管部门根据有关法律法规的要求，针对 APP 信息过度收集等乱象重拳出击，密集行动，有效遏制了移动 APP 生态的沉疴。

- 2019 年 1 月 25 日，中央网信办、工信部、公安部、市监总局四部门正式发布《关于开展 APP 违法违规收集使用个人信息专项治理的公告》。四部门决定自 2019 年 1 月至 12 月，在全国范围内组织开展 APP 违法违规收集使用个人信息专项治理行动。

- 2021 年 5 月以来，中央网信办会同工信部、公安部、市监总局深入推进摄像头偷窥等黑产集中治理工作，对人民群众反映强烈的非法利用摄像头偷窥个人隐私画面、交易隐私视频、传授偷窥偷拍技术等侵害公民个人隐私的行为进行集中治理。截至同年 8 月 9 日，中央网信办指导各地网信办督促各类平台清理相关违规有害信息 2.2 万余条，处置平台账号 4000 余个、群组 132 个，下架违规产品 1600 件。

- 2021 年 5 月 1 日，国家网信办发布《关于输入法等 33 款 APP 违法违规收集使用个人信息情况的通报》。通报称，针对人民群众反映强烈的 APP 非法获取、超范围收集、过度索权等侵害个人信息的现象，国家网信办依据《网络安全法》《APP 违法违规收集使用个人信息行为认定方法》等法律和有关规定，组织对输入法、地图导航等常见类型公众大量使用的部分 APP 的个人信息收集使用情况进行了检测。5 月 10 日，国家网信办在针对安全管理、网络借贷等常见类型的 APP 的个人信息收集情况进行检测后发布通报。5 月 21 日，针对短视频、浏览器、求职招聘 APP 发布通报。6 月 11 日，针对运动健身、新闻资讯、网络直播、应用商店、女性健康等类型的 APP 发布通告。这些通报要求 APP 运营者限期整改，逾期未完成整改的将依法予以处置。

- 2021 年 12 月 9 日，CNCERT 会同中国网络空间安全协会（CSAC）发布《APP 违法违规收集使用个人信息监测分析报告》。此前，CNCERT 与 CSAC 共同建立了 APP 收集使用个人信息监测平台、APP 举报受理平台。该报告是对前期专项治理和平台监测发现的 APP 违法违规收集使用个人信息问题进行的总结梳理，对问题特点和趋势进行了深入分析。

- 2022 年 4 月 19 日，国务院新闻办公室表示，2022 年一季度对强制下载 APP 等问题进行了有效整治，推动主要互联网企业基本解决了存在的相关问题，同时开展了 2 批次技术抽检，检测了 61 万款 APP，通报了 134 款违规 APP，从而进一步净化了 APP 生态；紧盯重要时点，针对 3·15 晚会曝光的诱骗下载恶意 APP、骚扰电话等相关问题，第一时间采取下架问题 APP、关停语音专线等有力措施，并依法依规对涉事企业进行立案调查和行政处罚。

- 2022 年 4 月 21 日，国家邮政局、公安部、国家网信办联合召开电视电话会议，部署开展为期半年的邮政快递领域个人信息安全治理专项行动。

随着数据安全和隐私保护意识在全社会层面受到重视，多方安全计算、联邦学习等隐私增强技术开始出现在政策文件中。2020 年 11 月 24 日，中国人民银行正式发布金融行业标准《多方安全计算金融应用技术规范》（JR/T 0196），指导该行业实现在不泄露原始数据、保障信息安全前提下推动多个主体间的数据共享与融合应用，确保数据专事专用、最小够用，杜绝数据被误用、滥用。2021 年 5 月，国家发改委等四部门发布的《全国一体化大数据中心协同创新体系算力枢纽实施方案》提出，"试验多方安全计算、区块链、隐私计算、数据沙箱等技术模式，构建数据可信流通环境"。2021 年 7 月，工信部发布的《网络安全产业高质量发展三年行动计划（2021—2023 年）（征求意见稿）》提出"推动联邦学习、多方安全计算、隐私计算、密态计算、安全检索、多阈协同追踪等数据安全技术研究应用"，"大力推进安全多方计算、联邦学习、可信计算等技术的研究攻关和部署应用，促进数据要素安全有序流动"。

2019 年 3 月 7 日，国务院国有资产监督管理委员会发布新版《中央企业负责人经营业绩考核办法》，该办法于 2019 年 4 月 1 日起施行。新的考核办法中增加了对网络安全事件的考核要求，能够有效提升相关企业改善网络安全的积极性。

2019 年 4 月 3 日，国务院令第 711 号公布修订后的《中华人民共和国政府信息公开条例》，自 5 月 15 日起施行。条例规定政府信息应当坚持以"公开为常态、不公开为例外"。条例第 14 条规定，"依法确定为国家秘密的政府信息，法律、行政法规禁止公开的政府信息，以及公开后可能危及国家安全、公共安全、经济安全、社会稳定的政府信息，不予公开"。第 15 条规定："涉及商业秘密、个人隐私等公开会对第三方合法权益造成损害的政府信息，行政机关不得公开。但是，第三方同意公开或者行政机关认为不公开会对公共利益造成重大影响的，予以公开。"

2019 年 3 月至 9 月间，云南警方破获一起利用网络黑灰产实施电信诈骗的案件，除抓获涉诈嫌疑人外，还深入追查到出售涉案虚拟账号的"黑兔子"工作室、贩卖手机"黑卡"的亚飞达公司、提供电话卡的虚拟运营商远特公司。该案是对网络黑灰产业生态系统开展全链条、全方位集中打击的典型案例，是公安部"净网 2019"专项行动挂牌督办案件。虚拟运营商远特公司在明知卡商从事不法活动的情况下，仍然为其提供大量电话卡，并违规开通高级权限，客观上为下游不法活动提供了便利，2016 年徐玉玉案中的电话卡便出自远特。2021 年 4 月 16 日，远特公司多名高管因拒不履行信息网络安全管理义务罪被判处有期徒刑或拘役。这是我国电信运营商因手机卡实名制监管不到位、造成严重后果而获刑的第一起判例。

2.3.4　2020—2021 年政策与举措

2020 年首日，《中华人民共和国密码法》开始施行，旨在规范密码应用和管理，促进密码事业发展，保障网络与信息安全，提升密码管理科学化、规范化、法治化水平，是我国密码领域的综合性、基础性法律，让我国密码体系进入了有法可依的新时期。《密码法》对商用密码管理制度进行了结构性重塑，取消了大众消费类产品商用密码的进口许可和出口管制。

《密码法》出台后，其下位的法规、规章和标准陆续配套发布或更新。2020 年 8 月 20 日，国密局发布《商用密码管理条例（修订草案征求意见稿）》，拟对 1999 年的《商用密码管理条例》进行修订。征求意见稿遵循《密码法》的精神，重新界定商用密码范围，将密码服务纳入商用密码范畴，不再将商用密码技术纳入国家秘密管理体系。关于密码监管职责，增加"国家网信、商务、海关、市场监督管理等有关部门在各自职责范围内，负责商用密码有关管理工作"的规定。2021 年 3 月，国家标准《信息安全技术　信息系统密码应用基本要求》（GB/T 39786—2021）正式发布，它是在密码行业标准《信息系统密码应用基本要求》（GM/T 0054—2018）基础上修改完善并上升为国家标准的，在商用密码应用标准体系中具有基础性地位。

2020 年 7 月 22 日，公安部向中央部委、国务院机构、央企印送《贯彻落实网络安全等级保护制度和关键信息基础设施安全保护制度的指导意见》（公网安〔2020〕1960 号），旨在指导各单位在新形势下深化落实网络安全等保 2.0。该《意见》明确了"分等级保护、突出重点""积极防御、综合防护""依法保护、形成合力"三大原则，归纳出"三化六防"（实战化、体系化、常态化，动态防御、主动防御、纵深防御、精准防护、整体防控、联防联控）实践要点，针对如何实施等保 2.0 和关键基础设施保护、如何加强协作配合和工作保障给出了具体指导意见，标志着等保 2.0 将进一步落地地成形[86]。

2020 年 8 月 28 日，商务部、科技部第 38 号公告宣布调整《中国禁止出口限制出口技术目录》，在限制出口技术目录中新增"密码安全技术""高性能检测技术""信息防御技术""信息对抗技术""基础软件安全增强技术"，删去"信息安全防火墙软件技术"。根据我国《技术进出口管理条例》，属于限制出口的技术，实行许可证管理；出口属于限制出口的技术，应当向国务院外经贸主管部门提出申请。密码安全技术的控制要点包括：密码芯片设计和实现技术（高速密码算法、并行加密技术、密码芯片的安全设计技术、片上密码芯片设计与实现技术、基于高速算法标准的高速芯片实现技术），量子密码技术（量子密码实现方法、量子密码的传输技术、量子密码网络、量子密码工程实现技术）。高性能检测技术的控制要点为：高速网络环境下的深度包检测技术，未知攻击行为的获取和分析技术，基于大规模信息采集与分析的战略预警技术，网络预警联动反应技术，APT 攻击检测技术，威胁情报生成技术。信息防御技术的控制要点为：信息隐藏与发现技术，信息分析与监控技术，系统和数据快速恢复技术，可信计算技术。信息对抗技术的控制要点是：流量捕获和分析技术，漏洞发现和挖掘技术，恶意代码编制和植入技术，信息伪装技术，网络攻击追踪溯源技术。基础软件安全增强技术的控制要点为：操作系统安全增加技术和数据库系统安全增强技术。

2020 年 10 月 10 日，国务院打击治理电信网络新型违法犯罪工作部际联席会议决定自即日起在全国范围内开展"断卡"行动，依法清理整治涉诈"两卡"，对相关犯罪进行釜底抽薪式的打击。行动开展以后，各地公安机关向非法开办、贩卖"两卡"的违法犯罪发起多轮集中收网行动；银行机构加强了对出租、出借、出售、购买个人银行账户、企业对公账户的管控，同时还加大对睡眠账户、大额现金、"长期不动户"以及开卡审核的管控力度。截至 2021 年 5 月，"断卡"行动共打掉"两卡"不法团伙 1.5 万个，缴获涉诈电话卡 373.3 万张、银行卡 56.6 万张，惩戒"两卡"失信人员 17.3 万名，整治违规行业网点、机构 1.8 万家。2021 年 5 月，工信部、公安部等部委联合启动"断卡行动 2.0"，提出针对当前行业治理中最为紧迫的电话卡、物联网卡管理问题，要更加深入地推进"断卡"行动。

2021 年是我国网信立法的腾飞之年，多部重磅法律法规相继发布实施，为行业提供了更加细致可操作的法律依据和行为规则，进一步夯实了网信法律体系的制度基础，标志着我国网络安全保障迈入新阶段。这些法律法规大都与数据安全和个人信息保护有关，因此，有人将 2021 年称作数据安全元年。

- 2021 年 1 月 1 日，我国《民法典》正式施行，取代了原有的各大民事法律。《民法典》在《网络安全法》等现行有关法律规定的基础上，从私权利保护的角度进一步强化对个人信息的保护，规定了隐私权和个人信息的保护原则，界定了个人信息的概念，列明了处理个人信息的合法基础，规范了个人信息处理者的义务、自然人对其个人信息的权利以及行政机关的职责，为该领域的未来立法奠定了基础。

- 2021 年 6 月 1 日，第二次修订后的《未成年人保护法》正式施行。新法设立"网络保护"章节，加强对未成年人使用网络行为的引导和监督，保障未成年人在网络空间的合法权益。其第 72 条规定，信息处理者通过网络处理未成年人个人信息的，应当遵循"合法、正当、必要"原则；处理不满十四周岁未成年人个人信息的，应当"征得未成年人的父母或者其他监护人同意，但法律、行政法规另有规定的除外"。

- 2021 年 9 月 1 日，《中华人民共和国数据安全法》（以下简称《数安法》）正式施行，旨在规范数据处理活动，保障数据安全，促进数据开发利用，保护个人、组织的合法权益，维护国家主权、安全和发展利益。《数安法》由总则、数据安全与发展、数据安全制度、数据安全保护义务、政务数据安全与开放、法律责任、附则七章组成。总则对各地区、各部门、各行业、各领域、公安机关、国家安全机关、国家网信部门的监管职责做出规定。第二章对发展原则、战略要求、标准体系、评估认证、人才培养提出基本要求。第三章提出建立数据分类分级保护制度，建立数据安全风险评估、报告、信息共享、监测预警机制，建立数据安全应急处置机制，建立数据安全审查制度，实施出口管制，并提出对外国的歧视性禁止、限制措施实施反制。第四章对数据处理提出了教育培训、风险监测、风险补救、事件报告、风险评估等义务，对数据收集提出了合法、正当要求，对数据中介提出来源审核和身份审核义务，对数据服务提出取得许可要求，对配合执法义务做出规定，针对向外国执法机构提供数据的行为提出了批准程序要求。第五章规定国家推进电子政务建设、制定政务数据开放目录，对国家机关提出合法履职、信息保密、制度健全、责任落实、合规委托、政务公开等要求。《数安法》的出台标志着我国在数据安全领域拥有了基础性法律，网络安全法律体系得到重大完善，将为数字经济保驾护航。

- 2021 年 9 月 1 日，《关键信息基础设施安全保护条例》（简称《关保条例》）正式施行。《关保条例》根据上位法要求，细化了 CII 的范围认定和安全保护办法，是构建国家关保体系的顶层设计和重要举措，为推动关保向法治化、体系化、科学化发展指明了方向。

- 2021 年 9 月 1 日，工信部、国家网信办、公安部联合印发的《网络产品安全漏洞管理规定》（以下简称《漏洞管理规定》）正式施行，以引导建设规范有序的漏洞收集和发布机制，防范网络安全重大风险，保障国家网络安全。

- 2021 年 11 月 1 日，《中华人民共和国个人信息保护法》（以下简称《个保法》）正式施行。《个保法》作为个人信息保护领域的基础性法律，其出台解决了个人信息层面法律法规散乱不成体系的问题，与《数安法》《网安法》《密码法》共同构建了我国的数据治理立法框架。《个保法》厘清了个人信息、敏感个人信息、个人信息处理者、自动化决策、去标识化、匿名化的基本概念，从适用范围、个人信息处理的基本原则、个人信息及敏感个人信息处理规则、个人信息跨境传输规则、个人信息保护领域各参与主体的职责与权力以及法律责任等方面对个人信息保护进行了全面规定，建立起个人信息保护领域的基本制度框架。

《民法典》和《个保法》的实施标志着个人信息保护有了国家法律层面的支持,《数安法》是我国数据安全治理的基础性法律,它们为后续的配套法规和实施标准提供了坚实依据。此后,数据安全领域有多部法规、规章和标准陆续出台,共同构建了国家数据安全治理的法律保障体系。

- 2021 年 11 月 14 日,国家网信办发布《网络数据安全管理条例(征求意见稿)》。征求意见稿围绕《网安法》《数安法》《个保法》三法提出网络数据安全管理要求,对三法落地操作做出更明确的细化。
- 2021 年 12 月 31 号,TC260 发布《网络安全标准实践指南——网络数据分类分级指引》,给出了网络数据分类分级的原则、框架和方法。
- 2022 年 4 月 15 日,《信息安全技术 移动互联网应用程序(APP)收集个人信息基本要求》(GB/T 41391—2022)标准正式发布。GB/T 41391 规定了 APP 收集个人信息的基本要求,给出了 39 类 APP 必要个人信息范围和使用要求。该标准的实施有助于指导 APP 运营者落实个人信息保护法规政策的有关要求,进一步规范 APP 个人信息收集活动,防范 APP 违法违规收集使用个人信息风险。GB/T 41391 可用于指导第三方机构进行 APP 个人信息安全测评和认证,支撑主管监管部门开展 APP 个人信息安全治理。
- 2022 年 6 月 9 日,市监总局、国家网信办发布《关于开展数据安全管理认证工作的公告》,提出基于《信息安全技术 网络数据处理安全要求》(GB/T 41479—2022)等相关标准规范开展数据安全管理认证(简称 DSM 认证)工作。两部门鼓励网络运营者通过认证方式规范网络数据处理活动,加强网络数据安全保护,并发布《数据安全管理认证实施规则》指导具体工作。
- 2022 年 7 月 7 日,国家网信办公布《数据出境安全评估办法》,自 2022 年 9 月 1 日起施行。国家网信办有关负责人表示,出台《办法》旨在落实《网安法》《数安法》《个保法》的规定,规范数据出境活动,保护个人信息权益,维护国家安全和社会公共利益,促进数据跨境安全、自由流动,切实以安全保发展、以发展促安全。

2021 年 3 月 11 日,浙江余杭区检察院诉国内某知名短视频公司侵犯儿童个人信息民事公益诉讼案,经杭州互联网法院出具调解书后结案。涉案公司依调解书内容停止侵权、赔礼道歉,赔偿损失 150 万元,用于儿童个人信息安全保护等公益事项,并对这一短视频 APP 网络平台进行整改。据悉,本案系《民法典》实施及《未成年人保护法》修订后检察机关针对未成年人网络保护提起的民事公益诉讼全国第一案。涉案公司在开发运营该公司 APP 的过程中,未征得儿童监护人有效明示同意允许注册儿童账户,并收集、存储儿童个人信息,同时也没有采取技术手段对儿童信息进行专门保护。

2021 年 7 月 19 日,美国纠集一干盟友,就网络攻击问题抹黑中国。次日,外交部发言人赵立坚在例行记者会上表示,美国此举无中生有,颠倒黑白,完全是出于政治目的的抹黑和打压。赵立坚说,网络空间虚拟性强,溯源难,行为体多样,在调查和定性网络事件时,应有完整充分证据,将有关网络攻击与一国政府相关联更应慎之又慎。赵立坚援引 360 公司的 APT-C-39 报告和国家互联网应急中心的统计数据,指出美国才是全球最大的网络攻击来源国。

360 的这份报告于 2020 年 3 月发布,分析了 APT-C-39 组织对我国进行的长达 11 年的网络攻击渗透，航空航天行业、石油行业、政府机构、科研机构、大型互联网公司均为受害者[87]。360 将 APT-C-39 归因到美国中央情报局（CIA），报告称这是全球首次捕获该 APT 组织的相关证据。同年 5 月 22 日，美国商务部宣布将 360 等 33 家中国机构列入出口管制"实体清单"，这是我国网络安全企业首次进入该清单。自 APT-C-39 报告发布以来，我国机构陆续发表了诸多针对境外网络攻击的分析报告，曝光密度显著提升，溯源成果日渐丰富。

- 2022 年 3 月 11 日，CNCERT 通报称，2 月下旬以来，我国互联网持续遭受境外网络攻击，境外组织通过攻击控制我国境内计算机，进而对俄罗斯、乌克兰、白俄罗斯进行网络攻击。经分析，这些攻击地址主要来自美国，仅来自纽约州的攻击地址就有 10 余个，也有少量攻击地址来自德国、荷兰等国家。攻击流量峰值达 36Gbit/s，87% 的攻击目标是俄罗斯。CNCERT 已及时对以上攻击行为予以最大限度处置。赵立坚在 3 月 14 日的记者会上针对这一事件表示，中方"对来自美国的、利用中国为跳板对他国实施网络攻击的行为表示严重关切"，敦促美方"在网络空间领域采取更加负责任态度，立刻停止此类恶意网络活动"。

- 2022 年 3 月 14 日，国家计算机病毒应急处理中心（CVERC）发布美国 NSA 专用"NOPEN"远程木马技术分析报告，将美国情报部门的网络间谍手段揭露在世人面前。有证据显示，该款木马已经控制全球各地海量的互联网设备，窃取了规模庞大的用户隐私数据。

- 2022 年 3 月 22 日，360 公司发布报告披露美国 NSA 针对中国使用的网络武器——量子攻击平台的技术特点。3 月 24 日，外交部发言人汪文斌回应了这一报告并指出，近年来美方宣称构建所谓的清洁网络，不过是美方为方便其全球监控窃密摆下的迷魂阵，是黑客帝国为自己披上的隐身衣。

- 2022 年 4 月 19 日，CVERC 发布美国 CIA "蜂巢"恶意代码攻击控制武器平台分析报告。蜂巢平台由 CIA 下属机构和美国著名军工企业诺斯罗普·格鲁曼公司联合研发。CIA 运用该平台对受害单位信息系统的边界路由器和内部主机实施攻击入侵，植入各类木马、后门，实现远程控制，对全球范围内的信息系统实施无差别网络攻击。外交部发言人汪文斌在次日例行记者会上应询指出，中方敦促美国政府对其不负责任的恶意网络活动做出解释，并立即停止相关恶意活动。

- 2022 年 6 月 29 日，CVERC 发布 NSA "酸狐狸"漏洞攻击武器平台分析报告。该平台是 NSA 特定入侵行动办公室（TAO）对他国开展网络间谍行动的重要基础设施，曾被用于多起臭名昭著的网络入侵事件。6 月 30 日，360 针对"酸狐狸"的配套木马程序"验证器"发布技术分析报告，指出中国上百个重要信息系统已受害。同日，赵立坚针对"酸狐狸"表示谴责，要求美方做出解释，并立即停止这种不负责任的行为。

- 2022 年 9 月 5 日，CVERC 与 360 公司发布报告，将西北工业大学 6 月 22 日所受攻击溯源到 TAO。同日，西安警方发布警情通报，确认此次攻击系具有美国政府背景的机构及其雇员所为。外交部发言人毛宁在当日记者会上针对美方行径提出强烈谴责。

2021 年 11 月 2 日，商务部第 37 号公告发布《中国禁止进口限制进口技术目录》，深度伪造技术和数据加密技术被列入限制进口技术。深度伪造技术的控制要点为"笔迹伪造技术、语音伪造技术、图片伪造技术、视频伪造技术、生物特征伪造技术以及其他伪造技术，伪造信息与被伪造信息相似度大于 70%"。数据加密技术的控制要点为"安全强度高于 256 位加密算法的加密技术"。

2021 年 11 月 24 日，阿里云公司的工程师向 Apache 官方报告了一个极度危险的 Apache Log4j2 漏洞，它被称作 log4shell。12 月 9 日晚，该漏洞的利用方式遭人泄露，迅速引爆互联网，广大用户措手不及，各大安全厂商连夜紧急响应。根据我国《漏洞管理规定》，漏洞发现者并无报送监管平台的强制义务，向境外厂商通报漏洞的行为亦符合规定。但阿里云负有工信部网络安全威胁和漏洞信息共享（CSTIS）平台合作单位相关职责，由于"未及时向电信主管部门报告，未有效支撑工信部开展网络安全威胁和漏洞管理"，被平台暂停合作。阿里云回应称，没能及时意识到这个安全漏洞的严重性。

2021 年 12 月 27 日，中央网络安全和信息化委员会公开发布《"十四五"国家信息化规划》。《规划》对我国"十四五"时期信息化发展作出部署安排，是"十四五"国家规划体系的重要组成部分，是指导各地区、各部门信息化工作的行动指南。《规划》指出，"十四五"时期，信息化进入加快数字化发展、建设数字中国的新阶段。《规划》针对"十四五"时期的信息化明确了指导思想、基本原则、发展目标、主攻方向，提出了十项重大任务和十七项重点工程，确立了十项优先行动和六条组织实施要求。网络安全位列五大主攻方向之一。

2021 年 12 月 30 日，中国银保监会办公厅发布《关于印发银行保险机构信息科技外包风险监管办法的通知》，明确提出一些涉及科技外包的重要要求，如银行保险机构"不得将信息科技管理责任、网络安全主体责任外包""减少对个别外包服务提供商的依赖，降低集中度风险"等。

根据工信部发布的《2021 年软件和信息技术服务业统计公报》，我国 2021 年信息安全产品和服务收入 1825 亿元，同比增长 13.0%，增速较上年同期提高 3 个百分点。2021 年 12 月 10 日，国家工信安全中心（CICS-CERT）发布《我国网络安全产业调研报告》，指出我国网络安全产业发展还存在供给质量不高、需求释放不够、产融合作不深、人才队伍不足四大痛点。对于产品服务供给能力，存在产业低水平同质化竞争严重、企业技术创新动力与能力不足、高端产品及定制化服务缺乏等现象。

2.3.5　2022 年政策与举措

2022 年 1 月 12 日，由工信部网络安全产业发展中心与人才交流中心联合牵头组织编制的《网络安全产业人才岗位能力要求》标准正式发布。标准涵盖 38 个岗位的通用标准和细分标准，为各相关单位开展网络安全产业人才招聘引进、培训评测、能力提升等工作提供了依据和参考。

2022 年 1 月 30 日，中央网信办等十六部门联合印发通知，公布经地方和部门推荐、专家评审、网上公示等程序确定的 15 个综合性和 164 个特色领域国家区块链创新应用试点名单。

2022 年 4 月，中办、国办印发《关于加强打击治理电信网络诈骗违法犯罪工作的意见》，对加强打击治理电信网络诈骗违法犯罪工作作出安排部署，着重提出要做好依法严厉打击电信网络诈骗违法犯罪、构建严密防范体系、加强行业监管源头治理等五个方面的工作。

2022 年 7 月 11 日，国务院发函同意建立数字经济发展部际联席会议制度。联席会议由国家发改委牵头，由中央网信办、教育部、科技部、工信部、公安部等 20 个部门组成，主要职责包括推进实施数字经济发展战略，统筹数字经济发展工作，研究和协调数字经济领域重大问题，指导落实数字经济发展重大任务并开展推进情况评估；协调制定数字化转型、大数据发展、"互联网+"行动等数字经济重点领域规划和政策，组织提出并督促落实数字经济发展年度重点工作，推进数字经济领域制度、机制、标准规范等建设；统筹推动数字经济重大工程和试点示范，加强与有关地方、行业数字经济协调推进工作机制的沟通联系，强化与各类示范区、试验区协同联动，协调推进数字经济领域重大政策实施，组织探索适应数字经济发展的改革举措。

2022 年 9 月 13 日，国办通知印发《全国一体化政务大数据体系建设指南》（国办函〔2022〕102 号），旨在贯彻党中央、国务院决策部署，落实中央全面深化改革委员会第十七次会议精神、《国务院办公厅关于建立健全政务数据共享协调机制加快推进数据有序共享的意见》（国办发〔2021〕6 号）和《国务院关于加强数字政府建设的指导意见》（国发〔2022〕14 号）部署要求，整合构建标准统一、布局合理、管理协同、安全可靠的全国一体化政务大数据体系，加强数据汇聚融合、共享开放和开发利用，促进数据依法有序流动，充分发挥政务数据在提升政府履职能力、支撑数字政府建设以及推进国家治理体系和治理能力现代化中的重要作用[88]。《指南》指出了目前政务大数据体系存在的五点主要问题，其中包括"政务数据安全保障能力亟须强化"，表现为数据全生命周期的安全管理机制不健全，数据安全技术防护能力亟待加强；缺乏专业化的数据安全运营团队，数据安全管理的规范化水平有待提升，在制度规范、技术防护、运行管理三个层面尚未形成数据安全保障的有机整体。因此，"安全保障一体化"被列为全国一体化政务大数据体系的八大建设任务之一，其主要内容包括健全数据安全制度规范、提升平台技术防护能力和强化数据安全运行管理。

2022 年 10 月 25 日，工信部通知印发《网络产品安全漏洞收集平台备案管理办法》（工信部网安〔2022〕146 号），旨在规范网络产品安全漏洞收集平台备案管理[89]。《办法》自 2023 年 1 月 1 日起施行。所称网络产品安全漏洞收集平台，是指相关组织或者个人设立的收集非自身网络产品安全漏洞的公共互联网平台，仅用于修补自身网络产品、网络和系统安全漏洞用途的除外。《办法》规定，漏洞收集平台备案通过工信部 CSTIS（网络安全威胁和漏洞信息共享）平台开展，采用网上备案方式进行。拟设立漏洞收集平台的组织或个人，应当通过工信部 CSTIS 平台如实填报网络产品安全漏洞收集平台备案登记信息。

2022 年 11 月 2 日，中央网信办印发《关于切实加强网络暴力治理的通知》，针对网络暴力的治理提出了四项工作内容。一是建立健全网暴预警预防机制，主要措施包括加强内容识别预警、构建网暴技术识别模型、建立涉网暴舆情应急响应机制。二是强化网暴当事人保护，主要措施包括设置一键防护功能、优化私信规则、建立快速举报通道。三是严防网暴信息传播扩散，主要措施包括加强评论环节管理、加强重点话题群组和版块管理、加强直播、短视频管理、加强权威信息披露。四是依法从严处置处罚，主要措施包括分类处置网暴相关账号、严处借网暴恶意营销炒作等行为、问责处罚失职失责的网站平台。该《通知》还提出提高思想认识、压实工作责任、建立长效机制这三点工作要求。

2022 年 11 月 7 日，国务院新闻办公室发布《携手构建网络空间命运共同体》白皮书。

这份白皮书指出，构建网络空间命运共同体是信息时代的必然选择。构建网络空间命运共同体应当坚持尊重网络主权、维护和平安全、促进开放合作、构建良好秩序"四项原则"，把网络空间建设成为造福全人类的发展共同体、安全共同体、责任共同体、利益共同体。白皮书从七个方面总结了中国的互联网发展治理实践，即数字经济蓬勃发展、数字技术惠民便民、网络空间法治体系不断完善、网上内容丰富多彩、网络空间日益清朗、互联网平台运营不断规范、网络空间安全有效保障。白皮书围绕数字经济合作、网络安全合作、网络空间治理、促进全球普惠包容发展等介绍了构建网络空间命运共同体的中国贡献，并围绕网络空间发展、治理、安全、合作等方面提出了构建更加紧密的网络空间命运共同体的中国主张[90]。

2022年12月1日，我国《反电信网络诈骗法》（以下简称《反诈法》）正式实施，旨在预防、遏制和惩治电信网络诈骗活动。《反诈法》的出台标志着电信网络诈骗治理工作拥有了国家法律的坚实保障，对于保护公民合法权益、维护社会稳定和国家安全具有重大意义。

2.3.6 本时期成立的安全专业机构

自2014年以来，我国网络安全领域有多家大型企业、团体相继宣告成立，安全行业持续发展壮大。

- 2014年6月，奇安信公司创立，它是360品牌下的企业安全业务运营主体。2016年7月，360从美国退市，奇安信从360公司分拆，成为独立运营的360企业安全集团。2019年4月，360公司转让所持奇安信股权，回收"360"品牌授权，奇安信成为独立品牌。2019年5月10日，中国电子信息产业集团有限公司（CEC）宣布以37.31亿元战略入股奇安信，拉开了国有资本进军网络安全领域的序幕。

- 2015年年初，由公安部信息安全等级保护评估中心与电力行业信息安全等级保护测评中心、国家信息技术安全研究中心等9家测评机构联合发起成立了中关村信息安全测评联盟（ISEAA）。ISEAA是在公安部网络安全保卫局指导下、以国家网络安全等级保护测评体系为基础构建的专业技术力量，体系内测评机构全面纳入联盟[91]。

- 2015年5月11日，ISCCC负责筹建的国家信息安全产品质量监督检验中心正式成立。该中心是我国信息安全领域的首家国家质检中心，目前承担信息安全产品国家质量监督抽查和产品质量风险监测任务，为政府监管部门提供技术支撑和数据分析服务；提供网络安全产品检测、软件产品测评、移动互联网应用程序检测、信息系统安全风险评估等技术服务。

- 2015年9月，亚信科技公司收购全球知名网络安全厂商趋势科技的中国业务，同时创立安全技术公司——亚信安全。目前亚信安全已成为建设中国网络安全的重要力量，在云安全、身份安全、终端安全、安全管理、高级威胁治理及5G安全等领域拥有核心技术。

- 中国互联网发展基金会挂牌于2015年8月，是经国务院批准、在民政部登记注册、具有独立法人地位的全国性公募基金会，主要功能是向海内外广泛募集资金，用于积极推进网络建设，让互联网发展成果惠及全体人民。2016年2月，中国互联网发展基金会网络安全专项基金宣告正式成立。该基金设立"网络安全人才奖""网络安全优秀教师奖"等奖项，以奖励为国家网络安全事业做出突出贡献的人员。

- 2015 年 12 月 18 日，由中央网信办信息化发展局指导的中国网络安全与信息化产业联盟（CCAIA，简称中国网信联盟）在乌镇第二届世界互联网大会上正式成立。CCAIA 围绕国家级产业创新技术与战略性问题研究、决策与咨询，工作重心聚焦于整合业内优势资源，建立以企业为主体、以市场为导向的新型技术创新合作机制，为应用技术产品联合开发、科研基础条件共享等方面搭建平台，改变信息安全小散乱格局，减少产品同质化、避免企业恶性竞争；针对国家产业部门和地方的研发需求和应用需求，牵线搭桥，组织对接，联合攻关，努力为提升国家产业核心竞争力、实施网络强国战略和实现中华民族伟大复兴的中国梦贡献力量。CCAIA 以中关村网络安全与信息化产业联盟（ZCAIA）为理事长单位。ZCAIA 是经北京市民政局批准的具有独立法人资质的社团组织，于 2013 年 12 月 26 日正式成立。公安部网络安全保卫局和中央网信办信息化发展局先后于 2014 年 9 月和 2015 年 7 月成为 ZCAIA 的业务指导单位[92]。

- 中国网络空间安全协会（CSAC）于 2016 年 3 月 25 日成立，是由国内从事网络空间安全相关产业、教育、科研、应用的机构、企业及个人共同自愿结成的全国性、行业性、非营利性社会组织。CSAC 接受业务主管单位国家网信办和社团登记管理机关民政部的业务指导和监督管理。协会成立以来，着力促进网络安全行业自律，积极引导网络环境下各类企业履行网络安全责任；依托广泛的学术基础深入研究网络空间发展规律和特点，组织起草了《2016 年世界互联网发展乌镇报告》，参与了 G20《数字经济合作与发展倡议》的起草，为中国在网络空间国际舞台的影响力和话语权提供了重要支撑。

- 2017 年 2 月，工信部电子第一研究所挂牌成立国家工信安全中心（CICS-CERT）。该机构是工信部直属事业单位，其前身是创立于 1959 年的第一机械工业部第十局情报编译所，经数十年发展，构建了以工业信息安全、产业数字化、软件和知识产权、智库支撑四大板块为核心的业务体系。

除此以外，我国还有大量的科研机构和企业在网络安全领域有很深的积累，但限于篇幅，这里不做过多介绍。

2.4 外国网络安全治理机构

各国的网络安全工作部门大都可划分为咨议决策层、部门协调层和治理执行层三个层次。咨议决策层的典型机构如美国国家安全委员会、俄罗斯联邦安全会议、韩国国家安全保障会议等，部门协调层机构（或岗位）的例子包括美国国家网络总监（NCD）、印度国家网络安全协调员（NCSC）、英国网络安全和信息保障办公室（OCSIA）等。本节介绍治理执行层的若干知名机构，大致按照各机构成立时间顺序进行排列。由于这些机构历史脉络复杂，难以把握，对相关内容不感兴趣的读者可以跳过本节。

1. 英国 GCHQ

英国政府通信总部（GCHQ）是一个情报机构和国家安全机关，承担信号情报和信息保障（IA）两大职能。GCHQ 向英国外交大臣负责，但并不隶属于外交部。GCHQ 和军情五局（MI5）、军情六局（MI6）一同受到联合情报委员会（JIC）的领导。GCHQ 于 1919 年秘密创建，起初使用掩护名称“政府编码和密码学校”（GC&CS），以提供安全建议为公开工作，1946 年改用今名，1983 年曝光于公众。第二次世界大战期间，GCHQ 从事对德国英格玛机的破译工作。2013 年，斯诺登披露 GCHQ 通过“颞颥”计划收集英国境内所有的互联网和电话数据。GCHQ 是“梯队”（ECHELON）项目的参与者，这是一个由五眼联盟的情报机构组成的大规模监控计划，其他参与机构为美国国家安全局（NSA）、加拿大通信安全机构（CSE）、澳大利亚信号局（ASD）和新西兰政府通信安全局（GCSB）。GCHQ 的 IA 部门于 1954 年自立门户，成立伦敦通信安全局（LCSA），1958 年改称伦敦通信电子安全局（LCESA）。1965 年，LCESA 吸收了英国邮政总局和英国国防部若干部门，组建通信电子安全部（CESD）。CESD 于 1969 年并入 GCHQ，改称通信电子安全组（CESG）。进入 21 世纪，CESG 负责运行一系列安全确保计划和安全咨询项目。2016 年，英国在 GCHQ 旗下组建英国国家网络安全中心（NCSC）。NCSC 是英国治理网络安全的核心机构，它吸收并取代了 CESG，同时兼并了几个 GCHQ 之外的部门，包括网络评估中心（CCA）、英国计算机应急响应小组（CERT-UK）和国家基础设施保护中心（CPNI）的网络相关职能。

2. 法国 ANSSI

法国国家信息系统安全局（ANSSI）起源于第二次世界大战时期的军事保密部门，前身为法国政府的编码技术部（DTC，1943—1951）、中央密码技术服务局（STC-CH，1951—1977）、中央通信加密与安全局（SCCST，1977—1986）、中央信息系统安全局（SCSSI，1986—2001）、中央计算机安全局（DCSSI，2001—2009）。ANSSI 于 2009 年 7 月依据第 2009-834 号法令创立，负责国家信息系统安全保护，并向政府部门和关键基础设施运营者提供建议和支持。ANSSI 局长由法国总理任命，向国防与安全秘书处汇报。

3. 荷兰 AIVD

荷兰情报安全总署（AIVD）成立于 1945 年，其前身为荷兰国家安全局（BNV，1945—1947）、中央安全署（CVD，1947—1949）、国内安全署（BVD，1949—2002）。AIVD 由荷兰内政及王国关系部主管，下设情报司、运行司和安全审查与业务管理司，负责收集、管理内外情报，调查国家安全事件，对政府提供风险建议、政审背调等服务。荷兰国家通信安全局（NBV）成立于 1960 年，2001 年转隶 AIVD 后从属运行司，负责保护政府敏感信息，职责包括保密产品测评、电磁泄密隐患检测、密码设备分发等。2013 年，AIVD 与荷兰军事情报安全署（MIVD）成立了联合信号情报网络组（JSCU），执行通信信号的截获解密。

4. 印度 MHA

印度内政部（MHA）成立于 1947 年，负责印度境内公共安全事务，掌管印度警察系统（India Police Service，IPS）。IPS 牵头管理印度国家情报网（National Intelligence Grid，NATGRID），这是一个情报分享系统，旨在连通分散在各部门的情报库。MHA 下辖的网络和信息安全司（Cyber and Information Security Division，C&IS）负责处理与网络犯罪和国家信息安全政策实施有关的事项。C&IS 下设多个办事处（desk），负责信息安全、网络监控和网络犯罪应对等职能。MHA 于 2020 年启动了印度网络犯罪协调中心（Indian Cyber Crime Coordination Centre，I4C）。I4C 负责协调对网络犯罪进行报告与打击，下辖威胁分析组、报告门户、训练中心、联合网络犯罪调查组平台、法医实验室生态、网络犯罪生态管理组、研究创新中心 7 个支持部门。

5. 韩国 NIS

韩国国家情报院（简称国情院，NIS）成立于 1961 年，是韩国的情报及国家安全机关，由总统直属，前称中央情报部（1961—1980）和国家安全规划部（1980—1998）。2003 年 1 月 25 日，韩国遭遇大规模网络袭击，国内固定与移动互联网大面积中断超过 20 个小时。NIS 在第二年成立国家网络安全中心（National Cyber Security Center，NCSC），负责分析、防御网络威胁，并调查网络入侵事件。NIS 还负责监督网络安全政策实施，开展 ICT 安全验证项目。在韩国的网络安全治理体系中，NCSC、KISA（韩国互联网振兴院）和军方各司其职，分别负责公共、私人、军事领域，但韩国超过 70% 的关键信息基础设施都属于公共机构所有，NCSC 实际上在韩国网络事务中发挥着引领作用，并负责统筹跨部门合作[93]。2009 年至 2011 年，韩国再次遭受多起重大网络安全事件，NIS 在网络安全领域的职责逐步加强。2020 年颁布的新版《国情院法》与《网络安全商业规定》进一步强化了 NIS 及 NCSC 在领域内的主导地位。NIS 公众信任度不高，其网络安全治理工作亦受牵连。NIS 主张推进监视与情报搜集能力的扩张，以加强对网络不法行为的监察能力，但遭到了数字人权组织的质疑。

6. 德国 BSI

德国联邦信息安全办公室（BSI）是德国的顶级联邦机构，成立于 1991 年，前身为德国对外情报局（BND）密码处。BSI 负责为德国政府管理计算机和通信安全，工作领域涉及计算机应用安全、关键基础设施保护、互联网安全、加密、反窃听、安全产品认证和安全检测实验室认可。2011 年，德国内政部发布《德国网络安全战略》，其中规定 BSI 成立国家网络安全委员会和国家网络防御中心（Cyber-AZ），负责国家网络安全事务的统筹协调和网络安全事件的应急工作。国家网络安全委员会向 BSI 负责，由来自联邦刑警局、联邦警察署、联邦情报局、国防军、海关以及关键基础设施运营部门等的人员组成。在即将或已经发生网络安全危机的情况下，委员会将直接向内政部部长指挥的危机管理部门报告并采取措施。Cyber-AZ 位于 BSI 内部，旨在优化运营合作并协调防御措施，并向委员会提交例行报告和特殊报告[94]。

7. 俄罗斯 K 部门

俄罗斯内务部特种技术措施局（BSTM）成立于 1992 年，被视为俄罗斯内务部（MVD）最秘密的部门[95]，致力于查处无线电设备非法交易、电信诈骗和网络极端言论等犯罪活动。BSTM 的 K 部门是该局的网警部门，负责打击信息技术领域的犯罪，如非法信息访问、恶意程序制作传播、电信诈骗、有害内容传播、网络侵权等。K 部门的前身是 1998 年创建的内务部反经济犯罪总局反高技术犯罪局（内务部 K 局），K 局下设三个与计算机犯罪相关的处，即反计算机信息犯罪处、反电信犯罪处和反无线电电子装备和特种技术装备非法交易处。2002 年，内务部 K 局被撤销，其人员和装备整体转隶 BSTM[96]。

8. 欧洲刑警组织

欧洲刑警组织（European Union Agency for Law Enforcement Cooperation，简称 Europol）于 1993 年 4 月成立，前称欧洲警察局（European Police Office）和欧洲缉毒组（Europol Drugs Unit，EDU），2010 年成为欧盟常设机构，属于欧盟刑事司法合作（JCCM）的一部分，旨在加强欧盟成员国之间的执法合作。Europol 本身没有传统警局的调查权限。2013 年 1 月，欧盟在 Europol 海牙总部创立欧洲网络犯罪中心（European Cybercrime Centre，EC3），

其负责人直接向 Europol 负责人汇报。EC3 的职责为协调跨境网络执法，并向各国提供相关专业支持，如开发工具和开展培训。成立以来，EC3 在各方协助下，成功破获过网络敲诈案件，摧毁多个暗网站点和僵尸网络。

9. 俄罗斯 FSB

俄罗斯联邦安全局（FSB）成立于 1995 年，是俄罗斯的国家安全保障机构，直接向总统汇报，其前身联邦反情报局（FSK）于 1993 年成立，继承了苏联克格勃的主体。FSB 涉及信息安全业务的下设部门包括：信息安全中心，也称第 18 中心，隶属反间谍司，负责打击网络犯罪、保卫国家网络选举系统、实施互联网监控；特种通信与信息防护中心，也称第 8 中心，隶属科技司，负责密码管理、密码装备管理、加密通信保障及密码破译工作等；国家计算机事件协调中心（NKTsKI），负责协调关键信息基础设施的网络防御[96]。

10. 美国 CISA

"9·11"事件发生后，时任美国总统布什于 2001 年 10 月 8 日签署行政令 EO 13228，要求成立国土安全办公室，负责制定和监管国家反恐战略。2003 年 3 月，根据美国《国土安全法案》，国土安全办公室提升为国土安全部（Department of Homeland Security，DHS）。DHS 于 2007 年下设国家保护和计划司（National Protection and Programs Directorate，NPPD），负责协调各方力量，消除全美各地基础设施在网络和物理空间中面临的风险。2018 年 11 月，NPPD 被改建为网络安全与基础设施安全局（Cybersecurity and Infrastructure Security Agency，CISA），将协调全国公私部门开展包括风险评估、应急处置、复原力建设和长期风险管理等方面的工作。2020 年 6 月，CISA 将其下设的三大安全运营部门国家网络安全与通信集成中心（NCCIC）、国家基础设施协调中心（NICC）和国家通信协调中心（NCC）合并，成立了一个统一的部门——CISA 中枢（CISA Central）。CISA 中枢是一个综合的针对全风险的跨职能中心，将 CISA 之下网络安全与基础设施运行及信息共享相关的各种人员、流程和技术整合为单一部门，实现对网络安全活动更有效的理解、分享和协调，对外提供信息共享和态势感知的统一服务。

11. 欧盟 ENISA

欧盟网络与信息安全局（ENISA）是欧盟负责网络与网络安全事务的机构，成立于 2004 年，总部位于雅典。ENISA 同欧盟成员国和其他相关方之间协调联络，为提升欧盟网络安全能力提供建议和解决方案，主管欧盟关键信息基础设施保护，并为大规模跨边界网络安全事件响应提供支持。ENISA 和 EC3 有一定的职责交集。

12. 英国 CPNI

2007 年 2 月，英国国家基础设施安全协调中心（NISCC）同国家安全咨询中心（NSAC）合并，成立国家基础设施保护中心（CPNI）。CPNI 隶属军情五局（MI5），作为英国政府的权威组织，向英国国家基础设施（NI）运营者提供安全防护建议，防范恐怖袭击与其他威胁。NISCC 是英国政府的跨部门协调组织，创立于 1999 年，负责发布计算机网络防御和信息保障方面的建议和信息，降低英国国家基础设施的电子攻击风险。NSAC 隶属 MI5，负责向英国政府提供安全建议。2016 年，CPNI 下的网络职能转隶英国国家网络安全中心（NCSC）。

13. 韩国 KISA

KISA 是韩国科学技术信息通信部（MSIT）下设的准政府机构，致力于开展互联网推广、互联网信息保护和国际合作。KISA 成立于 2009 年 7 月，由韩国通信委员会下属的原韩国信息保护振兴院（Korea Information Security Agency，原 KISA）、原韩国网络振兴院（National Internet Development Agency，NIDA）、原韩国信息通信国际合作振兴院（Korean IT International Cooperation Agency，KIICA）合并而来。KISA 的职责包括对韩国的 IP 地址、ASN 号码和 KR 域名进行分配和管理，保障韩国互联网网络安全，运行 krCERT/CC（韩国互联网应急中心），检测分析网络恶意软件，开展网络安全宣传教育等。与该国其他网络安全部门相比，KISA 的特色在于以提升韩国互联网产业竞争力为宗旨。自 2016 年起，KISA 以促进国家间合作、支持信息安全企业海外扩张为目的，开设了多个海外基地办事处。

14. 印度 NCIIPC

印度国家关键信息基础设施保护中心（NCIIPC）于 2014 年 1 月公告成立，是法定的关键信息基础设施保护"国家枢纽机构"，其任务是"采取一切必要措施促进关键信息基础设施保护，通过一致性的联动协同和提升利益相关者的信息安全意识，防范未授权的访问、篡改、使用、披露、干扰、失能和毁坏"。NCIIPC 的职责包括识别关键信息基础设施，对关键信息基础设施的网络威胁实施监控、分析和预测，发布脆弱性消除建议，协调对网络威胁的应对，提供 24×7 事件报告门户。印度国家技术研究组织（NTRO）是 NCIIPC 的上级单位，是印度总理办公室的直属部门，负责向各个政府部门提供情报与技术支持。

15. 新加坡 CSA

新加坡网络安全局（CSA）成立于 2015 年 4 月，隶属新加坡总理办公室（PMO），由该国通讯与新闻部（MCI）主管，负责监督和协调该国网络安全治理。CSA 取代了原信息通信技术安全局（SITSA）的角色，并吸收了原信息通信发展局（IDA）的部分职能，初期员工主要由 SITSA 和 IDA 人员调动而来。新加坡计算机应急组织 SingCERT 已从 IDA 转隶 CSA。SITSA 于 2009 年成立，隶属该国内务部，是监管 IT 运行安全的国家级专业机构。2014 年，SITSA 成立国家网络安全中心（NCSC），旨在协调不同部门共同应对国家层面的大规模网络安全事件。IDA 成立于 1999 年，致力于促进该国 ICT 产业发展，多次发布新加坡通信安全总体规划。2016 年，IDA 和新加坡媒体发展局（MDA）被整合重组为信息通信媒体发展局（IMDA）和政府技术组织（GTO）。IMDA 隶属 MCI，在 ICT 领域提供对行业、社区的扶持资助，还通过个人数据保护委员会（PDPC）保护用户隐私。GTO 后改称政府技术局（GovTech），下辖政府首席信息办公室（GCIO），负责向公众提供数字化服务。2017 年 5 月，GovTech 由 MCI 转隶 PMO，担任 PMO 智能国家与数字政府办公室（SNDGO）的执行局，并与 SNDGO 合称智能国家与数字政府集团（SNDGG）。

2.5 网络安全标准化

所谓标准，是指为了在一定的范围内获得最佳秩序，经协商一致制定并由公认机构批准，共同使用的和重复使用的一种规范性文件（GB/T 20000.1—2002，定义 2.3.2）。技术标准可以是标准技术规范、标准测试方法、标准定义、标准操作规程等。标准化是指建立技术标准的过程。我国《国家标准化发展纲要》指出，标准是经济活动和社会发展的技术支撑、是国家基础性制度的重要方面，标准化在推进国家治理体系和治理能力现代化中发挥着基础性、引领性作用。在网络空间信息交换场景下，标准化特指多个信息处理者针对某一业务过程协商制定一致性的数据交换格式和方式，有助于增强多源产品间的兼容性、互操作性、可重复性，是复杂系统集成的基础。网络安全标准是网络安全治理体系的关键支撑工具，是政府和企业开展工作的重要依据，涉及国家安全和经济利益。网络安全标准化是一项艰巨、长期的基础性工作，兴起于 20 世纪 70 年代中期。知名的国际组织包括 ISO（国际标准化组织）、IEC（国际电工委员会）、ITU（国际电信联盟）、IETF（互联网工程任务组）等。

2.5.1　国家标准委

我国的国家标准化管理委员会（Standardization Administration of China，SAC）简称国家标准委，是国家市场监督管理总局（市监总局）对外保留的牌子。市监总局以 SAC 的名义下达国家标准计划，批准发布国家标准，审议并发布标准化政策、管理制度、规划、公告等重要文件；开展强制性国家标准对外通报；协调、指导和监督行业、地方、团体、企业标准工作；代表国家参加 ISO、IEC 和其他国际或区域性标准化组织；承担有关国际合作协议签署工作；承担国务院标准化协调机制日常工作。SAC 在各专业领域分别下设技术委员会（TC），负责该领域国家标准的提出并归口。TC 的主管部门是各行业协会，TC 可下设分委会（SC）。TC260 是全国信息技术安全标准化技术委员会。

SAC 的前身可追溯到 1954 年成立的国家计量局（国务院直属）和 1957 年成立的国家技术委员会标准局。1958 年，国家计量局成为国家技术委员会的会属局。1972 年 11 月，国务院批准成立国家标准计量局，主管全国标准和计量工作，由中科院代管。1977 年 9 月，国家标准计量局改为由国家科委和国家计委代管。1978 年 8 月、10 月，国家标准总局和国家计量总局先后获批成立，分别划归国家经委和国家科委，国家标准计量局撤销。1978 年 8 月，国家标准总局发起的中国标准化协会（CAS）成立，它是全国性法人社会团体和中国科学技术协会成员单位，由从事标准化工作的单位和个人自愿参与组成。1978 年 9 月 1 日，中华人民共和国以中国标准化协会名义加入 ISO。1982 年国务院机构改革，国家计量总局并入国家经委，改名国家计量局；国家标准总局也更名国家标准局。1985 年起，国家标准局代替中国标准化协会参加 ISO。1988 年国务院机构改革，为"克服目前技术监督工作分散管理、重复低效和缺乏权威性的弊病"，组建国家技术监督局，作为国务院直属局"统一管理全国的标准化、计量和质量监督工作"，国家计量局和国家标准局被撤销。1989 年，国家技术监督局开始代表中国参加 ISO。1993 年 4 月，国家技术监督局被调整为国家经贸委管理的副部级国家局（国发〔1993〕26 号）[97]，维持"标准化、计量、质量"三位一体的工作体制不变，但将行业标准的规划和编号等工作下放给行业主管部门。1998 年 3 月，国务院通知将国家技术监督局调整为国家质量技术监督局（国发〔1998〕5 号）[19]，为国务院直属机构。2001 年 4 月 30 日，国务院发出通知（国发〔2001〕13 号），将国家质量技术监督局、国家出入境检验检疫局合并，组建国家质量监督检验检疫总局（简称"质检总局"），为国务院正部级直属机构[98]。2001 年 10 月 11 日，SAC 正式成立，是由质检总局管理的事业单位，经国务院授权统一管理全国标准化工作。此后 SAC 代表中国参加 ISO 工作。2018 年，国家市场监督管理总局作为国务院直属机构成立，SAC 职责被划入该局，由标准技术管理司和标准创新管理司承担。

2.5.2　国际标准体系

IEC 是世界上最早的国际标准化专门机构，1906 年成立于伦敦，当前总部在日内瓦。IEC 的成员为国家级委员会（NC），普通企业和个人不得成为 IEC 成员。对于未同 ISO 合作产生的 IEC 标准，其标准号位于 60000～79999 区间。

ISO 是制定工商业国际标准的非政府组织，成立于 1947 年 2 月 23 日，总部在日内瓦，官方语言是英、法、俄语。ISO 会员是代表其所属经济体的标准化机构，包括正式会员、通讯会员和订阅会员。正式会员为代表各成员国的国家级标准团体（NSB），具有投票权；通讯会员来自不具有 NSB 的国家或地区，具有工作进展沟通权限；订阅会员来自小型经济体，以折扣会费订阅工作信息。中国是 ISO 创始国之一，SAC 作为中国 NSB 持正式会籍。中国香港特别行政区、澳门特别行政区均持有通讯会籍，中国台湾地区无会籍。ISO 标准以标准号和年份标识，前者决定主题，后者可限定版本，如"ISO 9000：2015"中 9000 是标准号，2015 为年份。具体的标准化工作由各领域的技术委员会（TC）或分委会（SC）制定，其工作人员为各会员单位派遣的专家。TC/SC 可下辖工作组（WG），WG 可下辖分工作组（SG）。

针对 IT 领域的标准化，ISO 与 IEC 于 1987 年成立了联合委员会 ISO/IEC JTC1，由 ISO/TC 97（信息技术委员会）、IEC/TC 83（信息技术设备委员会）、IEC/SC 47B（微机分委会）合并而来，以避免 ISO 和 IEC 出现重复劳动。ISO/IEC JTC1 实施了一项将社区公开规范（Publicly Available Specifications，PAS）转换为 ISO/IEC 标准的机制，从而快速吸收业界优秀的标准化成果，规避耗时数年的完整作业。IT 领域的 PAS 多来自结构化信息标准促进组织（OASIS）、可信计算组织（TCG）、开放标准组织（TOG）、对象管理组织（OMG）、万维网联盟（W3C）、分布式管理任务组（DMTF）等开放标准社团。ISO/IEC JTC1 下辖多个分委会负责具体领域的标准化，其中 SC27 负责 IT 安全技术问题。ISO/IEC JTC1/SC27 于 1990 年成立于巴黎，其前身为 JTC1/SC20（数据加密技术分委会），目前下辖多个工作组和特别工作组（SWG）。其中，WG1 全称为"ISO/IEC JTC 1/SC 27/WG 1"，工作领域为信息安全管理体系（ISMS），制定出了著名的 ISO/IEC 27000 系列标准；WG4 的领域为"安全控制和服务"，曾推出信息安全事件管理标准 ISO/IEC 27035。ISO/IEC 国际标准可被引进为国家标准，引进方式包括等同采用（IDT）、修改采用（MOD）、等效采用（EQV）和非等效采用（NEQ）。IDT 不涉及内容修改，MOD 伴随一定的技术性差异，EQV 允许产生较小的、可被反向接受的技术差异，NEQ 意味着重大差异。

2.5.3　我国标准体系

我国《标准化法》将标准划分为国家标准、行业标准、地方标准、企业标准四个层次，形成一个覆盖全国又层次分明的标准体系。国家标准简称国标，由 SAC 发布，分为强制性国标、推荐性国标，分别以 GB、GB/T 作前缀。国家标准可对 ISO 标准进行等同采用（IDT）或修改采用（MOD）。信息安全领域的国家标准绝大多数是推荐性标准，强制性国标与评估认证有关，如《计算机信息系统　安全保护等级划分准则》（GB 17859—1999）《网络关键设备安全通用要求》（GB 40050—2021）。行业标准、地方标准均是推荐性标准。对没有推荐性国家标准、需要在全国某个行业范围内统一的技术要求，可以制定行业标准。行业标准由国务院有关行政主管部门制定，报国务院标准化行政主管部门备案。当同一内容的国家标准公布后，对应内容的行业标准即行废止。我国涉及信息安全的行业标准包括保密标准（BMB）、公共安全标准（GA）、军用标准（GJB）、密码行业标准（GM）、金融行业标准（JR）、电子行业标准（SJ）、通信行业标准（YD）等类型。地方标准也叫区域标准，由省级标准化主管机构制定，报国务院标准化行政主管部门备案，其代号形如"DB+两位省级代码"。国家鼓励企业制定严于国家标准或者行业标准的企业标准，在企业内部适用。除上述四类标准外，"国家标准化指导性技术文件"是指为仍处于技术发展过程中的标准化工作提供指南或信息，供科研、设计、生产、使用和管理等有关人员参考使用而制定的标准文件，由国务院标准化行政主管部门统一管理，以 GB/Z 为前缀。例如《信息技术　安全技术　信息安全事件管理指南》（GB/Z 20985）。

全国信息技术标准化技术委员会（简称信标委、NITS、CITS），编号 SAC/TC28，原称全国计算机与信息处理标准化技术委员会，成立于 1983 年。信标委目前在 SAC 和工信部共同领导下从事全国 IT 标准化工作，对口 ISO/IEC JTC1（除 JTC1/SC27 外）。信标委于 1984 年 7 月组建数据加密分委员，1985 年发布我国首个信息安全标准，1997 年 8 月将数据加密分委会改组成信息技术安全分委员会，与 JTC1/SC27 对口[99]。

2002 年 4 月 15 日，全国信息安全技术标准化委员会（简称信安标委、TC260）在北京正式成立，标志着我国信息安全标准化工作进入了"统一领导、协调发展"的新时期。TC260 的工作涉及安全技术、安全机制、安全服务、安全管理、安全评估等，对口 ISO/IEC JTC1/SC27。TC260 下辖秘书处、信息安全标准体系与协调工作组（WG1）、密码技术工作组（WG3）、鉴别与授权工作组（WG4）、信息安全评估工作组（WG5）、通信安全标准工作组（WG6）、信息安全管理工作组（WG7）和大数据安全标准特别工作组（SWG-BDS），成员单位达数百之众。2016 年 8 月 12 日，中央网信办、质检总局、SAC 联合发布《关于加强国家网络安全标准化工作的若干意见》（中网办发文〔2016〕5 号），提出建立统一权威的国家标准工作机制，促进行业标准规范有序发展，促进产业应用与标准化的紧密互动和推动军民标准兼容。《意见》要求 TC260 在 SAC 领导下，在中央网信办的统筹协调和有关网络安全主管部门的支持下，对网络安全国家标准进行统一技术归口，统一组织申报、送审和报批。

中国通信标准化协会（CCSA）于 2002 年 12 月 18 日在北京正式成立，是国内企、事业单位自愿联合组织起来，开展通信技术领域标准化活动的非营利法人社团。CCSA 下辖若干技术工作委员会（TC），其中 TC8 负责网络与信息安全，下设多个工作组。

2011 年 10 月，密码行业标准化技术委员会（简称密标委）经 SAC 和国密局批准成立。密标委是非法人技术组织，归口国密局领导和管理，从事密码技术、产品、系统和管理等方面的标准化工作。密标委委员由政府、企业、科研院所、高等院校、检测机构和行业协会等有关方面的专家组成。目前，密标委已发布多个商用密码行业标准，覆盖了密码算法、产品、技术、检测、应用指南等方面。2017 年 11 月 3 日，含有我国 SM2 与 SM9 密码算法的《带附录的数字签名第 3 部分：基于离散对数的机制-补篇 1》文件（ISO/IEC14888-3/

AMD1）获得一致通过，成为 ISO/IEC 国际标准。

2.5.4 开放标准

开放标准（Open Standard）尚无广泛认可的定义，它一般是指那些在开发、扩展、访问、使用环节都具有开放性的标准，任何人都可以参与其开发过程，对用户颁发无歧视的使用许可。许多组织主张开放标准不得对使用者收费，但其他组织则认为可以收取合理而无歧视的费用。与开放标准对立的是私有标准（Proprietary Standard），它只允许在版权方发布的限制性合约条款下使用。国际电信联盟电信标准化部门（ITU-T）和互联网工程任务组（IETF）都将其所发布的标准称作开放标准。ITU-T 的定义是："开放标准是能被公众获取到的标准，是通过协作性共识驱动的过程开发（或批准）和维护的标准。开放标准促进了不同产品或服务之间的互操作性和数据交换，旨在被广泛采用。"

国际电信联盟（ITU）是联合国处理 ICT 事务的专门机构，前身为 1865 年创立于巴黎的国际电报联盟，是世界上历史最悠久的国际组织之一。ITU 的主要任务是制定技术标准，分配无线电资源，提升国际电信基础设施。我国代表赵厚麟自 2015 年 1 月 1 日起担任 ITU 秘书长，2019 年连任。ITU 成员包括联合国成员国、商业组织和社会团体等。ITU 下辖 3 个部门（sector），其中 ITU-R 负责协调频谱和卫星轨道资源，前身为国际无线电咨委会（CCIR）；ITU-T 负责除无线电外的电信标准化，前身为国际电报电话咨委会（CCITT）；ITU-D 负责创建政策、规则，并面向发展中国家制订培训和资助计划。ITU-T 标准化工作由各领域的研究组（SG）承担，其中 SG17 负责安全（Security）领域。ITU 称其标准为"建议书"（Recommendation），具有很高的国际认同度。ITU-T 的 X 系列标准以"数据网络、开放系统通信和安全"为主题，其中 X.509 涉及公钥基础设施，X.800 描述 OSI 安全体系架构，X.1035 提供了口令鉴别协商协议，X.1051 涉及电信组织的信息安全控制机制实现，X.1205 为网络安全综述，X.1254 提供实体鉴别确保框架。

IETF 是负责开发互联网技术标准的开放组织，其会员均为志愿者。IETF 成立于 1986 年，起初由美国联邦政府支持运作，自 1993 年以来改由国际互联网协会（ISOC）支持。IETF 由大量的工作组（WG）组成，各 WG 负责一个特定话题，一般在任务结束后解散。WG 被归类到多个"领域"（area）之一，包括应用和实时域（art）、通用域（gen）、互联网域（int）、运营管理域（ops）、路由域（rtg）、安全域（sec）、传输域（tsv）等，各领域设领域主任（area director）一名。领域主任负责任命其治下 WG 的主席。IETF 主席与各大领域主任组成"互联网工程指导组"（IESG），负责 IETF 的整体运作。IETF 发布的备忘录称作请求意见稿（RFC）。RFC 起初为阿帕网项目的非正式文档，最终演变为用来记录互联网规范、协议、过程等的标准文件。由于制定过程具有务实、敏捷的优势，RFC 文件成为广为接受的技术规范，是国际互联网的运行根基。1996 年 3 月，清华大学提交的适应不同国家和地区中文编码的汉字统一传输标准被 IETF 通过为 RFC 1922，成为中国大陆第一个被认可为 RFC 文件的提交协议。RFC 的内容不可变更，只能废止，原规范若被更新修订，将被赋予新的 RFC 编号。互联网草案（Internet Draft, I-D）是 IETF 产出的未定稿的技术规范，经充分评审后可提升为 RFC，后续有望成为推荐标准（Proposed Standard）乃至正式的互联网标准（Internet Standard, STD）。互联网标准是规范性标准文件，其内容须具备高度的成熟性和广泛的认可度。互联网标准按照形成依据的不同可分为法理标准（de jure）和事实标准（de facto），前者由权威性流程确立，后者因社区的广泛采用而产生。互联网标准具有一个 STD 编号，并通过单个或多个 RFC 发表。STD 内容更新后，STD 编号维持不变，其对应的 RFC 编号则会发生变化。

结构化信息标准推进组织（the Organization for the Advancement of Structured Information Standards，OASIS）是一个致力于开发开放标准的非营利性联盟，在国际社会享有盛誉。OASIS 成立于 1993 年，起初命名为"SGML Open"，致力于通过推广标准通用标记语言（SGML）提升产品间的互操作性。1998 年，SGML Open 更名为 OASIS，以反映其更大的工作范围。目前，OASIS 的工作领域包括网络安全、区块链、物联网、应急管理、云计算、内容技术等。OASIS 在网络安全领域的标准化项目包括 CSAF（Common Security Advisory Framework，通用安全通报框架）、OpenC2（开放指挥控制）、CTI（网络威胁情报）、CACAO（Collaborative Automated Course of Action Operations，协作式自动化响应措施操作）等。

2.5.5　外国标准化机构

一般来说，各经济体分别设有一个公认的国家级标准团体（NSB）作为 ISO 成员，如巴西国家标准化组织（ABNT）、墨西哥标准总局（DGN）、德国标准化研究所（DIN）、阿根廷标准和认证研究所（IRAM）、日本产业标准化委员会（JISC）、韩国技术和标准局（KATS）、南非标准局（SABS）、加拿大标准委员会（SCC）、瑞典标准研究所（SIS）等。

英国标准协会（British Standards Institution，BSI）于 1901 年成立于伦敦，起初命名为工程标准委员会（Engineering Standards Committee，ESC），是世界上最早的 NSB。BSI 制定的英国国家标准以 BS 为前缀。BSI 的职责还包括引入欧洲标准（EN），并以 BS 标准的名义二次出版，冠以 BS EN 前缀。BSI 还可以选择性引入国际标准，以 BS ISO 或 BS IEC 为前缀二次出版。

美国国家标准学会（ANSI）成立于 1918 年 10 月，是负责制定美国国家标准的民间非营利组织。美国国家标准学会授权标准起草机构按照一系列规范编写标准草案。由此产生的候选文献通过 ANSI 审核批准后成为美国国家标准。ANSI 起初命名为美国工程标准委员会（AESC），1928 年改为美国标准协会（ASA），1966 年 8 月改组为美利坚合众国标准组织（USASI），1969 年 10 月 6 日改为现名。ANSI 作为美国 NSB，是 ISO 和 IEC 成员。

美国国家标准与技术研究院（NIST）不是美国的 NSB，却在标准化领域拥有巨大的影响力。NIST 创立于 1901 年，旧称美国国家标准局（NBS），隶属美国商务部，官方使命为"推进计量科学、标准、技术，增强经济安全，提高生活质量，促进美国的创造力和产业竞争力"。NIST 聘有千余名在编科学家、工程师、后勤和管理人员，还有数千名来自国内外企业的编外专业人士。NIST 下设信息技术实验室（ITL），ITL 由应用网络安全（ACD）、计算机安全（CSD）、高级网络技术（ANTD）等科室组成。ITL 的出版物包括双月刊（ITL newsletter）、公报（bulletin）、联邦信息处理标准（FIPS）、特别出版物（SP）等形式。SP 800 系列文件以信息安全和隐私保护为主题，包括指南、建议书、技术规范、年报等内容类型。NIST 标准可以公开下载，被全球信息安全从业者当作宝贵的学习资料。NIST SP 800-90 标准被质疑含有 NSA 密码后门，事件发酵后，NIST 撤回了涉事的密码算法。

欧洲电工标准化委员会（CENELEC）、欧洲电信标准协会（ETSI）和欧洲标准化委员会（CEN）为欧盟认可的三大欧洲标准组织（ESO），分别承担电工学、ICT 和其他领域的标准化工作，发布欧洲标准（EN）文件。EN 标准被视作实现单一欧洲市场的关键因素，欧盟成员国必须将 EN 标准采用为国家标准，并废止所有存在冲突的国家标准。CEN 成立于 1961 年，总部在布鲁塞尔，其会员为各国 NSB。1991 年，CEN 同 ISO 签署维也纳协议，规定 CEN 引进 ISO 标准取代对应的 CEN 标准。CENELEC 成立于 1973 年，总部位于布鲁塞尔，其会员均为国家级电工学标准化组织。1996 年，CENELEC 同 IEC 签署德累斯顿协议，对双方标准化工作加以协同。旧版 IEC 标准将标准号增加 60000，作为 EN 和 IEC 的共同标准号。2016 年后，CENELEC 将 IEC 标准记作"EN IEC 6xxxx"。未被 IEC 采用的 CENELEC 标准使用"EN 5xxxx"标准号。ETSI 由欧洲邮电管理会议创立于 1988 年，总部位于法国索菲亚科技园，其会员为 ICT 行业的各类机构，包括行政机构、私营企业、科研院所等。ETSI 从 2G 到 5G 通信领域均有重要成果，曾参与发起 3GPP（第三代合作伙伴计划）联盟。ETSI 的 EN 标准使用 3xxxxx 标准号。除 EN 外，ETSI 发布的标准化文件还包括 ETSI 标准（ES）、ETSI 指南（EG）、技术规范（TS）、技术报告（TR）、特别报告（SR）、团体规范（GS）、团体报告（GR）等类型。

2.6 网络安全漏洞治理

漏洞的治理问题是个牵一发而动全身的宏观问题，是网络空间命运共同体的典型体现。log4shell 式漏洞的轻易曝光将引发全球大流行。即使修复方案及时发布，能力参差不齐的用户陆续完成修复的时间跨度也可能会长达数年，这期间大量慢人一步的信息系统将惨遭入侵。漏洞还事关国家安全，西方网络大国凭借对漏洞的收集掌握能力建立了威力惊人的网络军火库，践踏他国网络空间。历史上这类"军火"曾发生泄漏，进而迅速扩散，后果堪比民间帮派普及了核武，全球网络空间陷入巨大而长期的风险。

对于网络产品的用户而言，漏洞管理只涉及漏洞修复活动的计划和实施，是微观事务，对应于 ISO/IEC 27002 所规定的"技术漏洞管理"范畴。站在社会视角，漏洞管理需要多种角色的共同参与，包括漏洞发现者、网络产品（含服务）提供者、网络运营者、漏洞收录组织、漏洞应急组织等。网络产品提供者和网络运营者分别是通用型和事件型漏洞的制造者，也是漏洞修复方案的主要制定者，下文统称"厂商"。根据《网络安全漏洞管理规范》（GB/T 30276），漏洞管理涉及发现、报告、接收、验证、处置、发布、跟踪等动作。漏洞发现特指对未知漏洞的挖掘、探测（俗称"挖洞"），而不是对资产中已知漏洞的检查检测（简称"漏扫"）。漏洞报告是指发现者向厂商或漏洞收录组织、漏洞应急组织提供漏洞信息的过程，伴随着报告对象的漏洞接收过程。漏洞验证是指漏洞接收者"对漏洞的存在性、等级、类别等进行技术验证的过程"。漏洞处置是指"对漏洞进行修复，或制定并测试漏洞修复或防范措施，可包括升级版本、补丁、更改配置等方式"。漏洞发布主要是指厂商将漏洞信息向社会或用户发布。漏洞跟踪是指在漏洞发布之后观察反响和效果，视情况决定返回漏洞处置环节或终止漏洞管理流程。我国《漏洞管理规定》还涉及了报送和通报动作：漏洞报送是指厂商或发现者向国家级漏洞接收平台提供漏洞，前者是义务性的，后者是自愿性的；漏洞通报特指发现者对厂商的漏洞报告，也指漏洞平台之间的信息传递。业界会用"披露"（disclosure）泛指向不知情者提供漏洞信息，包含了报告、发布等动作。

2.6.1　漏洞探测

白帽对通用型漏洞的挖掘可以利用自购产品展开实验，对事件型漏洞的挖掘则多以他人系统为探测对象。对他人系统的探测在技术上与恶意渗透并无太大差异，如未获授权，各国法律普遍有认定违法的倾向。即使是对自购产品开展实验，仍有可能因绕过版权保护控制而触犯法律，如美国《数字千年版权法》（DMCA）。许多白帽在发现漏洞后，会对运营者发出善意的提醒。不幸的是，某些运营者收到提醒后虽然十分"感动"，但仍会选择报警，意欲将这些多事之徒绳之以法。白帽最为合规的工作方式是，在得到运营者书面授权后再开展探测。

然而，若白帽活动仅以显式授权为合法依据，其活动空间将极为有限，这将对该群体的生产力、创造力和事业心产生负面影响，最终将损害一国网络安全的根基，导致国际竞争劣势。因此，美国对善意侵入行为的豁免问题进行了长期探索。美国《数字千年版权法》规定，"善意"（good faith）的安全测试将被作为责任豁免情形。2016 年 11 月，美国国防部（DoD）发布的《DoD 漏洞披露政策》中规定，只要漏洞披露者的行为符合一定准则，DoD 将不发起起诉。2022 年 5 月，美国司法部发布 22-533 号公告，宣布修订对《计算机欺诈与滥用法》的适用政策，善意安全研究不得被起诉，修订立即生效。实践中，不乏深明大义的厂商最终对善意的漏洞发现者选择谅解，即使以牺牲自身利益为代价[100]。2002 年，惠普对 SnoSoft 公司发起诉讼，SnoSoft 相关人员因发现和披露了惠普产品的 22 个漏洞而面临 50 万美元罚款和 5 年刑期。在业内人士的劝告下，惠普领导层决定撤诉，以免对公司未来的软件安全不利。

对白帽权益的保护也是我国安全界的热议话题。习近平总书记在"4·19"讲话中指出，"'得人者兴，失人者崩。'网络空间的竞争，归根结底是人才竞争。"一个受到充分鼓励的白帽群体是国家网络安全能力发展的不竭源泉，也是决胜网络空间保卫战的关键因素。2002 年 9 月，公安部公共信息网络安全监察局在《关于对利用网络漏洞进行攻击但未造成危害后果的行为如何处罚的答复》中指出，如果攻击行为不影响信息网络的正常运行，并且未造成危害后果的，不属《计算机信息网络国际联网安全保护管理办法》中"其他危害计算机信息网络安全"行为，不适用《办法》第二十一条进行处罚[101]。我国相关法律仍在探索期，尚未充分明确对善意黑客行为的免责，未来有望在管控风险和促进发展之间形成更完备的规定。

2.6.2　漏洞征集

漏洞被各国视为重要战略资源。漏洞平台是从全社会收集的漏洞资源的汇聚中心，其形态包括国家级漏洞库、企业的安全响应中心（SRC）和第三方漏洞众测平台。美国国家漏洞库（NVD）是最早由政府投入建设的漏洞库，目前已具备广泛的影响力和号召力，在全球范围内持续不断地将漏洞信息收入囊中。这些漏洞一部分被选择性发布，其他被留存私用，为美国庞大的网络军火库提供了丰富的物料。漏洞赏金计划起源于私营企业，谷歌、脸书、雅虎等科技公司通过设置奖金吸引白帽提交漏洞，实现互利共赢。漏洞赏金计划逐渐被政府部门仿效。美国政府先后发起了"黑掉五角大楼""黑掉陆军""黑掉空军""黑掉国务院""黑掉国土安全部"等漏洞赏金计划。这些活动发现了大量有效漏洞，有助于提升相关系统的安全保障效果，也扶持和培育了大批黑客人才。

近年来，我国持续完善和加强漏洞收集能力。《漏洞管理规定》提出，鼓励组织和个人向产品提供者通报漏洞；鼓励发现漏洞的组织和个人向各大国家级漏洞库报送漏洞信息；鼓励产品提供者建立漏洞奖励机制，对相关组织或者个人给予奖励。CNVD 等多个国家级漏洞库陆续设立，腾讯、阿里巴巴、百度、360、京东等互联网产品公司都已经建立 SRC，民间白帽平台和漏洞众测平台也在不断壮大。如何加强统筹协调，促进诸多平台的互通汇聚，增强对白帽的吸引力，提升收录数量和质量，优化平台的易用性，都是值得进一步深入探索的课题。

2.6.3 漏洞处理

漏洞接收者所开展的验证、评估、处置等活动可统称漏洞处理（handling）。《网安法》规定了厂商的漏洞处理义务：网络产品、服务的提供者发现其网络产品、服务存在安全缺陷、漏洞等风险时，应当立即采取补救措施，并按照规定及时告知用户并向有关主管部门报告；网络运营者应当及时处置系统漏洞。《数安法》规定了数据处理者"立即采取补救措施"的漏洞处理义务。《漏洞管理规定》进一步明确网络产品提供者和网络运营者的漏洞处理义务，前者的义务包括立即开展漏洞验证和评估、立即通知上游厂商、2 日内报送工信部漏洞平台、及时组织修补、及时告知用户并提供必要支持，后者的义务是及时进行漏洞验证、及时完成修补。《信息安全技术　网络安全漏洞管理规范》（GB/T 30276）、《ISO/IEC 30111 漏洞处理过程》等推荐性标准文件针对厂商及其他漏洞接收者规定了漏洞处理的流程、要求和建议。

漏洞评级是指对漏洞的严重性进行量化分级，对漏洞的潜在危害进行描述，其结果将影响漏洞处置方式的制定，也能够指导受影响用户实施对漏洞的优先级管理。《信息安全技术　网络安全漏洞分类分级指南》（GB/T 30279）给出了一种漏洞分级方法，包含技术分级和综合分级两种方式，分别设置超危、高危、中危、低危四个等级。GB/T 30276 规定，对于依据 GB/T 30279 评定的技术分级为超危、高危的漏洞，"若不能立即给出修复措施，应给出有效的临时防护建议，并可联合漏洞应急组织根据漏洞影响范围及发展情况制定下一步处置方案和解决措施"。通用漏洞评分系统（Common Vulnerability Scoring System，CVSS）是国际上最为流行的漏洞评级标准。CVSS 起源于美国国家基础设施咨询委员会（NIAC）的研究工作，目前由事件响应和安全团队论坛（FIRST）维护。CVSS 可输出三个分数：基本分，取决于漏洞的固有属性，如攻击载体（AV 值）、攻击复杂度（AC 值）、CIA 破坏力等指标；时间分，取决于漏洞演化的进程，如漏洞利用程序的可获得性（E 值）、修复等级（RL 值）、报告可信度（RC 值）等指标；环境分，取决于特定的用户环境，包括潜在附带损失（CDP 值）、目标分布广度（TD 值）等指标。三个分数中，以基本分最为普及，常简称

"CVSS 评分"，得分取值在 0~10 之间，10 代表最严重。

2.6.4　漏洞发布

在安全行业发展历程中，针对漏洞披露模式曾出现过不披露（Non Disclosure，ND）、私有披露（Private Disclosure，PD）、完全披露（Full Disclosure，FD）、负责任披露（Responsible Disclosure，RD）、协同漏洞披露（Coordinated Vulnerability Disclosure，CVD）等方式。ND是指发现者将漏洞私自留存和使用，不将其通报厂商和公众。在 ND 模型下，发现者利益得以最大化，但相关漏洞被做成网络武器后，未修复的系统将面临风险。PD 是指发现者将漏洞非公开地报告给接收者，后续环节完全由接收者掌控，不保证漏洞能够被最终公开。PD让接收者利益最大化，漏洞赏金项目多采用 PD。FD 是指发现者将漏洞信息完全公开给不特定公众，旨在让用户有机会立即采取行动，并能迫使厂商承认并修补漏洞。但 FD 同样会对攻击者形成动员，让用户在尚未得到修补方案的状态下遭受攻击，因此争议很大。RD 是介于 ND 和 FD 之间的折中办法。RD 模式下的报告者以协助和督促厂商修复漏洞为初衷，为厂商设定修复截止日期，承诺在期限内不采用 FD。CVD 作为 RD 的进化形态出现，在漏洞披露过程中引入协调者角色，通过灵活引导，更好地平衡各方需求[100]。《ISO/IEC 29147 漏洞披露》将 CVD 定义为包含了协调过程的漏洞披露过程，而协调被定义为"一组活动，包括识别和引入利益相关方，斡旋，交流，支撑漏洞披露的其他计划"。CERT/CC 发布的《CERT 协同漏洞披露指南》中将 CVD 定义为"从发现者处收集信息，协调信息在利益相关者间的共享，并向包括公众在内的各方披露软件漏洞的存在性和缓解措施的过程"。美国政府实施的"漏洞衡平程序"（Vulnerabilities Equities Process，VEP）是 CVD 的典型。VEP 是个涉密事项，长期由 NSA 主导。根据其解密内容，VEP 的基本做法是将美国各机构获得的漏洞信息交由情报、安全、执法部门介入评估，决定哪些漏洞可以公开，哪些留用研制网络武器，决策依据不透明。

中国互联网协会于 2015 年组织签署的《漏洞信息披露和处置自律公约》体现出了 CVD理念，其中规定，"漏洞平台、相关厂商、信息系统管理方和 CNCERT 应协同一致做好漏洞信息的接收、处置和发布等环节工作，做好漏洞信息披露和处置风险管理，避免因漏洞信息披露不当和处置不及时而危害到国家安全、社会安全、企业安全和用户安全"[100]。2018 年，中央网信办、公安部《关于规范促进网络安全竞赛活动的通知》针对安全竞赛中漏洞信息的发布作出规定：不得擅自透露、转让、公布漏洞隐患的技术细节和利用方法、工具等；不得向境外机构和个人提供可能危及我国家安全、公共利益的网络安全漏洞、隐患等敏感信息。《漏洞管理规定》针对网络产品漏洞发布活动提出八项要求，实质上建立起了 CVD 机制：不得在修补措施之前发布漏洞，除非经有关部门评估；不得发布网络运营者在用系统、设备存在安全漏洞的细节；不得刻意夸大漏洞危害风险，不得利用漏洞信息实施恶意炒作或者进行诈骗、敲诈勒索等不法活动；不得发布或提供专门用于危害网络安全的漏洞利用程序和工具；同步发布修补或者防范措施；国家重大活动期间，未经公安部同意不得擅自发布产品漏洞；不得将未公开的产品漏洞向厂商之外的境外组织或者个人提供；遵守法律法规其他相关规定。

2.6.5　漏洞管制

在漏洞资源化、军火化趋势的背景下，对漏洞技术的管控已受到各国高度重视，甚至被纳入武器管制范畴。《瓦森纳约定》（Wassenaar Arrangement，WA）是一项管制传统武器及军商两用货品的多边出口控制机制，起源于 1996 年 5 月 12 日，有签约国数十个。在美国主导下，中国等发展中国家实际是 WA 的限制对象。2013 年 12 月，WA 修订条款，将"入侵软件"（intrusion software）列入管控清单。所谓"入侵软件"实质上就是以漏洞为基础的网络渗透工具。这项规定标志着西方国家正式将漏洞界定到网络武器管控范畴，跨国的漏洞信息互通和漏洞协作将被监管。2015 年 5 月 20 日，美国工业与安全局（BIS）发布提议规定文件（proposed rule）《瓦森纳约定 2013 全会决议落实：入侵和监视物项》（RIN 0694-AG49），拟将入侵软件等"网络安全物件"纳入美国《出口管理条例》（EAR）管控范围。该规定将对正常网络安全研究和业务造成伤害，并让企业背负沉重的合规负担，故招致美国业内强烈反对，未能最终生效。于是美国政府转同 WA 协商，WA 基于协商结果于 2017 年修订条款，对管控范围进行了一定的收缩。2022 年 5 月 25 日，BIS 发布最终规定文件（final rule）《信息安全控制：网络安全物项》（RIN 0694-AH56），以国家安全和反恐为由，正式将漏洞相关技术和产品纳入 EAR 管控范围。根据该规章，漏洞相关物项未经许可不得流入中国，使中国安全企业面临技术封锁风险。

2.7　网络安全威胁对抗

网络安全威胁对抗体系是网络空间安全体系的关键组成部分，是指立足宏观视角对网络威胁进行持续监测和及时处置，对危及网络空间的风险隐患及时地进行预警和消除，一般由政府或有影响力的行业团体牵头执行。

2.7.1　关键信息基础设施保护

关键信息基础设施（CII）是指公共通信和信息服务、能源、交通、水利、金融、公共服务、电子政务、国防科技工业等重要行业和领域的，以及其他一旦遭到破坏、丧失功能或者数据泄露，可能会严重危害国家安全、国计民生、公共利益的重要网络设施、信息系统等。关键信息基础设施保护（CIIP，以下简称"关保"）是关键基础设施保护（CIP）的核心组成部分。习近平总书记在"4·19"讲话中强调，加快构建关键信息基础设施安全保障体系，指出金融、能源、电力、通信、交通等领域的关键信息基础设施是经济社会运行的神经中枢，是网络安全的重中之重，也是可能遭到重点攻击的目标。

世界各国普遍将关保作为政策重点。20 世纪 90 年代，美国在海湾战争中展示了攻击敌方信息基础设施所带来的战争优势，同时开始警惕对手"以彼之道还施彼身"，在美国庞大的信息基础设施中谋划破坏。在这种忧患意识中，美国成为世界上首个倡导关键信息基础设施保护的国家。1996 年 7 月 15 日，克林顿政府颁布行政令《关键基础设施保护》

（EO 13030），首次提出关键基础设施（CI）的概念及重要作用，初步划定 CI 行业范围，命令组建总统关键基础设施保护委员会及相关办事机构，标志着该国关保工作正式启动。"9·11"事件令美国再次深陷对关键基础设施安全性的忧虑，美国迅速建立了以国土安全部为主导、各部门职能分工明确、公私协作的关保组织体系，同时注重鼓励各行业的信息共享。2002 年《美国国土安全法》确立了 CI 信息的共享程序，要求各行业设立"信息共享和分析组织"（ISAO），以汇聚、分析和发布 CI 信息。此后，美国持续反思和改进，不断完善关保的政策体系、工作机制和技术积累。德国于 2005 年发布国家信息保护计划（NPSI），为保护政务系统和 CII 设定了预防、应急和可持续三大目标，以补充德国联邦政府的 IT 战略。根据 NPSI 计划，德国成立 IT 态势中心，旨在对相关安全事件进行识别、报告、评估、预警和响应。2013 年 1 月 15 日，俄罗斯总统发布法令，要求联邦安全局（FSB）负责建立"国家计算机攻击监测、预警和后果消除系统"（FocCOIIK A），用于在国家层面上执行计算机攻击预防、关键信息基础设施保障监控和计算机事件调查分析等功能[102]。2018 年 1 月 1 日，俄罗斯联邦法律《俄罗斯联邦关键信息基础设施安全法》生效，从保障原则、监管权力、客体分级、客体登记、主体权利义务、安全系统任务、安全评估等方面对 CII 保护做出全面规定[103]。2018 年 9 月，俄罗斯根据《关键信息基础设施安全法》要求设立"国家计算机事件协调中心"（NKTsKI），作为 FocCOIIK A 关键部门，负责协调 CII 运营单位的检测、预防和恢复活动。2022 年 5 月 20 日，俄罗斯总统普京针对关键信息基础设施安全提出三大关键任务：一是不断完善、调整与国防能力、经济和社会稳定发展直接相关的关键设施领域的信息安全保障机制；二是提高国家机构信息系统和通信网络的安全性，要加强对国内数字空间的防御，通过控制设备、通信等手段，降低公民信息和个人数据泄露风险；三是从根本上降低采用国外程序、计算机技术和电信设备的相关风险[104]。

我国高度重视关保工作，制定了一系列法律法规，确保 CII 风险防范和风险治理有法可依；在全国范围内部署具体工作，掌握当前 CII 运行的基本情况，确保风险防范和风险治理的针对性和有效性；构建制度框架，确保 CII 安全保护工作能够落到实处[105]。关保与等保的关系可概括为，等保作为更大的框架是关保的基础，而关保是等保的重点。

国务院于 2016 年 12 月 15 日印发《"十三五"国家信息化规划》提出构建关键信息基础设施安全保障体系：实施网络安全审查制度，防范重要信息技术产品和服务网络安全风险；建立国家关键信息基础设施目录，制定关于国家关键信息基础设施保护的指导性文件，进一步明确关键信息基础设施安全保护要求；落实国家信息安全等级保护制度，全力保障国家关键信息基础设施安全；加强金融、能源、水利、电力、通信、交通、地理信息等领域关键信息基础设施核心技术装备威胁感知和持续防御能力建设，增强网络安全防御能力和威慑能力；加强重要领域密码应用。国家网信办于 2016 年 12 月 27 日发布的《国家网络空间安全战略》提出，应采取一切必要措施保护关键信息基础设施及其重要数据不受攻击破坏；坚持技术和管理并重、保护和震慑并举，着眼识别、防护、检测、预警、响应、处置等环节，建立实施关键信息基础设施保护制度。

2017 年 6 月起施行的《网安法》对于我国关保工作具有里程碑意义，其中第三章第二节对"关键信息基础设施的运行安全"进行了专门的规定，涉及关键信息基础设施的含义、职责、安全保护义务等方面的宏观指导和顶层设计。这是我国首次在法律层面提出关键信息基础设施的概念，明确了 CII 涉及的主要行业和领域，为关保工作提供了法律依据。《网安法》明确要求，关键信息基础设施在网络安全等级保护制度的基础上，实行"重点保护"。2020 年 1 月起施行的《密码法》对 CII 的密码使用提出了法律要求。《密码法》第二十七条规定，使用商用密码进行保护的关键基础设施应开展"密评"；可能影响国家安全的，应通过国家安全审查。2021 年 9 月起施行的《关保条例》对关保制度进行了全面规定。总则中规定了监管分工和一般原则：在国家网信部门统筹协调下，国务院公安部门负责指导监督关保工作，国务院、省级人民政府有关部门在各自职责范围内负责关保和监管工作；关保工作坚持综合协调、分工负责、依法保护，强化和落实运营者主体责任，充分发挥政府及社会各方面的作用。第二章明确行业、领域的主管、监管部门是本行业、领域 CII 的保护工作部门，负责制定 CII 认定规则并组织认定。第三章明确运营者责任义务，涉及安全保护措施的同步性要求、专门安全管理机构的职责要求、安全检测与风险评估要求、重大事件与威胁报告要求、采购与网络安全审查要求、组织重大调整相关要求等。第四章明确监管部门、保护工作部门及其他社会力量的保障与促进责任。保护工作部门的保障责任包括安全规划、监测预警、应急预备、事件处置、安全检查等。其他保障机制还涉及信息共享、技术支持、信息保密、探测授权、能源电信行业优先性、安全保卫、标准规范、人才培养、产业创新、服务机构、军民融合等。

2021 年起，我国加速布局关保标准体系，其中《信息安全技术 关键信息基础设施安全保护要求》（GB/T 39204）提出了关保工作的三个原则：以关键业务为核心的整体防控、以风险管理为导向的动态防护、以信息共享为基础的协同联防，并从分析识别、安全防护、检测评估、监测预警、主动防御、事件处置六个方面提出了 111 条安全要求。其配套标准《关键信息基础设施安全控制措施》提出相应控制措施供运营者选取；《关键信息基础设施要素识别指南》指导运营者划定 CII 的重点保护范围、确定关键资产、涉及多责任方的保护责任识别等；《关键信息基础设施安全测评要求》从第三方评估机构角度，针对各项 CII 安全保护要求描述对应的测评方法；《关键信息基础设施安全测评过程指南》从第三方评估机构角度提出相应的安全评估过程及工作任务；《关键信息基础设施安全检查评估指南》从保护工作部门角度明确 CII 检查评估的目的、流程、内容和结果；《关键信息基础设施安全保障指标体系》以《信息安全技术 信息安全保障指标体系及评价方法》（GB/T 31495）中的"指标体系框架"为基础，结合 CII 的特征，制定了 CII 安全保障指标体系框架，明确了 CII 安全保障指标测量方法。

2.7.2 网络安全风险评估

习近平总书记在"4·19"讲话中指出，"从世界范围看，网络安全威胁和风险日益突出，并日益向政治、经济、文化、社会、生态、国防等领域传导渗透"。当前，世界各大信息化国家均对重要信息系统的风险管理极为重视。美国于 2002 年出台《联邦信息安全管理法》（FISMA 2002），规定全联邦政府开展统一的风险管理。美国政府通过联邦风险授权管理计划（RedRAMP）实施联邦政务云风险评估，通过持续诊断和缓解（CDM）计划自动收集各机关单位的本地信息系统风险信息。NIST 先后发布风险管理框架（RMF，2010 年、2018 年）和网络安全框架（CSF，2014 年）等技术框架以指导网络运营者开展风险管理工作。

网络安全风险治理以风险评估为起点。风险评估是指风险识别、风险分析和风险评价的整个过程（GB/T 25069）。2006年，我国《2006—2020年国家信息化发展战略》（中办发〔2006〕11号）提出"加强信息安全风险评估工作"。此后，我国发布了多部法律法规、行政文件、标准规范，针对网络安全风险评估机制形成了逐渐完善的规定和指导。

2008年8月，国家发改委等三部门发布《关于加强国家电子政务工程建设项目信息安全风险评估工作的通知》（发改高技〔2008〕2071号），对电子政务工程项目信息安全风险评估工作做出详细规定[48]。风险评估包括分析信息系统资产的重要程度，评估信息系统面临的安全威胁、存在的脆弱性、已有的安全措施和残余风险的影响等，应按照涉密、非涉密信息系统分别开展。涉密信息系统的信息安全风险评估应按照国家有关保密规定和标准，进行系统测评并履行审批手续，由国家保密局涉密信息系统安全保密测评中心承担；非涉密信息系统的风险评估应按照《等保办法》和相关国家标准要求，可委托同一专业测评机构完成等级测评和风险评估工作，并形成等级测评报告和风险评估报告，可选的测评机构包括NITSC、CNITSEC、CSPEC。风险评估应作为系统验收工作的一部分，并在投入运行后定期开展［发改委2008］。2012年7月6日，国家发改委等五部门联合发布《关于进一步加强国家电子政务网络建设和应用工作的通知》（发改高技〔2012〕1986号），加强了对电子政务工程的风险评估要求，明确规定风险评估符合要求方可申请项目竣工验收[46]。

2010年3月起施行的《通信网络安全防护管理办法》要求通信网络运行单位对通信网络单元进行安全风险评估，及时消除重大网络安全隐患：二级单元两年一次，三级（含）以上单元每年一次；国家重大活动举办前按要求开展；安全风险评估结果、隐患处理情况或者处理计划应在评估结束三十日内报送备案机构。

2016年11月4日，工信部《关于进一步防范和打击通讯信息诈骗工作的实施意见》（工信部网安函〔2016〕452号）提出进一步加强通讯信息诈骗风险评估防范，要求各基础电信企业、移动转售企业和相关互联网企业针对"一卡双号""融合通信""短信营业厅"等可能引发通讯信息诈骗风险的存量业务重新组织开展全流程、全环节的安全评估，积极消除安全隐患；对拟新上线的业务，要把通讯信息诈骗风险作为安全评估重点内容，对存在通讯信息诈骗高安全风险的业务一律禁止上线[106]。

2017年起施行的《网安法》对网络安全风险评估制度的方方面面做出了规定。其总则规定，国家采取措施，监测、防御、处置来源于境内外的网络安全风险和威胁。在第二章（网络安全支持与促进），规定国家推进网络安全社会化服务体系建设，鼓励有关企业、机构开展网络安全认证、检测和风险评估等安全服务。在第三章（网络运行安全），对网络产品、服务的提供者提出要求：发现其网络产品、服务存在安全缺陷、漏洞等风险时，应当立即采取补救措施，按照规定及时告知用户并向有关主管部门报告。第三章对网络运营者提出要求：及时处置系统漏洞、计算机病毒、网络攻击、网络侵入等安全风险。对有关行业提出的要求是：有关行业组织建立健全本行业的网络安全保护规范和协作机制，加强对网络安全风险的分析评估，定期向会员进行风险警示，支持、协助会员应对网络安全风险。对CII运营者提出的要求是：每年开展风险检测评估，并将检测评估情况和改进措施报关保工作部门。对国家网信部门提出的要求是：统筹协调有关部门对CII安全风险进行抽查检测，提出改进措施，必要时可以委托服务机构开展风险检测评估。在第四章（监测预警与应急处置），授予省级以上人民政府组织召集信息收集、风险评估、风险预警的职责，并可约谈网络运营者负责人。

2022 年施行的《反诈法》从防范电信网络诈骗的角度，要求电信业务经营者建立物联网卡用户风险评估制度，评估未通过的，不得向其销售物联网卡。

我国于 2015 年将《ISO/IEC 27005 信息安全风险管理》标准引入为 GB/T 31722，并在风险评估领域自主制定多个标准文件，包括《信息安全技术　信息安全风险评估方法》（GB/T 20984）、《信息安全技术　信息安全风险评估实施指南》（GB/T 31509）、《信息安全技术　信息安全风险处理实施指南》（GB/T 33132）、《信息安全技术　工业控制系统风险评估实施指南》（GB/T 36466）、《信息安全技术　ICT 供应链安全风险管理指南》（GB/T 36637）等。《信息安全技术　云计算服务安全指南》（GB/T 31167）、《信息安全技术　云计算服务安全能力要求》（GB/T 31168）、《云计算服务安全能力评估方法》（GB/T 34942）涉及对云服务的风险评估内容。

2.7.3　网络安全审查

网络安全审查是国家安全审查和监管的基本内容之一，也是目前世界各国为保护其网络安全和国家安全的通行做法。美国率先推出网络安全审查制度，1975 年成立的外国投资委员会（CFIUS）全面负责针对外国投资方的国家安全审查工作。此后，美国不断完善其网络安全审查制度，针对 ICT 产品的采购、使用、运维、管理等形成了一套严格的审查体系，在法律法规、审查机构、审查程序、审查标准、运作程序等方面都做出了严密的制度设计，在防范 ICT 供应链安全风险的同时，建立技术壁垒，意图保持该国的领先地位。2018 年 8 月，美国颁布《外国投资风险审查现代化法》（FIRRMA 2018），旨在对 CFIUS 的工作流程进行现代化改革，改革重点在于审查他国投资交易中涉及的敏感数据。

2014 年 5 月 22 日，国家网信办发布消息称，我国即将推出网络安全审查制度，关系国家安全和公共利益的重要技术产品和服务，应通过网络安全审查[107]。我国建立网络安全审查制度，目的是通过网络安全审查这一举措，及早发现并避免采购产品和服务给关键信息基础设施运行带来的风险和危害，保障关键信息基础设施供应链安全，维护国家安全。

2014 年 8 月 28 日，工信部公布《关于加强电信和互联网行业网络安全工作的指导意见》（工信部保〔2014〕368 号），提出了落实电信和互联网行业网络安全审查工作要求的具体措施：在关键软硬件采购招标时统筹考虑网络安全需要，在招标文件中明确对关键软硬件的网络安全要求；加强关键软硬件采购前的网络安全检测评估，通过合同明确供应商的网络安全责任和义务，要求供应商签署网络安全承诺书；加大重要业务应用系统的自主研发力度，开展业务应用程序源代码安全检测。

2016 年 12 月发布的《国家网络空间安全战略》提出，建立实施网络安全审查制度，加强供应链安全管理，对党政机关、重点行业采购使用的重要信息技术产品和服务开展安全审查，提高产品和服务的安全性和可控性，防止产品服务提供者和其他组织利用信息技术优势实施不正当竞争或损害用户利益。

《网安法》在第 35 条规定 CII 运营者"采购网络产品和服务，可能影响国家安全的，应当通过国家网信部门会同国务院有关部门组织的国家安全审查"，并在第 65 条规定了相应罚则。《关保条例》作为《网安法》下位法重申："运营者应当优先采购安全可信的网络产品和服务；采购网络产品和服务可能影响国家安全的，应当按照国家网络安全规定通过安全审查"。

2017年6月，《网络产品和服务安全审查办法（试行）》开始实施，规定"关系国家安全的网络和信息系统采购的重要网络产品和服务，应当经过网络安全审查"。2020年4月13日，国家网信办、国家发改委等12个部门联合发布《网络安全审查办法》，该办法自2020年6月1日起实施，试行办法同时废止。2020版《网络安全审查办法》明确，关键信息基础设施运营者采购网络产品和服务，影响或可能影响国家安全的，应当按照该办法进行网络安全审查，并明确了审查的原则、范围、方式、流程等。该《办法》是落实网络安全法要求、构建国家网络安全审查工作机制的重要举措，对于保障关键信息基础设施供应链安全、维护国家安全发挥了重要作用。

2021年《数安法》和《关保条例》相继出台，对网络安全审查制度提出了新的要求，又因数据安全等现实问题凸显，有关部门决定对《网络安全审查办法》进行修订，以适应数字化时代的新形势。2021年11月16日，新版《网络安全审查办法》经国家网信办审议通过，经国家发改委、工信部、公安部、国安部、财政部、商务部、央行、市监总局、广电总局、证监会、国家保密局、国家密码局同意后于次年1月4日公布，自2月15日起施行。新版办法将网络平台运营者开展数据处理活动影响或者可能影响国家安全等情形纳入网络安全审查范围，并明确要求掌握超过100万用户个人信息的网络平台运营者赴国外上市必须申报网络安全审查，主要目的是进一步保障网络安全和数据安全，维护国家安全。新《办法》新增证监会作为网络安全审查工作机制成员单位，延长了审查时限，并强调了对审查主体的监督。

网络安全审查办公室设在国家网信办，负责制定相关制度规范并组织网络安全审查，具体工作委托中国网络安全审查技术与认证中心（CCRC）承担。自2020年《网络安全审查办法》出台以来，网络安全审查办公室先后对滴滴等多家企业启动网络安全审查。

- 2021年7月2日，国家网信办发布公告称，为防范国家数据安全风险，维护国家安全，保障公共利益，网络安全审查办公室对"滴滴出行"实施网络安全审查。7月4日，国家网信办发布通报，宣布下架"滴滴出行"APP。根据通报，"滴滴出行"APP存在严重违法违规收集使用个人信息问题。2022年7月21日，国家网信办依据《网安法》《数安法》《个保法》《行政处罚法》等法律法规，对滴滴公司处人民币80.26亿元罚款，对其两高管各处人民币100万元罚款。

- 2021年7月5日，网络安全审查办公室发布公告称，对"运满满""货车帮""BOSS直聘"实施网络安全审查。

- 2022年6月23日，网络安全审查办公室约谈同方知网（北京）技术有限公司负责人，宣布对知网启动网络安全审查。据悉，知网掌握着大量个人信息和涉及国防、工业、电信、交通运输、自然资源、卫生健康、金融等重点行业领域重要数据，以及我国重大项目、重要科技成果及关键技术动态等敏感信息[108]。

2.7.4 网络安全监测预警

监测（monitoring）是建立网络事态可视性的过程，是网络安全保障的重要环节。在网络安全政策文件中，监视、监测、监控经常是同义词。《ISO/IEC 27000：2016 信息技术 安全技术 信息安全管理体系 概述与词汇》（GB/T 29246—2017）将"监视"（monitoring）定义为确定系统、过程或活动状态的行为。监测通常以预警为输出结果。根据 GB/T 25069，预警（warning）是指针对即将发生或正在发生的网络安全事件或威胁，提前或及时发出安全警示。监测预警机制是发现网络威胁和攻击的主要途径，是网络安全防御的核心环节，受到业界高度重视。美国联邦政府自 2003 年起开始建设"爱因斯坦工程"，又称国家网络安全保护系统（NCPS），针对联邦文职部门网络流量实施大规模安全监测。该工程是公开的国家级安全监测系统，因其理念的先进性和项目的透明性而备受瞩目。

我国早在 2003 年发布的"27 号文"（《国家信息化领导小组关于加强信息安全保障工作的意见》）中就提出了"建设和完善信息安全监控体系"。27 号文指出，信息安全监控是及时发现和处置网络攻击，防止有害信息传播，对网络和系统实施保护的重要手段。《"十四五"国家信息化规划》要求强化数据安全风险评估、监测预警、检测认证和应急处置；发展工业互联网安全技术产业体系，完善监测预警通报处置机制。

2016 年 12 月 15 日，国务院印发《"十三五"国家信息化规划》，要求部署建设"网络安全监测预警和应急处置工程"，包括：建立国家网络安全态势感知平台，利用大数据技术对网络安全态势信息进行关联分析、数据挖掘和可视化展示，绘制关键信息基础设施网络安全态势地图；建设工业互联网网络安全监测平台，感知工业互联网网络安全态势，为保障工业互联网安全提供有力支持。

我国法律法规对监测和预警机制做出了明确规定，有效确定了网络安全监测要求和规范。《网安法》第 51 条规定，国家建立"网络安全监测预警和信息通报制度"，国家网信部门应当统筹协调有关部门加强网络安全信息收集、分析和通报工作，按照规定统一发布网络安全监测预警信息；第 52 条要求"负责关键信息基础设施安全保护工作的部门"建立健全本行业、本领域的"网络安全监测预警和信息通报制度"，并按照规定报送网络安全监测预警信息；第 54 条规定，网络安全事件发生的风险增大时，省级以上人民政府有关部门应当加强对网络安全风险的监测，并向社会发布网络安全风险预警。《数安法》第 22 条规定，国家建立集中统一、高效权威的数据安全风险评估、报告、信息共享、监测预警机制，国家数据安全工作协调机制统筹协调有关部门加强数据安全风险信息的获取、分析、研判、预警工作。《关保条例》从国家、运营者、保护工作部门三个层面对监测预警工作提出要求，其第 5 条规定国家对 CII 实行重点保护，对风险和威胁进行"监测、防御、处置"；第 15 条要求运营者开展"网络安全监测、检测和风险评估"；第 24 条要求保护工作部门健全本行业、本领域的 CII 安全监测预警制度，及时掌握本行业、本领域 CII 运行状况、安全态势，预警通报网络安全威胁和隐患。

中央网信办于 2017 年 1 月印发的《国家网络安全事件应急预案》规定，网络安全事件预警等级分为四级：由高到低依次用红色、橙色、黄色和蓝色表示，分别对应发生或可能发生的特别重大、重大、较大和一般网络安全事件。各省、各部门组织对监测信息进行研判，认为需要立即采取防范措施的，应当及时通知有关部门和单位，对可能发生重大及以上网络安全事件的信息及时向应急办报告。各省、各部门可根据监测研判情况，发布本地区、本行业的橙色及以下预警。应急办组织研判，确定和发布红色预警和涉及多省、多部门、多行业的预警。预警信息包括事件的类别、预警级别、起始时间、可能影响范围、警示事项、应采取的措施和时限要求、发布机关等。

2016 年 8 月发布的 GB/T 32924 国家标准给出了网络安全预警的分级指南与处理流程。GB/T 32924 为及时、准确了解网络安全事件或威胁的影响程度、可能造成的后果，及采取有效措施提供指导，也适用于网络与信息系统主管和运营部门参考开展网络安全事件或威胁的处置工作。

自 2009 年起，工信部组织有关工作机构，针对互联网网络安全监测的具体机制进行了许多实践探索，形成了多个工作办法文件。

- 2009 年 4 月 13 日，工信部印发《木马和僵尸网络监测与处置机制》（工信部保〔2009〕157 号），自 2009 年 6 月 1 日起实施[109]。《木马和僵尸网络监测与处置机制》规定，工信部对全国木马和僵尸网络的监测处置工作进行指导、组织、监督，通信保障局负责具体工作，省级通信管理局对本区域的工作进行指导、组织、监督；CNCERT 受通信保障局委托，负责对木马和僵尸网络的情况进行监测、汇总、分析、核实，组织开展通报工作，协调处置木马、僵尸 IP 地址和恶意域名；基础电信运营商负责对本网木马和僵尸网络进行监测、核实，对 CNCERT 汇总通报的涉及本单位的木马、僵尸进行处置和反馈；互联网域名注册管理机构负责对 CNCERT 通报的由自身管理的恶意域名进行处置；各类网络服务机构应在与用户签订的服务协议、合同中告知用户承担的网络安全保障责任；对于涉嫌犯罪的木马、僵尸网络事件，报请公安机关依法调查处理。

- 21 世纪第二个十年，移动互联网快速发展，互联网上原有的安全威胁开始向移动互联网快速蔓延。工信部于 2010 年委托 CNCERT 开展移动互联网恶意程序治理机制研究，并在不断的试点、调研和意见征求基础上，逐步形成了《移动互联网恶意程序监测与处置机制》。2011 年 11 月 17 日，《移动互联网恶意程序监测与处置机制》正式印发（工信部保〔2011〕545 号），规定了适用于移动互联网恶意程序及其传播服务器、控制服务器的监测和处置机制，自次年元旦施行[110]。在这一机制中，工信部、通信保障局、通信管理局的角色类似《木马和僵尸网络监测与处置机制》；CNCERT 受工信部委托，负责对移动互联网恶意样本进行认定命名，对移动互联网恶意程序进行监测、分析、通报，协调处置传播服务器、控制服务器和攻击源；移动互联网运营商负责报送本网恶意程序疑似样本，对 CNCERT 认定通报的恶意程序进行监测、处置和反馈，为本网用户提供信息提示和技术咨询；域名机构负责对 CNCERT 通报的由自身管理的恶意域名进行处置。

- 2017 年 8 月 9 日，工信部印发《公共互联网网络安全威胁监测与处置办法》（工信部网安〔2017〕202 号）。该《办法》适用于日常网络安全威胁监测与处置工作，明确恶意网络资源、恶意程序、安全隐患和设备受控四大类网络安全威胁，充分发挥电信和互联网行业技术优势，提高威胁信息监测能力，进一步扩宽威胁信息报送范围，加强威胁信息共享，突出行政监管，强化处置执行约束力。该《办法》规定，各单位监测发现网络威胁后，属于单位自身问题的应立即处置，涉及其他主体的应及时报送电信主管部门；工信部建立网络安全威胁和漏洞信息共享（CSTIS）平台，统一汇集、存储、分析、通报、发布网络安全威胁信息，制定接口规范与相关单位网络安全监测平台实现对接，CNCERT 负责平台建设和运行维护工作；电信主管部门委托 CNCERT、信通院（CAICT）等专业机构进行威胁认定，并提出处置建议。《公共互联网网络安全威胁监测与处置办法》自 2018 年元旦施行，《木马和僵尸网络监测与处置机制》和《移动互联网恶意程序监测与处置机制》同时废止。

CNCERT 的工作为网络安全风险监测和预警工作积累了大量数据资料。CNCERT 每周发布的《网络安全信息与动态周报》，从网络病毒的活动、网站安全、重要漏洞等方面监测网络安全风险，提出预警。每周针对信息安全漏洞专门发布周报，内容包括漏洞态势研判情况、漏洞报送和漏洞类型、重点行业的漏洞收录情况和重要漏洞安全公告；每月发布《CNCERT 互联网安全威胁报告》，以监测数据和通报成员单位报送数据为主要依据，对我国互联网面临的各类安全威胁进行总体态势分析，并对重要预警信息和典型安全事件进行探讨；每年发布《我国互联网网络安全态势综述》《中国互联网网络安全报告》，反映我国网络安全风险监测和预警的重要工作成果。

国家计算机病毒应急处理中心（CVERC）是我国计算机病毒监测和预警的权威机构，通过发布《病毒监测周报》《病毒预报》描述病毒名称和特点，提出防范建议。2018 年 5 月 23 日，公安部网络安全保卫局下发《关于委托承担移动互联网应用安全监测处置工作任务的通知》（公信安〔2018〕1216 号），委托 CVERC 承担全国移动互联网应用安全监测处置工作任务，建立国家移动互联网应用安全管理中心（CNAAC）和移动互联网应用安全监测处置平台，并对全国 APP 分发平台开展技术监测，及时发现上报和通报处置 APP 违法违规情况[111]。CNAAC 采用集监管、检测、认证为一体的平台治理模式，对应用进行安全监测，对恶意应用进行通报，对新应用进行安全检测，对通过检测的应用授予官方安全标识，作为全国统一标准的移动应用安全证明。

2.7.5 "两卡一号" 治理

网络赌博、电信诈骗、网络洗钱等网络不法活动的信息流和资金流分别以手机卡（含物联网卡）和银行卡（含第三方支付账号）为载体。"两卡"不法团伙包括开卡团伙、带队团伙、收卡团伙、贩卡团伙。随着我国深入开展打击网络犯罪的行动，一个横跨电信网、互联网和金融系统的"两卡一号"（手机卡、银行卡和互联网账号）综合治理体系逐渐形成。

2016 年 11 月 4 日，工信部发布《关于进一步防范和打击通讯信息诈骗工作的实施意见》（工信部网安函〔2016〕452 号）[106]，要求各基础电信企业：按照"谁发卡、谁负责"原则加强对行业卡使用情况的监测和管控；会同国家计算机网络与信息安全管理中心等单位，开展网络改号电话检测技术研究，进一步提升对网络改号电话的监测、发现、拦截、处置能力；在 2017 年 3 月底前全面建成网内和网间不良呼叫号码监测处置系统，综合运用多种技术手段持续提升企业侧技术防范打击能力；进一步提升对"伪基站""黑广播"的监测定位、逼近查找等技术支持能力。

2020 年 12 月 16 日，两高、公安部、工信部、央行联合发布《关于依法严厉打击惩戒治理非法买卖电话卡银行卡违法犯罪活动的通告》，以"零容忍"的态度严厉打击非法买卖"两卡"不法活动，进一步加强行业监管，在全国范围内对涉"两卡"不法人员实施惩戒，深入推进"断卡"行动，全力斩断非法买卖"两卡"黑灰产业链条。

2021 年 6 月 2 日，工信部、公安部发布《关于依法清理整治涉诈电话卡、物联网卡以及关联互联网账号的通告》（工信部联网安函〔2021〕133号）[112]，作为启动"断卡行动2.0"的重要文件，要求电信企业、互联网企业加强电话卡、物联网卡、互联网账号的实名制管理，加强涉诈网络信息监测处置，强化风险防控；电信企业应建立电话卡"二次实人认证"工作机制，对涉诈电话卡、"一证多卡"、"睡眠卡"、"静默卡"、境外诈骗高发地卡、频繁触发预警模型等高风险电话卡进行监测处置；明确凡是实施非法办理、出租、出售、购买和囤积电话卡、物联网卡以及关联互联网账号的相关人员，应停止相关行为，并于6月底前主动注销相关卡、账号。

2022年出台的《反电信诈骗法》从国家法律层面详细规定了针对"两卡一号"的监测预警制度：电信业务经营者对监测识别的涉诈异常电话卡用户应当重新进行实名核验，根据风险等级采取有区别的、相应的核验措施；电信业务经营者对物联网卡的使用建立监测预警机制；银行业金融机构、非银行支付机构应当对银行账户、支付账户及支付结算服务加强监测，建立并完善符合电信网络诈骗活动特征的异常账户和可疑交易监测机制；中国人民银行统筹建立跨银行业金融机构、非银行支付机构的反洗钱统一监测系统，会同国务院公安部门完善与电信网络诈骗犯罪资金流转特点相适应的反洗钱可疑交易报告制度；互联网服务提供者对监测识别的涉诈异常账号应当重新核验，根据国家有关规定采取限制功能、暂停服务等处置措施；公安、电信、网信等部门和电信业务经营者、互联网服务提供者应当加强对分发平台以外途径下载传播的涉诈应用程序重点监测、及时处置；电信业务经营者、互联网服务提供者应当依照国家有关规定，履行合理注意义务，对从事涉诈支持、帮助活动进行监测识别和处置；国家支持电信业务经营者、银行业金融机构、非银行支付机构、互联网服务提供者研究开发有关电信网络诈骗反制技术，用于监测识别、动态封堵和处置涉诈异常信息、活动；国务院公安部门、金融管理部门、电信主管部门和国家网信部门等应当统筹负责本行业领域反制技术措施建设，推进涉电信网络诈骗样本信息数据共享，加强涉诈用户信息交叉核验，建立有关涉诈异常信息、活动的监测识别、动态封堵和处置机制；公安机关应当会同金融、电信、网信部门组织银行业金融机构、非银行支付机构、电信业务经营者、互联网服务提供者等建立预警劝阻系统，对预警发现的潜在被害人，根据情况及时采取相应劝阻措施。

2.7.6　网络安全信息共享

组织可以将安全事件经历和威胁信息分享给伙伴和行业，做到守望相助、合作共赢。由于同一行业内的企业面临相似的网络威胁，在行业内部建立威胁信息共享联盟是一种颇有价值的机制。信息共享与分析中心（Information Sharing and Analysis Center，ISAC）就属于此类组织形态，其起源于美国。1999年，金融服务ISAC（FS-ISAC）作为美国首个ISAC宣告成立。目前，美国在所有的关键基础设施行业和若干其他行业都建立了ISAC。CISA中枢及其前身NCCIC同这些ISAC保持密切联系，其中一些ISAC还在CISA中枢安排长期驻场人员。我国的汽车行业也出现了ISAC联盟——C-Auto ISAC。信息共享与分析组织（Information Sharing and Analysis Organization，ISAO）是ISAC的进化形态，其成员可以是任何政企单位，不再局限于单一行业。美国国土安全部会选择一个非政府组织，担任ISAO标准化组织（Standard Organization，SO）角色。ISAO SO负责协调社会各界，共同约定各大

ISAO 联盟的运作标准，这些标准涉及但不限于合同协议、业务流程、操作程序、技术规范和隐私保护。2015 年 12 月，美国国会通过《网络安全信息共享法案》（Cybersecurity Information Sharing Act 2015），允许在政府和企业间共享网络威胁标示和防御措施，其中网络威胁标示包括恶意侦察、绕过方法、安全漏洞、劫持方法、恶意主控、后果影响等信息。

我国有关部门也早已认识到了分享网络安全信息的重要性和必要性，并启动了相关实践探索。2009 年 4 月 13 日，我国工信部印发《互联网网络安全信息通报实施办法》（工信部保〔2009〕156 号），自 2009 年 6 月 1 日起实施，主要解决信息通报工作中"谁来报信息""报什么信息""怎么报信息""我能得到什么信息"的问题，旨在规范通信行业互联网网络安全信息通报工作，促进网络安全信息共享。《办法》明确了工信部通信保障局负责信息通报具体工作；规定通信管理局、部分电信业务经营者、CNCERT、域名机构、ISC 为信息报送单位；通信保障局委托 CNCERT 收集、汇总、分析、发布互联网网络安全信息；报送的信息分为事件信息和预警信息。《办法》目前已被后续的安全信息共享体系取代，于 2019 年 1 月 1 日起废止（工信部网安〔2018〕298 号）。2009 年 7 月 7 日，工信部依托 CNCERT，联合基础互联网运营企业、网络安全厂商、增值服务提供商、搜索引擎、域名注册机构等单位，共同发起成立中国反网络病毒联盟（ANVA），通过行业自律机制推动互联网网络病毒的防范、治理工作，净化网络空间，维护公共互联网网络安全。ANVA 官网下包括四个子平台，分别为网络安全威胁信息共享平台、移动 APP 预置与分发渠道安全监测平台、移动互联网应用自律白名单发布平台、移动互联网应用程序开发者数字证书管理平台。2015 年 7 月，CNCERT 联合业内机构、企业启动了"互联网网络安全威胁治理行动"，通过投诉举报、关键数据共享、威胁认定、协同处置、信息发布等多项措施取得了显著治理效果。为巩固行动成果，建立互联网网络安全威胁治理长效机制，CNCERT 联合业内成立了中国互联网网络安全威胁治理联盟（CCTGA），为行业提供了公共的沟通交流平台，加强互联网网络安全威胁信息共享、相互协作，成员单位涵盖网络安全产业链上下游企业。CCTGA 于 2016 年 2 月 26 日正式宣告成立，首批共 89 家企业申请加入联盟。CCTGA 主持建设了网络安全威胁信息共享平台，以方便企业共享威胁信息为出发点，以建立网络安全纵深防御体系为目标，汇总基础电信运营企业、网络安全企业等各渠道提供的恶意程序、恶意地址、恶意手机号、恶意邮箱等网络安全威胁信息数据，建立公开透明、公平公正的信息评价体系，利于各企业获得想要的数据，激励企业贡献有价值的数据，促进信息共享的发展，遏制威胁信息在网络中的泛滥[113]。

2017 年《网安法》的实施标志着网络安全信息共享上升为法律要求。《网安法》第 39 条规定，国家网信部门应当统筹协调有关部门对关键信息基础设施的安全保护采取措施，促进有关部门、关键信息基础设施的运营者以及有关研究机构、网络安全服务机构等之间的网络安全信息共享。《关保条例》第 23 条延续了这一要求，提出"国家网信部门统筹协调有关部门建立网络安全信息共享机制，及时汇总、研判、共享、发布网络安全威胁、漏洞、事件等信息，促进有关部门、保护工作部门、运营者以及网络安全服务机构等之间的网络安全信息共享"。《漏洞管理规定》第 3 条要求，有关主管部门加强跨部门协同配合，实现网络产品安全漏洞信息实时共享，对重大网络产品安全漏洞风险开展联合评估和处置；工信部 CSTIS 平台同步向国家网络与信息安全信息通报中心和 CNCERT 通报漏洞信息。

2.7.7　网络事件报告

作为合规性要求,企业在法定情形下需要向监管部门报告网络安全事件信息及其他相关信息。这些信息将有助于监管部门对重大网络安全事件开展调查。2022 年 3 月 15 日,美国总统拜登签署《2022 年关键基础设施网络事件报告法》,建立了美国 CII 运营者的信息报告义务,报告对象为 CISA。该法规定了三种情形下的信息上报义务:遭遇重大网络事件 72 小时内;支付勒索赎金 24 小时内;上报完成后事态发生更新时。若运营者未履行上报义务,CISA 主任可依法采取措施,包括责令提供信息、发出传票、民事诉讼等。

我国《网安法》规定了三类事件报告义务,分别涉及网络应急、个人信息安全和网络内容安全。《网安法》第 25 条规定,在发生危害网络安全的事件时,网络运营者应立即启动应急预案,采取相应的补救措施,并按照规定向有关主管部门报告;第 42 条规定,在发生或者可能发生个人信息泄露、毁损、丢失的情况时,网络运营者应当立即采取补救措施,按照规定及时告知用户并向有关主管部门报告;第 47 条规定,网络运营者发现用户发布法律、行政法规禁止发布或者传输的信息时,应当采取消除等处置措施,并向有关主管部门报告。我国《数安法》规定了数据处理者的报告义务:发生数据安全事件时,应当立即采取处置措施,按照规定及时告知用户并向有关主管部门报告。《关保条例》规定了 CII 运营者在六种情形下的信息报告义务:①CII 发生较大变化,可能影响其认定结果的,运营者应当及时将相关情况报告保护工作部门;②运营者应设置专门安全管理机构,按照规定报告网络安全事件和重要事项;③运营者应当每年至少进行一次网络安全检测和风险评估,对发现的安全问题及时整改,并按照保护工作部门要求报送情况;④CII 发生重大网络安全事件或者发现重大网络安全威胁时,运营者应当按照有关规定向保护工作部门、公安机关报告;⑤运营者发生合并、分立、解散等情况,应当及时报告保护工作部门;⑥对基础电信网络实施漏洞探测、渗透性测试等活动,应当事先向国务院电信主管部门报告。

2.8　网络安全测评认证

网络安全测评认证是确保信息产品和信息系统安全性的过程。信息安全产品和信息系统固有的敏感性和特殊性,直接影响国家的安全和利益。各国政府纷纷在借鉴国际实践成果的基础上,采取颁布标准、实行测评和认证制度等方式,对信息安全产品的研制、生产、销售、使用和进出口实行严格、有效的控制[23]。我国确立了信息系统等级测评、网络关键设备安全检测认证、商用密码应用安全性评估等制度。欧盟在 2019 年 4 月颁布的《欧洲网络安全法》和美国在 2020 年 12 月颁布的《物联网网络安全改进法》也建立了类似的网络安全测评认证制度。

测评认证与标准化是密切相关的,前者是后者的重要用途,后者是前者的依据和尺度。《欧洲网络安全法》规定,在准备网络安全认证计划时,欧盟网络安全局(ENISA)应定期咨询标准化组织。我国的测评认证体系也以不断丰富的标准文件为工作支撑。

2.8.1 评估与认证

实践是检验真理的唯一标准。理论上，检验安全保障体系有效性的方式应是观察其能否充分抵御后续的安全威胁。但这种事后的检验缺乏系统性，况且就已然产生的损失而言为时已晚。安全保障应重在防患于未然，及时的事前评估同样不可或缺。对组织而言，这不仅是安全运营的客观需要，也来自合法合规的现实要求。

评估（assessment）包含了检查（examination）、测试（testing）和评价（evaluation）等活动，其中测试和评价合称测评。根据 GB/T 25069，评估是指对于某一产品、系统或服务，对照某一标准，采用相应的评估方法，以建立合规性并确定其所做是否得到确保的验证；检查是指测评人员通过对测评对象（文档、设备、安全配置等）进行观察、查验、分析和取得证据的过程；测试是指使评估对象按预定方法/工具产生特定行为，以获取证据来证明其安全确保措施是否有效的过程；评价是指实体满足其规定准则程度的系统性判定。其他文献的术语使用可能与 GB/T 25069 有差异，如等保标准 GB/T 28448 将检查称作核查，将评价称作评估。

评估活动的主体为网络运营者自身或受委托的评价机构，后者亦称确保机构（assurance authority）或测评机构。评估活动的客体称作评估对象，亦称评价对象（Target of Evaluation，TOE）或测评对象（target of testing and evaluation）。GB/T 25069 将确保机构定义为"为使用可交付件建立信心，并有权对有关可交付件的确保做出决定（即选择、规范、接受、实施）的个人或组织"。根据《ISO/IEC 15408—1：2009 信息技术安全评估准则 第 1 部分：简介和一般模型》（GB/T 18336.1—2015）的定义，TOE 是软件、固件和/或硬件的集合，包括相关说明文档。根据《网络安全等级保护测评要求》（GB/T 28448）的规定，测评对象主要涉及相关配套制度文档、设备设施及人员等。

在现实中，社会的运行交互依赖于各类证明材料。安全评估的结果也需经权威机构的背书，从而消弭买卖方信息差，增强市场信心，这类背书活动称作认证（certification）。我国《认证认可条例》将认证定义为"由认证机构证明产品、服务、管理体系符合相关技术规范、相关技术规范的强制性要求或者标准的合格评定活动"。由此可知，我国的法定认证活动存在三类客体：产品、服务和组织（管理体系），而针对人员的职业认证则不属于《认证认可条例》的规定内容。

评估和认证均属于 GB/T 27000（等同 ISO/IEC 17000）所述的"合格评定"（conformity assessment）工作，其定义是"规定要求得到满足的证实"。合格评定的主体和客体分别叫合格评定机构和合格评定对象，客体的提供方、使用方和独立方分别叫作第一方、第二方和第三方。合格评定计划是指"描述合格评定对象、识别规定要求、提供合格评定执行方法论的一套规则和规程"，可以在国际、国家、地方或行业层面开展；合格评定制度是指"管理相似或相关合格评定计划的一套规则和规程"。ISO/IEC 17000 由 ISO 合格评定委员会（CASCO）制定，针对各个专业领域的合格评定工作给出了通用术语定义，并采用职能式方法（functional approach）将合格评定工作分解为选取（selection）、确定（determination）、"审查、决定与证明"（review, decision and attestation）三项依次执行的职能。职能式和过程式（流程式）是管理学领域的两类典型组织范式。选取职能旨在收集或生成后续的确定功能所需的全部信息和输入，如对样品或检测方法的选取。确定职能旨在获得合格评定对象或其样品满足规定要求情况的完整信息，可能涉及测试（testing）、审视（inspection）、审计（auditing）或同行评估（peer assessment）等类型的活动。审查（review）被定义为针对合格评定对象满足规定要求的情况，对选取和确定职能及其结果的适宜性、充分性和有效性进行的考虑。决定（decision）这一职能是指基于审查的结果，对合格评定对象是否被证实满足规定要求做出最后结论。证明（attestation）是一种传达手段，其定义为"基于决定而发布的说明（statement），以证实规定要求已获满足"。声明（declaration）、认证（certification）和认可（accreditation）均是证明这一职能在不同合格评定计划下的具体类型，例如认证计划是包括选取、确定、审查并最终以认证作为证明类型的合格评定计划。声明是第一方证明，认证和认可是第三方证明，认可旨在表明合格评定机构具备相应能力。

我国法律对网络安全领域的测评认证制度做出了相关规定。《网安法》第二章规定，国家推进网络安全社会化服务体系建设，鼓励有关企业、机构开展网络安全认证、检测和风险评估等安全服务；《网安法》第三章规定，网络关键设备和网络安全专用产品应当按照相关国家标准的强制性要求，由具备资格的机构安全认证合格或者安全检测符合要求后，方可销售或者提供。《数安法》第二章规定，国家促进数据安全检测评估、认证等服务的发展，支持数据安全检测评估、认证等专业机构依法开展服务活动。测评认证是监管视角下保障网络安全的抓手，其对安全行业的影响，堪比高考对高中教育的影响。

2.8.2　认证与认可

认证与认可（accreditation）这两类活动息息相关，合称 C&A 或 CnA。根据我国《认证认可条例》，认可是"由认可机构对认证机构、检查机构、实验室以及从事评审、审核等认证活动人员的能力和执业资格，予以承认的合格评定活动"。简而言之，认可是对测评认证机构的认可。C&A 是世界各国普遍重视的基础制度，各国通常指定权威部门担任各领域的认可机构（Accreditation Body，AB），如针对信息技术安全评价通用准则（CC）认证计划的国家认可机构有德国联邦信息安全办公室（BSI）、加拿大标准委员会（SCC）、法国认可委员会（COFRAC）、英国认可局（UKAS）、美国国家标准与技术研究院（NIST）、西班牙国家密码中心（CCN）等。《合格评定　认可机构要求》（GB/T 27011，等同 ISO/IEC 17011）和《检测和校准实验室能力的通用要求》（GB/T 27025，等同 ISO/IEC 17025）分别对认可机构和检测机构提出了规范化要求。国际实验室认可合作组织（International Laboratory Accreditation Cooperation，ILAC）致力于推进认可结果的国际互认。我国已参与签署 ILAC 多边互认协议（ILAC MRA）。

2003 年 9 月 3 日，国务院第 390 号令发布《认证认可条例》，规定国家实行统一的认证认可监督管理制度，实行"在国务院认证认可监督管理部门统一管理、监督和综合协调下，各有关方面共同实施"的工作机制。2003 年 9 月 7 日，中办、国办转发《国家信息化领导小组关于加强信息安全保障工作的意见》（中办发〔2003〕27 号），明确了"要推进认证认可工作，规范和加强信息安全产品测评认证"。

中国国家认证认可监督管理委员会简称认监委（CNCA），由国务院授权履行行政管理职能，统一管理、监督和综合协调全国 C&A 工作。2018 年，CNCA 职责被划入市监总局，由两个司承担，对外保留牌子。CNCA 下辖中国合格评定国家认可委员会（CNAS）和中国认证认可协会（CCAA），前者主要负责认证机构、实验室、检查机构的行为监管和认可批准，后者主要负责国内注册审核人员、咨询师、检查员的行为监管及人员注册、考试、培训管理。CNAS 于 2006 年 3 月 31 日正式成立，在原中国认证机构国家认可委员会（CNAB）和原中国实验室国家认可委员会（CNAL）的基础上整合而成。CNAB 成立于 2002 年 7 月，由原中国质量体系认证机构国家认可委员会（CNACR）、原中国产品认证机构国家认可委员会（CNACP）、原中国国家进出口企业认证机构认可委员会和原中国环境管理体系认证机构认可委员会（CACEB）整合而成，统一负责对各类管理体系认证和产品认证的认证机构的认可。CNAL 成立于 2002 年 7 月，由国务院认证认可监督管理部门批准成立并授权，由原中国实验室国家认可委员会（CNACL）和中国国家出入境检验检疫实验室认可委员会（CCIBLAC）整合而成，统一负责对实验室和检查机构的认可。CCAA 成立于 2005 年 9 月 27 日，是由 C&A 行业的认可机构、认证机构、认证培训机构、认证咨询机构、实验室、检测机构和部分获得认证的组织等单位会员和个人会员组成的非营利性、全国性的行业组织。CCAA 接受业务主管单位市监总局、登记管理机关民政部的业务指导和监督管理。CCAA 承担了全国认证认可标准化技术委员会（SAC/TC261）秘书处的日常工作。

2.8.3　测评认证机构

20 世纪末，我国为适应全球信息化的发展趋势，顺应进入世界贸易组织（WTO）的客观要求，以国际惯例为遵循，启动了信息安全测评认证体系的构建。1997 年初，经国务院信息化工作领导小组批准，国务院信息办立项筹建"中国互联网络安全产品测评认证中心"，即后来的中国信息安全测评中心（China Information Technology Security Evaluation Center，CNITSEC）。1998 年 7 月，CNITSEC 建成并通过国家验收，开始试运行。10 月，CNITSEC 经原国家技术监督局授权更名为"中国国家信息安全测评认证中心"。再经过 4 个月的评审、整改和复查，CNITSEC 通过中国产品质量认证机构国家认可委员会（CNACP）和中国实验室国家认可委员会（CNAL）的认可，正式运行。1999 年 2 月，国家质量技术监督局批准了中国国家信息安全测评认证管理委员会的组成及章程，批准了信息产品安全测评认证管理办法、首批认证目录和国家信息安全认证标志。2001 年 5 月，中央编制委员会正式批准了 CNITSEC 的职能和机构编制，将其定名为"中国信息安全产品测评认证中心"。自此，中国建成了一个三层级的测评认证组织体系[114][99]，见表 2-3。

表 2-3　三层级的测评认证组织体系

层　　级	职　　能
国家信息安全测评认证管理委员会	国家信息安全测评认证管理委员会是一个跨部门的机构，经国务院产品质量监督行政主管部门授权，代表国家信息产业和信息安全主管部门以及信息安全产品供需各方，对 CNITSEC 运作的独立性和在测评认证活动中的公正性、科学性和规范性实施监督管理。其成员由信息安全相关的管理部门、使用部门和研制开发部门三方面的代表组成。管理委员会下设专家委员会和投诉与申诉委员会
CNITSEC	CNITSEC 是代表国家具体实施信息安全测评认证的实体机构。根据国家授权，依据产品标准和国家质量认证的法律、法规，结合信息安全产品的特点开展测评工作

（续）

层　　级	职　　能
授权测评机构	授权测评机构是 CNITSEC 根据业务发展和管理需要而授权成立的、具有测试评估能力的独立机构。所有授权测评机构均须通过中国实验室国家认可委员会（CNAL）的认可，并经 CNITSEC 的现场审核

2004 年 10 月 18 日，国家认监委、公安部、国家安全部、信息产业部、国家保密局、国家密码管理委员会办公室、国家质检总局、国务院信息化工作办公室联合印发《关于建立国家信息安全产品认证认可体系的通知》（国认证联〔2004〕57 号），提出建立既符合国家利益的需要又遵循国际通行规则的统一的国家信息安全产品认证认可体系，国家对信息安全产品实施统一认证；信息安全认证认可工作在国家认监委的统一管理、监督和综合协调下，由政府相关部门和各有关方面共同实施；提出设立专门从事信息安全产品认证的认证机构；成立由国务院有关部门、生产方、用户方、研究开发以及标准等方面代表共同组成的国家信息安全产品认证管理委员会。同月，CNITSEC 根据 57 号文测评和认证职能分离的要求，将信息安全产品的认证工作移交给新成立的中国信息安全认证中心（ISCCC），并更名中国信息安全测评中心，继续承担信息安全产品的测评工作；与此同时，增加对我国基础信息网络和重要信息系统进行风险评估的新职能。2008 年 10 月 21 日，中国信息安全测评中心正式挂牌。

2008 年 1 月 28 日，质检总局、认监委发布《关于部分信息安全产品实施强制性认证的公告》（2008 年第 7 号），决定自 2009 年 5 月 1 日起（后决定推迟一年实施），对第一批信息安全产品强制性认证目录下的防火墙、网络安全隔离卡与线路选择器、安全隔离与信息交换产品、安全路由器、智能卡 COS、数据备份与恢复产品、安全操作系统、安全数据库系统、反垃圾邮件产品、入侵检测系统（IDS）、网络脆弱性扫描产品、安全审计产品、网站恢复产品实施强制性认证。同日，认监委发布公告（2008 年第 3 号），指定 ISCCC 为国家信息安全产品强制性认证机构；指定信息产业信息安全测评中心（ITSTEC）、国家保密局涉密信息系统安全保密测评中心、公安部计算机信息系统安全产品质量监督检验中心（公安三所检测中心）、国密局商用密码检测中心、CNITSEC 信息安全实验室、北京信息安全测评中心、上海市信息安全测评认证中心为信息安全产品强制性认证第一批实验室。

2008 年 7 月 8 日，ISCCC 和 CNCERT 联合举办信息安全服务资质认证证书颁发大会，22 家企事业单位获得了国内首批信息安全应急处理服务资质认证证书。2009 年 8 月 28 日，ISCCC 向 14 家企业颁发了首批 34 张信息安全产品国家认证证书。2010 年 6 月 10 日，ISCCC 向 18 家企事业单位颁发了一、二级信息安全风险评估服务资质认证证书，这是我国首次在信息安全风险评估领域开展服务资质认证工作。2012 年 9 月 21 日，ISCCC 颁发首批信息安全保障人员认证（CISAW）风险管理工程师认证证书。2013 年 5 月 22 日，ISCCC 颁发首张信息技术设备强制性产品认证证书。2017 年 8 月 11 日，ISCCC 开始受理 IT 产品基于评价确保级（EAL）的信息安全认证申请。2017 年 10 月 18 日，ISCCC 颁发首批工业控制产品信息安全认证证书。ISCCC 在 2018 年更名为中国网络安全审查技术与认证中心（CCRC）。2019 年 3 月 13 日，市监总局、中央网信办发布关于开展 APP 安全认证工作的公告，CCRC 成为 APP 安全认证指定认证机构。2019 年 10 月 14 日，CCRC 颁发首张 IT 产品安全评价确保级

（EAL5+）认证证书[115]。

本书 2.1 节中曾介绍了我国多个信息安全检测机构，除此以外，这类机构还包括：

- 国家密码管理局商用密码检测中心（Commercial Cryptography Testing Center of State Cryptography Administration，SCCTC）。该中心是公益二类法人事业单位，专业从事商用密码领域科研、检测和认证工作。商用密码检测中心是唯一经国密局和 CNCA 批准的国推商用密码认证机构，首个经国密局批准的商用密码产品检测机构，首批商用密码应用安全性评估机构。同时，是 CNCA 指定的信息安全产品密码检测实验室，国家认监委和中央网信办联合指定的网络关键设备和网络安全专用产品密码检测实验室。该中心承担商用密码认证、商用密码检测、商用密码应用安全性评估、商用密码标准研制、商用密码核心关键技术和密码战略研究、重要密码基础设施建设运维、商用密码管理支撑保障等职能。

- 中国泰尔实验室（CTTL）。CTTL 是中国信息通信研究院（CAICT）内设的 ICT 检验检测机构。CAICT 是工信部直属科研事业单位，前身为邮电部邮电科学研究院（1957—1994）、信息产业部电信科学研究规划院（1994—1998）、工信部电信研究院（CATR，1998—2014）。CTTL 前身是中国电话参考当量检测中心，于 1981 年由国家标准总局和邮电部联合批准成立，2000 年更为今名。2003 年，CATR 对下属各实验室进行了重组，形成了统一的行政实体——泰尔实验室（TTL），在实际运行中仍然保持了原来的三大质量体系，即 CTTL 质量体系、通信计量中心质量体系、邮电工业产品质量监督检验中心质量体系。在发展过程中，CTTL 逐步成为 TTL 实验室群落的代表和形象。于是在 2013 年，CATR 决定将 CTTL 提升到院层面，下面设立系统、终端等二级实验室，统一质量体系，形成新的组织架构。2019 年起，CAICT 正式将"泰尔实验室"品牌确定为其在检验检测领域的统一品牌，对旗下管理的各检验检测机构在开展检验检测计量业务中全面授权使用此品牌，以便在业界树立高品质的统一品牌形象。

- 公安部安全与警用电子产品质量检测中心（公安一所检测中心）。该中心成立于 1986 年，在此基础上先后成立了公安部特种警用装备质量监督检验中心、国家安全防范报警系统产品质量检验检测中心（北京）、神盾计量校准中心和国家测速仪型式评价实验室（公安）。检测中心行政上隶属于公安部第一研究所，业务工作受市监总局和公安部各局的领导和指导，是中国质量认证中心（CQC）和中国安全技术防范认证中心（CSP）签约实验室，承担安全防范产品强制性认证（CCC）、自愿性认证（GA/CSP）和计算机信息系统专用产品销售许可的检验工作[116]。

2.8.4　等级测评

等保工作中的五大规定动作依次为定级、备案、建设整改、等级测评、监督检查，其中等级测评最受行业重视，甚至会被误解为代表整个等保制度。等级测评是指测评机构依据等保制度规定，按照有关管理规范和技术标准，对非涉密信息系统安全等级保护状况进行检测评估的活动。根据《等保办法》，系统建设完成后，单位或主管部门应当选择符合规定的测评机构，定期开展等级测评：三级系统每年至少一次，四级每半年至少一次。等级测评的结论包括优、良、中、差四类。

《网络安全等级保护测评要求》（GB/T 28448）规定了不同级别等级保护对象的安全测评通用要求和针对云计算、移动互联网、物联网、工业控制系统等新兴环境下的安全测评扩展要求，适用于安全测评服务机构、等级保护对象的运营使用单位及主管部门对等级保护对象的安全状况进行安全测评并提供指南，也适用于网络安全职能部门进行网络安全等级保护监督检查时参考使用。《网络安全等级保护测评过程指南》（GB/T 28449）规范了等级测评的工作过程，规定了测评活动及其工作任务，适用于测评机构、定级对象的主管部门及运营使用单位开展网络安全等级保护测试评价工作。

等级测评包括单项测评和整体测评。单项测评是针对各安全要求项的测评，支持测评结果的可重复性和可再现性，由测评指标、测评对象、测评实施和单元判定结果构成；整体测评是在单项测评的基础上，对等级保护对象整体安全保护能力的判断，从纵深防护和措施互补两个角度评判。测评要求可分为五类安全技术要求和五类安全管理要求，前者包括安全物理环境、安全通信网络、安全区域边界、安全计算环境和安全管理中心，后者包括安全管理制度、安全管理机构、安全管理人员、安全建设管理和安全运维管理。等级测评过程包括四个基本测评活动：测评准备活动、方案编制活动、现场测评活动、报告编制活动，而测评相关方之间的沟通与洽谈应贯穿整个等级测评过程。

2.8.5 商用密码检测认证

2019 年出台的《密码法》改革了商用密码产品的管理方式，由行政审批制度调整为检测认证制度（下文简称"密认"），国密局不再实施"商用密码产品品种和型号审批"。密认的客体为商用密码产品和服务。一般而言，密认是自愿性的，国家仅对部分商用密码产品和服务提出强制性要求。某些商用密码产品"涉及国家安全、国计民生、社会公共利益"，应依法列入网络关键设备和网络安全专用产品目录，由具备资格的机构检测认证合格后，方可销售或者提供；某些商用密码服务"使用网络关键设备和网络安全专用产品的"，应当经商用密码认证机构对该商用密码服务认证合格。

为确保商用密码产品管理工作平稳有序衔接和过渡，2019 年 12 月 30 日，国密局、市监总局第 39 号公告《关于调整商用密码产品管理方式的公告》宣布取消"商用密码产品品种和型号审批"，明确"市场监管总局会同国家密码管理局另行制定发布国推商用密码认证的产品目录、认证规则和有关实施要求"。2020 年 3 月 26 日，市监总局、国密局发布《关于开展商用密码检测认证工作的实施意见》（国市监认证〔2020〕50 号），对密码认证工作提出实施意见，包括工作原则与机制、认证实施及监督管理三个方面。《实施意见》指出，商用密码认证目录由市监总局、国密局共同发布，商用密码认证规则由市监总局发布；市监总局、国密局联合组建商用密码认证技术委员会，协调解决认证实施过程中出现的技术问题，为管理部门提供技术支撑、提出工作建议等；商用密码认证机构应当经市监总局征求国密局意见后批准取得资质，应当委托依法取得商用密码检测相关资质的检测机构开展与认证相关的检测活动，并明确各自权利义务和法律责任。2020 年 5 月 9 日，市监总局、国密局第 23 号公告发布《商用密码产品认证目录（第一批）》，产品类型包括智能密码钥匙、智能 IC 卡、安全认证网关、密码键盘等 22 类。同时发布的《商用密码产品认证规则》对商用密码产品认证模式、认证单元划分、认证证书、认证标志、认证实施细则、认证责任等方面进行细化规定。2022 年 7 月 10 日，市监总局、国密局发布《商用密码产品认证目录（第二批）》，产品种类包括可信密码模块、智能 IC 卡密钥管理系统、云服务器密码机、随机数发生器、区块链密码模块、安全浏览器密码模块。

2.8.6　商用密码应用安全性评估

商用密码应用安全性评估简称"密评"，是指对采用商用密码技术、产品和服务集成建设的网络和信息系统密码应用的合规性、正确性、有效性进行评估。根据国密局《商用密码应用安全性评估管理办法（试行）》，密评的客体为"重要领域网络和信息系统"，具体包括基础信息网络、涉及国计民生和基础信息资源的重要信息系统、重要工业控制系统、面向社会服务的政务信息系统、CII、等保三级及以上系统。这些信息系统的建设、使用、管理单位是密评的责任主体。

国家密码管理部门负责指导、监督和检查全国的密评工作；省（部）密码管理部门负责指导、监督和检查本地区、本部门、本行业（系统）的密评工作。国家密码管理部门依据有关规定，组织对测评机构工作开展情况进行监督检查。测评机构是密评的执行单位，应当按照有关法律法规和标准要求科学、公正地开展评估。按照《密码法》有关规定，密评测评机构由市监总局、国密局依据有关法律法规和标准、技术规范的规定实施评价许可。开展密评工作的指导标准包括《信息系统密码应用基本要求》（GB/T 39786）、《信息系统密码应用测评要求》（GM/T 0115）、《信息系统密码应用测评过程指南》（GM/T 0116）等。中国密码学会密评联委会还发布了一些实操指导文件，包括《商用密码应用安全性评估量化规则》《商用密码应用安全性评估 FAQ》《信息系统密码应用高风险判定指引》《商用密码应用安全性评估报告模板》等。密评的评估周期为每年至少一次。密评的测评结论有符合、部分符合、不符合。

2.8.7　关键信息基础设施安全检测评估

关键信息基础设施安全检测评估（以下简称"关测"）是指运营者对 CII 安全性和可能存在的风险进行检测评估的活动。《关保条例》对关测工作提出了明确要求。条例第 15 条规定，运营者设置的专门安全管理机构负责开展网络安全监测、检测和风险评估工作。条例第 17 条规定，网络安全检测和风险评估的最小频率为每年一次，对发现的安全问题及时整改，并按照保护工作部门要求报送情况。

《关键信息基础设施安全保护要求》（GB/T 39204）确立了关保工作的六方面内容：分析识别、安全防护、检测评估、监测预警、主动防御、事件处置。其中，对检测评估环节的规定说明是对《关保条例》中关测工作相关要求的细化。根据 GB/T 39204，运营者应建立健全关测制度，包括但不限于流程、方式方法、周期、人员组织、资金保障等。检测评估可由运营者自行开展，或委托网络安全服务机构开展，每年至少一次，并及时整改问题；若涉及多个运营者，应定期组织或参加跨运营者的检测评估。关测工作的内容包括但不限于网络安全制度（国家和行业相关法律法规政策文件及运营者制定的制度）落实情况、组织机构建设情况、人员和经费投入情况、教育培训情况、等保工作落实情况、密评情况、技术防护情况、数据安全防护情况、供应链安全保护情况、云服务安全评估情况（适用时）、风险评估情况、应急演练情况、攻防演练情况等，尤其关注 CII 跨系统、跨区域间的信息流动，及其资产的安全防护情况。在 CII 发生改建、扩建、所有人变更等较大变化时，应自行或者委托网络安全服务机构进行检测评估，分析关键业务链以及关键资产等方面的变更，评估上述变更给 CII 带来的风险变化情况，并依据风险变化以及发现的安全问题进行有效整改后方可上线。应针对特定的业务系统或系统资产，经有关部门批准或授权，采取模拟网络攻击方式，检测 CII 在面对实际网络攻击时的防护和响应能力；在安全风险抽查检测工作中，应配合提供网络安全管理制度、网络拓扑图、重要资产清单、关键业务链、网络日志等必要的资料和技术支持，针对抽查检测工作中发现的安全隐患和风险建立清单，制定整改方案，并及时整改。

等级测评、关测、密评在实际开展过程中应衔接进行，避免重复测评，在某些情况下可以同步开展。等保是关保和密评的基础，等级测评对象基本覆盖了全部的网络和信息系统；密评对象包含 CII、三级及以上等级测评对象和部分重要的信息系统；CII 不会低于等保三级，也一定是密评的对象。对于被识别为 CII 的系统，等级测评、关测、密评都是必需的，周期均为每年至少一次，因此可以同步开展、合并执行。

2.8.8　网络关键设备和网络安全专用产品

网络关键设备（以下简称"关设"）是指支持联网功能、在同类网络设备中具有较高性能的设备，通常应用于重要网络节点、重要部位或重要系统中，一旦遭到破坏，则可能引发重大网络安全风险（定义自 GB 40050）；网络安全专用产品（以下简称"专品"）旧称计算机信息系统安全专用产品，是指用于保护计算机信息系统安全的专用硬件和软件产品（定义自《计算机保护条例》）。

关设和专品是国家网络安全建设的基础核心设备，对它们的检测认证是促进产业发展、保障国家网络安全的重要支撑手段。《计算机保护条例》（1994 年 2 月 18 日国务院 147 号令发布）第二章规定"国家对计算机信息系统安全专用产品的销售实行许可证制度"，"具体办法由公安部会同有关部门制定"。《计算机信息系统安全专用产品检测和销售许可证管理办法》（1997 年 12 月 1 日公安部第 32 号令发布）第三条规定，境内的安全专用产品实行销售许可证制度，进入市场销售之前，必须申领销售许可证；第四条规定，安全专用产品的生产者申领销售许可证，必须对其产品进行安全功能检测和认定；第五条规定，公安部计算机管理监察部门负责销售许可证的审批颁发工作和检测机构的审批工作，地（市）级以上人民政府公安机关负责销售许可证的监督检查工作。《计算机病毒防治管理办法》（2000 年 4 月 26 日公安部第 51 号令发布）第十三条规定，任何单位和个人销售、附赠的计算机病毒防治产品，应当具有计算机信息系统安全专用产品销售许可证，并贴有"销售许可"标记。《网安法》从国家法律高度确立了针对关设、专品的强制性安全检测、认证制度，两类产品须经检测或认证合格后方可销售或提供。

《网安法》还要求国家网信部门会同国务院有关部门制定、公布两类产品目录，并推动安全认证和安全检测结果互认，避免重复认证、检测。《网安法》实施首月，国家网信办等四部门发布《网络关键设备和网络安全专用产品目录（第一批）》（2017 年第 1 号公告），将 4 类网络关键设备（路由器、交换机、机架式服务器、PLC 设备）和 11 类网络安全专用产品（数据备份一体机、硬件防火墙、入侵检测、防御系统、安全隔离与信息交换产品、安全数据库等）纳入安全认证和安全检测对象。2020 年起施行的《密码法》规定，涉及国家安全、国计民生、社会公共利益的商用密码产品，应当依法列入网络关键设备和网络安全专用产品目录。2018 年 3 月 29 日，CNCA、工信部、公安部、国家网信办发布《关于发布承担网络关键设备和网络安全专用产品安全认证和安全检测任务机构名录（第一批）的公告》（2018 年第 12 号），指定 CCRC 为两类产品的认证机构，同时指定了 11 家网络关键设备安全检测机构和 4 家网络安全专用产品安全检测机构。2018 年 5 月 30 日，CNCA、国家网信办发布《关于网络关键设备和网络安全专用产品安全认证实施要求的公告》（2018 年 24 号），就两类产品的安全认证提出实施要求，同时公布了为认证机构提供检测服务的 8 个检测实验室。自此，相关检测和认证工作的主、客体初步明确。

为了支持关设、专品检测认证工作的开展，有关部门出台了细则文件。2018 年 6 月 27 日，CNCA 发布《网络关键设备和网络安全专用产品安全认证实施规则》（CNCA-CCIS-2018，2018 年第 28 号公告发布），规定了开展两类产品安全认证的基本原则和要求。2021 年 8 月 1 日实施的《网络关键设备安全通用要求》（GB 40050）是规范网络关键设备检测认证活动的强制性国家标准。GB 40050 从安全功能要求和安全保障要求两大层面展开，其中安全功能要求包括设备标识安全、漏洞和恶意程序防范、密码要求等 10 项规定，而安全保障要求则从设计和开发、生产和交付、运行和运维三方面进行规定。2021 年 9 月 23 日，第一批通过安全检测符合 GB 40050 的网络关键设备公布，此后陆续有更多产品通过检测、认证。

2.8.9　数据安全认证

《数安法》第十八条规定，国家促进数据安全检测评估、认证等服务的发展，支持数据安全检测评估、认证等专业机构依法开展服务活动。市监总局联合国家网信办（中央网信办）陆续出台了多个数据安全评估认证活动，包括 APP 安全认证、数据安全管理认证和个人信息保护认证等。三类认证标志分别有 APP、DSM 和 PIP 字样，其中，包含跨境处理活动的 PIP 认证标志还有 CB 字样。APP 安全认证的客体为产品，数据安全管理认证的客体为管理体系，而个人信息保护认证的客体则涵盖了产品、服务、管理体系。

2019 年 3 月 15 日，市监总局、中央网信办发布《关于开展 APP 安全认证工作的公告》（2019 年第 11 号），公告开展 APP 安全认证工作，旨在规范移动互联网应用程序收集、使用用户信息特别是个人信息的行为，加强个人信息安全保护。公告指定本项工作的认证机构为 CCRC，检测机构由认证机构根据认证业务需要和技术能力确定。公告称，国家鼓励 APP 运营者自愿通过 APP 安全认证，鼓励搜索引擎、应用商店等明确标识并优先推荐通过认证的 APP。《移动互联网应用程序（APP）安全认证实施规则》（编号 CNCA-APP-001）作为附件发布，是开展本项工作的依据。《实施规则》规定，认证依据为《个人信息安全规范》（GB/T 35273）及相关标准、规范，原则上执行最新版本；认证模式为"技术验证+现场核查+获证后监督"；认证申请主体为通过 APP 向用户提供服务的网络运营者，原则上以 APP

版本为申请单元。

2022 年 6 月 5 日，市监总局、国家网信办发布《关于开展数据安全管理认证工作的公告》（2022 年第 18 号），公告开展数据安全管理（DSM）认证工作，旨在鼓励网络运营者通过认证方式规范网络数据处理活动，加强网络数据安全保护。《数据安全管理认证实施规则》作为附件发布，是本项工作的开展依据，规定了对网络运营者开展网络数据收集、存储、使用、加工、传输、提供、公开等处理活动进行认证的基本原则和要求。《实施规则》指出，认证依据为《网络数据处理安全要求》（GB/T 41479）及相关标准规范，原则上执行最新版本；认证模式为"技术验证+现场核查+获证后监督"；认证证书有效期为 3 年；在有效期内，通过认证机构的获证后监督，保持认证证书的有效性；证书到期需延续使用的，认证委托人应当在有效期届满前 6 个月内提出认证委托，认证机构应当采用获证后监督的方式，对符合认证要求的委托换发新证书。

2022 年 11 月 4 日，市监总局、国家网信办发布《关于实施个人信息保护认证的公告》（2022 年第 37 号），公告开展个人信息保护（PIP）认证工作，旨在鼓励个人信息处理者通过认证方式提升个人信息保护能力。《个人信息保护认证实施规则》作为附件发布，是开展本项工作的依据，规定了对个人信息处理者开展个人信息收集、存储、使用、加工、传输、提供、公开、删除以及跨境等处理活动进行认证的基本原则和要求。《实施规则》规定，认证依据为《个人信息安全规范》（GB/T 35273）；对于开展跨境处理活动的个人信息处理者，还应当符合 TC260 秘书处发布的《网络安全标准实践指南——个人信息跨境处理活动安全认证规范》的要求；认证模式为"技术验证+现场核查+获证后监督"；认证证书有效期为 3 年；在有效期内，通过认证机构的获证后监督，保持认证证书的有效性；证书到期需延续使用的，认证委托人应当在有效期届满前 6 个月内提出认证委托，认证机构应当采用获证后监督的方式，对符合认证要求的委托换发新证书。

2.8.10 CC 认证

CC（通用准则，Common Criteria）全称信息技术安全评价通用准则（Common Criteria for Information Technology Security Evaluation），是一个对 IT 产品（TOE）安全性进行测评认证的技术标准。CC 源于对多个国家信息产品测评标准的整合，如欧洲信息技术安全评价准则（ITSEC）、美国可信计算机系统评价准则（TCSEC）、加拿大可信计算机产品评价准则（CTCPEC）等，以期建立一种国际通行的安全认证体系。CC 的发起机构包括法国中央信息系统安全局（SCSSI）、英国政府通信总部（GCHQ）、德国联邦信息安全办公室（BSI）、荷兰国家通信安全局（NBV）等。CC 标准的核心内容是概念模型和安全需求，由 CC 开发组（CCDB）和 CC 维护组（CCMB）负责开发和维护。CC 被 ISO 采纳为 ISO/IEC 15408。我国将 ISO/IEC 15408 引入为 GB/T 18336。CC 评价方法论（CC Evaluation Methodology，CEM）是 CC 的配套标准，被 ISO 采纳为 ISO/IEC 18045。1998 年，加、法、德、英、美等国建立了针对 CC 认证的多方互认约定（CC MRA），即后来的通用准则互认约定（Common Criteria Recognition Arrangement，CCRA）体系。随着 CCRA 的成员数量不断增多，各成员的认证机构需要接受 CCRA 监管。未加入 CCRA 的国家和地区也可基于 CC 标准建立独立的认证体系，例如我国的评价确保级（EAL）认证和欧盟的信息系统安全高级官员组（SOGIS）

认证。

在 CC 认证框架下，用户对 TOE 提出安全功能需求（Security Function Requirements，SFR）和安全保障需求（Security Assurance Requirements，SAR），两类需求组成该产品的安全目标（Security Target，ST）文件。厂商对 TOE 的 ST 进行实现，测评实验室在特定环境下评估产品是否达到 ST。保护轮廓（Protection Profile，PP）是同类产品常见安全需求的集合，可用作单个产品 ST 的起草模板或组成部分。CC 标准力求安全评估活动以严格、标准、可重复的方式开展。CC 的认证等级叫作评价确保级（Evaluation Assurance Level，EAL），代表安全确保的强度（而非安全性之高低），自低到高有 EAL1～EAL7 七个等级，依次为功能测试（functionally tested）、结构测试（structurally tested）、系统化测试和检查（methodically tested and checked）、系统化设计、测试和评审（methodically designed，tested and reviewed）、半形式化设计和测试（semiformally designed and tested）、半形式化验证的设计和测试（semiformally verified design and tested）、形式化验证的设计和测试（formally verified design and tested）。CC 认证不能代表绝对安全，仅代表产品的安全属性在特定环境下以相应 EAL 的强度进行过独立验证。

2.9 网络安全事件应急

网络安全事件具有突发性，在国家关键信息基础设施遇袭、病毒大范围传播、热点舆情爆发、海量个人信息泄露等网络安全事件类型上体现得尤为明显。网络安全事件应急体系的关注点可概括为“养兵千日”和“用兵一时”两方面，既包括对未来突发事件的未雨绸缪，也包括当下突发事件的临危制变。根据 GB/T 25069，应急响应（emergency response）是指组织为应对突发/重大信息安全事件发生所做的准备，以及在事件发生后所采取的措施；应急响应计划（emergency response plan）是指组织为应对突发/重大信息安全事件而编制的，对业务运行（包括信息系统运行）进行维持或恢复的策略和规程。

2.9.1 政策文件

我国高度重视网络安全事件应急体系的建设，先后颁布多项法律、法规和规范性文件对相关工作提出要求。

2003 年之后，国家对公共突发事件应急预案非常重视。在这一背景下，信息产业部根据国务院要求制定了《互联网网络安全应急预案》，自 2005 年 7 月 1 日起实施。这是我国互联网史上首个应急处理预案，明确了安全应急体系的组织结构，实现了从预警到预防和分级响应的转变，意味着我国公共互联网应急体系正在经历从自发到规范、从点到束、从平面到体系的转变[117]。2005 年 12 月 20 日，CNCERT 承办了信息产业部第一次大规模电信网络安全应急演练，对应急预案进行了实际测试，检验了预案的科学性和可操作性。

工信部成立后，于 2009 年 9 月 29 日印发《公共互联网网络安全应急预案》，对信息产业部 2005 版预案进行调整。根据 2009 版预案的要求，工信部互联网网络安全应急专家组于 2010 年 8 月 18 日在京成立，为互联网网络安全应急管理工作提供技术咨询和决策支撑。

2009 年 9 月 30 日，TC260 发布国家标准《信息安全技术 信息安全应急响应计划规范》（GB/T 24363）。GB/T 24363 规定了编制信息安全应急响应计划的前期准备，确立了信息安全应急响应计划文档的基本要素、内容要求和格式规范，为负责制定和维护应急响应计划的人员提供指导。

2016 年 11 月通过的《网安法》特别强调了事件应急机制。《网安法》第 25 条规定，网络运营者应当"制定网络安全事件应急预案"，在发生危害网络安全的事件时"立即启动应急预案，采取相应的补救措施，并按照规定向有关主管部门报告"；第 29 条规定，国家支持网络运营者之间在网络安全信息收集、分析、通报和应急处置等方面进行合作；第 34 条规定，关键信息基础设施运营者应当履行的安全保护义务包括"制定网络安全事件应急预案，并定期进行演练"；第 39 条规定，国家网信部门应当统筹协调有关部门对关键信息基础设施的安全保护采取措施，"对网络安全事件的应急处置与网络功能的恢复等，提供技术支持和协助"；第五章要求国家网信部门协调有关部门"建立健全网络安全风险评估和应急工作机制，制定网络安全事件应急预案，并定期组织演练"。

2016 年 12 月 27 日，国家网信办发布《国家网络空间安全战略》，战略文件提出"完善网络安全监测预警和网络安全重大事件应急处置机制"。

2017 年 1 月 10 日，中央网信办印发《国家网络安全事件应急预案》（中网办发文〔2017〕4 号）。这份《预案》是国家层面组织应对特别重大网络安全事件的应急处置行动方案，也是各地区、各部门、各行业开展网络安全应急工作的重要依据。针对应急领导机构，预案规定，在中央网信领导小组的领导下，中央网信办统筹协调组织国家网络安全事件应对工作，建立健全跨部门联动处置机制，工信部、公安部、国家保密局等相关部门按照职责分工负责相关网络安全事件应对工作；必要时成立国家网络安全事件应急指挥部，负责特别重大网络安全事件处置的组织指挥和协调。

在中央网信办应急预案的基础上，工信部相应调整了公共互联网领域的应急预案，于2017 年 11 月 14 日印发《公共互联网网络安全突发事件应急预案》（工信部网安〔2017〕281 号），即日施行，2009 版应急预案同时废止。工信部 2017 版预案适用于面向社会提供服务的基础电信企业、域名机构、互联网企业发生网络安全突发事件时的应对工作。该预案规定，在中央网信办统筹协调下，工信部网信领导小组统一领导公共互联网网络安全突发事件应急管理工作，负责特别重大公共互联网网络安全突发事件的统一指挥和协调。

2021 年施行的《关保条例》作为《网安法》的下位法，聚焦 CII 的保护提出了细化要求：关键信息基础设施保护工作部门应当建立健全本行业、本领域的网络安全事件应急预案，定期组织应急演练；指导运营者做好网络安全事件应对处置，并根据需要组织提供技术支持与协助；关键信息基础设施运营者应当按照国家及行业网络安全事件应急预案，制定本单位应急预案，定期开展应急演练，处置网络安全事件。

其他国家也对事件应急体系进行过长期的探索和实践，其中美国的工作成果最受业内关注。

2002 年 12 月 17 日，美国《联邦信息安全管理法》（Federal Information Security Management Act，FISMA）签署生效。该法要求联邦政府机构必须具备事件响应能力。NIST 应FISMA 要求设计了事件响应模型和流程，发布于《NIST SP 800-61 计算机安全事件处理指南》。

2009 年 5 月 29 日，美国奥巴马政府公布了《网络空间政策评估：保障可信和强健的信息和通信基础设施》报告。报告提出美国要建立有效的信息共享和应急响应机制。具体包括，建立事件响应框架，加强事件响应方面的信息共享，提高所有基础设施的安全性。

2011 年 3 月 30 日，美国总统奥巴马签发第 8 号总统政策令《PPD-8：国家应急准备》，取代了针对同一主题的第 8 号国土安全总统令（HSPD-8）。PPD-8 旨在应对美国面临的综合性国家安全问题，包括恐怖主义行动、网络攻击、流行病和自然灾害的威胁，强调需要建立和维持必要的应急管理能力，以应对造成最大危险的国家安全威胁。PPD-8 确立了针对应急管理的"全社会方法论"（whole community approach）理念，正式明确把全国应急准备工作作为基本战略和具体目标，重新构建了规范性、指导性和支撑性的文件体系，是美国应急管理体系重构的分水岭[118]。

2016 年 7 月 26 日，美国政府发布第 41 号总统政策令《PPD-41：美国网络事件协调》。PPD-41 澄清了与网络安全事件处理有关的角色和职责。PPD-41 规定，针对最严重的安全事件，应组建一个网络统一协调小组（Unified Coordinating Group，UCG），执行应急协调工作。《重大网络事件联邦政府协调架构》在 PPD-41 附录中发布。PPD-41 在奥巴马执政时期被多次激活，以响应当时的重大网络安全事件。

2016 年 12 月，美国国土安全部发布了根据 PPD-41 制定的《国家网络事件响应计划》（National Cyber Incident Response Plan，NCIRP）。NCIRP 参照国家战备体系定义了各方的角色、职责、能力和协调结构，旨在支持美国在重大网络安全事件中的响应和恢复。NCIRP 并非战术或操作计划，而是一个应对网络事件的战略框架，使利益相关方可以了解联邦政府各部局及其他国家层面合作伙伴如何为响应活动提供资源支持。NCIRP 解释了并行工作线的含义，即联邦政府如何组织其行动，以管理重大网络事件影响。并行工作线包括威胁响应、资产响应、情报支持及受影响实体的响应等活动，旨在管理网络事件对业务、客户和员工产生的影响。

2019 年 8 月下旬，美国国土安全部新设立的网络安全与基础设施安全局（Cybersecurity and Infrastructure Security Agency，CISA）正式公布了其成立以来的首份战略意图文件。这份文件明确 CISA 将领导和协调美国全国公私部门开展包括风险评估、应急处置、复原力建设和长期风险管理等方面的工作。2021 年 11 月 16 日，CISA 发布了新的《网络安全事件和漏洞响应手册》，为美国联邦文职机构提供了一套标准程序，用于识别、协调、补救、恢复和跟踪影响信息系统、数据和网络的事件和漏洞。

2.9.2　工作机构

本小节将介绍中美两国在网络安全应急体系中的办事机构设置情况。

中央网信办《国家网络安全事件应急预案》针对我国网络安全应急体系的具体工作机构做出规定：国家网络安全应急办公室（以下简称"应急办"）设在中央网信办，具体工作由中央网信办网络安全协调局承担；应急办负责网络安全应急跨部门、跨地区协调工作和指挥部的事务性工作，组织指导国家网络安全应急技术支撑队伍做好应急处置的技术支撑工作；有关部门派负责相关工作的司局级同志为联络员，联络应急办工作；中央和国家机关各部门按照职责和权限，负责本部门、本行业网络和信息系统网络安全事件的预防、监测、报告和应急处置工作；省级网信部门在本地区党委网络安全和信息化领导小组统一领导下，统筹协调组织本地区网络和信息系统网络安全事件的预防、监测、报告和应急处置工作。工信部《公共互联网网络安全突发事件应急预案》规定：在国家网络安全应急办公室统筹协调下，在工信部网信领导小组统一领导下，工信部网络安全应急办公室负责公共互联网网络安全应急管理事务性工作；及时向部网信领导小组报告突发事件情况，提出特别重大网络安全突发事件应对措施建议；负责重大网络安全突发事件的统一指挥和协调；根据需要协调较大、一般网络安全突发事件应对工作；工信部网络安全应急办公室具体工作由工信部网络安全管理局承担，有关单位明确负责人和联络员参与该办公室工作。

美国 2016 年发布的 PPD-41 政策令《美国网络事件协调》规定了针对重大网络安全事件的联邦领导机构：司法部（DOJ）应作为威胁响应行动的联邦领导机构，通过 FBI 和国家网络调查联合特遣队（NCIJTF）开展工作；国土安全部（DHS）应作为资产响应行动的联邦领导机构，通过国家网络安全和通信集成中心（NCCIC）开展工作；国家情报总监办公室（ONDI）应作为情报支持和相关行动的联邦领导机构，通过网络威胁情报整合中心（CTIIC）开展工作。PPD-41 还定义了网络统一协调小组这一临时性的跨部门行动协调机构：网络统一协调小组通常由负责威胁响应、资产响应和情报支持的联邦领导机构组成，但当网络事件影响或可能影响某一关键基础设施行业时，也会包括行业主管部门（Sector-Specific Agency，SSA）。另外，根据个别重大网络事件范围、性质和实际情况的不同，网络统一协调小组也可能包括其他联邦机构、SLTT（州、地方、部落和领地）政府、非政府组织、国际合作伙伴以及私营部门等。网络统一协调小组成立后，成员机构应履行相应的责任，调配适当的高级行政官员、工作班子和资源。2020 年 12 月 14 日，面对"太阳风"（SolarWind）软件供应链攻击造成的重大数据泄露事件，美国国家安全委员会启动了 PPD-41，并召开了网络安全事件应急响应小组会议，成立了由 FBI、CISA、ODNI 和 NSA 组成的网络统一协调小组。

2.9.3　CERT 组织

计算机应急响应小组（Computer Emergency Response Team，CERT）起初是指为处理计算机安全事件而成立的专家组。后来 CERT 有了多重含义，它指代企业的常态化安全事件分析专家团队，也指代国家级网络应急工作协调机构，还指代组织间或国际的网络安全协调联络体制。CERT 的别名还包括计算机安全事件响应组（CSIRT）、事件响应组（IRT）、事件处理组（IHT）、计算机安全事件响应中心（CSIRC）、安全应急响应组（SERT）、安全事件响应组（SIRT）、计算机事件响应组（CIRT）等。名称如此繁多，一个重要原因是卡耐基梅隆大学在多个国家注册了 CERT 商标，仅对部分计算机应急组织授权使用，并建议未授权组织自称 CSIRT。

世界上第一个 CERT 小组成立于 1989 年。1988 年，23 岁的康奈尔大学学生莫里斯制造了一串在计算机之间传播的代码。安全专家估计，该病毒导致百分之十的网络瘫痪，这就是世界上第一个计算机蠕虫病毒。加州大学伯克利分校和普渡大学的程序员团队最终找到了解决方法，阻止了病毒蔓延。事后，互联网界对事件进行反思。ARPA 指出，"缺乏沟通不仅导致重复分析，还拖延采取防御和矫正措施，造成了不必要的损失"，应当成立正式的机构，在发生类似安全事件时，快速、有效地协调专家沟通。七天之后，该机构委托卡耐基梅隆大学软件工程研究所（SEI）成立第一个 CSIRT——计算机应急响应小组协调中心（Computer Emergency Response Team/Coordination Center，CERT/CC）。此后，世界各国和地区纷纷建立计算机应急响应小组，作为处理大型网络安全事件的协调枢纽和国际联络点，如我国的 CNCERT/CC，日本的 JPCERT/CC、德国的 CERT-BUND、英国的 UKCERT、美国的 US-CERT 等。一些地区在本地 CERT 组织之外再设立一个 "GovCERT" 组织，专职负责政府机关的网络安全，如俄罗斯的 GOV-CERT. RU、以色列的 CERTGOVIL、捷克的 GovCERT. CZ 等。FIRST（事件响应和安全团队论坛，Forum of Incident Response and Security Teams）和 APCERT（亚太地区计算机应急响应组，Asia Pacific Computer Emergency Response Team）是 CERT 组织的联盟团体。

FIRST 成立于 1990 年，是全球网络安全应急响应领域的联盟。FIRST 现有成员超过 500 个，来自全球各大经济体，是预防和处置网络安全事件的国际联合会，通过向成员提供可信的联系渠道、分享最佳实践和工具等途径，促进成员间对网络安全事件的快速响应。FIRST 按照其制定的运行原则和规章开展工作，对其成员的组织运行不存在控制权。FIRST 下设董事会和秘书处。董事会由 10 人组成，任期两年，由成员选举产生，负责政策、程序和相关事务的修订和决策。秘书处设立在美国北卡罗来纳州，负责网站运营、邮件列表维护、财务管理以及年会筹办等工作[119]。国家级 CERT 和企业 CERT 组织都可成为 FIRST 成员。来自中国的企业成员包括中国移动、中兴、阿里巴巴、腾讯、OPPO、奇安信、恒安嘉新、数字观星等企业的 CERT 部门。

2003 年 2 月，APCERT 正式成立。APCERT 是亚太地区计算机应急响应组织的联盟，成员来自亚太各大经济体，其目标是通过国际合作帮助建立亚太地区安全、干净、可信的网络空间。APCERT 按照其制定的运行原则和规章开展工作，对其成员的组织运行等不存在任何控制权力。APCERT 下设指导委员会和秘书处。指导委员会由 7 个成员组织组成，任期两年，由成员选举产生，负责日常运作的政策、程序和相关事务的修订和决策。秘书处负责网站、邮件列表的维护等工作。CNCERT 是 APCERT 的发起组织之一，现任 APCERT 副主席职务、APCERT 指导委员会委员，是 APCERT 信息共享组的负责人[119]。

下文大致按照成立时间顺序对若干 CERT 组织进行介绍。

- 澳大利亚的 AusCERT 成立于 1993 年，是世界上最早的 CERT 之一，总部位于昆士兰州首府布里斯班。20 世纪 90 年代初，一名澳大利亚大学生在业余时间入侵了美国宇航局的计算机系统，这引发了来自企业和政府的一系列连锁反应。因此，位于澳大利亚的昆士兰科技大学、格里菲斯大学和昆士兰大学联合成立了 AusCERT，目标是建立一个信息安全的中央信息源。AusCERT 是一个非营利组织，为网络安全威胁和漏洞提供建议和解决方案。AusCERT 提供对网络威胁的全天候支持和事件管理，其他服务包括钓鱼下架、安全公告、事件通知、敏感信息警报、早期预警短信和恶意 URL 订阅。
- 韩国的国家级 CERT 包括韩国互联网应急中心（krCERT/CC）、韩国国家计算机应急响应组（KN-CERT）和国家信息资源局计算机应急响应组（NIRS-CERT）。krCERT/CC 成立于 1996 年 4 月，目前设立在韩国互联网振兴院（KISA）。KN-CERT 成立于 2004 年 2 月，隶属韩国国家情报院（NIS）国家网络安保中心（NCSC）。NIRS-

CERT 成立于 2008 年 10 月，隶属韩国内务安全部国家信息资源局（NIRS）。韩国 NCSC 负责监控韩国国家机关信息通信网，KISA 服务于民间部门，NIRS 为政府提供 IT 服务。

- RU-CERT 是俄罗斯联邦的计算机事件响应中心，于 1998 年作为 RBNet 网络运营中心的组成机构创立。RBNet 是俄罗斯境内的一个科研教育骨干网，由俄罗斯公共网络研究所（RIPN）负责运营[120]。RU-CERT 负责协助俄罗斯和外国法人实体和个人识别、预防和制止与俄罗斯境内网络资源相关的非法活动。RU-CERT 还负责收集、存储和处理俄罗斯境内与恶意软件和网络攻击相关的统计数据。为执行其使命，RU-CERT 与俄罗斯领先的 IT 公司、运营和调查活动的主体、联邦行政部门、外国计算机事件响应中心以及其他相关组织进行互动。RU-CERT 自 2002 年 8 月 1 日起成为 FIRST 会员，并在 FIRST 框架内正式充当俄罗斯联邦的联络方。除 RU-CERT 外，俄罗斯有众多 CERT 机构也是 FIRST 会员。GOV-CERT. RU 是负责保卫俄罗斯政府网络的 CSIRT 机构。GOV-CERT. RU 的目标是，针对涉及国家信息通信网络的计算机安全事件，向州政府、地方政府和执法机构提供识别、防护和恢复方面的协调服务。GOV-CERT. RU 提供以下服务：事件响应协助和咨询；事件响应协调；重大安全威胁警告；收集和分析有关国家信息通信网络事件的数据。FinCERT 成立于 2015 年 6 月，隶属俄罗斯联邦中央银行，是俄罗斯在金融领域的网络事件监测响应中心。Fin-CERT 为金融市场参与者、执法机构、电信运营商、系统集成商、防病毒软件开发商等从事信息安全活动的组织之间建立信息交换系统奠定了基础。信息交换参与者告知他们已经识别的威胁和对他们的攻击，FinCERT 则提供关于如何处理这些风险的建议。2022 年 3 月 25 日，在美国政府的要求下，FIRST 暂停了来自俄罗斯和白俄罗斯的所有 CERT 组织的成员资格。

- 德国计算机应急小组（CERT-BUND）于 2001 年成立并加入 FIRST。CERT-BUND 隶属德国联邦信息安全办公室（BSI），担任德国政府 CERT 和国家级 CERT，负责保护德国联邦机构和关键基础设施，对相关计算机安全事件的预防和响应提供中枢联络点。CERT-BUND 的职责包括发布安全预防建议、检测软硬件漏洞、提供漏洞修复指导、协助事件响应，并负责支撑德国 IT 态势中心和 IT 危机响应中心。

- 美国国家计算机应急就绪小组（United States Computer Emergency Readiness Team, US-CERT）成立于 2003 年 9 月，隶属美国国土安全部国家保护和计划署（NPPD）国家网络安全与通信基础中心（NCCIC）。US-CERT 中的 R 代表就绪而非响应。US-CERT 与卡耐基梅隆大学软件工程研究所下属的 CERT/CC 并非同一实体。US-CERT 自 2003 年开始实施"爱因斯坦计划"，以增强美国联邦文职机构的网络安全态势感知能力。US-CERT 还负责协调网络信息共享，保证"7×24 小时"不间断工作，接受、分诊并协调计算机紧急事件，为信息系统人员提供技术援助，并及时公布当前或潜在的安全威胁与漏洞信息。2009 年，美国工业控制系统网络应急响应小组（ICS-CERT）基于 US-CERT 的控制系统安全项目（Control System Security Program, CSSP）成立，同样隶属 NCCIC。ICS-CERT 是美国针对工业系统关键基础设施的网络攻击所成立的专门性应急响应机构，为应对工业控制系统环境下各种网络威胁提供建议。美国网络安全与基础设施安全局（CISA）成立后，对 US-CERT 和 ICS-CERT 的职责进行了吸收，并成为 FIRST 会员。

- 2004 年 1 月 19 日，印度计算机应急响应组（CERT-IN）依据《印度信息技术法》第 70B 款成立。2006 年 11 月 24 日，CERT-IN 加入 FIRST。CERT-IN 目前隶属印度电子和信息技术部（MeitY），是印度网络安全体系内的重要机构之一，主要负责对网络事件的信息进行收集、分析和扩散，对网络安全事件进行预测、警报和应急处置，对网络事件响应活动进行协调，发布信息安全实践指南建议和漏洞公告等事项。CERT-IN 还负责运作僵尸网络治理和恶意软件分析中心（Swachhta Kendra），向用户提供有关僵尸网络和病毒威胁的信息和工具。CERT-IN 会对印度的网络安全态势进行评估并发布白皮书[121]。

- "CERT 澳大利亚"是澳大利亚的国家计算机紧急响应小组，成立于 2010 年。"CERT 澳大利亚"为该国关键基础设施和其他国家利益相关系统的所有者和运营商提供网络威胁和漏洞方面的建议和支持。2018 年，"CERT 澳大利亚"成为澳大利亚网络安全中心（Australian Cyber Security Centre，ACSC）内部的一个办公室。ACSC 于 2014 年开始运作，隶属澳大利亚信号署（Australian Signals Directorate，ASD），总部设在堪培拉，在全国各地设有办事处。ACSC 是澳大利亚政府在国家网络安全方面的牵头机构，具体职能包括：作为澳大利亚 CERT 组织应对网络安全威胁和事件；与私营和公共部门合作，共享有关威胁的信息并增强抵御能力；与政府、行业和社区合作，增强网络安全意识；为所有澳大利亚人提供信息、建议和帮助。

- 2012 年，英国宣布筹建英国计算机应急响应团队（UKCERT），负责管理和预备国家级网络安全事件。UKCERT 的四大职能包括：管理国家网络安全事件；支持国家关键基础设施公司处理网络安全事件；促进整个行业、学术界和公共部门的网络安全态势感知；为与其他国家级 CERT 的协调和合作提供单一的国际联络点。2013 年 3 月，英国政府和企业联合成立了网络安全信息共享联盟（Cyber Security Information Sharing Partnership，CISP），受国家网络安全项目资助，分享网络威胁和漏洞信息。2014 年 3 月 31 日，UKCERT 正式启动运作，隶属内阁办公室，地址位于伦敦白厅街，CISP 被吸纳为 UKCERT 的一部分。作为英国国家网络安全计划的一部分，英国国家网络安全中心（NCSC）于 2015 年 11 月宣告创建，于 2016 年 10 月开始运行，于 2017 年 2 月正式揭牌。英国 NCSC 吸收了 UKCERT，并成为 FIRST 成员单位。

2.9.4　事件分级

根据中央网信办印发的《国家网络安全事件应急预案》，网络安全事件分为四级：特别重大网络安全事件、重大网络安全事件、较大网络安全事件、一般网络安全事件。

符合下列情形之一的，为特别重大网络安全事件：①重要网络和信息系统遭受特别严重的系统损失，造成系统大面积瘫痪，丧失业务处理能力。②国家秘密信息、重要敏感信息和关键数据丢失或被窃取、篡改、假冒，对国家安全和社会稳定构成特别严重威胁。③其他对国家安全、社会秩序、经济建设和公众利益构成特别严重威胁、造成特别严重影响的网络安全事件。

符合下列情形之一且未达到特别重大网络安全事件的，为重大网络安全事件：①重要网络和信息系统遭受严重的系统损失，造成系统长时间中断或局部瘫痪，业务处理能力受到极大影响。②国家秘密信息、重要敏感信息和关键数据丢失或被窃取、篡改、假冒，对国家安全和社会稳定构成严重威胁。③其他对国家安全、社会秩序、经济建设和公众利益构成严重威胁、造成严重影响的网络安全事件。

符合下列情形之一且未达到重大网络安全事件的，为较大网络安全事件：①重要网络和信息系统遭受较大的系统损失，造成系统中断，明显影响系统效率，业务处理能力受到影响。②国家秘密信息、重要敏感信息和关键数据丢失或被窃取、篡改、假冒，对国家安全和社会稳定构成较严重威胁。③其他对国家安全、社会秩序、经济建设和公众利益构成较严重威胁、造成较严重影响的网络安全事件。

除上述情形外，对国家安全、社会秩序、经济建设和公众利益构成一定威胁、造成一定影响的网络安全事件，为一般网络安全事件。

2.9.5 响应级别

根据中央网信办《国家网络安全事件应急预案》，网络安全事件发生后，事发单位应立即启动应急预案，实施处置并及时报送信息。各有关地区、部门立即组织先期处置，控制事态，消除隐患，同时组织研判，注意保存证据，做好信息通报工作。对于初判为特别重大、重大网络安全事件的，立即报告应急办（国家网络安全应急办公室）。响应级别包括Ⅰ级、Ⅱ级、Ⅲ级和Ⅳ级，分别对应特别重大、重大、较大和一般网络安全事件。

若启动Ⅰ级响应，应成立指挥部，履行应急处置工作的统一领导、指挥、协调职责。应急办24小时值班。有关省、部门应急指挥机构进入应急状态，在指挥部的统一领导、指挥、协调下，负责本省、部门应急处置工作或支援保障工作，24小时值班，并派员参加应急办工作。有关省、部门跟踪事态发展，检查影响范围，及时将事态发展变化情况、处置进展情况报应急办。指挥部对应对工作进行决策部署，有关省、部门负责组织实施。

若启动Ⅱ级响应，事件发生省、部门的应急指挥机构进入应急状态，按照相关应急预案做好应急处置工作，及时将事态发展变化情况报应急办。应急办将有关重大事项及时通报相关地区和部门，后者根据通报，结合各自实际有针对性地加强防范，防止造成更大范围的影响和损失。处置过程中需要其他有关省、部门和国家网络安全应急技术支撑队伍配合和支持的，商应急办予以协调。

若启动Ⅲ级、Ⅳ级响应，则事件发生地区和部门按相关预案进行应急响应。

第 3 章　利兵坚甲：网络安全攻防技术

攻击技术和防御技术是网络安全体系的底座。攻击技术来源于对现有 ICT 组件的探索和理解。网络安全具有矛尖盾薄、易攻难守的特点，攻方比守方处于更有利的位置，这个局面被概括为攻方霸权（offence dominance）。经常有黑客应邀攻破美国军方的网络，赢得美国政府的"黑掉国防部"奖金。然而即使美国国防部把这么厉害的黑客纷纷招入麾下，他们的网络还是不牢靠，不断有新的黑客赢得奖金。安全圈常说，不知攻，焉知防。防御技术为对抗攻击技术而生，建立在对攻击手段的理解之上。由于攻击技术不断发展，防御技术迟早会被突破，必须不断升级。不存在既能做到坚不可摧，又能保持低廉实用的防御技术，这个规律被称作"没有银弹"。银弹（silver bullet）之谓来自欧洲民间传说中用于猎杀狼人的银质子弹，在 IT 领域喻指特别有效的技术手段。遗憾的是，这个词几乎总是被用于否定句。

攻和防容易被片面地强调为对立的两面。当我们以辩证的眼光审视两者时，就会发现它们更多地会互相促进而非此消彼长，反倒是双方内部各自存在尖锐的冲突。不断进化的攻击技术就是在不断增强的防御手段下淘筛而出的，就像耐药的细菌和不断升级的抗生素之间形成动态的共生。来自多个阵营的攻击者会在用户的主机中互相杀伐，像杀毒软件一样尽心地清理着有害程序。安全防护部门作为防守的一方，越是深受挫折，越有可能在不断追加的预算中走向强大，反倒是河清海晏的气氛会让其逐渐衰退。

3.1　信息收集技术

信息收集，也叫信息采集，对攻防两方而言都是非常重要的活动。定向攻击者需要收集其目标的网络资产、网络拓扑等信息，找到对方的弱点，从而制订进攻计划。机会攻击者需要高效地搜集到有弱点的目标，从而有针对性地投递攻击载荷。企业需要进行资产探测，建立资产台账，从而开展风险治理。企业可以对自身网络中的流量和行为进行采集和分析，检测正在发生的网络流量异常和网络入侵事件。企业还可以主动搜集威胁情报，从而针对潜在的攻击事件提前做好预备。可以说，信息收集是网络攻防活动的基础。对政府和特殊机构而言，网络空间是间谍与反间谍的新战场，已成为同物理空间并列的情报来源地，而各类情报又能交叉支持两个空间中的决策和行动。本节针对一些与信息收集相关的技术进行介绍。

3.1.1　网络采集

基于计算机网络实现信息收集的程序被称作网络探针。网络探针的工作方式分为主动探测和被动采集两种。主动探测是指探针率先向探测目标发起网络协议交互，引诱目标返回响应流量，从而对该响应流量加以分析并记录有用知识，例如获取端口是否开放、提取软件版本指纹特征等。对于被动采集，探针被部署在一些网络关卡位置，在这里隐秘观察网络流量的迎来送往，悄然予以记录，而不会对网络中的事态交互加以引导和干预。虽然主动探测和被动采集活动都是为了客观观测网络实体的行为，主动探测活动本身却更改了被探测目标的状态，客观性会受到干扰。这就好比薛定谔的猫：虽然打开箱子只为查看猫的死活，但这一动作本身却决定了猫的存活状态。而被动采集理论上对网络是无干扰的，能看到真实的事实，但被观察目标的本性却难以在这种方式下充分暴露。被动探针所接收和记录的数据量通常远大于主动探针，因此工程师会将被动探针称作大探针，主动探针叫小探针。

深度包检测（Deep Packet Inspection，DPI）和深度流检测（Deep Flow Inspection，DFI）是两种常用的被动采集技术。这里的"深度"是相对于路由器、交换机等 L2/L3 层网络设备而言的。普通网络设备只处理数据包的协议头部信息，而 DPI 技术要查看单包中的应用层内容，甚至还要跨越多包对应用层信息进行重组，从而得到完整应用程序的内容。基于应用层内容，DPI 可以按预定义的策略对应用内容进行分析处理，例如识别用户行为。DFI 以流为基本研究对象，提取流的一些基本特征，如起止时间、流速大小、包长度的统计分布等，进而将这些信息导出到会话日志。DFI 不分析应用层内容，比 DPI 粒度更粗，因此速度更快，但所获信息量则更为有限。当应用层为加密流量时，DPI 通常无能为力，而 DFI 则可能发现一些有价值的信息。

DNS 会话是颇受欢迎的 DPI 目标。目前 DNS 流量通常是不加密的，可以从中发现许多高价值信息，如用户的上网行为、应用间的访问关系以及域名的解析值。DNS 会话经过采集后可导出为被动 DNS 日志（Passive DNS，PDNS）。这类日志经数据挖掘后可以反映互联网的运行态势，如新增域名、域名访问热度、子域名关系、域名解析关系等；也可从中发现一些网络攻击信息，如 DDoS 攻击、域名劫持、恶意域名访问等。

3.1.2　端点遥测

主动探测和被动采集擅长捕捉网络通信行为和网络服务信息，但缺乏对端点信息的洞察能力。端点泛指用户终端和服务器，端点内部信息同样对安全攻防活动颇有裨益。端点遥测（telemetry）泛指对端点内的信息进行采集的技术。

运行于端点上的软件代理（agent）可以搜集端点环境中的各类配置信息、行为日志和测量指标，并将其上传到外部的某个中枢处理系统。遥测的理念来自工业领域的传感器技术，其功能取决于软件代理开发者的意图，可正可邪。防护产品和恶意软件可使用遥测技术。防护产品在用户知情的前提下在其终端部署软件代理，从而自动收集必要的信息资产配置信息，为威胁监控和风险管理活动提供支持，端点检测响应（Endpoint Detection & Response，EDR）就是这类防护产品的典型代表。木马和间谍软件则悄无声息地窃取端点上的数据。遥测还被用于网络性能诊断、员工行为监视、计算机取证等活动。相比网络侧数据采集，端点遥测的缺点是增大了本地的性能开销，对原有业务可能造成一些冲击。软件代理本身也可能沦为敏感数据泄露的风险点。

3.1.3　网空测绘

网络空间测绘（Cyberspace Surveying & Mapping，CSM），简称网空测绘或网络测绘，是指对网络空间的大规模信息探测、信息融合和信息绘制。不同于攻击者的目标探测和防御者的资产识别，网络空间测绘常有一种不设边界的意味，多以构建全球互联网 IP 知识库为目标。

网络测绘技术作为网络安全的重要基础技术，通过主动或被动探测的方法，来绘制网络空间上设备的网络节点和网络连接关系图，搜集网络 IP 活跃信息、网络端口开放信息、网络服务协议信息、网络组件版本信息、网络设备型号信息、网络节点拓扑信息和网络漏洞风险信息等。网络测绘结果通过可视化技术进行展示，可以形成网络攻防作战的"地图"，因此美军将网络测绘的结果称作"通用作战图"（Common Operation Picture，COP），我国也有监管部门提出"挂图作战"说法。一些网络测绘厂商会将测绘结果通过网络空间搜索引擎的方式提供出来，开放给广大用户进行查询，如 Shodan、FOFA、ZoomEye 等。企业可以通过网络测绘引擎确定自身的暴露面，监管机构可以借此开展安全风险摸排，而攻击者也可以据此进行肉鸡猎捕。最常见的网络测绘是对 IPv4 地址空间的扫描。IPv4 地址空间的规模相对有限，具有全网探测扫描的可行性。除此之外，还存在其他的探测目标，如移动通信网、IPv6 网、工业互联网等。ZoomEye 背后团队提出了"动态测绘"技术，这种测绘不再满足于绘制网络空间的最新状态，而是增加一个时间维度，记录不同历史时期的网络空间动态，以形成"动起来的清明上河图"。借助动态测绘的结果，可以洞见网络空间的演变和特定网络事件的发展历程。

大规模的网络测绘需要数量众多的采集节点协作完成，对算力的供给能力和调度策略提出了一定挑战。网络测绘技术的关键在于对网络指纹库的积累，它是识别网络设备和网络组件的基础，指纹库的质量和丰富度至关重要。一些网络设备，尤其是工业控制系统，大量采用非标准化的私有协议，是网络探测的一大难点。当 IPv6 推广普及后，庞大而稀疏的 IPv6 地址空间无法沿用针对 IPv4 空间的全网扫描技术，测绘者需要研究更为智能的策略。

3.1.4　插桩采集

插桩（instrumentation）技术是指使用自动化工具在程序中插入额外的监控测量逻辑，并保持程序原有功能不变，在程序运行时对外输出监测结果。这些监测结果的应用场景包括性能分析、故障诊断或行为观察。对于以 C/C++ 为代表的静态编程语言技术，一个应用程序的产生需要经过从人类可读的源代码到机器可运行的目标代码（或字节码）的编译过程，可在不同编译阶段进行插桩，从而有源代码插桩和目标代码插桩（二进制插桩）的区别。也可在程序运行之后进行插桩，这叫作动态插桩。插桩会在一定程度上降低程序性能。插桩也被用于网络安全防护，被插入的代码负责发现可疑的程序行为，从而进行相应的处置。

3.1.5　挂钩采集

挂钩（hooking）是指通过拦截软件模块间的函数调用或数据传递，执行额外代码，从而达到修改软件行为的目的。被执行的额外代码叫作钩子（hook），钩子的内容规定了程序行为该如何更改。钩子的典型功能包括采集调试信息和定制函数行为。挂钩通常是软件在设计时预留下的功能扩展机制，例如操作系统及一些基础软件都主动提供了挂钩机制，以一种你情我愿的方式配合用户在系统运行时插入钩子，从而定制软件功能。还有一些钩子是黑客通过篡改软件或数据强行挂入的，企图篡改系统正常行为。eBPF 是目前颇受关注的 hooking 技术。

挂钩机制可能会产生安全漏洞，给攻击者提供可乘之机。恶意程序会埋下有毒的钩子，甚至利用挂钩对抗主机中的安全管控软件。Rootkit 程序会使用挂钩机制隐藏恶意程序，使其无法被检测，通常做法是篡改掉可能暴露踪迹的 API 输出。挂钩也能为网络防御者所用，钩子可以采集程序的函数调用行为记录或数据传递信息，这些信息有助于辅助对恶意软件的检测。

3.1.6　样本采集

样本是被安全分析人员捕获的病毒文件。当反病毒分析师得到了样本，便会采用各种技术对其进行分析观察，以求加深对其族类的了解。样本分析技术包括静态分析和动态分析[122]。

静态分析是指在不运行样本的情况下对其进行解析。简单的静态分析类似于生理解剖过程，所提取的信息包括样本的"体貌特征"或"生理特点"，如文件类型、文件构造、所含文本串、所含图片、函数调用关系等[123]。一些反侦察意识很强的病毒作者会使用一些对抗技术，对静态分析工具进行干扰。这种技术包括资源混淆（obfuscation）、软件加壳（packing）、多态化（polymorphism）、变形化（metamorphism）等。资源混淆是指对病毒中包嵌的图片、文本等资源进行变异化处理。软件加壳是指用压缩、加密等方式更改其恶意程序主体。资源混淆和软件加壳的效果都是让静态分析工具无法正确识别相应内容，但当病毒被加载至内存执行时则会露出真身。多态化是指在不改变程序功能的前提下让程序具有大量不同文件形态的技术，以防止反病毒人员提取出通用的特征码。变形化是指让病毒在文件状态和内存状态时都拥有多态性。

动态分析是指为样本构造一个运行环境，并对样本的行为进行暗中观察和记录，比如访问了哪些文件、连接了哪些 IP、网络包是什么内容。这就好比对间谍进行跟踪监控，记录他都去了哪些地方、接触了哪些人、电话内容是什么。沙箱（sandbox）也叫沙盒，是一种计算机安全机制，可以为动态分析过程提供隔离环境，防止有害行为的外溢。沙箱环境会被程序的运行所更改，但很容易被重置复原，故此得名。沙箱需要足够逼真，不被病毒识别，因为一些聪明的病毒一旦发现自己身处沙箱环境，就会停止运行，以防暴露自己的意图和行为模式。动态分析的局限性在于，仅通过有限时空环境下的行为观察难以达到"路遥知马力，日久见人心"的效果。

逆向工程（reverse engineering）是一种代码层面的深度静态分析，类似于 DNA 分析。从代码到软件的创建过程包括编译和汇编，而逆向工程则按照相反顺序执行反汇编和反编译过程。反汇编器将二进制可执行文件转换为汇编语言，反编译器则进一步生成更具可读性的高级编程语言。逆向工程是极为烦琐耗时的，是揭秘病毒特征的最后手段，当简单静态分析和动态分析都已经铩羽而归时才适合启用。有专家认为逆向工程已经不属于病毒分析的范畴[124]。病毒作者可以针对反汇编和反编译技术开发"抗反汇编"和"抗反编译"技术，给逆向工程作梗，极大增加逆向工程的时间消耗和资源消耗。虽然挣扎过后都会被逆向工程师制服，但资源的对抗是网络安全的关键主线，让分析者身心俱疲已经达到了病毒作者的目的。

3.1.7　入侵侦察

侦察发生在攻击者正式对目标发起网络入侵活动之前。定向攻击团伙在进行目标侦察时，通常会包括这些工作：收集目标基本信息，确定关键人物，枚举暴露在外的系统，收集关键人的联络方式，探查目标系统的脆弱性等。由于战术差异，团伙可能会执行的侦察动作各不相同，一些常见的操作包括：持续性的信息收集，以掌握最新资料；在社交网络中挖掘关键人物信息，以制定鱼叉攻击方案；监测最新安全资讯，筛选出与目标系统相关的零日漏洞。由于对目标势在必得，定向攻击者必须穷尽一切手段直到发现目标的可利用漏洞。

机会攻击者是互联网上的猎手，四处搜索着暴露出弱点的猎物，Shodan 等开放的网空搜索引擎是其发现猎物的神器。当有了候选猎物名单后，定向攻击者也可进一步借助搜索引擎探测该目标的详情。谷歌骇侵术（Google hacking），也叫谷歌肉鸡术（Google dorking），是指利用谷歌搜索引擎中的高级操作符，在搜索结果中定位特定的文本字符串，可以发现包含特定漏洞的 Web 应用程序版本。一些不安全的站点还会在谷歌上暴露出文件列表。2004年出现了一个专门收集此类检索方法的谷歌骇侵数据库（GHDB），每一项检索模板被称作一个肉鸡术（dork）。当谷歌骇侵术流行后，这一概念被扩展到其他搜索引擎，如微软必应搜索或 Shodan 搜索。这种肉鸡猎捕手段可以整合到自动化工具中，让黑客团伙可以自动化地丰富自己的肉机库。2022 年 1 月，SafeBreach 公司的研究人员发帖称，谷歌旗下的恶意样本分析网站 VirusTotal（简称 VT）也可以被黑客用作肉鸡术网站。VT 是全球最负盛名的安全情报共享平台，几乎成为各国安全分析人员的必备工具。黑客可以通过 VT 获取大量的登录凭据信息，让众多受害站点对其门户大开。这是一种发现肉鸡的廉价方式，能够有效降低攻击者的运营成本，SafeBreach 将其命名为 VT 骇侵术（VT hacking）。

3.1.8　情报作业

情报（intelligence，简称 intel）一词有两类含义，其一是指一类信息，其特征是存在决策价值；其二是指一类作业活动，采用遥感、窃听、社交工程等手段对特定范围信息进行收集、分析和供应。本节的讨论针对第二类含义，此类作业活动多用于军事、国家安全以及商业竞争目的。

情报收集包含多个存在着一定交集的学科，如信号情报（Signals Intelligence，SIGINT）、人力情报（Human Intelligence，HUMINT）、开源情报（Open-Source Intelligence，OSINT）、地理空间情报（Geospatial Intelligence，GEOINT）、测量与特征情报（Measurement and Signature Intelligence，MASINT）、技术情报（Technical Intelligence，TECHINT）、财务情报（Financial Intelligence，FININT）等。这些名称多为美国军方命名，他们的情报收集能力已经达到了很

高的工程化、学科化层次。情报学科分类如图 3-1 所示。

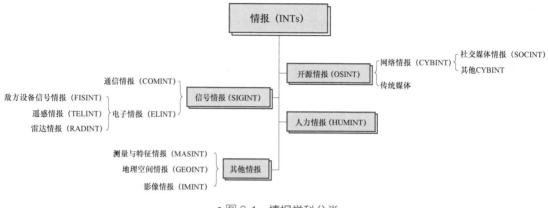

● 图 3-1　情报学科分类

SIGINT 作业的信息源包括电子设备或远程通信，二者分别对应 SIGINT 的两个子学科，即电子情报（Electronic Intelligence，ELINT）和通信情报（Communications Intelligence，COMINT）。ELINT 通过在受害者电子设备附近植入传感器实现情报收集，目标电子设备包括雷达、船舶、导弹系统或飞行器中的电子部件。即使这些电子部件没有连接互联网，ELINT 的传感器也可以通过对外发射电磁信号或声波信号，实现数据的窃取和外传。外国情报机构的典型 COMINT 活动是监听海底光缆，从而截获海量的通话和数据流量。这类手段的搜集能力非常强大，连一些国家政要都成为这种窃听的受害者。在手机中安装电话窃听软件也属于 COMINT 手段。美国国家安全局（NSA）已在其官网（www.nsa.gov）公开承认其主营业务就是 SIGINT。

HUMINT 强调情报是通过人际交往渠道获取的，如跟踪、欺骗、胁迫、收买、色诱、施虐等。HUMINT 通常来自秘密执行中的间谍活动。美国中央情报局（CIA）是知名的 HUMINT 作业机构。反情报（Counter Intelligence，CI）亦称反间谍、保密防谍，致力于对敌方的 HUMINT 进行甄别和反制。在情报战场，CI 与 HUMINT 互相策反渗透，形成犬牙交错的局面。

GEOINT 通过各类影像、遥感、地图学、地貌量计学等分析手段对地表人类活动进行跟踪。影像情报（Imagery Intelligence，IMINT）是 GEOINT 的子集，多通过卫星影像或航拍手段收集信息。MASINT 囊括了广泛的物理化学特征收集，包括雷达情报、激光情报、声学情报、核辐射情报、磁力情报、生物化学情报等，从而实现对静态或动态目标的检测、识别、定位和画像。一些 MASINT 从业者将自己比作美剧《犯罪现场调查》中的警察。TECHINT 主要关注外国武器装备等技术信息。FININT 关注特定团体的财务活动，多用于执法目的，如对逃税、洗钱或其他犯罪行为的检测。

OSINT 是指通过公开可查阅的来源收集情报，如印刷媒体、广播电视、网站、开放数据库、政府公报、学术报告、白皮书等。灰色文献（gray literature）是 OSINT 的主要渠道之一，它是指由专业出版商以外的组织发布的文献，区别于正式出版的白色文献和具有保密性的黑色文献。网络情报（Cyber Intelligence，CYBINT）是 OSINT 的子集，特指从网络空间中获取情报，也称数字网情报（Digital Network Intelligence，DNINT）。OSINT 看似最无门槛，既不用像 SIGINT 那样潜入大楼安装窃听器，也不需要像电影中的 HUMINT 那样动辄武打、枪战、飙车，但实际上，OSINT 会被大海捞针式的信息筛选难题深深困扰，从业者需要进行大量的分析和筛选，这伴随着高强度的脑力劳动。"OSINT 框架"网站（osintframework.com）收集了丰富的 OSINT 资源目录，为用户筛选情报渠道提供了便利。对于网络安全从业者而言，WHOIS 数据库、IP 查询网站、网络测绘搜索引擎、威胁情报查询网站都是常用的 OSINT 资源。

3.2 渗透攻击技术

根据 GB/T 25069 的定义，渗透是指绕过系统安全机制、未经授权的行为，攻击是指企图破坏、泄露、篡改、损伤、窃取、未授权访问或未授权使用资产的行为。本节将从威胁视角出发，对渗透攻击技术进行讨论。

渗透攻击手段种类繁多，常用手段有入侵、诱骗、劫持、拒绝服务、缓冲区溢出、提权等。其中，入侵是指通过猜测密码、窃取凭证等方式非法登录一个系统。诱骗是指通过技术或非技术的手段，对用户进行诱导、操控，从而实现攻击者的目的。劫持（Hijacking）是指对用户的 Web 会话、DNS 请求或其他操作过程进行接管，对合法用户和服务取而代之，实现欺诈、窃取等恶意目的。拒绝服务（Denial of Service，DoS）泛指一切破坏系统可用性的手段，比如通过漏洞利用让系统崩溃。狭义的 DoS 特指泛洪攻击，即通过向目标站点发送大量垃圾流量使得合法用户无法正常使用。缓冲区溢出是不良的代码逻辑对缓冲区的一种非法使用，通常是对缓冲区的数据填充超过了段的边界，使得其他数据或指令被覆盖掉，这会造成程序运行的异常或崩溃，甚至会导致程序被黑客劫持，实现提权等目的。提权包括纵向提权和横向提取，分别是指窃取管理员权限或同级别其他用户权限。

漏洞是攻击发起的门户。漏洞利用（Exploit，EXP）是指一个针对特定漏洞实施触发从而实现渗透的过程，也指代执行这一过程的恶意代码。用户打开被投毒的网页或文档后，EXP 代码就有机会被加载执行，在用户系统中获得一定权限，从而有了进一步入侵的施展空间。后续活动包括从攻击者站点中下载其他恶意软件，执行真正的窃取或破坏操作。EXP 的运行逻辑就是对漏洞感染机理的实现，常见的 EXP 技术包括堆栈溢出和 Web 脚本注入等。

3.2.1 社交工程

在所有的攻击媒介中，人性常被看作最薄弱的环节，人的本能反应、好奇心、盲信、贪婪、脆弱、懒惰均是可供攻击者利用的弱点。社会工程（social engineering）是指利用人性弱点实施欺骗、引诱或胁迫，套取有用数据或情报，从而实施网络入侵。这一概念最早是由著名黑客凯文·米特尼克在《反欺骗的艺术》一书中提出的。电信诈骗、仿冒网站、钓鱼邮件、人力情报（HUMINT）都可视作社会工程的子集。有研究称，大部分人在捡到 U 盘后，会欣然笑纳，这个 U 盘最终会被插入他的计算机，此时 U 盘中埋藏的病毒将有机会渗入其工作场所的网络，一些与互联网相隔离的工业网络就是因为这种原因遭到破坏的。

3.2.2　缓冲区溢出

EXP 技术可以一直追溯到 20 世纪 80 年代的缓冲区溢出技术。1988 年的莫里斯蠕虫利用了 UNIX 系统 finger 程序的缓冲区溢出漏洞之后，这种攻击方式开始臭名远扬。

栈区和堆区是程序所拥有的缓冲区的一部分。栈区除了用于存放临时对象外，也用于进程的执行调度。程序的执行常常出现复杂的分叉、嵌套、回溯流程，就像影视剧中一波三折的剧情线。如果程序存在栈溢出漏洞，栈中的数据可以通过越界访问的方式被覆盖、篡改，实现控制流劫持（Control-Flow Hijacking），诱导进程跳转执行攻击者埋入的恶意代码。这段代码用于执行攻击者的真实意图，被称作 shellcode。在 1996 年的论文 "Smashing The Stack For Fun And Profit" 中，缓冲区溢出后所执行的代码被用于获得系统的 shell（命令界面），故此得名，后来 shellcode 泛指在缓冲区溢出攻击中的任何植入代码。堆溢出是另一类缓冲区溢出，其原理是对用于内存管理的数据结构进行篡改，从而找到一次对任意地址写入任意信息的机会。除了控制流劫持外，缓冲区溢出攻击也可通过污染其他关键数据，实现程序崩溃、校验值篡改、提权等效果。

在缓冲区溢出攻击中，EXP 代码对 shellcode 进行承载。EXP 的核心功能是劫持进程的控制权，之后跳转去执行 shellcode。与 shellcode 具有一定的通用性不同，EXP 往往是针对特定漏洞而言的。

3.2.3　Web 漏洞利用

针对 Web 应用的漏洞利用方式也颇为常见。跨站脚本（Cross Site Script，XSS）攻击是指黑客利用网页上的 HTML 注入类漏洞，通过客户端代码（如运行于浏览器上的 JavaScript 代码）篡改网页，植入恶意脚本，从而在其他用户浏览网页时使其受到感染。跨站请求伪造（Cross Site Request Forgery，CSRF）攻击利用了网站对已登录用户浏览器的信任，操控该浏览器执行攻击者植入的违背用户本意的操作，也称单键攻击（one-click attack）或会话叠置（session riding）。点击劫持攻击（click jacking）通过构造具有视觉欺骗效果的网页诱导用户做出危险操作，如点击隐藏控件，从而执行非本意功能。SQL 是用于数据库的编程语言，SQL 注入攻击（SQL injection）是指攻击者在向网站输入数据时暗藏了 SQL 语句，利用网站应用程序漏洞造成这条语句被传递给数据库执行，以达成攻击目的。文件上传漏洞是指网站对用户上传的文件未做严格的安全检查，导致其中混入了恶意代码并被执行。会话劫持是指黑客窃用已登录用户的身份凭证信息，仿冒该用户执行恶意操作。Cookie 劫持是会话劫持中的一种，通过泄露的 Cookie 信息获取用户会话中的身份凭证[25]。

3.2.4　逻辑漏洞利用

逻辑漏洞是业务逻辑层面的漏洞，如越权访问、订单金额修改等、验证码回传等。防火墙、IPS 等传统的安全防护无法判断业务意图是否合法，对逻辑漏洞的防控力不从心。有些系统在设计时就存在逻辑缺陷，如将财务和出纳的权限赋予同一账号，这种风险是业务域风险向网络空间的投射，只能结合具体的业务常识才能发现。

授权类漏洞是常见的逻辑漏洞，它是指系统的实际授权结果违背设计者的初衷。典型的授权类漏洞利用包括垂直越权（vertical privilege escalation）和平行越权（horizontal privilege escalation）。垂直越权又称提权，是指低权限账号有途径攫取高权限账号才会被授予的权限，如视频网站的普通用户找到了观看会员专享视频的办法，又如普通账号通过篡改信息参数获得了管理员账号的权限。当黑客入侵一个系统并获得普通用户权限后，会寻找系统中的提权漏洞，提升到管理员权限。平行越权是指用户可以访问另一个同级用户的私有资源，如网盘用户能够浏览其他用户的网盘文件。

3.2.5　恶意软件分类

恶意软件（malware）又称恶意程序或恶意代码，是用于破坏计算机系统 CIA 要素的各类软件程序的统称。早期的恶意软件等同于计算机病毒（computer virus）。1990 年 malware 一词被发明后，计算机病毒概念开始狭义化，特指恶意软件的一个子类：感染器。不过，许多业内人士仍然习惯于将计算机病毒和恶意软件加以等同，本书为节省篇幅也会将恶意软件称作病毒。根据 Christopher Elisan 的方法，恶意软件按其行为特点可分类为感染器（infector）、网络蠕虫（network worm）、特洛伊木马（trojan horse）、后门（backdoor）、远程访问木马（Remote Access Trojan，RAT）、信息窃取器（information stealer）和勒索软件（ransomware）等[124]。现实中的单个恶意程序可以同时体现出上述多类行为，此时可按一定顺序选择其中一种主要行为进行命名。

感染器能够潜伏或寄生在存储媒体或程序里，可自我复制和传播，破坏计算机系统及其资源。每当出现新型的操作系统或软件平台时，相应的感染程序也会应运而生。因平台不同，感染程序主要包括可执行病毒、宏病毒和脚本病毒。可执行病毒是特定操作系统上的可执行程序。微软的 Windows 因为其用户数量之多，所以经常成为可执行病毒的攻击目标。其他操作系统如 Linux 和 macOS 也存在相应病毒，但是数量和种类远不如 Windows 平台。宏病毒是基于宏语言编写的病毒。宏语言是特定于某种应用程序（如微软 Office）的脚本语言。用户可以用宏语言编写脚本以驱动该应用程序自动化执行某些任务集，而宏病毒也通过同样的方式将该应用程序用作运行平台。微软的 Word、Excel、Access 等应用程序都出现了宏病毒。Word 宏病毒可以感染 Word 文档和模板，通常的目标是感染 Word 默认的模板文件 Normal. dot，进而感染所有其他新建的和已打开的 Word 文档。梅利莎（Melissa）蠕虫病毒就是一种典型的 Word 宏病毒，同时由于它具有网络传播能力，所以也被看作蠕虫。宏病毒是独立于操作系统的。这意味着如果支持宏的应用程序能够同时运行在 Windows 和 macOS 平台下，那么宏病毒在两个平台都会传播。VBA（Visual Basic for Application）是一种跨 Office 文件的宏语言，因此基于 VBA 的宏病毒能够对多种应用程序进行感染。脚本病毒是指用脚本语言编写的病毒，运行于该脚本语言所执行的环境，例如 JavaScript 病毒可运行于浏览器中。

网络蠕虫是一种独立的恶意软件，通过网络主动传播自己，进而感染其他计算机。蠕虫的复制不需要依赖于感染宿主文件。与一般的病毒不同，蠕虫几乎无须用户运行受感染的程序即会自我传播，传播力要强得多。蠕虫的传播媒介包括邮件、文件服务器、即时通信程序等。早期的蠕虫需要采用一些社交工程手段，例如即时通信蠕虫可以通过聊天软件向用户发送恶意链接，诱骗对方点击，而今天的互联网蠕虫通过直接扫描互联网对有漏洞的机器进行传播。

特洛伊木马，简称木马，是一种能伪装自身的恶意软件，经常将自己伪装成为无害、合法的游戏或工具，很容易诱骗用户去执行它。特洛伊木马的命名源于希腊人用来入侵特洛伊城的木马。木马的主要目的就是破坏，它可以破坏文件、软件或者操作系统本身。与病毒和蠕虫不同，木马通常不会感染其他文件，也不会试图复制自身进行传播。

后门是指留在软硬件系统中的恶意程序，它使攻击者能够绕过安全验证，访问已经失陷的系统。当攻击者攻陷一个系统后，经常留下一个后门，以便日后再次返回。后门通常要隐秘运行，成功的关键在于不被检测到。后门可以嵌入其他软件中，也可以是一个独立的可执行程序。

远程访问木马是一种恶意管理工具，它具有后门功能，让攻击者可以获取受感染主机上的高级权限。RAT 和传统后门之间的主要区别在于，RAT 具有用户界面和客户端组件，攻击者可以通过客户端组件向驻留在受感染主机中的服务器组件发出他想执行的命令，实现对目标主机的便捷操控[124]。

信息窃取器的主要功能就是窃取目标主机中的信息。信息的种类包括密码、金融账户、专有数据、私人信息和任何攻击者可以利用或者谋利的信息。最常见的信息窃取器有键盘记录器（keylogger）、桌面记录器（desktop recorder）和内存抓取器（memory scraper）等。键盘记录器可以记录用户敲击键盘的结果，存储下来以供后续检索，或者将其发送给攻击者自己的远程服务器。桌面记录器在被触发后，会截取桌面或者当前活动窗口的图片，触发方式可以是定时触发或者由特定事件（如鼠标点击或按下〈Enter〉键）触发。当用户使用虚拟键盘访问网上银行时，键盘记录器虽然无法窃取口令，但桌面记录器或许能完成这一目标。内存抓取器可以窃取内存中处理的信息，而数据在内存时是非加密的，因此内存是获取数据的绝佳位置[124]。

勒索软件是近年来非常流行的一类恶意程序。它可以劫持用户系统中的数据和资源，使系统失去可用性，并胁迫用户缴纳赎金。勒索软件常用的系统劫持方式包括用户锁定和文件系统加密。有些勒索团伙还会以曝光数据作为要挟。勒索团伙通常要求以虚拟货币方式进行赎金支付。

有人将所有的非病毒、非蠕虫类恶意程序统称为木马，其中还包括了银行类木马、键盘记录类木马、密码窃取木马、后门木马等，这是一种广义化定义。2000 年以后，随着互联网的不断发展，针对普通网民的主流恶意软件由病毒、蠕虫程序逐步转变为广义上的木马程序，恶意程序作者逐渐不再以炫技、破坏为目的，而是秘密潜伏在被控设备中，窃取数据或个人隐私，从而获取经济利益。这些木马程序行为低调，用户能够觉察到的恶意软件越来越少。

3.2.6　恶意软件的进化

以下按时间顺序对恶意软件进化史中的重要事件和里程碑进行介绍。

1949 年，冯·诺依曼（John von Neumann）在其论文《复杂自动机的理论和组织》（*Theory and Organization of Complicated Automata*）中，设想了一种会自我繁殖的程序，这被

后人公认为计算机病毒最早的理论原型。

1961 年，美国贝尔实验室的三位工程师道格拉斯·麦克罗伊（Douglas McIlroy）、老罗伯特·莫里斯（Robert Morris Sr.）和维克多·维索斯基（Victor Vyssotsky）在业余时间共同开发了一个叫达尔文（Darwin）的编程游戏。游戏中的双方各编写一组叫作"有机体"（organism）的计算机代码，输入同一台计算机中，并让这两组有机体互相"追杀"，最终"适者生存"。由于当时计算机采用磁芯作为内存储器，所以此类游戏在后来又被称为"磁芯大战"（core war）。达尔文游戏的原理与后来的病毒非常接近，因此也被普遍视作计算机病毒的实验室原型。老罗伯特·莫里斯在后来的职业生涯中成为美国国家安全局国家网络安全中心（NCSC）的首席科学家。

1971 年，BBN 公司的鲍勃·托马斯（Bob Thomas）创造了一个叫"爬行者"（Creeper）的实验性程序，它可以在阿帕网的 DEC PDP-10 主机之间移动。不久，雷·汤姆林森（Ray Tomlinson）对"爬行者"进行了改动，使其具有了跨主机的自我复制能力。汤姆林森版的"爬行者"被视为最早的计算机蠕虫，但它对数据并无破坏力，唯一效果是输出一条消息：我是爬行者，来抓我呀。雷·汤姆林森又编写了一个叫"收割者"（Reaper）的程序，它游走阿帕网并删除"爬行者"。"收割者"被视为第二个阿帕网蠕虫，同时又做了杀毒软件的工作。传闻称"爬行者"和"收割者"程序的灵感起源于达尔文游戏和 PARC 公司的蠕虫研究。雷·汤姆林森还是电子邮件的发明人，并创造出了 TCP 三次握手协议。

1975 年，约翰·布伦纳（John Brunner）出版小说《冲击波骑士》（*The Shockwave Rider*）。小说中出现了一个叫蠕虫的自我复制程序，可以在电子信息网络中收集数据。这是蠕虫这一术语的由来。

1977 年夏天，托马斯·捷·瑞安（Thomas J. Ryan）的科幻小说《P-1 的春天》在美国畅销，书中描写了一种可以在计算机中互相传染的病毒，病毒最后控制了 7000 台计算机，造成了一场灾难。这类科幻场景在未来将成为现实。

1982 年，第一个已知在野传播的计算机病毒 ELKCloner 诞生了，它是由美国宾夕法尼亚州 15 岁高中生里奇·斯克伦塔（Rich Skrenta）作为恶作剧编写的，感染 Apple Ⅱ 微型计算机。当时尚无计算机病毒这个名称，没有人知道该怎样称呼它。行话"在野"（In The Wild，ITW）是指一个恶意程序在不同地理位置的多个主机均有观测记录，这通常意味着广泛传播的事实。

1983 年，正在攻读博士学位的美国人弗雷德·科恩（Frederick Cohen）研制出一种在运行过程中可以自我复制的破坏性程序。1984 年，弗雷德·科恩在他的论文《计算机病毒——理论和实验》中引入"计算机病毒"一词。从那时起，恶意程序被称为计算机病毒。

1984 年，一款叫《磁芯大战》的编程游戏爆红。这款游戏受到了"爬行者"和"收割者"的启发，其创造者是 D. G. 琼斯（D. G. Jones）和 A. K. 杜德尼（A. K. Dewdney）。在游戏中两个或更多的战斗程序为了控制运行平台而竞争。从达尔文游戏开始算起，磁芯大战类游戏已经存在了二十多年，玩游戏的人只能看着屏幕上显示的战况，而不能做任何更改，一直到某一方的程序被另一方的程序完全吃掉为止，所以磁芯大战只能算是程序员们的一个玩具。用于游戏的程序具有很强的破坏性，因此长久以来，它是一个秘密的小圈子游戏。然而在 1983 年，计算机科学家肯·汤普逊（Ken Thompson）在一次公开演讲中泄露了磁芯大战的秘密，并公开证实了计算机病毒的存在。1984 年，A. K. 杜德尼在《科学美国人》杂志上进一步宣传磁芯大战，并以两美元作为费用向读者售卖该程序的编写原理。这样，潘多拉魔盒被打开了，计算机病毒技术开始在程序员群体中普及。此后，计算机病毒事件开始不断涌现。

1986年，第一款流行的 IBM PC 病毒"大脑病毒"（C-BRAIN）诞生。它由一对巴基斯坦兄弟编写。因为他们公司出售的软件时常被任意非法复制，使得购买正版软件的人越来越少。于是，兄弟二人便编写了大脑病毒来追踪和攻击非法使用其公司软件的人。这个病毒在当时并没有太大的杀伤力，但后来有人以 C-BRAIN 为蓝本制作出一些变形的病毒。

1988年11月2日，首个因特网大规模传播的蠕虫病毒爆发，它大约使60000台因特网上的主机中10%~20%受到感染，造成直接经济损失近亿美元。该病毒作者为美国康奈尔大学一年级学生罗伯特·塔潘·莫里斯（Robert Tappan Morris），他是老罗伯特·莫里斯的儿子。小莫里斯编写该病毒的初衷其实是为了向人们证明 BSD UNIX 系统存在漏洞，但病毒扩散的影响很快就超出了他的想象。具有讽刺意味的是，蠕虫本身包含一个软件缺陷，导致其复制自身的速度远远快于预期速度，使得受感染机器性能下降甚至宕机，从而暴露了该蠕虫的活动。这个互联网蠕虫最终被称为莫里斯蠕虫，它促成了世界上第一个计算机应急组织的诞生。小莫里斯成为美国第一个被《计算机欺诈与滥用法案》（CFAA 1986）起诉的对象。1990年5月5日，纽约州地方法院判处莫里斯三年缓刑、1万美元罚金以及400小时的社区义务服务。多年后，小莫里斯成为麻省理工学院计算机科学和人工智能实验室的一名终身教授。

1990年7月4日，以色列的计算机病毒专家 Yisrael Radai 在一封公开信中首创了恶意软件（malware）这个单词："特洛伊木马只是 malware（我杜撰了这个词来称呼特洛伊木马、病毒、蠕虫等）中的一小部分"。

1994年12月，文档宏病毒（DMV）诞生。它是第一个宏病毒，作者是 Joel McNamara，主要感染对象是 WinWord。DMV 证明了通过数据文件也可以传播病毒。在这之前，大部分人认为病毒只能通过可执行文件进行传播[124]。

2000年以后，随着互联网的发展，恶意软件开始以一种网络化的速度疯狂发展，网络病毒开始泛滥。"红色代码"（CodeRed）病毒是2001年爆发的一种网络蠕虫，感染运行 Microsoft IIS Web 服务的计算机。它将网络蠕虫、计算机病毒、木马程序合为一体，被称作划时代的病毒。2001年6月18日，微软公司通报了其 IIS 服务软件中的一个漏洞。IIS 软件是架设网站的最常用软件之一，因此这个漏洞引起了全球黑客的高度重视。7月13日，在一家叫作 eEye 数字安全的公司中，几名研究员发现了一种新的病毒，正是利用了这个 IIS 漏洞。他们当时正在饮用名叫"红码山露"（Code Red Mountain Dew）的饮料，因此将这个病毒命名为"红色代码"。7月18日午夜，"红色代码"大面积爆发，被攻击的计算机数量达到35.9万台，其中44%位于美国，11%在韩国，5%在中国。

2001年9月18日，CERT/CC 发布了第一份关于尼姆达蠕虫（Nimda）的公告。由于发布日期恰好在"9·11"事件一周后，一些媒体迅速开始猜测该蠕虫与基地组织之间的联系，尽管最终没有证据证明这一理论。尼姆达的名字来自"管理员"（admin）的颠倒拼写。它迅速蔓延，所造成的经济损失超过了之前诸如"红色代码"的记录。

2003年8月，冲击波蠕虫（Worm.Blaster 或 Lovesan，也有译为"疾风病毒"）席卷全球，它利用2003年7月21日公布的微软网络接口 RPC 漏洞进行传播。冲击波感染速度极快，一周内感染了全球约 80% 的计算机，成为历史上影响力最大的病毒之一。

2004 年 6 月，第一个手机病毒 Caribe-VZ/29a 被发现，主要感染诺基亚的塞班操作系统，并通过蓝牙进行传播。

2007 年 1 月，国产病毒"熊猫烧香"开始肆虐网络，感染计算机数量达百万台。该病毒的主要特点是：将计算机上所有可执行程序的图标改成熊猫举着三根香的图片。病毒可导致计算机系统乃至整个局域网瘫痪。

2010 年 6 月，震网病毒（Stuxnet）首次被发现。它是第一个专门定向攻击真实世界基础设施的蠕虫病毒。该病毒在伊朗工控系统潜伏多年，并通过感染超过 20 万台计算机以及导致 1000 台机器物理降级，对伊朗核计划造成了重大损害。这种病毒采用了多种先进技术，因此具有极强的隐身和破坏力。只要计算机操作员将被感染的 U 盘插入 USB 接口，这种病毒就会在神不知鬼不觉的情况下取得一些工业用计算机系统的控制权。

2016 年 10 月 21 日，由于提供域名解析服务的美国 Dyn 公司遭遇大规模的拒绝服务攻击，包括 Twitter、Shopify、Reddit 等在内的大量互联网知名网站数小时无法正常访问。这一攻击事件源自 Mirai 病毒所构建的庞大僵尸网络，随后 Mirai 病毒又出现了许多变种。Mirai 感染了网络摄像头等数以十万计的物联网设备。

2017 年 5 月 12 日，WannaCry 勒索病毒在全球爆发，波及 150 多个国家和地区、10 多万个组织和机构以及 30 多万台计算机。众多医院、教育机构以及政府部门遭受攻击。此次勒索病毒之所以造成严重损失，一个重要原因是美国国家安全局开发的"永恒之蓝"网络武器流入民间，被黑客利用，致使勒索病毒可以像蠕虫一样传播[125]。此后，勒索软件愈演愈烈，已发展为全球企业的主要安全威胁。

2021 年 5 月 7 日，美国主要燃油、燃气管道运营商 Colonial Pipeline 公司遭遇勒索软件攻击，最终导致其输油管道关闭。其管道始于得克萨斯州的休斯敦，终止于纽约港，贯穿 18 个州市，每天运送 250 万桶精炼汽油和航空燃料，覆盖了美国东海岸 45% 的燃料供应。

2021 年 7 月 2 日，美国软件供应商卡西亚（Kaseya）疑似遭受 Revil 勒索软件攻击。卡西亚为 40000 多家组织提供服务，攻击者入侵了卡西亚软件补丁和漏洞管理系统 VSA 服务器设备，锁定大量系统，并利用软件更新机制传播 Revil 勒索病毒，并威迫受害者支付约 7000 万美元（约合人民币 4.5 亿元）的赎金。该攻击导致包括瑞典最大杂货零售品牌在内的全球数百家企业启动紧急应急响应。

3.2.7　灰色软件

有一类介于正常软件和恶意软件之间的灰色软件（greyware），也叫风险软件（riskware）或 PUP（Potentially Unwanted Program）。它们游走于法律边缘，有变成恶意软件的潜力。这类软件包括间谍软件（spyware）、广告软件（adware）、黑客工具（hacker tool）及玩笑程序（joke）等。与信息窃取器不同，间谍软件被打包成商业产品出售，在一些地区可以合法购买，例如父母可以购买间谍软件监控孩子，企业通过间谍软件监控员工行为。广告软件通常以弹窗形式展示广告，有些广告软件会监控用户行为决定广告推荐策略，这会侵犯用户隐私。黑客工具是否存在危害性，取决于其用户拿它执行何种任务。一些用于企业网络运维的网络监控软件可算作黑客软件。如果它们落入攻击者之手，用来刺探企业网络环境，则成了有害程序。玩笑程序并非恶意软件，但过火的玩笑可能造成危险。

Rootkit 是指向其他程序提供越权访问及踪迹隐藏能力的工具，有时也指自身具备这种能力的程序。严格地说，Rootkit 不是恶意软件，同样的技术也被合法程序应用，因此可以将 Rootkit 归类为灰色软件。当恶意程序通过 Rootkit 获得高级特权时，它就在攻防对抗中有了优势。高特权的恶意程序可以肆意修改其他软件，例如让杀毒软件失效。

3.2.8　僵尸网络

僵尸网络（botnet）是大量受感染计算机相互通联所形成的组织，如图 3-2 所示。攻击者可以远程控制每一台机器，以执行恶意指令，例如发动 DDoS 攻击、滥发垃圾邮件等。受感染机器间的协同性是区分僵尸网络和其他恶意软件的重要特征。控制僵尸网络的攻击者称为主控机（botmaster），而受感染机器叫作被控机（bot）。主控机通过僵尸网络的多个 C&C（命令与控制）服务器向被控机发布命令。C&C 相当于僵尸主控机和广大被控机之间的中间管理层。如果被控机隐藏在内网中，没有暴露于互联网的访问接口，则它们需要主动向 C&C 定期发送心跳消息并接收任务指令。大型的僵尸网络还可以拥有多级 C&C，建立一种金字塔式的管理结构。大量的物联网设备在出厂时默认启用了弱口令，它们会被轻易转化到僵尸网络中。

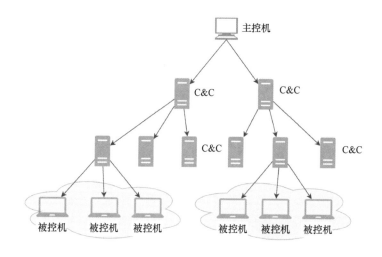

● 图 3-2　僵尸网络结构示意

3.2.9　TTP

TTP 模型将攻击手段自上而下划分为战术（tactics）、技术（techniques）和规程（procedures）三个层次，用于对攻击者的手法进行建模。战术代表了攻击者之所以要采取某种技术的战术目的和行为本质，而技术代表了实现上层战术目的所采取的执行手段。战术可以通过多种技术来实现，而同一技术也可支持多种战术。TTP 模型中的"规程"是技术的具体实现，会涉及具体的工具和步骤。一个技术可以对应多个规程，一个规程也可能会跨越

多种技术。注意 TTP 模型中的战术、技术和规程都属于我们日常讲的"技术"，因此有人将
TTP 中的技术译作"战技"以示区别。事实上，不仅攻击手段可以表达为 TTP，防御手段甚
至整个 ICT 体系都可以用 TTP 建模。MITRE 公司的 ATT&CK 是一个攻击 TTP 知识库，而
D3FEND 项目则包含了一个防御 TTP 知识库。

在 TTP 模型中，战术和技术都是抽象的、思想性的，而规程涉及实操。在规程层级，
技术工具的实际实现几乎总是背离其理想规格，这类现象的行话叫"坑"。例如，一些看似
合理的操作方式实际上不受支持，甚至会触发漏洞。在规程层级工作的技术人员必须花费大
量精力总结出"坑"的位置及规避方法，这一过程叫作"踩坑"。对"坑"的掌握将是技
术人员知识经验体系的重大组成部分。改变工具将带来不菲的工作成本，因为不仅需要重新
学习明面上的操作方法，还需要重新"踩坑"。ICT 初学者常陷入一个误区，就是将技术片
面理解为对具体工具的操作技能。技术论坛上经常出现对工具好坏的激辩。这些争论诚然有
助于让优秀的工具脱颖而出，让使用者找到适合自己的效率工具，但过度沉溺于这类争论会
浪费宝贵的时间，而一味地追求工具层面的学习也会限制个人专业发展的深度。工具的迭代
前赴后继，而原理层面的技术内容才具有广泛、持久的价值。

3.2.10　ATT&CK

ATT&CK（对手战术、技术和常识，Adversarial Tactics & Techniques & Common Knowledge）
是知名的红队 TTP 知识库。ATT&CK 知识库根据真实的观察数据来描述和分类对抗行为，
将各种攻击手法按照 TTP 模型进行组织，对战术、技术和规程进行枚举和编号，可应用于
攻防能力覆盖评估、APT 情报分析、威胁狩猎及攻击模拟等领域。例如，ATT&CK 中的
"凭证访问"（Credential Access，编号 TA0006）这一战术可以通过"中间人攻击"
（Adversary-in-the-Middle，编号 T1557）、"暴力破解"（Brute Force，编号 T1110）等多种技
术实现，而"中间人攻击"不仅可支持"凭据访问"战术，也可用于"采集"（Collection，
编号 TA0009）这一战术。技术又可进一步细分为子技术（sub-technique），例如"中间人攻
击"技术包括"LLMNR/NBT-NS 投毒与 SMB 接力"（编号 T1557.001）和"ARP 缓存投
毒"（编号 T1557.002）等多种子技术。ATT&CK 的"软件"列表试图对黑客工具和恶意软
件进行枚举，对应 TTP 模型中的规程。ATT&CK 技术可以链接到相关的 ATT&CK 软件。

ATT&CK 提出了三个威胁模型，分别为企业侧模型、移动侧模型和 ICS 模型，适用于不
同的网络环境，因此对应不同的 TTP 集合。截至本书成稿时，企业侧模型收录了 14 个战
术、193 个技术和 401 个子技术；移动侧模型收录了 14 个战术、66 个技术和 41 个子技术；
ICS 模型包括 12 个战术和 79 个技术，尚未收录子技术。这些模型对应的 TTP 集合可以根据
场景进一步筛选，例如移动侧模型 TTP 可以根据 iOS 和 Android 环境做筛选。图 3-3 代表了
企业侧模型中与容器环境相关的战、技术矩阵。

3.2.11　网络杀伤链

为了描述网络攻击的基本过程，网络安全领域从军事领域中引入了杀伤链（killchain）
的概念，称之为网络杀伤链。杀伤链是指为了实现对某个军事目标实施致命性打击所必需的

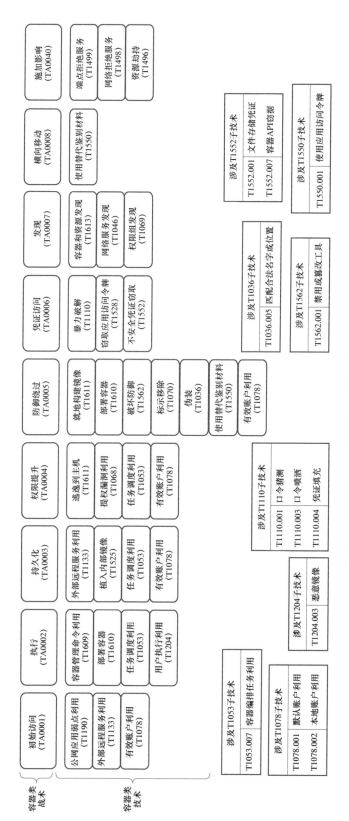

● 图 3-3 ATT&CK 企业侧模型容器环境相关的战、技术矩阵

一系列相互关联的步骤。美国洛克希德·马丁公司（简称洛马）的 Eric M. Hutchins 等人在 2011 年发表了著名白皮书《基于敌手行动和入侵杀伤链分析的情报驱动计算机网络防御》[13]，正式将杀伤链概念带入了网络安全主流社区。洛马公司的网络杀伤链模型将网络攻击分为七个阶段，见表 3-1。

表 3-1　洛马网络杀伤链网络攻击阶段

阶段	名　称	释　义
1	侦察跟踪（reconnaissance）	攻击者进行探测、识别及确定攻击目标的阶段。一般通过互联网进行信息收集，包括网站、邮箱、电话、社会工程学等一切可能相关的情报
2	武器构建（weaponization）	攻击者通过侦察跟踪阶段确定了目标并收集到足够的信息后，进入本阶段，对网络武器进行准备。网络武器由攻击者直接构建或使用自动化工具构建等，包括投递物及其载荷。PDF 和 Office 文档都是常用的投递物，载荷是投递物中的有效攻击代码。漏洞利用代码同远程访问木马相捆绑后，可用作投递物的载荷
3	载荷投递（delivery）	这是攻击者将构建完成的网络武器向目标进行投递的阶段。洛马公司的 CIRT 团队总结出了 APT 最常用的三大投递媒介，即邮件附件、网站和 USB 可移动存储
4	漏洞利用（exploitation）	攻击者将网络武器投递到目标系统后，触发恶意代码的执行。这一阶段一般会利用应用程序或操作系统的漏洞，有时甚至会直接针对用户本身进行利用
5	安装植入（installation）	攻击者在目标系统设置木马、后门等，从而实现持久化。相当于攻击方在目标系统中安插的"奸细"开始在环境中生根立足
6	命令与控制（C2）	"奸细"同"大本营"建立联络通道，实现命令和控制功能。对于 APT 而言，C2 一般是人工交互型的，而对于机会攻击者来说，需要通过自动化的 C2 掌管大量的肉鸡
7	目标达成（action on objectives）	攻击者在该主机上达到预期目标的阶段。攻击目标是多样化的，可能包括敏感信息搜集、数据破坏、系统摧毁等；也可以将当前主机作为跳板，在目标网络内横向移动，伺机攻击其他主机

防御者可以根据网络杀伤链模型，有针对性地设计安全对抗机制，在各个环节对攻击进行阻断。不过，洛马公司的杀伤链模型与灵活变化的真实入侵过程之间存在偏差。洛马模型过度强调边界渗透，忽视了渗透后的攻击动作。随着黑客的攻击角度越来越多，手法越来越复杂，这个模型逐渐无法满足实用需求。根据 Alert Logic 公司在 2018 年的一份研究报告，88% 的攻击者将杀伤链前 5 步合成为一步，导致一些前期防御机制失效。一些黑客直接通过合法凭据或者弱口令登录系统，显然没有载荷投递等步骤。

ATT&CK 框架在洛马杀伤链框架的基础上，构建出一套粒度更细的攻击行为模型，具有更为丰富的技术细节。目前，ATT&CK 企业侧模型将攻击手法划分到 14 个战术，每个战术类似于杀伤链中的一个阶段，见表 3-2。ATT&CK 中的 14 个战术并无严格的线性顺序。

表 3-2　ATT&CK 企业侧战术

战 术 名 称	编　　号	战 术 释 义
侦察（reconnaissance）	TA0043	攻击者试图收集信息，为未来行动的规划做准备
资源开发（resource development）	TA0042	攻击者试图建立资源，用于支持行动
初始访问（initial access）	TA0001	攻击者试图进入网络
执行（execution）	TA0002	攻击者试图运行恶意代码
持久化（persistence）	TA0003	攻击者试图建立立足点
权限提升（privilege escalation）	TA0004	攻击者试图获取更高权限
防御绕过（defense evasion）	TA0005	攻击者试图规避检测
凭证访问（credential access）	TA0006	攻击者试图窃取用户名和口令
发现（discovery）	TA0007	攻击者试图理解环境
横向移动（lateral movement）	TA0008	攻击者试图在环境中移动
采集（collection）	TA0009	攻击者试图收集对其目标有价值的数据
命令与控制（command & control）	TA0011	攻击者试图与被攻陷系统通信并控制它们
溢出（exfiltration）	TA0010	攻击者试图窃取数据
施加影响（impact）	TA0040	攻击者试图对系统和数据进行操控、中断或摧毁

2017 年 12 月，保罗·波尔斯（PaulPols）提出了统一杀伤链（Unified Kill Chain，UKC）模型[126]。该模型改进了洛马模型过度强调边界的缺陷以及 ATT&CK 战术缺乏时间顺序的不足，同时对攻击手法进行扩展，覆盖社交工程及流量跳转（pivoting）等手段。统一杀伤链模型将攻击过程分为 18 个步骤，这些步骤又被归类为三个阶段：寻找立足点——突破边界、站稳脚跟；扩大战果——攻击内部网络；采取行动——造成影响。在"寻找立足点"阶段，攻击者不断调整攻击手法继续尝试，直到达成目标。在"扩大战果"阶段，攻击者可能只是把立足点系统作为一个支点（pivot）来攻击内网中的其他系统。在"采取行动"阶段，攻击者使用已获得的系统权限来操纵、中断或破坏目标。

3.2.12　无文件攻击

攻击者为了逃避反病毒（AV）软件的文件扫描，创造出了无文件（fileless）攻击方式。这类攻击不在目标主机上投递任何文件，没有通常意义上的安装植入过程。早在 2012 年，卡巴斯基就在一份安全报告中介绍了新型木马 Lurk。Lurk 木马不会存储在受害者的计算机硬盘中，而是利用漏洞把它想要执行的指令逻辑写入 javaw.exe 进程的内存中执行。面对无文件恶意软件，AV 软件依靠文件签名进行特征匹配的传统方法失效了。

白利用是一种无文件攻击技术，利用系统预装的合法工具完成非法目的，从而逃避查杀。白利用对应多种 ATT&CK 技术，包括 T1127（利用授信开发工具代理执行）、T1216（利用授信签名脚本代理执行）及 T1218（利用授信签名二进制代理执行）。被用于白利用的程序叫作 LOLBins，被利用的脚本叫作 LOLScripts。其他的无文件技术还包括注册表驻留恶意软件、内存型恶意软件等。

3.2.13　隐秘信道

隐秘信道（Covert Channel，CC）是指已经侵入信息系统的攻击者隐秘传输其所窃数据的通信渠道。在谍战剧中，可以看到特工使用各种暗号传递情报的剧情，比如在阳台摆花，在茶叶里藏纸条，甚至敲打桌面暗传摩斯码。在信息系统中，窃密者需要发送的信息是 0 和 1 构成的比特流，可利用系统中的各种信号机制表达 0 和 1。隐秘信道攻击与侧信道攻击（Side Channel Attack，SCA）不同，侧信道攻击是指通过对系统工作时的物理量（如电量、声响、时长等）进行观测，反推还原其中信息流的过程；而在隐秘信道攻击中，信息已经被攻击者获取，但尚未实现溢出，攻击者需要将信息传输给同伙而不被安全机制所察觉。隐秘信道的检测较为困难，防御者需要摸排系统中的异常操作和异常流量，在感知蛛丝马迹后启动深入调查，或许会有所斩获。以下介绍三个隐秘信道攻击的假想案例，案例中的小明需要将情报传输给他的同伴小红。

1）小明想要将数据传输给在同一局域网的同伴小红，他假装依次同网内的不同 IP 地址通信，而两人已经事先约定好各个目标 IP 分别对应的 0/1 比特。例如，IP 地址尾号数字的奇偶性可分别代表 1 和 0。于是，小红就可以通过观测通信流量来还原出这些 0/1 信息串。小明也可以直接向小红发送数据包，数据包的内容是正常的，但隐秘信息被编码为数据包的长度或者发包间隔，使得小红能破译流量中的隐含内容。

2）小明和小红在同一信息系统中不同密级的工作区登录，二人约定，创建新账号这一动作代表 1，删除账号的动作代表 0。于是，高密级区的小明可以不断创建和删除账号，并将情报隐藏其中，而低密级区的小红则不断检测系统中的账号列表。这样，小明就能够突破保密限制，让高密级数据抵达低密级区域。

3）小明侵入某企业内网，而小红在外网。防火墙已封杀了除 DNS 和 HTTP 之外的出网流量。这时小红注册一个域名并维护该域名的权威服务器，小明假装对该域名下的子域名进行解析查询，这个查询流量被防火墙放行，但隐秘信息被隐藏到了子域名字符串中。小明的DNS 查询请求到达小红控制下的服务器后，子域名中的隐含信息被小红解译。

3.2.14　信标

信标（beacon）是指出于导航、预警等目的，由常设性设施所发出的信号。信标自古有之，烽火台、海上指明灯、浅滩灯塔、航空塔台都可以发出视觉信标，信标也可表现为声学信号或无线电信号。信标通常能表现出持续性甚至周期性，因此在网络空间中，客户端代理程序（agent）同服务端程序之间的定时性通信流量也被称作信标。例如，互联网时间同步程序、RSS 客户端、邮件客户端都会表现出周期性的信标行为。恶意程序通常需要同 C2 服务器进行定期通信，相应的通信流量也是典型的信标。这些信标流量是双向的，承载了肉鸡对 C2 的例行汇报和 C2 对肉鸡的任务分配，可以包含肉鸡上传的溢出数据和 C2 下发的攻击载荷。恶意程序的信标通道被看作一种隐秘信道。

由于恶意程序的信标会表现出周期性，防御者可以通过数学方法量化分析各个程序对外通信行为的周期化程度，从而检测到恶意程序的踪迹，这一过程叫作信标检测。合法程序也会产生信标流量，因此必须结合其他手段对合法的信标进行排除。高级的恶意软件为了规避信标检测，会故意在通信间隔中引入波动性噪声，或者随机在多个 C2 端选择其一进行工作通信，从而掩盖通信节奏的周期性。为此，检测分析程序也需要做出相应的数学处理。例如，检测程序在统计某软件的对外通信间隔时，可以进行一定的离散化处理，将略有差别的通信间隔近似化为等长的值，从而实现一定的去噪效果[127]。

3.2.15　密码分析

信号情报作业所收集到的数据常常是加密的，这时就需要采用密码分析技术（cryptanalysis）进行信息挖掘。密码分析相当于大众所说的密码破解，是指密码攻击者在不知道解密密钥的情况下尽可能地从中攫取有用信息。根据最终成果的不同，密码分析的结果可分为如下几类：完全破解，即攻击者推理出了密钥；全局演绎，即攻击者获得一个和加解密相当的算法，但并未得到密钥；局部演绎，即攻击者获得了此前并未掌握的明文（或密文）；信息演绎，即攻击者获得了一些关于明文（或密文）的香农信息；算法分辨，即攻击者能够区别加密算法和随机排列。

密码分析通常是从数学角度对密码算法的弱点进行利用，广义的密码分析还包括对密码协议的绕过或对密码系统的攻击。通常假定密码算法是不保密的，属于攻击者的先验知识。结合 HUMINT 手段，攻击者还可以得到更多先验知识，这有助于产出更多结果。根据先验知识的掌握度，密码分析任务可分为：

- 唯密文攻击，即攻击者仅能获得一些密文作为素材；
- 已知明文攻击，即攻击者已掌握一些明、密文配对；
- 选择明文攻击，即攻击者可任拟明文并从系统中获得对应密文，若攻击者可迭代执行该步骤则称为适应性选择明文攻击；
- 选择密文攻击，任拟密文并从系统中获得对应明文；
- 相关钥匙攻击，攻击者可以得到被两个不同的密钥所加密（或解密）的密文（或明文），虽无法掌握这两个密钥，却了解二者的数值关系，如仅相差一个比特。

3.2.16　渗透测试

渗透测试（Penetration Testing，PT）是指主动对目标机构的计算机系统进行渗透，从而检验其安全性的方法。通过渗透测试可以知道目标机构的计算机系统是否易于受到攻击，现有的安全部署是否能妥善地抵御攻击，以及哪部分安全机制可能被绕过，等等。渗透测试是模仿攻击者的自我攻击实验，而不是真正的网络入侵，不过既然是模仿，二者的原理和过程多有相似。渗透测试可分为内部测试和外部测试。在内部测试中，测试者可以掌握更多关于环境的内部知识，能以更小的代价发现和验证系统中更多的安全漏洞。外部测试是指从远程网络位置模拟真实的外部攻击。外部测试更加逼真有效，但成本较大。

渗透测试执行标准（Penetration Testing Execution Standard，PTES）是渗透测试领域的一个事实标准，通过建立起渗透测试准则基线，对渗透测试过程加以规范。PTES 所定义的渗透测试过程主要包括 7 个阶段：前期交互（pre-engagement interaction）、情报搜集（information gathering)、威胁建模（threat modeling）、漏洞分析（vulnerability analysis）、渗透攻击（exploitation）、后渗透（post exploitation）、报告编写。在前期交互阶段，测试团队与客户共同确定测试的范围、目标、限制条件及服务细节。在情报搜集阶段，测试团队可以利用各种信息源与技术，尝试获取更多关于目标组织网络拓扑、系统配置与安全防御措施的信息，进而针对以上信息进行威胁建模与攻击规划，确定攻击方法、所需额外信息和攻击通道。在漏洞分析阶段，测试团队对前期发现的漏洞进行验证，甚至挖掘出新的漏洞，并获取相应的 EXP。在渗透攻击环节，测试团队执行 EXP，进入系统并获得访问控制权。此后进入后渗透阶段，测试者确定被攻陷的机器的价值，并建立持久化据点以便后续使用。整个渗透测试过程最终向客户提交一份渗透测试报告，以指导客户修复测试中发现的问题[128]。

3.2.17　自动化渗透

在对大型网络进行渗透测试的时候，往往需要使用自动化渗透测试框架来代替手工测试。如果渗透测试工程师手动对每一台计算机进行测试，那么将会耗费大量的时间和精力。这种复杂情况正是渗透测试框架可以缓解的，它能接受用户配置，然后自动执行渗透测试过程中相当多的环节[129]。

Metasploit 是目前使用最广泛的渗透测试框架之一，常被缩写为 msf。Metasploit 最初由 H. D. Moore 开发和构思。2003 年 10 月，他发布了第一版基于 Perl 的 Metasploit，共包含 11 个漏洞利用。在 Spoonm 的帮助下，Moore 于 2004 年 4 月发布了该项目的完全重写版 Metasploit 2.0。这个版本包括 19 个漏洞利用和超过 27 个载荷。本次发布后不久，马特·米勒（Matt Miller）加入了 Metasploit 开发团队。2004 年 8 月，在拉斯维加斯黑帽简报（Black Hat Briefings）交流会上，Metasploit 因其简单易用的特性，受到了众黑客的赞许，并吸引了美国国防部和 NSA 的关注。2007 年，Metasploit 团队发布了用 Ruby 语言编写的 Metasploit 3.0。2009 年 10 月 21 日，Metasploit 被漏洞扫描领域的 Rapid7 公司收购。

DeepExploit 是一种基于强化学习的自动化渗透框架，由日本的一家名为 MBSD 的公司研发，在自动化渗透方向有一定知名度。DeepExploit 底层使用 Metasploit 进行渗透，使用强化学习技术来提升渗透效率，可以达到"给定目标 IP，输出 shell"的效果，除了权限维持这一功能外，其他步骤均已实现全自动。

Cobalt Strike（简称 CS）是一款商用渗透测试平台，集成了端口转发、服务扫描、自动化溢出、木马生成、信标回连等红队常用功能，覆盖了从武器构建到命令控制的多个攻击阶段，功能强大，扩展性强，且易于使用。CS 目前已成为最受欢迎的红队工具之一，甚至也被真正的网络攻击团伙所使用。CS 采用 C/S（客户端/服务端）架构。服务端模仿了 C2（命令与控制）端，接收客户端的连接请求。在后渗透阶段，CS 在目标主机上植入一个后门，通过隐秘信道回连 C2。CS 向目标主机植入的攻击载荷称作 beacon，注意这一用法仅适用于 CS 产品，通常说的 beacon 是指后门回连 C2 的会话。CS 的 beacon 分为安置器（stager）和完整后门两类。安置器的功能较为简单，只是执行简单的环境查看，再回连到 C2，请求下载完整后门。后门回连 C2 所调用的 CS 通信模块称作监听器（listener）。对监听器的配置信息包括 C2 的地址和回连协议。可以同时对监听器配置多个 C2 地址以增强回连过程的健壮性。监听器支持的网络协议包括 DNS、HTTP、HTTPS、SMB 等。

3.3 威胁检测技术

威胁检测是对网络入侵者的发现过程。本节对威胁检测技术进行介绍，涵盖了入侵检测系统（Intrusion Detection System，IDS）、反病毒（Anti-Virus，AV）和其他安全审计系统所使用的各类检测技术。AV 起初只是检测查杀感染型病毒，俗称杀毒，后来泛指对一切恶意程序的识别技术。IDS 用于在网络或主机环境中实时发现入侵行为的痕迹。安全审计是指通过系统性的日志分析手段实现回溯性的威胁发现。这三类系统互相之间存在一定交集。

3.3.1 误用检测与异常检测

根据检测方法和安全策略的差异，威胁检测方法可分为异常检测和误用检测。若将威胁检测能力比作人体的免疫系统，误用检测就好比针对已知的病原体特征来开发疫苗，而异常检测则更像人体的免疫排斥力，通过认识"自己"来识别"非己"。

误用检测系统也称为基于知识的检测，它通过收集非正常操作的行为特征，建立相关的特征库，当检测的用户或系统行为与库中的记录相匹配时，即认为这种行为是入侵。它根据已知入侵攻击的信息（知识、模式等）来检测系统中的入侵和攻击，其前提是假定所有入侵行为和手段都能识别并表示成一种模式（攻击签名），使得所有已知的入侵都可以用匹配的方法发现。如何表达入侵的模式，以及把真正的入侵和正常行为区分开来是其关键。误用检测的优点是误报率低，对计算能力要求不高，局限在于只能发现已知攻击，对未知攻击无能为力，且模式库难以统一定义，特征库也必须不断更新[130]。

信息系统有其正常的行为特点，而当它们被攻击者劫持时，可能会表现出异常。这是异常检测的原理。例如，某公司发现其打印机某服务端口的流量异常增大，难以解释，深入调查后发现了网络入侵行为。在异常检测领域，实体行为模式的样板称作行为基线，是通过对该实体历史行为的观察、归纳而建立的画像轮廓。该样板与实体当前行为的量化偏差被用于发现实体的行为异常，这类异常检测手段称作基线检测。这里的假设是，对基线的过大偏离有较高概率（但不必然）意味着网络入侵。例如，某台主机如果发生流量激增，其近期流量水平会偏离历史基线，于是异常检测程序可以发出一个流量异常告警。又如，用户的文件下载行为数据量分布和时间节律模式可以构建一种基线，若在某个通常不上班的时段某用户突然下载了远超正常水平的数据，则可以触发告警。

以流量为观察对象的异常检测通常与深度流检测（DFI）技术搭配使用。DFI 被用于抽取各类流量特征，如各会话的总体流量、最大瞬时流量、持续时长等，或者各个通信 IP 的并发会话数、流量时段特征、流量协议分布、远端端口流量分布、流量周期性特征等。这些特征都有助于研判异常行为的发生。

3.3.2 反病毒（AV）

互联网的发展伴随着恶意软件的泛滥，用于对抗恶意软件的 AV 技术也随之兴起。世界上第一个具有 AV 能力的程序是上文介绍的 reaper，它是由雷·汤姆林森创造于 1971 年的实验品，用于杀灭同属实验品的 creeper 蠕虫。

商业化 AV 产品兴起于 20 世纪 80 年代末。1987 年，德国计算机安全专家伯纳德·罗伯特·菲克斯（Bernd Robert Fix）为 DOS 操作系统开发了一个专杀维也纳（Vienna）病毒的程序，这是最早的在野病毒查杀记录。大约在同一时间，德国公司 G Data Software AG 发布了第一款用于 Atari ST 计算机的 AV 软件，随后又推出了"终极病毒杀手（UVK）2000"程序。McAfee 公司也成立于 1987 年，在年底前发布了 VirusScan 的首个版本。同样是在 1987 年，彼得·帕斯科（Peter Paško）、米罗斯拉夫·特恩卡（Miroslav Trnka）和鲁道夫·赫鲁布（Rudolf Hrub）在捷克斯洛伐克研发出 NOD32 防毒软件。德国网络安全公司 Avira 成立于 1986 年，但直到两年后才推出其第一个版本的 AV。捷克斯洛伐克网络安全公司 Avast 于 1988 年成立，并在同年发布其首个 AV 产品。1988 年秋天，艾伦·所罗门（Alan Solomon）成立 S&S 国际公司，并创建"所罗门博士的反病毒工具包"。20 世纪 80 年代末的中国尚未接入互联网，通常使用一种叫"防病毒卡"的硬件来对付病毒。这种卡可以插在主机的扩展槽上，在计算机上电自检的时候把程序挂在系统上，但升级病毒库则需要把卡寄回。1989 年，在工厂工作的王江民因为自己编写的工控软件遭受病毒感染，而开发了中国最早的杀毒软件程序。到了 20 世纪 90 年代，AV 行业开始快速增长。1990 年，"熊猫安全"公司在西班牙成立。1991 年，赛门铁克发布了第一款诺顿（Norton）AV 软件。同年，荷兰网络安全公司 AVG 科技成立，并于次年发布了第一款 AVG 防病毒产品。1992 年，NOD32 杀毒软件的作者创立了 ESET，这是一家总部位于捷克斯洛伐克的公司。1996 年，Bitdefender（比特梵德）在罗马尼亚成立，同年江民科技在北京正式注册。1997 年，尤金·卡巴斯基（Eugene Kaspersky）夫妇在莫斯科创立了卡巴斯基实验室。1998 年 4 月，瑞星公司正式成立。1999 年，金山毒霸发布第一个版本。2005 年，总部位于芬兰的 F-Secure 公司开发了世界首款反 rootkit 工具 BlackLight。

随着计算机病毒的演化，AV 检测技术也在不停迭代。目前 AV 技术体系分为前端和后端两部分，分别扮演触手和大脑的角色。早期的 AV 只包含前端部分，该部分以 AV 引擎技术为核心，工作于主机内部。21 世纪初大规模网络蠕虫爆发的趋势将攻防战场延伸到了网络侧，使得网络侧 AV 引擎发展成熟，对恶意软件的载荷、行为和网络地址特征进行检测追捕。在云计算和大数据技术兴起后，AV 的重点开始转向后端，依托大规模算力实现对海量样本的分析[131]。

第一代 AV 引擎以特征码技术为核心。所谓特征码，是指病毒分析工程师从病毒程序中找到并截取出来的一段类似于"关键词"的程序代码。特征码引擎的基本原理就是特征码匹配。AV 软件所掌握的所有特征码组成了病毒特征库。AV 引擎使用特征库的特征码与计算机上的文件或程序进行匹配，如果发现文件程序代码被某特征码命中，就判为病毒，然后报警和处置。1994 年，王江民面对病毒的不断变种，自主研发了广谱特征码技术。广谱特征码是指同时出现在多类病毒程序中的通用特征字符串，能达到用一个特征码查杀多个病毒的功效。当时，这种技术对于处理某些变形的病毒提供了一种有效的方法，但同时也使误报率有所上升。

特征库匹配是查杀已知病毒很有效的一项技术，现代杀毒软件也普遍使用特征码引擎。但是，特征码查杀技术也存在一些明显的局限性：它对未知病毒无能为力，加之病毒特征库更新周期较长，所以新出现不久的木马病毒也会被忽视；特征码的分析与收集几乎完全依靠人力，很难适应木马病毒数量的快速增长；病毒特征库的规模会随着时间的推移而近乎无限增长，从而导致计算机运行速度越来越慢；在特征库已知的情况下，攻击者可以通过编写不含特征码的病毒程序来绕过 AV 查杀。所以，尽管特征码技术今天仍在使用，但已经很难单独有效发挥作用[132]。

在计算机行业中，启发式（heuristic）意味着采用不严谨的试错性推理过程，这类方法往往能够比严谨的标准化方法更快地解决问题。启发式思想也被应用于 AV 引擎，通过行为判断、文件结构分析等手段，在较少依赖特征库的情况下也能够查杀未知的木马病毒。启发式杀毒引擎克服了特征码技术严重依赖特征库的弊端，但也伴随着更高的误杀率。1987 年底，罗斯·格林伯格（Ross Greenberg）和埃尔文·兰廷（Erwin Lanting）分别发布了两款杀毒工具 FlushShot Plus 和 Anti4us。虽然这两款 AV 已经不再使用，但它们被认为是最早的启发式杀毒软件。2005 年 3 月，我国微点公司研制出了基于"主动防御"技术的 AV 产品，其实质是一种启发式 AV。根据微点官网介绍，主动防御是基于程序行为自主分析判断的实时防护技术，不以病毒的特征码作为判断病毒的依据，而是从最原始的病毒定义出发，直接将程序的行为作为判断病毒的依据。微点的主动防御技术用软件自动实现了反病毒专家分析判断病毒的过程，解决了杀毒软件无法防杀未知木马和新病毒的弊端。需要注意的是，目前"主动防御"一词一般用于其他含义。

2008 年以后，随着木马数量的急剧增加和云计算的兴起，AV 开始采用云查杀技术，即将庞大的特征库和耗时的特征比对从前端移到后端，将主机侧的工作卸载到云端。云查杀技术让杀毒软件变得轻小灵活。2008 年 2 月，McAfee 在 VirusScan 中添加了基于云的反恶意软件功能，称其为 Artemis。

2010 年以后，以 AI 技术为代表的反病毒技术逐渐崭露头角。与传统的特征码技术不同，基于 AI 的杀毒引擎，并不是通过人工分析所选取的程序特征代码来鉴别病毒的，而是通过程序文件多种维度的数学特征、行为特征和代码特征形成规则来判断。2010 年 11 月，360 公司向业界公布了基于 AI 的反病毒引擎 QVM（Qihoo Support Vector Machine，奇虎支持向量机），将机器学习的理论用于未知病毒识别，无须频繁升级特征库，就能杀灭一些加壳和变种病毒。

3.3.3　HIDS 与 NIDS

入侵检测系统（Intrusion Detection System，IDS）是一种对信息系统的安全状态进行即时监视的安全控制系统。IDS 在发现可疑传输时发出警报或者采取主动反应措施，对各种事件进行分析并从中发现违反安全策略的行为。根据工作环境和信息来源的不同，IDS 分为基于网络的 IDS（NIDS）和基于主机的 IDS（HIDS）。企业可以搭配使用多个 NIDS 和多个 HIDS，构成分布式 IDS。

HIDS 监控一个主机内部的状态。它的信息来源包括日志文件和内存状态，前者包括操作系统日志和应用日志，后者包括一些关键的数据结构。文件系统的属性状态也可纳入监控，用于识别对文件的异常改动。在各类信息来源的基础上，HIDS 将对主机内的主体行为和客体状态进行分析理解，从而发现外部入侵痕迹和内部违规操作。误用检测和异常检测都是 HIDS 采用的方法。基于误用检测的 HIDS 依赖于将已知的攻击模式归纳成识别规则，用于在信息源中匹配系统实际发生的事实。例如，HIDS 可以在日志中搜寻代表网络入侵的标示性关键词，一旦命中就可以发出预警。基于异常检测的 HIDS 体现为将系统中的可信行为归纳为基线，用于在日志中识别对可信行为的偏离；或者将客体的合法状态提取为校验值，用于检测篡改。例如，如果同一账号同日内在多地登录，这一行为模式是对行为基线的偏离，可能意味着入侵。又比如，HIDS 可以预先计算重要配置文件的 MD5 校验值，进而监测这些文件的校验值是否发生了变动：变动可能意味着完整性的破坏。商业化的 AV 解决方案经常包含 HIDS 的功能，使得 AV 和 HIDS 的边界变得模糊。

NIDS 的数据源是网络上的原始数据包，利用网卡实时监视并分析网络流量，不依赖于被监测系统的主机操作系统，能补充 HIDS 的视角，且具有较好的隐蔽性。虽然攻击手法复杂多变，但一个完整的杀伤链通常都要在某个阶段执行网络通信，从而进入 NIDS 的视野。网络侧威胁检测的核心方法可以概括为以下三种：载荷检测，即对病毒体的检测，例如传输中的可执行文件、脚本、溢出文档和溢出包等；行为检测，对恶意代码心跳、控制、数据回传等的检测；地址检测，对域名、URL 和 C&C 地址的检测等[131]。NIDS 的局限在于难以实现对加密流量的内容分析，对某些恶意流量无法甄别。

3.3.4 白名单检测

白名单检测可以看作异常检测技术的极端情形，"捉拿"所有不在白名单上的程序，粗暴有力而又容易误杀。幸运的是，典型的企业网络环境相对单纯，这让建立一套白名单机制变得可行。在 2012 年的"火焰"（Flame）病毒事件中，伊朗 CERT 团队称病毒成功绕过 43 款不同的 AV、IPS 和 IDS 方案，相关厂商全都是行业翘楚。然而一家叫 Bit9 的 AV 公司却声称成功帮客户抵御了 Flame。Bit9 公司的秘诀就是白名单机制。iOS 系统本身只允许 App Store 中的应用运行，这也是白名单防护思维的体现。

攻击团伙为了提高"业务水平"，会主动获取 AV 等威胁检测产品进行研究，针对性地打磨自己的技法。由于商业化的威胁检测产品太容易获取，它们不幸地成为攻击者的标靶，岌岌可危，而基于白名单的检查产品则更能抵抗这种定向突破。白名单检测的实施难点在于高质量白名单的建立和维护，这是浩大的工程，一旦做不好就会因产生过多的误杀而为用户所不容。Bit9 产品在具体实施上也是耐心地收集文件 Hash，并维护一个庞大的中央白名单数据库，里面应该包含有已知的可信任软件，及其分级、文件权限等信息。

3.3.5 IoC

失陷标示（Indicator of Compromise，IoC）是遗留在网络攻击现场上的作案特征。IoC 的具体表现形式包括文件哈希、IP 地址、域名、网络工件指纹特征、样本特征码等。安全分析人员在对具体的攻击团伙进行深入分析后，可以提取出一些 IoC 特征，用作误用检测系统的输入。一旦某个主机表现出的行为匹配到了这些 IoC 之一，即可怀疑已被入侵。例如，主机上的 IoC 匹配情景可以包括主机文件命中了特定文件哈希值，或者主机进程与特定 IP 进行通信，或者主机程序对特定域名发起了解析请求。IoC 可以作为威胁情报共享给其他企业，以协助对方快速发现网络入侵。

虽然 IoC 检测在实践中颇为常用，但其局限性也非常明显。基于 IoC 的入侵检测是可以被绕过的。无文件攻击过程中不会产生文件哈希，也就无从体现出这类 IoC 特征。一些攻击团伙的恶意代码会产生大量的变种，安全防御者对海量样本的 IoC 特征捕捉将遇到困难。采用域名生成自动化（DGA）技术的恶意程序会不断产生新的域名，使得域名类的 IoC 快速失效，难以跟进新域名变化的速度。IoC 的提取需要安全专家的劳动，新型威胁的产生与 IoC 的提取总是存在迟滞。因此 IoC 检测无法识别最新的威胁类型，只对"已知威胁"有效，并且只对已知威胁中变化相对迟缓的那部分有效，被视为后发性（reactive）防御手段。IoC 往往在系统失陷后才会浮现，对入侵早期阶段的检测效果并不理想，多用于事后的调查取证。

威胁情报厂商提供的 IoC 数据集并非规模越大越好，如果数据集中包含大量无效、失效、低风险的条目，则会无谓消耗检测设备的资源。因此有必要建立对 IoC 数据集的质量度量标准。该类标准可协助 CTI 消费者分析不同数据源的质量，也可被 CTI 生产者用来证明自身能力。2020 年 8 月，360 公司提出了一套评估恶意域名 IoC 数据集的方法，包括 11 条静态指标和 8 条动态指标（https：//assess-ioc. netlab. 360. com/assess），其中动态指标与域名的请求热度有关，静态指标则与之无关。例如，覆盖恶意程序家族的数量是 IoC 数据集的一个静态指标，而域名的总请求数属于动态指标。

3.3.6　TTP 检测与 IoB

攻击者将一直变化自己的攻击手段，以逃避防御者的检测和归因；而防御者则在不断探索攻击者的新手段，以升级自己的检测方法，双方陷入了猫捉老鼠的游戏。对攻击者而言，工件痕迹的改变代价很低。攻击者使用的恶意程序可以轻易变更文件哈希，他们使用的域名和 IP 也可以以不高的成本发生变更。相比而言，红队工具的变更代价略高一些，但仍在可接受范围内。然而，攻击者 TTP（战术、技术和规程）的重新设计则伴随着可观开销和耗时过程，需要引入方法论层面的重大革新。SANS 研究所的 DavidBianco 提出了一个叫"痛苦金字塔"（pyramid of pain）的概念模型[133]，描述了 6 类威胁情报标示给攻击者带来的不同痛苦程度，自低到高依次为：文件哈希、IP、域名、网络/主机工件指纹、工具特征和TTP，如图 3-4 所示。较高层级的标示更多用于战略层面的防御规划而非操作层面的失陷检测，已不能称作 IoC。

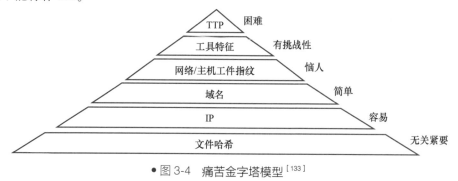

● 图 3-4　痛苦金字塔模型[133]

处于金字塔顶端的标示类别是 TTP，它是对攻击者战术、技术手法的描述。例如，若发现一个低权限进程拥有一个高权限子进程时，可进一步判断是否发生了提权（ATT&CK

TA0004）行为；如果发现同一用户在同一主机使用另一用户的身份以获取某资源，可能意味着哈希传递攻击（ATT&CK T1550.002）；如果一个进程对大量不同域名发起解析请求，只有少数请求偶尔可成功解析，这与 DGA（域名生成自动化，ATT&CK T1568.002）行为相符。TTP 比更低金字塔层级的 IoC 更为抽象。相比于 IoC 的变化无穷，TTP 的数量是非常有限的。可想而知，成功的 TTP 识别技术会使攻击者难以逃脱。但 TTP 检测的缺点在于对行为模式的归纳存在难度。

TTP 检测的结果是攻击者的一个行为序列，称作行为标示（Indicator of Behavior，IoB），也叫攻击标示（Indicator of Attack，IoA）。IoB 的具体形态并无严格定义，可以细致到规程层次粒度的描述信息，也可粗略到战技粒度，但独立于具体工件。例如，一个 IoB 可能是这样一个行为序列：鱼叉钓鱼附件（Spearphishing Attachment，ATT&CK T1566.001），使用微软 Word 附件；调用 Powershell（ATT&CK T1059.001）；运行时下载新代码（ATT&CK T1407）；利用 Windows 任务调度器（ATT&CK T1053.005）。可以设计一种搜索机制，在企业网络的历史行为记录中匹配特定的 IoB 模式，利用最新的威胁情报回溯搜寻过去的攻击事件。由于 IoB 可以涉及多个行为，这些行为互相构成上下文信息，相比孤立的行为事件有了更强的背景环境，对行为恶意性的判断也更为可信。事实上，单一的行为难以确定是正常操作还是入侵事件，甄别的关键就是上下文信息。此外，充分的上下文信息也给人工核实提供了便利。IoB 可以关联 IoC，实现进一步的信息富化。

3.3.7　威胁检测与 AI

当前，威胁检测问题逐渐开始采用以机器学习（ML）为代表的人工智能（AI）技术，主要是监督学习技术。监督学习技术需要预先准备训练数据集，一个 ML 算法作为训练策略，基于该数据集训练出一个用于鉴别是否存在恶意行为的判别模型。模型实质上就是一个函数，这种函数输入一组"特征值"（X 值）作为决策依据，并给出判别结果（y 值），其中 X 值一般为向量。训练数据集就是大量 X 值和 y 值之间的两两对应关系，训练过程就是基于训练数据集的归纳过程。ML 算法一般要预定模型的类别，模型的类别相当于带有不定参数的函数，而训练的过程就是对最优参数进行寻取的过程，即所谓参数学习过程。针对一个具体的 X 值给出 y 值的过程称作预测或推理。还有一类参数不属于参数学习的目标，需要人为预先设定，称作超参数。例如，对于病毒检测场景，安全分析人员可以根据自己的经验设计一些关键性的特征，例如是否修改了注册表、调用特定系统函数的次数等，这些特征被量化处理后，对应待检软件样本的 X 值向量，这个过程属于特征工程。经过特征工程和训练过程，安全人员获得了一个针对恶意软件的判别模型。对该模型进行部署后，它就开始了真正的工作：对用户输入的待检测软件样本的 X 值进行甄别分析，也就是执行 ML 的推理过程。深度学习技术是 ML 的子集，其主要优势在于可以从海量低级特征中自动化地组合出一些高级特征，对特征工程人员的经验要求较低，但对训练集要求更高，应用范围更为狭窄。除了用于病毒检测外，ML 还可以用于其他威胁检测场景：通过提取域名中的各类文本特征，ML 可以识别出由机器自动制造的 DGA 恶意域名；通过统计各类网络实体的各类行为频率，AI 可以发现异常行为，如暴力密码破解或 DDoS 攻击；通过分析电子邮件中的用词，可以鉴别出垃圾邮件和欺诈邮件；通过分析网页中的字符串特征，可以发现 XSS 及 SQL 注入等 Web 攻击。

网络安全的 ML 模型，以安全专家的研判标注为饲料。这些数据集是稀缺而宝贵的，是安全 AI 技术落地的瓶颈。高质量数据集的稀缺性，源自安全专家的稀缺性。另外，安全专家的分析研判工作成果没有被处理成可用于 ML 的形态。安全专家需要同时提供判断依据和判断结果，分别作为训练集的 X 和 y。然而，由于安全专家的主要工作并非 AI 导向，其分析研判过程中的逻辑往往停留在这些专家自己的脑海里，或飘零在杂乱无章的报告中，未必可以被其他人所理解，遑论被机器识别和认知。于是，哪怕专家们身怀绝技，他们的经验也只是散兵游勇，并没有被整编成智慧的军团。因此，建立安全分析研判的标准化步骤和协同化平台势在必行。安全行业应对各类人工研判过程进行积极的分析转化，主动提取和整合可机读的研判依据和研判结果，对各类数据集进行持续积累。此外，当前正在崛起的大规模语言模型（Large Language Model，LLM）和小样本学习（few-shot learning）技术为解决威胁检测自动化问题提供了新的思路。

3.3.8　用户与实体行为分析（UEBA）

大部分访问控制都是非黑即白的，必须在允许（allow）和禁止（deny）之间中做出决策。然而网络空间中的信任实际上是灰度的，这种灰度体现为决策依据的有限性和认知判断的不确定性，安全机制只能对网络实体建立介于 0 和 100% 之间的信任。基于灰度信任做出的控制决策将伴随着相应的风险，比如误伤合法用户或者错放恶意用户。如果对网络实体的行为进行更多的观察分析，积累决策依据，则可以提高认知判断的确定性，产生更明确的信任或更明确的不信任，这一过程称作用户与实体行为分析（User & Entity Behavior Analytics，UEBA）。当某个网络实体一直行为合矩，信任就可以逐渐强化，其可信性就增强了。不过，若有一天这个实体突然开始违规妄为，其可信性就会相应下降。UEBA 可以让安全控制措施以更大概率做出合理决策。UEBA 的数据源于实时监测或事后审计活动。

UEBA 起源于用户行为分析（User Behavior Analytics，UBA），UBA 可看作 UEBA 的子集，特指对用户的行为分析。UBA 起初被用于用户画像和精准营销领域，随后在网络安全领域被用于检测内部威胁和网络欺诈。2015 年 9 月，Gartner 在一篇报告中正式提出了 UEBA 一词，将 UBA 功能扩展到了对终端、服务器、应用程序和数据的监测分析。UEBA 通常采用基于行为基线的异常检测方法，也有些 UEBA 产品采用了机器学习等先进分析方法。在实践中，UEBA 产品只是安全运营过程中的辅助工具，不是简单部署完就可以坐享其成的。用户需要定义所关心的场景，在此场景中接入相关数据，训练行为基线，融入专家经验，并在长期的运营中对 UEBA 进行调校。

3.3.9　检测成熟度等级（DML）

安全专家瑞安·斯蒂利恩斯（Ryan Stillions）在 2014 年的几篇博文中提出了一个检测成熟度等级（Detection Maturity Level，DML）模型。该模型最初用于描述一个组织的成熟度，衡量组织利用威胁情报检测网络攻击的能力。DML 设置了 9 个等级，从 DML0 级到 DML8 级分别代表一无所知、原子指标、主机及网络工件、工具、程序、战技、战术、战略、目标，等级越高意味着检测能力越成熟。2016 年，挪威奥斯陆大学的研究人员扩展了这个模型，增加了一个 DML9 级别——身份[134]。DML9 对应对手是谁，DML8 和 DML7 代表对手想要什么，DML6 到 DML3 代表对手如何达成目标，DML2 和 DML1 则代表对手在事后的痕迹。

3.3.10 威胁检测技术的困境

检测技术的升级总是滞后于入侵手段的更新，这个时间差如果足够长，敌手将有充足的时间达成其攻击目标。意志坚决的攻击团伙将不断提升和变更自己的攻击手法，他们甚至会模仿防御者安装一套完善的安全检测系统进行对抗测试，不断研究打磨直至成功。因此，防御者也应该密切关注攻击手段的最新变化，敏捷地适应网络威胁形势。不过，即使威胁检测环节最终被敌手突破，却依然让对方付出了代价，从成本思维来看，这仍是一种成就。

威胁检测技术面临的另一大挑战在于难以在误报与漏洞之间达到平衡。入侵检测设备可以配置得更保守或更激进，但是常常顾此失彼。正常行为和入侵行为之间有时很难划出一条泾渭分明的分界线。当入侵行为无限逼近于正常行为时，检测技术将手足无措。例如，攻击者学会了使用管理员日常使用的 LOLBin 完成攻击操作。这是系统预装的辅助工具，当这种白软件被用于完成黑色操作时，黑与白开始真假难辨，一些安全检测软件为了减少误报而放行一切与 LOLBin 有关的操作。即使检测设备有意"网开一面"，也依然可能会产生大量误报。高误报的告警列表必须经过二次核实后方可采信，而二次核实工作在很大程度上依赖于安全专家的人力劳动，这将成为威胁检测体系的瓶颈。企业的威胁检测能力必须搭配有效的告警优先级管理能力，否则，成功的检测会被淹没在海量的误报中。

3.4 防护阻断技术

防护阻断泛指各类安全屏障控制，旨在对非法操作进行干扰和摄阻。从作用位置来看，这些控制措施可以布置于企业网络边界、主机层面、操作系统层面、应用层面或者资源数据层面；从作用时间来看，它们可体现为事前的预防加固、事中的响应处置以及事后的调整适应。如果将信息收集技术比作安全体系的眼睛，将威胁检测技术比作大脑，那么防护阻断技术就相当于安全体系的四肢。本节将对几类典型的防护阻断技术进行介绍。

3.4.1 防火墙

防火墙（Fire Wall，FW）、IDS 和 AV 是最为经典的网络安全技术，并称"三大件"。防火墙是设置在不同网络域之间的一种安全屏障，两个跨域方向的所有通信流均通过此屏障，并且只有符合本地安全策略定义的通信流量才允许通过。防火墙主要用于网络边界、子网隔离等位置，保护一个网络免受来自另一个网络的攻击和入侵行为。《防火墙安全技术要求和测试评价方法》（GB/T 20281）规定了防火墙的等级划分、安全技术要求及测评方法。GB/T 20281 将防火墙分为网络型防火墙、Web 应用防火墙、数据库防火墙、主机型防火墙或其组合。防火墙的等级分为基本级和增强级，安全功能与自身安全的强弱以及安全保障要求的高低是等级划分的具体依据，等级突出安全特性。其中，基本级产品的安全保障要求对应 GB/T 18336.3 的 EAL2 级，增强级产品的安全保障要求对应 EAL4+级。

在 20 世纪 80 年代，早期的防火墙几乎与路由器同时出现。第一代防火墙又称包过滤防火墙，最早是通过依附于路由器的包过滤功能实现的。随着网络安全重要性和性能要求的提升，包过滤防火墙才逐渐发展成为一个具有独立结构和专门功能的设备[135]。包过滤防火墙通过查看数据包的 L2~L4 层信息执行访问控制规则。例如，可以对这类防火墙配置多条规则，要求它放行或丢弃特定五元组的数据包。然而，包的特征并不能完备地表达流量的合规性。攻击操作可以通过 L4 层以下完全合规的网络流量进入内部网络，使包过滤防火墙无从拦截。

第二代防火墙是应用层防火墙，在 20 世纪 90 年代出现。这类防火墙作用于应用层代理内部网络和外部网络之间的通信，又称代理防火墙。应用层防火墙为应用层内容提供了一个检查点，可以提供身份鉴别、HTTP 内容检查等安全能力，还可以支持网络地址转换（NAT）、虚拟专用网（VPN）等网络能力。相比于第一代防火墙，应用层防火墙的安全功能得到了提升，但代理机制却带来了沉重的性能开销，导致处理能力较弱。另一个问题是，对每一种应用层协议（如 HTTP/FTP）都要开发一个对应的代理服务是很难做到的，因此代理防火墙实际上只能对少量的应用层协议提供代理支持。

第三代防火墙是状态检测防火墙。1994 年，CheckPoint 公司发布了第一台基于状态检测技术的防火墙，通过动态分析报文的状态来决定对报文采取的动作，不需要为每个应用程序都进行代理，处理性能相比第二代防火墙有了很大提升。不同于包过滤防火墙将数据包看作孤立的个体，状态检测防火墙将包看作一个会话的组成部分，转而从会话的层次看待网络流量，观察每个会话的状态变迁。状态检测防火墙能够处置状态异常的会话，哪怕这个会话中的每个包都看起来人畜无害。如果一个包过滤防火墙允许内网计算机访问外部网站，就必须放行外部 IP 发出的下行流量进入内网。这样，即使某些恶意流量并非来自用户请求的响应，只要具备一定的五元组特征，也会畅行无阻。状态检测防火墙则能够识别出这类流量的非法性。

某单位允许员工订外卖，那么"包过滤"型的保安只能放行所有配送员进入办公区。小明是个想要进入办公区的坏人，他只要穿着配送员马甲就可以大摇大摆地走入园区。有一天，保安队升级为"状态检测"型，他们会跟踪每个内部人员的下单信息，并检查配送员是否持有有效订单。小明正欲故技重施，保安队就识破了他拿的伪造外卖单。队长说，歹人也，速擒之。小明侥幸逃脱后吸取教训，成为一名真正的配送员。成为配送员的小明每天在附近抢单，期待能拿到来自该单位的订单。很多年后，白发苍苍的小明终于抢到了这样的订单，于是他进入办公区，实施了蓄谋已久的破坏计划。这种渗透方式类似于 APT 供应链攻击，并非普通防火墙所能抵挡，需要在内部实施纵深防御。

3.4.2　入侵预防系统（IPS）

入侵预防系统（Intrusion Prevention System，IPS）是一类能够监视网络或设备的网络传输行为的安全设备，能够即时地中断、调整或隔离一些不正常或有伤害性的行为。IPS 可分为 HIPS（主机 IPS）和 NIPS（网络 IPS）。相比 IDS，IPS 具有了阻断处置作用。从功能上看，IPS 相当于在 IDS 功能的基础上增加了入侵响应（IRS）能力，能够对 IDS 的告警进行自动化处置。例如，HIDS 可以对应用程序的违规操作进行告警，而 HIPS 则可以直接限制应用程序的行为空间。当程序试图修改重要的注册表项时，HIPS 能够先行阻止，并向用户弹窗请求批示。不过，误报的后果对于 IPS 而言远比 IDS 更严重。即使 HIPS 向用户弹窗请示，经验缺乏的用户也可能会做出错误的决策。

HIPS 能够阻止主机中恶意程序和其他主体的违规行为，这涵盖了 AV 的能力，因此 HIPS 的功能大于 AV。不过，现实中的 AV 产品比理论上的 AV 功能更丰富，同 HIPS 产品的界限也非常模糊。NIPS 和 NIDS 的网络部署位置存在区别：NIDS 作为审计类产品一般采用旁路部署，对正常业务流量不加干扰；而 NIPS 是串联部署的，这样才具有阻断威胁的机会。NIPS 和防火墙都是串联部署的，都属于访问控制类产品。其区别在于，防火墙通常部署在网络边界，隔离内外网络，形成边界防护能力；而 NIPS 和 NIDS 不仅可以部署在网络边界，也可以在内网重要关口处部署，形成纵深防御能力。在 OSI 网络模型中，传统（第一代）防火墙主要在 L2~L4 层起作用，而 NIDS/NIPS 则在 L5~L7 层起作用。

3.4.3 保护环

计算机系统中的分级保护域（hierarchical protection domain）是一种权限隔离机制，在硬件层次实施多种特权模态，将程序的执行环境划分到不同的特权等级。在更高特权模态下，程序会拥有更大的权限，其故障也将引发更严重的恶果。分级保护域经常被可视化为一组同心圆，最内侧的圆对应最高权限模态，外侧的圆环对应更低的权限模态。因此，特权模态也被称作保护环（protection rings），如图 3-5 所示。外侧环无法访问内侧环的资源，除非通过受控的"调用门"（callgate）机制进行申请。主机用户应尽可能让应用程序在外侧环运行，以防止混入系统的恶意程序获取过大权限。

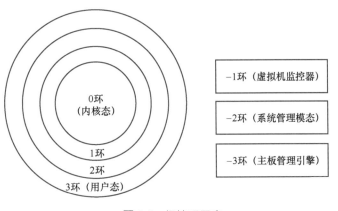

• 图 3-5 保护环示意

一个经典的 x86 CPU 可以支持 4 个保护环，从内到外分别编号为 0~3。0 环对应最高权限模态，称作监管态（supervisor mode）或特权态（privileged mode），可以直接同硬件打交道。但主流操作系统通常只启用其中两个保护环，在 0 环运行内核程序，在 3 环运行普通用户的应用程序。因此，0 环常被称作内核态（kernel mode），3 环被称作用户态（user mode）。后期的 x86 CPU 还设计了比 0 环权限更高的保护环，采用负数编号。−1 环用于运行虚拟机监控器（hypervisor），它有权启动执行于 0 环的虚拟机。−2 环对应系统管理模式（System Management Mode，SMM），它用于运行系统固件（如 BIOS 或 UEFI）程序，有权冻结和恢复操作系统的运行，而让操作系统浑然不知。-3 环用于运行主板上的管理引擎，可以越过操作系统访问计算机的任何硬件。

3.4.4 沙箱隔离

沙箱（sandbox）可以为运行的程序提供隔离环境，使其只能访问配额的资源，阻隔崩溃状况或有害行为的扩散。沙箱可以看作一种虚拟化技术，它可以用虚拟机实现。虚拟机中的恶意程序很难访问和破坏宿主机，除非得到允许，或是出现了虚拟机逃逸这类安全漏洞。虚拟机并非沙箱的唯一实现方式。Windows 和 Linux 等操作系统均具有资源隔离功能，一些应用程序或中间运行环境也提供了运行隔离机制，可在此基础上构建沙箱。在一个被多个用户所共享的主机环境中，系统如果允许用户自行上传程序加以运行，则可采用沙箱机制对不同用户的代码进行隔离，以防止这些代码破坏系统环境或相互影响。一些浏览器就内置了沙箱机制，让不同标签页对应的系统进程无法相互访问，这些标签页也被限制访问操作系统关键内存，这样既保障了操作系统的整体安全，又防止了标签页之间的互相破坏。

3.4.5 控制流劫持防护

针对缓冲区溢出攻击存在多种防护手段。它们能够给攻击操作施加一定的干扰，让攻击者付出代价。不过，使用者也必须为之付出成本和性能上的开销。

- 金丝雀（canary）方法得名于煤矿里的金丝雀，通过在栈中插入一个叫 canary 的数值，并监测其完整性，可反映内存是否遭到污染，从而在发现攻击行为时加以处置。
- 内存标记法（tagging）给内存段打上功能标签，通过限制内存所允许的操作，使得缓冲区溢出攻击不能完整地执行。例如，不可执行（Non-Executable，NX）标签用于禁止指令执行，这样，存放其中的恶意程序便无法运行。一些硬件支持"写异或执行"（Write XOR Execute）标志，即内存要么可写，要么可执行，但二者不能兼得，以防止堆栈被写入可执行的恶意代码。
- 边界检查法通过在缓冲区使用时先行检测是否越界来防御某些类型的溢出攻击，常由软件编译器实现。ARM 芯片上的内存标签扩展（Memory Tagging Extension，MTE）机制能够在硬件层面防范指针越界。其原理是，MTE 将内存分割为长 16 字节的颗粒（granule），并对每个颗粒额外分配 4 个比特的空间存放其标签值。当指针被分配到一段连续的内存颗粒时，MTE 将对内存颗粒和指针双双打上一致的标签值，相当于锁纹和匙纹，仅当两纹一致时才运行指针访问内存颗粒。越界的指针有较大概率会是访问标签值不一致的内存颗粒。
- 地址空间布局随机化（Address Space Layout Randomization，ASLR）是指对进程内存区布局引入随机化，对溢出操作造成干扰。位置独立可执行（Position Independent Executable，PIE）文件是某些编译器的功能特性，让编译出的可执行程序能够被加载到随机的内存位置，实现了 ASLR 效果。密歇根大学研制的 MORPHEUS 芯片在硬件层面实现了 ASLR。这一实现被称作"搅动"（churning）机制，通过每秒随机洗牌代码和数据 20 次，让攻击者无法瞄准漏洞[136]，可有效防范控制流劫持。MOR-

PHEUS 芯片曾在 DARPA 的 FETT（查漏平篡）漏洞赏金大赛中展现出了金刚不坏之身，号称"不可破解"。

- 控制流完整性（Control Flow Integrity，CFI）机制于 2005 年发表，其核心思想是预设程序运行中的控制流转移路径，并将预设范围之外的路径全部封堵。CFI 通过程序分析过程产生该程序的控制流图，它是跳转指令的白名单。这一白名单将用于限制程序动态运行时的跳转范围。CFI 的推广受到了性能和兼容性因素的限制，后来出现了一些改进 CFI 性能的技术。

- 权能寻址（capability-based addressing）是某些系统提供的内存对象保护方案，将对象指针隐藏在被称作"权能"（capability）的数据结构之中，避免直接通过内存地址进行访问。权能描述了主体权限范围，由系统软硬件提供对权能的防篡保障。

3.4.6 运行时应用自保护（RASP）

运行时应用自保护（Runtime Application Self-Protection，RASP）是 Gartner 分析师 JosephFeiman 于 2014 年总结出的技术概念。Gartner 对这一术语的解释是，RASP 是一种内置或链接到应用程序或应用程序运行时环境中的安全技术，它能够控制应用程序的执行，对攻击进行实时的检测和阻止。由于 RASP 是应用程序内部的安全控制点，它被比喻为注入应用程序体内的疫苗。在原理上，RASP 通过插桩技术截获应用程序对系统功能的调用，查看程序的堆栈状态，结合应用的上下文状态检测出危险的访问操作，进而对这些危险操作施加自动处置。这是外置的 WAF 所无法实现的功能。因此 RASP 可以同 WAF 搭配使用，形成纵深防御机制。RASP 虽然功能强大，但它仍不是"银弹"，它会拖慢程序性能，还会被一些对抗手段击败。

3.4.7 微隔离（MSG）

网络隔离也叫网络分段，可用于划分网络中的管理边界，阻断网络威胁传播。事实上，防火墙就相当于一种粗粒度的网络隔离机制。防火墙的普及建立了企业网络安全的经典范型，让企业有了一道网络围墙，产生内外之分。在企业内部，还可以通过防火墙进一步划分出几个不同风险等级的网段。随着云时代的到来，企业的网络变得虚拟化和动态化，配置笨重的防火墙难以适应灵活多变的网络架构，操作人员不堪重负。2015 年，咨询公司 Gartner 提出了"软件定义隔离"（Software-Defined Segmentation，SDS）的概念。它强调网络中的分段可通过软件编程的方式实现自由快速的定义和实施，这意味着复杂的信息网络环境仍可保持灵活敏捷的安全管控。2016 年，Gartner 将软件定义隔离改名为微隔离（Micro-Segmentation，MSG），强调了对网络的细粒度划分，以区分于防火墙所代表的"宏隔离"。此时，应用程序的微服务架构盛行，网络结构进一步细碎化。同时，大量恶意程序在网络内部横向移动，企业需要在网络内部设置精细的阻断控制点。于是，微隔离技术正当其时，为业界所接纳。2020 年，Gartner 提出将微隔离这一名称改为"基于身份的隔离"（ID-based segmentation）。关于这一更名的意义，Gartner 解释说，组织网络的边界进一步模糊化，IP 地址等网络参数已无法有效作为边界划分的依据，网络的隔离只有从网络实体的身份出发进行定义，才能符合真实的安全需求。

3.4.8 DDoS 对抗

为了对抗 DDoS 攻击的危害，业界提出了 DDoS 治理、DDoS 缓解和网络韧性增强等不同的思路。DDoS 治理强调事前预防，DDoS 缓解重在事中处置，而网络韧性增强则意味着对 DDoS 攻击进行容忍和吸收。

DDoS 治理方式可分为三类：①僵尸网络治理，由于大量的 DDoS 流量是从僵尸网络发出的，针对僵尸网络的打击将从源头上减少 DDoS 攻击的发起主机数；②地址伪造治理，反射放大攻击的特点是攻击者伪造出受害者的 IP 向反射点发起请求，运营商可以在接入网主动甄别伪造地址的流量并进行丢弃，这将遏制此类攻击的发生；③攻击反射点的治理，NTP/DNS/SSDP 等类型的网络服务具有响应流量大于请求流量的特点，导致网络中广泛分布的互联网服务器被攻击者用作反射点，用小流量反射出大流量，弹向受害者，对反射点进行治理，就是指在相应的反射点服务器上采取安全策略，从访问控制、速率限制等角度入手，降低被攻击者滥用的可能性和程度[137]。

缓解 DDoS 攻击的主要方法是对网络流量进行清洗，即设法将恶意的网络流量从正常流量中去掉，只将正常的网络流量交付给服务器。流量清洗设备是一种专门的硬件设备，串接于攻击者与攻击目标之间，试图过滤掉虚假的访问请求。

受威胁的企业可以通过增加自身带宽和算力资源，提高网络韧性，从而在遭受 DDoS 攻击时仍可保持业务连续性，使得攻击无法达到效果。这实际上是将技术对抗变成了经济对抗。近年来出现的云端防护手段，其实质就是利用云防护服务商本身强大的资源，代替目标网站执行流量清洗或承受流量攻击。

3.4.9 端口敲门（PK）与单包授权（SPA）

服务器在对外提供网络服务时，需要启用一个网络端口，对随时可能到来的客户端连接请求进行侦听，此时可以说相应端口号处于开放状态。一个 IP 地址至多可以开放 65536 个 TCP 端口和 65536 个 UDP 端口。

在不安全的互联网环境中，开放的网络端口是服务器的暴露面，全球各地的网络测绘团队和黑客组织都会持续对全网的开放端口进行扫描探测。一个端口一旦打开，就会在极短的时间内被黑客团伙发现，这些人会进一步研究该端口上的脆弱性，安全隐患不可忽视。开放的端口也更容易遭到 DDoS 攻击并导致瘫痪。因此，企业应尽可能关闭不必要的端口，对不得不开放的端口也应提供足够强度的安全防护。防火墙可以阻断特定 IP 地址段对开放端口的访问，使该端口处于隐藏（filtered）状态，起到缩小暴露面的效果。然而，如果一个网络服务所面向的客户端 IP 地址是不确定的，防火墙将无法对任何 IP 隐藏这个端口，它将不得不放弃对来源 IP 段的限制，让鱼龙混杂的连接流量都被放行。

端口敲门（Port Knocking，PK）是一种端口隐藏技巧，它利用"芝麻开门"式的暗号对端口进行动态开放。网络服务的端口起初被防火墙隐藏起来，不对外开放。当用户需要使用这一网络服务时，他将向服务所在主机的多个端口依次发送特定数据包作为暗号。比如，用户可以依次向 10001、10005、9988 三个端口发包。暗号的动作序列将被主机记录。如果动作序列的模式符合预设的暗号，则可认定为合法用户，该用户使用的 IP 将被短暂放行，允许其发出请求，建立网络连接。端口敲门这种技巧不仅为企业提供了隐藏重要网络资产的方法，同时也被攻击团伙用于隐藏 C2（指挥控制）服务器。端口敲门存在一些缺陷，合法用户可能会因为中途丢包造成模式变形而失败，非法用户却可以对流量进行嗅探窥视，有可能总结出"芝麻开门"暗号。单包授权（Single Packet Authorization，SPA）是端口敲门的升级版，只需要发送一个包就能打通端口，丢包的可能性更低。SPA 的这个包中含有客户端身份凭证信息，并进行了防篡改、抗重放攻击处理，因此更加安全。

3.4.10　虚拟专用网（VPN）

围墙模型是企业网络安全管控的经典模型，通过防火墙构造网络边界，产生内外之别。围墙模型假定外网充满了威胁，而内网 IP 都值得信任，因此主张将重要的网络资产隐藏于内网，只在内网可见。企业的分支机构可能位于多个地理区域，无法通过局域网（Local Area Network，LAN）技术加入总部的内网，此时需要通过广域网（Wide Area Network，WAN）技术实现互联。注意 WAN 不等于互联网，WAN 和 LAN 一样，隐含了私有管理域的意味，而互联网更强调公共空间属性。相比于 LAN，WAN 必须跨越公共网络，途经外部ISP 的网络设备。WAN 的传统构建方式是专线租用，利用运营商专线将各大分支机构的网络进行互联，形成一个横跨多个地域的专用网络。专用网络的建设漫长而昂贵，链路利用率低，这些缺点促成了虚拟专用网（Virtual Private Network，VPN）的流行。

VPN 采用某种隧道技术，在公共的互联网中构造出虚拟化的专线，从而产生了一个虚拟化的专用网络。隧道技术使用某种网络通信协议（记作外层协议）封装另一种网络通信协议（记作内层协议），内层协议的完整报文作为外层协议（PDU，协议数据单元）的载荷部分（SDU，服务数据单元）进行传输。通常说外层协议为内层协议构造了一个隧道。这样，内层协议数据就可以穿越原本用于传输外层协议的网络通信基础设施，并在这个旅程终结后完成解封，即脱去外层协议这层"皮"。可以想象一列需要穿越海峡的火车，它被"封装"到轮船后渡过海峡，在抵达陆地后再脱离轮船，重上铁轨。常用于 VPN 的隧道协议有二层隧道协议（Layer 2 Tunneling Protocol，L2TP）、点对点隧道协议（Point-to-Point Tunneling Protocol，PPTP）和通用路由封装（Generic Routing Encapsulation，GRE）等。VPN 可以选择对通信隧道进行加密，从而提高网络通信保密性，这不是必选项。VPN 的建设比传统专网要快捷、低廉得多。各分支机构的隧道端点通过认证机制建立信任，实现自动通连，各地用户可以保持共处同一内网的体验。VPN 还被用于远程访问（remote access）场景，例如可以为居家办公人员提供远程访问企业网络的能力，这类用户只需要让自己的设备完成必要的认证，即可通过 VPN 隧道接入企业内网。

3.5　数据保护技术

数据的保密性、完整性和可用性是数据安全体系的核心目标。一般认为，数据可以处于三类状态：流动中、静态存储中、使用中。数据在这三种状态下分别暴露出不同的攻击面，安全界也提出了对应的保护方案。本节介绍一些常用的数据保护技术，其中许多技术都以密码学为基础。

3.5.1　密码编码学

密码作为保障信息保密性的一种方式，其历史相当久远，可能要追溯到远古时期。古埃及墓室中的一段象形文字，其中的一些常用字符被几个少见符号替换了，这被西方密码专家认为是密码学的开端。据说由姜太公所著的兵书《六韬》中记载了一种通信加密方法，采用了全文整体加密思想。古罗马的恺撒使用了字母表替换加密技术，是西方古典密码学中的经典方法，一直流行到20世纪。周恩来编制的"豪密"是中国共产党使用的第一套密码方案。豪密使用了二重作业密码体制，其优点是能够在电报中实现"同字不同码，同码不同字"，极难破译，在当时的密码界处于领先地位。随着计算机的出现和发展，朴素的加密术进化为基于数学理论的密码编码学（cryptography）。现代密码的用途除了实现保密性之外，还能实现完整性、可鉴别性和抗抵赖性，数字签名就是利用密码编码学实现这些目标的典型应用。在密码学中，签名可以代表一种背书，这种背书关系可以链式传递，构成信任链，是许多安全应用的基础。

密码算法可分为对称密钥加密（Symmetric Key Cryptography，SKC）、非对称密钥加密（Asymmetric Key Cryptography，AKC）和单向函数摘要。密钥就是用于加解密的一串关键的二进制数据。对称密钥加密，又称为私钥加密、单钥加密，加密和解密过程共用同一密钥，密钥的共享和保密是保护密文的关键，而加密算法则通常无须保密。对称密钥加密又分为分组加密和流式加密，前者将明文视作一批数据块，数据块独立加密，明、密文通常等长；后者将明文视作数据流。SM4算法是一种对称密钥分组加密算法，作为中国的第一个商用密码国家标准，于2006年1月发布。其他著名的对称密钥分组加密算法还包括数据加密标准（Data Encryption Standard，DES）和先进加密标准（Advanced Encryption Standard，AES）等。非对称密钥加密的特点是密钥成对，包括一个需要保密的私钥和一个需要公开的公钥。被私钥加密的数据只能由对应公钥解密，而被公钥加密的数据只能由对应私钥解密。私钥加密的重要用途是信息认证，相关信息无法假冒，发送者也无法抵赖，因为只有私钥的掌握者才能制造出相关数据。用通信对端的公钥去加密数据则可实现保密性，确保信息只能被掌握私钥的目标受众解读。常用的非对称密钥加密算法有RSA（Rivest-Shamir-Adleman）、ElGamal及椭圆曲线加密（Ellipse Curve Cryptography，ECC）等。单向函数摘要也叫哈希运算（hashing）、散列运算或杂凑运算，是一种不可逆的运算，能够将任意长度的文本转换成固定长度的数据块，这个数据块的值通常比原文短小，但却可以像指纹一样反映原文的特征，因此被称作摘要值（digest），也叫哈希值（hash）或散列值。这种指纹可以跟原文进行比对，用于检测数据篡改或损坏，以核验数据完整性。当指纹自身也被私钥加密保护后，可以形成数字签名，具备防伪、溯源能力，具有一定法律效用。图3-6展示了数字签名的一个应用实例，小红在向小华发送信息时利用自己的私钥进行数字签名，小明难以居间篡改。摘要也被用于口令保护，服务器为避免存储用户口令明文，可以选择存储口令的摘要值，这样既能防止明文被窃取，又能实现口令验证的目的。

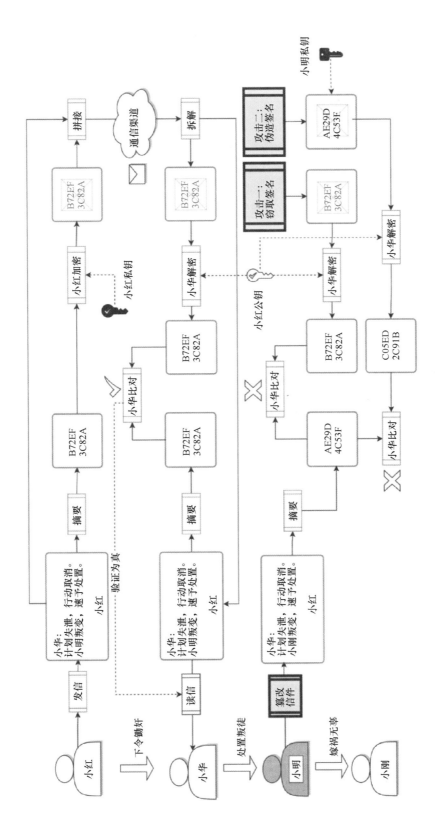

● 图3-6 数字签名示意

3.5.2　密钥共享

对称密钥共享于通信双方，如何让双方在不安全信道中协商一个密钥是保障通信安全性的关键。早期，这要求双方预先通过安全通信通道进行协商，然后才能在不安全信道进行通信，这个要求在现实中显得苛刻。密钥交换协议的出现缓解了这一问题。这类协议利用一些数学原理，让双方在完全没有对方任何预先信息的条件下通过不安全信道协商创建起一个共享密钥。DH 密钥交换（Diffie-Hellman key exchange）是一个常用的密钥共享协议，由惠特·菲尔德·迪菲（Bailey Whitfield Diffie）和马丁·爱德华·赫尔曼（Martin Edward Hellman）在1976 年发表。DH 协议中，通信双方各自持有一个不需要进行交换的秘密值，再约定一组不需要保密的公开参数，即可各自通过数学运算获得一个共享的密钥值。这个值很难被通信通道中的监听者暴力破解，这是由计算的复杂度保障的。

在非对称加密体系下，公钥的持有者（主体）需要向他人（用户）证明自己确实持有该公钥，以获得用户信任，并公开自己公钥的真正内容，防止被假公钥冒充。公钥基础设施（Public Key Infrastructure，PKI）用于实现主体身份与公钥绑定关系的证明。PKI 是公众共享的信息基础设施，由硬件、软件、参与者、管理政策与流程等要素组成，其目的在于创造、管理、分配、使用、存储以及撤销数字证书（digital certificate）。数字证书也称公钥证书，是一种电子文件，包含了公钥信息、证书主体身份信息以及数字证书认证机构（CA）对这份文件的签名。CA 用自己的私钥对证书内容进行数字签名，并附加在数字证书中，网络上任何用户只需获得 CA 的公钥，即可验证证书，从而信任该数字证书所包含的公钥。CA 是一类分散于各地域的机构，其中用于确定绑定关系的 CA 也称注册中心或数字证书注册机构（Registration Authority，RA）。用户也需要对 CA 的公钥建立信任，因此 CA 自身也需要数字证书，通过上一级 CA 进行签名。在 PKI 体系中，CA 之间建立了层次化的背书关系，可形成证书链。根 CA 是最顶层 CA，是具有一个"自签名"的证书。全球有很多根 CA，相互建立信任关系，用户浏览器可内置一批根 CA 证书，默认予以信任。

3.5.3　量子密钥分发（QKD）

量子密钥分发（Quantum Key Distribution，QKD）是迄今唯一在原理上无条件安全的密钥通信方式。QKD 利用量子态来加载信息，通过一定的协议产生密钥。QKD 可以与 AES 等经典对称加密算法相结合，兼顾安全性与通信速率。此外，QKD 也可与非对称加密算法相结合，增强身份认证等的安全性。QKD 利用了微观粒子的"观察者"效应：粒子的量子态具有不确定性，当人们在宏观世界进行观察时，将改变粒子的状态，这种变化叫作塌缩。也就是说，物质的状态因人的观察而发生改变，微观粒子的这种效应同人们在宏观世界的生活体验是极为不同的。这个效应使得量子信息不可克隆，可据此构建保密信道，当窃听者试图截取信息时，将改变信息本身，使通信者得以察觉。QKD 的安全性基于物理学基本原理，与计算复杂度无关，即使未来强大的量子计算机问世也不会对其安全性形成威胁。QKD 有不同的实现方法，根据所利用量子态特性的不同，可以分为基于制备测量的协议（prepare and measure protocol）和基于纠缠的协议（entanglement based protocol）两大类。基于制备测量的协议通过通信双方的一系列测量和对比交互过程对通信内容进行还原，并可以计算出遭窃听的信息量。1984 年，IBM 的贝内特（Bennett）和蒙特利尔大学的布拉萨德（Brassard）提出了第一个基于制备测量的 QKD，被称为 BB84 方案，正式标志着量子保密通信的诞生。BB84 方案虽然应用了量子通道，传输的却仍是经典信息。基于纠缠的协议利用了量子纠缠效应，即两个发生纠缠的粒子能够产生超距关联，无论相距多远都能瞬间联动。1993 年出现的量子隐形传态（quantum teleportation）方案是一种基于纠缠的协议实现，它利用两个经典比特信道和一个缠绕比特实现了量子比特的传输，待发送的量子态从发送者移动到了接受者，再经一定的处理能够为接受者所观察，而发送者的原量子态发生了塌缩，整个过程实现了信息的"剪切"而非"拷贝"。

3.5.4　后量子密码学（PQC）

量子计算最早于 20 世纪 80 年代初期提出。在经典的二进制计算机中，每个比特位只有 0 或 1 两种确定取值，而量子计算机中的量子位（qubit）却以一定概率处于 0 和 1 的叠加态。这意味着 n 个量子位可以同时对 2 的 n 次方种可能性进行并行操作。基于量子计算机的这种特性，许多类型的计算任务可以得到极大加速。

量子计算威胁到了当代的某些加密算法。例如 RSA 的抗破解能力是建立在大数的质数因子分解困难性之上，而量子计算可以轻易突破这种困难性，使得这类密码不再安全。因此，密码学界开始未雨绸缪。后量子密码学（Post-Quantum Cryptography，PQC）又称抗量子计算密码学，是密码学的新研究领域，专门研究能够抵抗量子计算机的加密算法，特别是非对称加密算法。量子计算机同样也会威胁对称加密和单向函数摘要的安全性，但威胁度较低，通过简单的修改即可有效应对。注意 PQC 与量子密码学是不同的概念。QC 泛指利用量子物理特性来加密的科学，可用于增强保密通信；而 PQC 本身不依赖量子物理特性，而是使用现有的电子计算机来对抗量子计算机。

3.5.5　区块链技术

区块链（blockchain）是借由密码学与共识机制存储数据资料的点对点（P2P）网络系统，相当于一个分布式的账簿。2008 年 11 月 1 日，一个自称中本聪的人发表了《比特币：一种点对点的电子现金系统》一文，提出"区块链"概念。2009 年 1 月 3 日，中本聪创立了比特币网络，开发出第一个区块，即"创世区块"。

点对点网络系统也称为去中心化（decentralized）网络或对等网络，各节点地位平等，不依赖于集中式的中央管理者或第三方中间商介入。基于 P2P 的区块链使用分布式账本技术存储数据，各个节点实现了信息自我验证、传递和管理。P2P 系统和分布式系统存在一个非常关键的共性问题，即数据一致性问题，对这一问题的解决方案称作共识机制。由于系统中各结点相互独立，难免有结点发生宕机等失效现象，传输中也可能产生差错，系统应能够在一定条件下容忍这些错误，保证数据的正确性。计算机界将此类问题抽象为拜占庭容错问题（Byzantine Fault Tolerance，BFT）。

密码技术保障了区块链上的数据难以被篡改和抵赖，忠实、永久地记录数据信息，具有丰富的应用场景。比特币等数字货币系统就是采用区块链来存储交易信息，可以减少欺诈风险，建立互信。许多行业也使用区块链进行供应链的追踪溯源。区块链使用密码学算法构造了具有链式数据结构的数据块，用于保存和固化数据记录，并采用哈希方法将数据块链接起来，形成缠结关系，使之具有保护数据完整性的功能；运用可测量、可验证的机制生成新数据块，并可达成全网共识，从而实现数据一致性目标。存储在区块链上的交易信息是公开透明的，但是账户身份信息是高度加密的，从而保证了数据的安全和个人的隐私。互联网行业基于区块链技术产生了 Web 3.0 应用形态。Web 3.0 的特征是数字空间活动掌控权的变化，从 Web 平台的"大权独揽"转变为去中心化的用户"自主权"。区块链被用于保障 Web 3.0 用户间的平权和互信。

3.5.6 可信计算（TC）

可信计算（Trusted Computing，TC）将可信的概念引入计算机科学领域。可信计算是保障信息系统可预期性的技术，是指在计算的同时进行安全校验和防护，检测篡改，确认校验结果符合预期[138]。可信计算可简单类比为人类的免疫排斥力，通过掌握"自己"的特征甄别"非己"成分，从而加以对抗。这种免疫排斥力不同于打疫苗，后者是通过学习病原体的特征进行针对性的查杀，对未知威胁却力不从心，相当于基于误用的威胁检测方法。我们无法穷尽所有的网络威胁组合，而可信计算跳出了被动的封堵查杀游戏，具有防御未知威胁的能力。

广义上的可信计算技术泛指通过硬件手段保证平台安全性。例如，一些计算平台采用安全协处理器辅助通用 CPU 完成信息安全计算，可有效降低 CPU 负载和功耗，并实现计算加速。还有一些硬件密码加速器专门进行加解密运算，并具有对密钥的物理保护能力。然而，这些基于硬件的安全协处理器和密码加速器成本较高，应用范围有限[139]。实践中，业界对可信计算的期待主要聚焦于系统可靠性（dependability）、信息保密性和数据完整性这些目标，同时期待一种能够广泛部署到廉价终端设备上的硬件模块对这些目标加以实现。在此需求推动下，一些海外企业联合成立了可信计算平台联盟（Trusted Computing Platform Alliance，TCPA）组织，2003 年改组为可信计算组织（Trusted Computing Group，TCG）。TCG 针对可信计算推出的系列标准在国际上受到了广泛认可，其中的核心是具有安全存储和加密功能的可信平台模块（Trusted Platform Module，TPM）。TPM 将信任根植于强安全保护的硬件芯片。以 TPM 为信任的起点（可信根），可以通过逐级校验完整性和建立信任链将信任扩展到整个计算机。

由于可信计算技术的自主可控涉及国家安全，我国早已开始自主建立可信计算体系。该体系借鉴了 TCG 体系，但在关键核心部分拥有自主创新并具有一定技术优势[139]。2005 年 1 月，全国信息安全标准化技术委员会成立了可信计算工作小组，负责规划相关标准规范体系框架。2006 年，经国家密码管理局批准，我国成立了可信计算密码专项组，2008 年 12 月更名为中国可信计算工作组（TCM Union，TCMU）。该工作组推出了我国自主安全芯片 TCM（可信密码模块，Trusted Cryptography Module），并提出了可信计算密码支撑平台的概念。TCM 的作用类似于 TPM，但在加密算法和工作机制等方面存在差异，同时存在一些新增功能，如密钥交换。TCM 具有防篡改能力，可安全保存密钥、数字证书和授权数据。TCM 的功能可概括为三项：一是完整性度量，该功能在主板上电时早于其他模块启动，依次对主板 BIOS、初始化程序加载器（IPL）/主引导记录（MBR）、操作系统内核、驱动程序和应用程序的完整性进行逐级度量和记录，形成信任链，并在发现异常时及时采取干预措施；二是身份标识，在 TCM 中存有用于识别和认证平台身份的密钥；三是数据封装，将本平台的敏感数据同平台状态封装绑定，保证相关数据无法脱离平台解密。可信计算密码支撑平台是基于 TCM 的密码支持体系，包括密码算法、密钥管理、证书管理、密码协议、密码服务等功能。可信计算密码支撑平台以 TCM 作为可信度量根、可信报告根和可信存储根，分别实现可信度量、可信报告和可信存储功能。可信度量是以可信度量根为起点的完整性度量和度量值存储过程，通过建立信任链确保系统平台的完整性。可信报告是以可信报告根为基础向外部验证者提供平台或部分组件的身份证明和完整性度量报告，作为判断平台可信性的依据。可信存储是基于可信存储根的密钥管理和敏感数据保护功能。

我国学者还提出了可信 3.0 技术，并将此前的可信计算技术命名为可信 1.0 和可信 2.0。可信 1.0 是针对大型机时代的主机可靠性提出的，以增强容错性和稳定续航能力为主要目标，相当于容错研究领域的"可靠计算"（dependable computing）。上文介绍的可信计算技术对应可信 2.0，能够在技术上增强计算机的安全性，但应用复杂，存在推广障碍。可信 3.0 的特征被概括为主动免疫，它包含了一个双系统架构，在原有计算机系统（宿主机）之外构造独立的可信计算系统，后者对前者实施主动监控，确保对前者的改造要求最小化。可信 3.0 的可信根为可信平台控制模块（TPCM），它由 TCM 和平台控制机制组成，先于 CPU 启动，通过平台控制功能首先获取系统的控制权，只有在对宿主机系统的可信度量通过后才能将控制权开放给宿主机系统[138]。

3.5.7 隐私计算（PEC）

隐私计算（Privacy Enhanced Computing，PEC）也叫隐私保护计算（Privacy Preserving Computing，PPC）或隐私增强技术（Privacy Enhancing Technologies，PET），是一系列数据处理技术的统称，其特点是在减少个人隐私信息暴露的前提下仍能发挥数据价值，实现数据的"可用不可见"，具有很强的现实需求。常见的隐私计算技术包括同态加密（Homomorphic Encryption，HE）、差分隐私（Differential Privacy，DP）、零知识证明（Zero-Knowledge Proof，ZKP）、隐私信息检索（Private Information Retrieval，PIR）、安全多方计算（Secure Multi-Party Computation，SMPC）以及联邦学习（Federated Learning，FL）等。

同态加密是指直接对加密态的数据执行常规运算，以避免采用先解密、再计算、最后加密的步骤。差分隐私是指在对外提供数据集统计信息的过程中，添加随机噪声，旨在对抗通过多次统计查询反推出个体信息的企图，但是差分隐私也牺牲了统计结果的准确性。零知识证明是指证明者通过某种方法向验证者证明自己掌握某个信息这一事实，但证明过程不泄露除该事实外的任何其他信息，比如该信息的内容本身。

隐私信息检索用于保护用户的检索关键词内容。假设一个键值数据库存储了 N 个键值对信息。当用户端想要获得其中第 i 个键对应的值时，隐私信息检索协议可确保用户能成功获取该值，而数据库端却不能得到 i 值。隐私信息检索协议的实现通常依赖同态加密技术。不经意关键词检索（Oblivious Keyword Search，OKS）技术所解决的问题与隐私信息检索非常相似，区别在于隐私信息检索仅保护用户的单方隐私，而 OKS 能够保护双方隐私。OKS 协议除了确保数据库端不能得到 i 值之外，还能确保用户端不能得到除了第 i 个键对应值以外的其他信息。有多种方式可实现 OKS 协议，这里不做深入介绍[140]。

安全多方计算旨在利用多方私密数据共同计算一个结果，但此过程中各方不能窥得他方数据，也不存在可信的局外协调者。1982 年，姚期智提出了一个经典的多方安全计算问题——百万富翁问题，即两个富翁如何在不暴露自己财富值的情况下比较谁更有钱。安全多方计算的具体实现方案可基于多个关键的底层密码学协议，主要包括不经意传输（Oblivious Transfer，OT）、混淆电路（Garbled Circuit，GC）和秘密分享（secret sharing）等，也可配合同态加密实现。不经意传输也称茫然传输，是一种用于数据传输过程的隐私保护协议。在该协议中，数据发送方同时发送多个消息，但只有其中之一到达接收方。发送方无法判断接收方到底取得了哪个消息，接收方也无法接触其他消息。混淆电路由姚期智提出，也称姚式电路，该协议将待计算的函数表达为布尔电路。布尔电路是用于表达数字推理逻辑的数学模型，就像真正的数字电路是由门这种元件构成的，布尔电路由被称作逻辑门的元件构成。逻辑门包括与门、或门、非门以及与非门等类型，各代表一种对二元布尔值（真或假）的处理函数，输入若干个布尔值，输出单个布尔值。混淆电路协议通过布尔电路摄入双方私密数值进行计算，计算过程由双方协同完成，但需要对数据进行打乱和加密以掩盖私密信息，最终能输出解密后的计算结果。秘密分享是一种秘密信息管理方案，将秘密信息拆分成多个分片，交由不同参与方分别掌握，各方仅凭自己掌握的信息无法还原出原始数据，必须由达到足够数量的参与方进行协作才可成功还原。

联邦学习是指利用多方掌握的用户数据共同训练一个机器学习模型，在此过程中保障各方用户数据均不脱离自身掌管，实际交换的是一些无法反推用户隐私的中间状态信息。因此，联邦学习的原理可概括为"数据不动模型动"。联邦学习可细分为横向联邦学习、纵向联邦学习和联邦迁移学习。横向联邦学习是指各方掌握了不同客体的同类特征，纵向联邦学习是指各方掌握了几乎同一批客体的不同特征，联邦迁移学习则适用于数据集间客体集和特征集重合均较少的场景。这几种情况都能起到丰富训练数据的作用。一个典型场景是多个金融机构利用各自掌握的用户数据联合进行用户行为建模，可用于风险控制或营销推荐目的。联邦学习手段使得这一过程可以不实际对外提供用户个人信息，从而遵守对用户的隐私承诺，同时又建立了多方数据关联，更充分地发掘了数据价值。

3.5.8　可信执行环境（TEE）

隐私计算技术大都依赖于复杂的协议实现，计算或通信开销较大，对相关技术的推广产生了一定的限制。可信执行环境（Trusted Execution Environment，TEE）是一种基于硬件实现的隐私计算技术，在一定程度上克服了这一问题。TEE 的概念源自 2006 年 OMTP（Open Mobile Terminal Platform，开放移动终端平台）组织提出的一个保护移动设备敏感信息安全的双系统解决方案，即在同一个终端系统下同时部署两个操作系统，一个是常规操作系统，另一个是安全隔离的操作系统。2010 年 7 月，一个致力于安全芯片的跨行业国际标准组织 GP（Global Platform）正式提出了 TEE 的概念，并从 2011 年开始制定 TEE 规范标准。当前许多商业或开源的 TEE 实现都参考了 GP 标准。TEE 的核心思想是构建一个基于独立硬件资源的隔离运行环境，对敏感数据进行运算和存储，通过可信硬件保障其保密性和完整性。TEE 的独立性体现为拥有专属的 CPU 和内存资源，在提升敏感应用程序安全性的同时，这种专属算力也保障了应用程序的性能。在 TEE 语境下，操作系统中传统的运行环境被称作 REE（Rich Execution Environment，富执行环境），可以运行各类常规应用。REE 被视为有风险区域，因此 TEE 在与 REE 并行执行时要进行隔离，防范 REE 中的潜在威胁。REE 的硬件无法访问 TEE 内存中的信息，除非通过授权接口。这一接口使得 REE 可以对 TEE 进行调用，又能防止敏感数据泄露。TEE 并不能保证万无一失，它面临的主要安全威胁来自物理临近攻击、侧信道攻击（对加密算法的物理层破解分析）和供应链攻击等途径。

3.5.9　数据脱敏

当数据使用者访问一条记录时，可能并不需要使用该记录的全部字段，甚至并不需要掌握其所需字段的完整内容。此时可以使用数据脱敏技术，将不必对数据使用者提供的敏感信息进行遮蔽、加密、隐藏或变形。这一过程有时被称作符号化（tokenization）。例如一些应用程序在展示手机号时，会将其中的几个数字替换为星号。

Gartner 于 2014 年提出，按照数据使用场景，数据脱敏可分为静态数据脱敏（SDM）与动态数据脱敏（DDM）。SDM 是批量的一次性脱敏，多用于数据传输场景中，例如在将数据从生产环境发送到非生产环境时，或者从企业内部分享到外部合作伙伴时。DDM 会对当前请求的数据进行即时脱敏，比如日常业务查询场景。DDM 可以根据具体场景选择不同级别的脱敏方案，同时支持对返回的数据量进行限制。现实案例中，不乏运维人员、业务人员、开发人员等内部工作人员擅自获取与其本职工作无关的私密信息，甚至进行非法出售，DDM 可用于防范这类内部威胁。代理网关（proxy）是 DDM 的具体实现方式之一，它在逻辑上串接于数据的请求方程序和数据存储位置之间。原本应直接发送到数据库的查询请求被转发到代理网关，由代理网关代为查询数据，在完成脱敏计算后返给数据请求方，数据库中的原始数据并未被这一过程变更。代理网关的这种实现方式存在被恶意绕过的风险。DDM 的另一种实现方式是在数据存储系统中部署软件代理（agent），监控对数据的访问请求，在应答查询结果时即时执行脱敏。这种实现方式较难绕过，但涉及对数据存储系统的改造，存在应用推广方面的障碍。

3.6　认证授权技术

认证（authentication）和授权（authorization）是基础性的安全控制机制，二者合称访问管理（Access Management，AM）。认证是为了解决用户身份的辨识问题，授权过程决定了已认证用户应具有的权限。这里的认证特指身份认证，而本书第 2 章中"认证"一词指代符合性认证（certification）。为了加以区别，GB/T 25069 等标准化文件使用"鉴别"一词指代身份认证（authentication），而将"认证"一词限定于符合性认证这一含义。不过，大部分文献都使用身份认证而非身份鉴别的说法，包括《网络安全法》在内，故本章遵循这一习惯。

认证是对用户在信息系统中所声明的身份建立信心的过程，这一过程需要用户提供凭证

（credential）。网站口令、数字证书和验证码都是凭证的例子。认证过程至少牵扯用户侧和服务侧两方。用户侧也叫主张者（claimant）或认证目标（authenticatee），而服务侧也称为验证者（verifier）或认证者（authenticator）。英文文献的读者需要注意的是，authenticate 一词的用法存在混乱，有时用户自身可以成为它的主语，如"用户认证了自己的身份"（the user authenticates himself）。authenticator 还可指代用户所持有的令牌，如 NIST SP 800-63 修订3《数字身份指南》就作此解释。

授权就是向通过身份认证的主体（用户/应用等）授予或拒绝针对特定客体（数据/资源等）的特定访问权限。主体是管控对象，而客体是保护对象。由于主体本身也需要受保护，主体被看作客体的子集。授权与访问控制（access control）两个概念关系紧密，其关系存在两种解读。一种解读认为授权的输出是访问控制的输入，前者是决策组件，后者是执行组件；另一种解读将二者整合在一起，统称为授权与访问控制，或者简称为访问控制[5]。本书倾向第二种解读，对两个术语不加严格区分。访问控制广泛应用于各种场景，例如防火墙针对 IP 地址主体执行访问控制，而操作系统实施进程对文件的访问控制。主体对客体的访问自由度叫作权限（privilege）或权能（capability），访问控制是对主体、客体与权限之间的对应关系进行管理和实施的工作体系。

3.6.1　多因素认证（MFA）

日常生活中说的登录密码，即静态口令（password），是最常见的身份认证手段。但是，静态口令面临被盗用、破解的风险。如果用户没有养成定期更改口令的习惯，失窃的口令将造成长期隐患。对于一些重要的站点和应用程序而言，还需要额外使用其他类型的认证方式，即多因素认证（MFA）。双因素认证（2FA）是 MFA 的特例，也称作双重验证、双因子认证、二元认证或两步验证等。2FA 一般要包括"所知"（something one knows）和"所持"（something one has）这两类认证因素。当用户在 ATM 取款时，口令认证（所知）和卡片认证（所持）配合使用构成了 2FA。在网上银行应用中，支付密码、手机验证码、数字证书、宝令、优盾、第三方证书等手段都可用于 MFA。这些不同的认证手段互相补充，增强了用户身份的可信度，加大了黑客攻击的难度[25]。认证器可认为是一个独立的用户凭证，MFA 可以采用单个多因素认证器，也可以使用多个单因素认证器。

下面对一些常见的"所持"类认证因素进行介绍。这类认证因素又可分为令牌（token）和生物特征。令牌也被称作权标，泛指形形色色的信物，用户对令牌的持有事实可以在一定程度上证实用户的身份和权限。古代的腰牌、虎符和现代的身份证、护照、盖章材料都可视为令牌。在 IT 领域，令牌的形态可以是硬件设备，比如优盾；也可以是数字化的票据（ticket），比如消费券上的识别码。生物特征主要包括生理特征和生物行为特征，前者的例子包括指纹、掌纹、人脸、虹膜以及 DNA 特征等，后者的例子包括步态、声纹、手写签名以及键盘敲击模式等特征。人的生物特征难以改变，不像口令那样可以定期更改，也不像令牌那样可以重新发放。这个特质是柄双刃剑，既体现了更高的可依赖性，也增大了隐私风险，让失窃后果变得严峻。一些技术手段可以对生物特征进行加工和扭曲，使其获得一些可变性，或者降低其可用性，以减小失窃代价。生物特征认证并不是绝对可靠的，黑客已成功绕过各类生物认证系统，实现了对他人的仿冒。一些犯罪分子为了窃取他人生物特征，甚至会对人实施物理侵害，比如挟持人质去刷瞳孔，甚至割掉车主的手指去解锁汽车。

短信验证码是日常生活中最常见的令牌认证方式之一，具有易于普及、方便快捷的优势。短信验证码与静态口令不同，用户无须事前长期记忆，因此属于"所持"而非"所知"类认证因素。短信验证码的弱点是，黑客可以通过欺诈（社会工程学）手段对验证码进行骗取，或通过手机木马窃取，从而对用户进行仿冒，甚至出现过不法分子利用运营商补卡漏洞盗取用户手机号的案例。电子邮件验证码也是较为常用的令牌。

通用双因素认证（Universal 2nd Factor，U2F）是由 Google 和 Yubico 共同推出的认证标准，基于非对称加密，由用户手动操作 USB 或 NFC（近场通信）设备的动作完成身份核实。这种用户手动操作的过程被视为用户在场证明（TUP）。与专用于单个站点的优盾相比，U2F 是开放的通用标准，用户只需持有单个 U2F 设备即可访问多个业务应用[5]。U2F 面临的威胁来自恶意物理复制。

开放认证项目（Initiative for Open Authentication，OATH）是一个开放的工业界联合组织，致力于促进强认证协议。OATH 的工作催生了基于 HMAC 的一次性口令（HMAC-based One-Time Password，HOTP）和基于时间的一次性口令（Time-based One-Time Password，TOTP）等一次性口令算法。

HOTP 是一种基于散列消息验证码（HMAC）的一次性口令（OTP）算法，在 2005 年由 IETF 发布在 RFC 4226 标准文档中。HMAC 是消息验证码（Message Authentication Code，MAC）中的一种，在单向函数摘要的计算中引入对称密钥，可以同时验证一段消息的完整性和可鉴别性。HOTP 的用户和服务器双方需要约定一个散列函数、一个共享密钥、一个计数序列以及其他算法参数，在历次验证过程中，双方各自独立基于计数序列的当前值生成下一个 HOTP，如果服务器确认双方算得的 HOTP 一致则认为身份验证成功。双方 HOTP 的一致性以计数序列当前值的一致性为前提，然而用户侧的计数值可能会偏慢，这会造成合法用户无法通过身份验证。一个改进措施是，当用户侧发现双方的 HOTP 不一致时可以多次尝试增加本端的计数然后重新计算相应计数值下的 HOTP，如此，在较小的计数偏差下双方仍可达成一致。

TOTP 是基于时间戳的一次性口令算法。TOTP 周期性地生成一个与时间有关的口令数字，比如以 1 分钟为变化间隔。这个口令即使被黑客窃取，也会在下一次变化时失效，黑客必须在短时间内完成攻击才能得逞。TOTP 可以通过硬件载体或软件实现，多用于网银登录或企业员工登录。TOTP 要求用户与服务器的时钟保持基本一致，过大的偏差则会导致认证失败。

虽然 MFA 能够增强登录的安全性，但它的缺点也非常明显。MFA 将增加用户操作复杂度，影响使用体验，甚至导致用户流失。鉴于此，对 MFA 的使用需要谨慎，可仅用于保护重点信息系统，或者仅当登录行为存在异常时临时启用。例如，当用户使用了新设备，或者登录地域偏离了其历史基线时，即使提供了正确的口令，服务端也应引起警惕，此时可以考虑开启 MFA，要求用户提供额外凭证。

3.6.2　Cookie 与签名令牌

登录和认证两个过程不能画等号。登录是用户有意识地提供认证凭证的过程，该过程对用户的耐心存在一定的消耗作用。用户在同一站点连续访问多个页面时，是不愿意在每个页面都反复执行登录操作的，于是应用服务通常会建立会话（session）机制。会话代表了服务侧对用户侧的一次完整服务过程及上下文状态的变化。在一次会话中，登录操作只需执行一次，后续的访问动作会自动完成认证，这些认证过程对用户而言是无感的。会话机制的常见实现方式包括浏览器 Cookie 和签名令牌。

浏览器 Cookie，也称 HTTP Cookie、Web Cookie，或直接简称 Cookie，是用户浏览器在访问 Web 服务期间被后者植入本地的信息，具体内容由服务侧决定。Cookie 这个术语源自北美中餐厅的"福饼"（fortune cookie），这种饼中会夹带小纸条，上面写有吉利话或寓意文。受此启发，一些 UNIX 程序员将程序间通信时夹带的某种附属数据称作魔法 Cookie（magic cookie），这类数据通常由接收方原样返回发送方。Web Cookie 正是因类似魔法 Cookie 而得名。用户浏览器在访问同一域名下的其他页面时，会自动携带这些 Cookie 信息传送给服务侧。服务侧可以根据接收到的 Cookie 中的信息对该用户的身份进行识别，进而还原出与该用户对应的上下文状态。Cookie 可用于存放用户的身份标识，这个身份标识称为会话 ID。服务侧认为，知晓这个会话 ID 并且在 Cookie 中包含该会话 ID 的用户就是真正持有该会话的登录用户，因此可以豁免显式登录流程。服务侧可以为每个用户会话创建一个记录该会话状态的数据结构，记录用户名、登录状态、会话 ID、历史登录 IP、上一次使用的用户代理（也叫 User-Agent，可理解为浏览器指纹）等信息，这个数据结构也被称作会话。服务侧还要维护会话 ID 与会话数据结构的映射关系，实现基于 Cookie 的会话定位。当某个会话又在请求新页面时，服务侧从 Cookie 中提取出会话 ID，再根据这个会话 ID 去它维护的所有会话数据结构中查找，直到找出正确的那个会话。这时，服务器可以还原出该会话对应的上下文，会话的状态可以经过新的页面请求发生进一步的延续和更新。

Cookie 机制如果存在安全漏洞，黑客可以窃取 Cookie 及存于其中的会话 ID，并使用该会话 ID 仿冒合法用户访问应用服务，这种攻击叫作 Cookie 劫持。IP、IP 归属地和用户代理信息等上下文可以用于风险控制目的，当服务侧发现本次访问中的上下文信息同用户历史习惯不一致时，可以选择性地提高警觉，并启用重新登录或多因素认证等强化措施，这在一定程度上可以击败 Cookie 劫持者。敏感的 Cookie 信息可以通过 AES-GCM（Advanced Encryption Standard-Galois/Counter Mode）等密码学措施进行保护。AES-GCM 这种加密技术同时实现了保密性、完整性和源头可鉴别性的保障。

如果服务侧需要对大量并发会话的上下文数据结构进行维护和管理，就会给自身造成性能负担。签名令牌手段可以克服这一劣势。在这一方法中，成功登录的用户可以获得一个数字令牌，后续用户持该令牌访问服务侧的各个页面。这个令牌中记录的用户身份信息经过了数字签名技术的背书，服务侧可直接根据令牌中的签名信息判断用户身份是否可信，而不需要保存和遍历所有合法的数字令牌值。这样，服务侧就不需要维护会话状态数据结构了，因此这种签名令牌被称作无状态令牌。签名令牌还可用来背书其他类型的主张（claim），如"用户有管理员权限"这种主张。JWT（JSON Web Token，JSON Web 令牌）和 SWT（Simple Web Token，简单 Web 令牌）是签名令牌技术的常用实现方案。

3.6.3　单点登录（SSO）

单点登录（Single-Sign-On，SSO）是指让多个应用共用一个登录点的登录协议。这样，用户仅需要使用单个 ID、执行单次登录操作就能够访问多个应用系统。这些应用系统需要建立统一的令牌认证标准，并且约定承认登录点的认证结果。SSO 的好处除了提升用户体验以外，还可避免重复建设，集约化安全管理，减少攻击面。SSO 的缺点在于，由于登录用户可以访问大量应用，凭证失窃和登录点失陷的危害将更为致命。此外，如果 SSO 登录点工作不正常，就会波及大量业务应用，因此 SSO 的完整性和可用性是必须重点保障的目标。在实践中，严格的单点登录设计往往难以满足，SSO 通常放宽为减点登录（Reduced Sign-On，RSO），即用户的登录次数虽然得到了减免，但用户在连续访问多个系统后又会被要求再次登录。这种情况有时则是因为权限超时策略的规定，有时则是因为用户申请访问安全等级更高的系统，需要提供额外凭证。如果环境中存在多个安全等级的信息系统，那么同时存在多个登录点是合理的。

集中式认证服务（Central Authentication Service，CAS）是一种 SSO 协议，也指代实现了该协议的一套软件。CAS 协议通过在客户端（用户）、Web 应用服务和 CAS 服务器之间的一系列票据验证过程实现单点登录。CAS 服务器对客户端进行身份认证，以 Cookie 形式对客户端发放票授权票据（Ticket Granting Ticket，TGT），代表对该用户的信任。当用户访问某 Web 应用时将被重定向到 CAS 服务票据（Service Ticket，ST），ST 由该用户对应的 TGT 签名，代表 CAS 授权用户访问该 Web 应用。用户进而持该 ST 访问 Web 服务，后者持该 ST 向 CAS 服务器确认用户已认证，在得到确认后将允许本次访问。其他应用广泛的 SSO 协议还包括安全断言标记语言（Security Assertion Markup Language，SAML）和 OpenID 连接（OpenID Connect）等。

3.6.4 主张式身份（CBI）

身份是现实空间中的实体（人、团体、机构等）在一个信息系统内的数字映像。一个现实实体可以与多个身份对象建立映像关系。一个身份对象又包含了若干个属性（properties 或 attribute values），记录关于该身份对象的信息，这些信息可用于支持该对象的内部运作策略，或支持外部应用程序的工作策略。在信息系统中，实施身份管理（IdM）的主要目的是支持访问管理（AM）。因此 IdM 和 AM 这两套流程紧密相关，常被合称为身份与访问管理（IAM 或 IdAM，Identity and Access Management）。IAM 同时包含了管理流程或技术机制。这些流程、机制被划分到配置层面和运营层面，前者包括身份注册、凭证分发和授权设置等环节，后者包括身份识别、凭证核实和控制执行。

主张式身份（Claims-Based Identity，CBI）是一种常用的身份认证架构模型。它的重要特征是应用服务提供者不再自行建立身份认证能力，而是将这些能力外包给所信任的其他系统。在 CBI 模型中，应用服务提供者称为依赖方（relying party），提供认证能力的系统称为签发权威（issuing authority），而用户对自己的身份描述和权利要求称作主张（claim）。主张的例子包括"我的用户名是 xiaoming""我的账户隶属财务部账号组""我的邮箱是 xiaoming @ example.com"以及"我有权查看财务系统"等。签发权威可分解为两个组件，一个是对外提供服务窗口的安全令牌服务（Security Token Service，STS），另一个是实际执行身份管理的身份提供者（Identity Provider，IdP）。签发权威、STS 和 IdP 这三个概念有时可以混用。用户在访问应用服务时，后者将告知用户需要先从 STS 处获得一个令牌，因此用户转而访问签发权威，表明自己的主张，并提供支持这些主张的凭证。签发权威核实这些凭证后，如果认同用户的主张，则会向用户签发一个令牌。这个令牌将对用户的主张进行承载和背书。用户再将这个令牌交给应用服务。应用服务信任签发权威，因此也选择信任该令牌中包含的主张，继而基于这些主张对用户开放适宜的权限。在现实生活中不乏采用这种模型的例子。假如一家用人单位要求应聘者近期不得有犯罪记录，于是应聘者从公安机关开具无犯罪证明并提交给招聘者。招聘者确认该证明上的公章后，基于对公安机关的信任而采信应聘者近期无犯罪记录这一主张。这个例子中的公安机关和用人单位分别对应签发权威和依赖方的角色，而那份证明就是一个令牌。CBI 模型能够简化应用服务身份管理逻辑的开发，并且能够规避敏感的身份凭证向多个应用程序进行派发的负担和潜在安全风险。可以认为单点登录系统遵循了主张式身份模型，其中提供身份认证的登录点就是 STS。

3.6.5 联邦化身份管理（FIdM）

联邦化身份（federated identity）模型是指多个不同的信息系统共用一套统一的身份体系，并构建一个"信任圈"（circle of trust）。这些系统被称作一个身份联邦（identity federation），其中一个或多个系统执行 IdP 职责，而其他系统则被称作服务提供者（Service Provider，SP）。当用户需要访问某个 SP 时，需要先在 IdP 处完成登录和认证。当认证完成后，IdP 将向上述 SP 发送一个关于用户身份的断言（assertion），SP 可以根据这个断言核实用户的身份，从而做出授权决策。安全断言标记语言（Security Assertion Markup Language，SAML）可用于描述 IdP 和 SP 之间的断言。

在经典的网络服务模型中，网络服务普遍自行管理用户身份，相当于 SP 与 IdP 是耦合在一起的，而联邦化身份模型实现了 SP 与 IdP 的解耦。基于联邦化身份模型，可以构建一个联邦化身份管理（FIdM）系统。FIdM 是一系列协议、策略和实践的集合，致力于解决跨组织的身份和信任兼容问题，其核心是身份标准的统一，实现身份的跨组织可移植性。因此，FIdM 需要建立在开放、普及的身份管理标准规范基础之上。FIdM 与 SSO 密切相关，可以认为 SSO 是 FIdM 的子集和特例，相当于一个仅包含单个 IdP 的 FIdM 生态圈中的登录协议部分。

3.6.6 自治式身份（SSI）

自治式身份（Self-Sovereign Identity，SSI）模型用于解决业务交互中的信任问题，其特点是强化用户对自身数字身份的掌控力。SSI 的核心是可验证主张（Verifiable Claim，VC），也叫可验证凭证（Verifiable Credential，VC）。VC 是承载了用户主张、上下文数据和背书签名的数字凭证。VC 中的主张包括但不限于用户身份的描述信息和用户对特定资产的持有信息等。VC 中的上下文数据可以包含签发者标识、凭证有效期、签名参数、用户的社交账号、交易历史等。围绕 VC，SSI 模型定义了签发者（issuer）、持有者（holder，即用户）和验证者（verifier，即依赖方）三类角色。VC 由签发者生成并签名，然后交由持有者自行掌管和使用。由于 VC 经过了数字签名，所以可以抵抗篡改，并可由任何信任签发者的人进行即时验证。SSI 模型示意如图 3-7 所示。

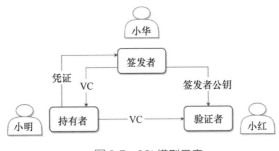

● 图 3-7　SSI 模型示意

假如小明是一名 VC 持有者，他的 VC 由小华签发。有一天，小明需要让小红信任自己的身份主张，比如他是个好男人。于是小明向小红呈递了一张承载了"小明是个好男人"这一主张的 VC。此时小红将充当验证者的角色。小华作为一名广受信任的签发者，同样获得了小红的信任。小红确认小明的 VC 确实由小华签发后，采信了 VC 中的主张，于是小红和小明进入了后续业务环节。这就相当于，验证者小红将自己对签发者小华的信任传递到了持有者小明身上。在一轮成功的认证闭环中，签发者信任持有者，持有者信任验证者，验证者信任签发者，从而构成"信任三角"（the trust triangle）。假如在另一个时空中，小华是一个名声扫地的签发者，谁给钱就给谁签发，小红对小华无比不信任。因此，即使小明对小红出示了小华签发的 VC，也不能赢取小红的信任，小红只会觉得他们俩没有一个好东西。这样，信任三角的建立就失败了。

VC 扮演的角色就好比现实世界中的物理凭证，如学位证、驾驶证等，完全在持有者的掌控之下，对凭证的使用必须得到持有者的确认，有利于保护用户的个人数据。持有者可随时将其交付验证者，查验过程不需要签发者的配合，这种使用方式是去中心化的。SSI 实现了用户身份与 IdP（身份提供者）的解耦，这种性质称作身份的可移植性。与 SSI 形成对比的是联邦化身份等传统模型，存在一个位于枢纽地位的 IdP 角色，IdP 始终介入并了解每一次身份验证过程。SSI 的自治性体现在没有中心化的身份管理系统和官方指派的 IdP 角色，任何主体（人、组织或设备）都可以充当签发者、持有者或验证者角色，同时用户身份是独立于网络业务而存在的。

SSI 的主体需要具有一个全局唯一的身份标识符，这个标识符是通过去中心化的方式产生的，称作去中心化身份标识（Decentralized Identifier，DID）。DID 的控制者（通常是该 DID 所标识的主体）一般通过非对称加密手段证明其对 DID 的持有。在 SSI 中，并不存在一个 IdP 集中存储用户身份。VC 通常存储在用户的私有存储空间中。DID 与用户公钥的绑定关系可以存储在区块链中，供他人公开读取，这种公钥分发方式被称作 DPKI（分布式公钥基础设施）。他人可以利用区块链中的公钥来验证用户对 DID 的持有。在某些实现方案中，用户还可以将 VC 的指纹存储在区块链中。

3.6.7　访问控制范型

访问控制范型（access control paradigm）代表了授权决策环节的基本工作模式，为进一步设计访问控制模型和访问控制策略提供了框架基础。本小节介绍多个常用的访问控制范型，真实系统可以同时遵循其中多个范型。

1）访问控制列表（Access Control List，ACL）。在 ACL 访问控制范型下，将各个主体对特定客体的授权表达为一个列表，授权决策过程等效于对 ACL 的查询。ACL 由多个访问控制项（Access Control Entry，ACE）构成。ACE 记录了某主体对某客体的权限属性集合。下文将客体 o 的 ACL 记作 A[,o]，将主体 s 和客体 o 对应的 ACE 记作 A[s,o]。某信息系统 o 允许小红浏览和编辑，但小明只被允许浏览，那么 A[小红,o]＝浏览+编辑，A[小明,o]＝浏览。

2）访问控制矩阵（Access Control Matrix，ACM）。系统中多个客体的 ACL 的阵列可视为一个 ACM。ACM 是一种表达访问控制策略的模型，将系统中的访问权限表达为 ACE 构成的二维矩阵。矩阵的列对应一个 ACL；矩阵的行代表一个主体 s 的权限集合，记作 A[s,]。A[s,]又称作 s 的访问轮廓（access profile）或权能（capability）。在实际实现一个访问控制系统时，若采用矩阵式数据结构存储访问权限将占用过多内存，因此通常只把 ACM 当作概念模型使用，而更多采用 ACL 形态的列表数据结构。ACM 示意如图 3-8 所示。

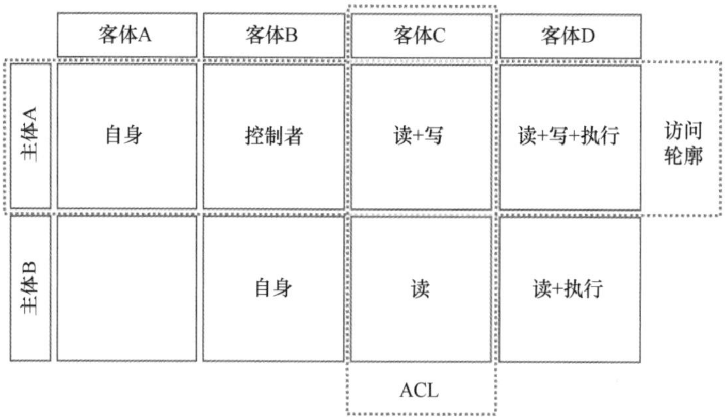

● 图 3-8　ACM 示意

3）基于角色的访问控制（Role-Based Access Control，RBAC）。RBAC 将授权策略与具体主体解耦，仅与角色相关。角色是主体的类型，系统需要预定义一系列角色，并对角色实施授权管理，而用户和群组等主体通过获得一个或多个角色来间接持有相应的权限。例如，系统可以对项目经理角色授予绩效评估权限，对 IT 管理员角色赋予后台登录权限等。当员工调岗时，只需调整其账号对应的角色，系统将自动完成主体权限的变更。

4）基于属性的访问控制（Attribute-Based Access Control，ABAC）。ABAC 又称为基于策略的访问控制（Policy-Based Access Control，PBAC），遵照预定义的策略而非 ACL 实施授权。这些政策并不针对具体主体身份，而是基于主、客体所具有的属性。例如，系统禁止年龄属性小于 18 岁的用户观看具有成人标签属性的视频，社交网站仅在用户名等于照片所有者时才允许执行删除，增值功能只允许注册日期属性在 30 天以内的免费用户使用。小明是某公司的财务人员，公司对财务管理系统这个客体配置了两条规则：①部门属性等于财务部者，允许访问该系统；②姓名为小明者，禁止访问该系统。小明究竟是否有权访问财务管理系统取决于这两条规则的相对优先级。

5）基于任务的访问控制（Task-Based Access Control，TBAC）。TBAC 是指主体对客体

的访问权限通过单次流程或工单进行临时授予。例如外卖员有权在送餐环节联络他的派单用户，电话客服有权查看当前呼叫者的信息资料。

6）自主访问控制（Discretionary Access Control，DAC）和强制访问控制（Mandatory Access Control，MAC）。美国国防部在其著名的"橙皮书"《可信计算机系统评估准则》（TCSEC）中提出了 DAC 和 MAC 两类访问控制范型。二者起初被应用于军事保密系统，后来被推广到民用计算机。在 DAC 中，客体有明确的属主（owner）。属主是一个账户，对其辖下客体的访问控制策略有高度的自治权，它可以将访问权限赋予其他主体，甚至转让属主角色。DAC 与基于 ACL 的访问控制有较大交集。UNIX/Linux 操作系统中的文件管理是 DAC 的典型用例，对授权关系的配置采用 ACL 或 ACM。在 MAC 范型下，访问策略统一由系统管理员集中控制，普通用户无权修改授权配置。访问申请是否获批由系统裁决，系统将以主体的属性标签（如许可等级）、客体的属性标签（如敏感度）以及访问类型（如读取、写入、执行）作为审批依据。知名的 Linux 内核模块 SELinux 实现了 MAC 策略，这个模块源自美国国家安全局的研发工作。Windows 操作系统中的强制完整性控制（MIC）机制也符合 MAC 范型。

7）零信任（Zero Trust，ZT）范型。零信任泛指近年来出现的一类智能化的访问控制范型，通过对主体的历史行为、客体敏感程度和环境上下文进行综合分析，研判当前访问请求的风险性，从而辅助授权决策，类似于用户实体行为分析（UEBA）能力。例如，当用户使用了新设备、在新的归属地登录、首次访问核心系统、数据下载量过大、操作过于频繁时，系统可酌情要求用户输入验证码、进行额外认证，甚至临时降低主体的权限。

3.6.8 访问控制模型

模型是对客观事物的简易化抽象，通过损失细节凸显主要矛盾。英国统计学家乔治·博克斯（George E. P. Box）说过，"所有模型都是错误的，少数模型是有用的"。访问控制模型是对访问控制范型的细化，也是对访问控制策略的抽象。它中立于技术实现机制，只关注授权决策的原则和过程，为访问控制系统的分析和设计提供形式化工具。

1. BLP 模型

Bell-LaPadula（BLP）模型由大卫·贝尔（David Elliott Bell）和伦纳德·拉帕杜拉（Leonard J. LaPadula）于 1973 年发表，用于规范美国军方多级安全（Multi-Level Security，MLS）访问控制策略的设计。MLS 是一类针对涉密信息系统的安全模态（security mode），允许同一系统同时存储和处理不同密级的数据。MLS 中的多个密级间并不实施严格的物理隔离，数据可以在可信受控流程下跨密级传输。这是一种非常大胆的设计，对可信保障的要求极高。

BLP 模型体现为一个状态机，状态机遵守三条规则：①简单安全属性（simple security property），主体不得读取更高安全级的客体；②星号属性（* property），主体不得写入更低安全级的客体，但可信主体（trusted subject）不受此规则限制；③自主安全属性（discretionary security property），使用形式化的访问控制矩阵规定自主访问控制策略。BLP 模型还包含了一条"平稳原则"（tranquility principle），规定主、客体的安全级不得在操作时随意变更。

BLP 模型被概括为"上写下读"（Write Up/Read Down，WURD），确保了在涉密信息系统中数据从低密级区流入高密级区的原则。小明是某军工企业的工程师，参与了很多涉密项目。疫情期间，小明被要求居家办公，但公司服务器的安全控制不允许将内部文档导出到个人计算机。小明问主管小红怎么办，小红只是强调了公司提出的"三必须"原则：防疫意识必须紧绷，保密纪律必须遵守，生产进度必须保障。面对这种困境，"老辣"的小明想出了一个解决之道，他用手机对内网中的文件拍照，再用 OCR 软件转换成普通文本，发送到个人计算机。这样，小明克服了层层安全控制，开辟了一条从高密级到低密级的传输通道，但这并不是一个可信受控流程，显然不符合 BLP 模型。不幸的是，小明的公司是境外间谍组织的跟踪目标，小明的个人计算机和手机早已植入木马，其中存放的涉密文件均被窃取到了境外。泄密事件最终被保密工作部门发现，小明受到法律的惩处，公司也受到监管方处罚。如果公司能为小明提供完善的涉密工作设备和环境，事件或许能够避免。

上述故事纯属虚构，但美国有一个真实案例。Nghia Hoang Pho 是美国 NSA 的一名程序员，为特定入侵行动办公室（TAO）开发网络入侵武器。他为了居家工作方便，将代码和程序私自复制到个人计算机。这些数据被杀毒软件上传到了卡巴斯基服务器。某国间谍组织入侵了卡巴斯基服务器，发现了 NSA 的数据，并向美国政府进行了情况通报。程序员于2015 年遭到逮捕，最终以"故意留存涉密国防信息罪"被判入狱。卡巴斯基官方回应称，其杀毒软件会自动将触发规则的可疑样本上传到云端，并非刻意取走用户个人资料。2017年，美国国土安全部签发强制行动指令（编号 BOD 17-01），以国家安全为由，要求联邦机关计算机一律移除卡巴斯基软件。

2. 比巴模型

比巴（Biba）模型是 BLP 模型的对偶模型，由肯尼斯·比巴（Kenneth J. Biba）于1975 年提出。BLP 关注保密性，而比巴模型关注完整性，即防止高关键系统被来自低关键系统的数据篡改。比巴模型定义了三条规则：①简单完整性属性（simple integrity property），主体不得从更低完整性区域读取数据；②星号完整性属性（* integrity property），主体不得向更高完整性区域写入数据；③调用属性（invocation property），进程只能调用平级或更低完整性等级的服务，不得调用更高等级的服务。

比巴模型的安全原则可概括为"上读下写"（Read Up/Write Down，RUWD）。例如，在军事行动中，情报的传递应遵循 BLP 式的"上写下读"，而命令的传递则应符合比巴模型中的"上读下写"。情报应该默认延循从外围线人到最高指挥官的方向传递，下级向上级汇报，但不应窃读上级的资料。命令默认向下传递，下级不宜教上级做事，也不得篡改上级的资料。小明在某国核反应设施工作。某日，他在单位门口捡到了一个 U 盘，于是欣然笑纳并用于自己的工作计算机。小明不知道的是，这个 U 盘是间谍机构留下的诱饵，其中载有特殊病毒，专为破坏核反应堆的离心机。最终，这个病毒成功破坏了小明能接触到的核设施，造成了灾难性后果。关键基础设施的完整性等级显然高于工程师的个人计算机，后者又高于偶然捡来的 U 盘。比巴模型的实施将限制病毒从 U 盘向核设施的流动。

3. 克拉克-威尔逊模型

克拉克-威尔逊（Clark-Wilson，CW）模型是一个旨在保护数据完整性的模型，由大卫·D. 克拉克（David D. Clark）和大卫·R. 威尔逊（David R. Wilson）于 1987 年发表。在 CW 模型中，主体不能直接访问客体，只能通过"程序"（又称"事务"）间接访问。主体、程序、客体的三方关联被称作访问控制三元组，有效的访问控制三元组的集合构成了系统中的"合法关系"（allowed relation）。CW 模型主张两项原则——良构事务原则（well-formed transaction）和职责分离（separation of duty）原则，前者要求程序只能将客体从自治的状态转换到另一个自治的状态，后者提倡将任务分解到多个主体分别完成。CW 模型将数据分类为受约数据项（Constrained Data Item，CDI）和非受约数据项（Unconstrained Data Item，UDI）。CDI 是系统内部数据，满足完整性约束；而 UDI 则是来源不可信的数据，未必满足完整性。完整性验证规程（Integrity Verification Procedure，IVP）是负责验证 CDI 有效性的程序，转变规程（Transformation Procedure，TP）是在完整性策略的限制下执行任务的程序。

在这些概念的基础上，CW 模型定义了五个认证规则（certification rules）和四个执行规则（enforcement rules）。认证规则包括：

（C1）系统具备 IVP，确保全部 CDI 有效性；

（C2）TP 对 CDI 的操作结果仍是状态自洽的 CDI；

（C3）TP 须经认证，确保满足职责分离原则；

（C4）TP 保留操作日志，确保其操作可被重建；

（C5）TP 对 UDI 的输入实施有效性核验，选择拒绝 UDI 或将其转换为 CDI。

执行规则包括：

（E1）系统维护 TP 与 CDI 的关系，仅在关系被认证时 TP 才可操作 CDI；

（E2）系统维护主体与 TP、CDI 的关系，主体仅在有权执行相关 TP 时才可访问 CDI；

（E3）系统对主体实施身份鉴别；

（E4）只有 TP 的认证者（TP 的执行者不得同时充当其认证者）才能配置 TP 的合法关系。

4. 格雷厄姆-丹宁模型

格雷厄姆-丹宁（Graham-Denning）模型是一种基于 ACM 的访问控制模型，由 G. 格雷厄姆（G. Scott Graham）和彼得·丹宁（Peter J. Denning）于 1972 年发表[141]。该模型定义的保护系统（protection system）包含三个部分：一个主体集、一个客体集和八项操作命令，主体集隶属客体集。每个客体都对应一个主体作为其属主（owner），每个主体都对应另一主体作为其控制者（controller）。

操作命令用于改变 ACM，它接收若干参数，在确定前提条件满足后执行一系列操作。格雷厄姆-丹宁模型定义的命令包括：①主体 x 创建客体 o，ACM 将增加 A[,o]列，并在 A[x,o]记录属主属性；②主体 x 创建主体 s，ACM 将增加 A[s,]行和 A[,s]列，并在 A[x,s]记录属主和控制者属性；③主体 x 销毁客体 o，若 A[x,o]包含属主属性，则 ACM 删除 A[,o]；④主体 x 销毁主体 s，若 A[x,s]包含属主属性，则 ACM 删除 A[s,]和 A[,s]；⑤主体 x 将作用于客体 o 的权限 r 授予（grant）主体 s，若 A[x,o]包含属主属性，且 r 不是属主属性，则 A[s,o]追加 r 属性；⑥主体 x 将作用于客体 o 的权限 r 转予（transfer）主体 s，若 A[x,o]包含 r，且 r 属于可被二次转予的属性，则 A[s,o]追加 r 属性；⑦主体 x 将作用于客体 o 的权限 r 删除于主体 s，若 A[x,o]包含属主属性，或 A[x,s]包含控制者属性，则从 A[s,o]删除 r；⑧主体 x 查看主体 s 对客体 o 的权限，若 A[x,o]包含属主属性，或 A[x,s]包含控制者属性，则 A[s,o]内容将被复制到 x 指定的位置。

5. HRU 模型

HRU（Harrison-Ruzzo-Ullman）模型是对格雷厄姆-丹宁模型的改进，由迈克尔·哈里森（Michael A. Harrison）、沃尔特·鲁佐（Walter L. Ruzzo）和杰弗里·乌尔曼（Jeffrey D. Ullman）于1976年发表[142]。HRU模型定义的保护系统是一个状态转移系统，其中的恒定部分包含权限集 R 和命令集 C，而可变部分包含主体集 S、客体集 O 和访问控制矩阵 P。HRU模型定义了六个原语操作（primitive operation）：①向 A [s，o] 输入（enter）权限 r，条件是 s 和 o 分别是已存在的主、客体；②从 A [s，o] 删除权限 r，条件是 s 和 o 分别是已存在的主、客体；③创建主体 s，条件是 s 不是已存在的主体；④创建客体 o，条件是 o 不是已存在的客体；⑤销毁主体 s，条件是 s 是已存在的主体；⑥销毁客体 o，条件是 o 存在且不是主体。原语操作可进一步构建出各种命令，例如格雷厄姆-丹宁模型中的八个命令。命令将以事务的方式执行，只有所有操作均成功时才生效。

6. 获取-给予模型

获取-给予（take-grant）模型由安妮塔·琼斯（Anita K. Jones）于1978年发表。它将保护系统建模为有向图，图的节点代表客体（含主体），边由主体指向客体，边的标签代表权限类型。该模型只包含创建、召回、给予、获取四个原语操作：①主体 s 创建客体 o，同时获得对 o 的权限 r，体现为创建节点 o，并添加由 s 到 o 的边，标签为 r；②主体 s 召回对客体 o 的权限 r，体现为由 s 到 o 的边去除标签 r；③主体 s 将对客体 o 的权限 r 给予主体 t，条件是 s 持有对 o 的权限 r，且 s 持有对 t 的给予权限；④主体 s 从主体 t 获取对客体 o 的权限 r，条件是 t 持有对 o 的权限 r，且 s 持有对 t 的获取权限。在该模型中，给予和获取不仅是原语操作，同时也是两类特殊的权限类型。

7. 布鲁尔-纳什模型

布鲁尔-纳什模型由大卫·布鲁尔（David F. C. Brewer）和迈克尔·纳什（Michael J. Nash）于1989年发表[143]，旨在对信息流动中的利益冲突进行干预。小红和小华在同一行业创办公司，二人是竞争对手。他们在不知情的情况下先后聘请小明担任顾问，小明因此获悉了两家公司的许多商业秘密。在小华得知小明同时服务于小红后，利诱小明透露关于小红的情报。小明出卖小红后，想要故技重施，于是向小红提出出卖小华的情报。小红选择了报警，小明被绳之以法。布鲁尔-纳什模型试图避免这种局面。它将信息划分为三个层次，自低到高依次为客体、公司数据集（company dataset）、利益冲突类（conflict of interest class）。客体是基础信息项，例如文件。涉及同一企业的客体被聚集为一个公司数据集。存在竞争关系的公司都被划分到同一个利益冲突类中。当某主体申请读取某客体时，布鲁尔-纳什模型将检查客体所属利益冲突类中，是否有其他的公司数据集已被该主体读取过。如是，申请将被驳回。小红和小华存在竞争关系，其公司数据集会被归到同一利益冲突类。当小明被顾问事务所派遣给小红当顾问后，他将读取小红的公司数据集。此后他将不被准予读取小华的公司数据集，因此无法再被派遣给小华。布鲁尔-纳什模型因类似中式建筑中的室内隔断，而被称作中式屏模型（Chinese Walls Model）。

8. 客体-权能模型

客体-权能模型（object-capability model）将主体的权限集合做实物化处理（reification），使其成为可以显式传递的"一等公民"对象，并将权能视作访问控制的唯一途径。权能是一种引用（reference），包含一个可交换但不可伪造的令牌，绑定着对相关客体的访问权限集合。客体-权能模型假定系统可以对权能提供抗变造机制。主体可持有对多个客体的权能引用，主体还可以将自身持有的部分权能授予其他主体。主体申请访问客体时，须提供一个消息，消息中指明主体所持权能和本次的访问类型。当且仅当权能中绑定着该访问类型所要求的权限时，访问被允许。

客体-权能模型区别于传统的访问控制模型——环境权威（ambient authority）模型。环境权威模型常用于 ACL 和 RBAC 等经典范型，因假定系统环境中存在一个裁决者而得名。主体在申请访问客体时，只需说明客体的名字和访问类型信息，不需要证明所持权限，由裁决者负责就主体是否有相应访问权限做出决断。这一决断是隐式的，通常仅考量主、客体的属性，而不追问访问操作的语义。因此，环境权威模型存在一个叫作"糊涂代理人问题"（confused deputy problem）的缺陷，若低权限主体诱骗高权限主体申请前者原本无权的客体访问，则可被裁决者所允许，这将构成提权漏洞。由于权能被实物化为一等公民，所以具有更灵活而完善的语义表达能力。当低权限主体委托高权限主体实施客体访问时，若无法出具充分的权能，访问不会被允许，从而克服了糊涂代理人问题。

9. 访问监控器

访问监控器（Reference Monitor，RM）是一个概念中的系统组件，负责裁决一切主体对一切客体的一切访问申请。RM 模型提出四项约束：不可绕过（Non-bypassable）、可评估（Evaluable）、始终调用（Always-invoked）和防篡改（Tamper-proof），缩写为 NEAT。美国军方要求信息安全等级较高的 MAC 范型系统（TCSEC B3 级以上）必须采用 RM 模型。《计算机信息系统　安全保护等级划分准则》（GB 17859—1999）规定"访问验证保护级"信息系统的可信计算基必须满足 RM 需求。

第4章 烽火暗流：网络安全运营实战

正如砖、瓦、锤、钉不能代表房屋建造，攻防技术仅是安全运营的工具箱，在合理的运用下方能发挥价值。网络安全重在持续运营，应因地制宜、与时俱进地建立和调整安全控制机制，而攻防技术体现为安全控制的底层机制。技术之高下，于攻击方而言诚然是决定性因素，但对防御者而言，其坚固程度则主要依靠管理水平，技术只作为管理体系的赋能因素存在。强大的工具或许只是在仓库中蒙灰，坚固的工事也可以被狡猾地绕过，而最令攻击者头痛的防御却可能来自"低技术"防护措施的恰当运用。本章将对业内的优秀实践方法进行尽可能体系化的总结，并着重介绍相关的重要标准和规范。

4.1 工作框架

本节描述通常意义下网络安全运营工作的任务范围，并介绍该领域内几个知名的工作框架。这些框架为网络安全运营工作提供了基本的方法论，是后续章节进一步讨论的基础。

4.1.1 过程式方法

组织用于保障网络安全的三种基本资源是人（people）、技术（technology）和过程（process），简称 PPT 或 PTP。其中，过程相当于日常工作中所说的"流程"。美国 NSA 提出的信息保障技术框架（Information Assurance Technical Framework，IATF）指出，纵深防御的核心三要素为人、技术和操作（operation），这里的操作就相当于过程。

根据《ISO 9000 质量管理系统基础和词汇》，过程是"一组相互关联或相互作用的活动，使用输入来交付预期的结果"。所谓"预期的结果"，是指流程的执行所输出的工件（artifact），亦称工作产物（work product）或工作产品（定义自 ISO/IEC/IEEE 2476）。根据 GB/T 25069 的定义，工作产品可以是在任何过程执行中产出的所有文档、报告、文件、数据等。一个过程的输出可以直接形成另一个过程的输入，通常这个转换是在有计划并受控的条件下完成的。

除了输入和输出外，过程的基本属性还包括过程意图（process purpose）、过程效果（process outcome）、过程能力（process capability）和任务（task）。过程意图是指执行一个过程的高层级目的，以及有效实现该过程后的效果预期（见《ISO/IEC/IEEE 15288 系统与软件工程 系统生命周期过程》）。过程效果是指成功实现过程意图后的可观察结果（见 ISO/IEC/IEEE 12207）。过程能力是指某一过程达到所要求目标的能力，见《信息技

术安全保障框架　第 3 部分：保障方法分析》（GB/Z 29830.3）。任务是过程中的一项强制性、推荐性或获准性行动，意图助力于一个或多个过程效果的实现（见 ISO/IEC/IEEE 15288）。

组织中对过程的体系化应用，连同这些过程的识别和交互，以及对它们的管理，可称为"过程式方法"（process approach）。过程式方法是以过程为主线的体系化管理方法，GB/T 31495 提出的信息安全保障模型就是采用过程式方法建立的。过程式方法是组织管理中的基本范型之一，同职能式方法（functional approach）并列。例如，如果互联网公司将技术人员划分到前端、后端、测试等专业性部门中，就属于职能式方法；如果将研发人员划分到不同的项目组中，则属于过程式方法。过程管理（process management）是过程式方法的一部分，《信息安全技术　信息系统安全工程管理要求》（GB/T 20282）将其定义为"用于预见、评价和控制过程执行的活动系列和体系结构"。过程保障（process assurance）是 GB/Z 29830.1 定义的三类信息安全保障途径之一，是指通过对过程中的活动进行评估而建立的安全保障（此处指安全确保，即对信心的建立），其他保障途径包括交付物保障和环境保障。

过程与活动（activity）两个概念是紧密相关的。《ISO/IEC/IEEE 15288 系统生命周期过程》将活动定义为"某一过程的内聚性任务的集合"。结合过程的定义可以知道，这里的"内聚性"是指"相互关联或相互作用"。《ISO/IEC 27000：2016 信息技术　安全技术　信息安全管理体系　概述和词汇》（GB/T 29246—2017）指出：任何使用资源的活动都需要被管理，以便能够使用"一组相互关联或相互作用的活动"完成从输入到输出的转换。

另一个与过程有关的概念是"规程"（procedure）。GB/T 25069 将规程定义为"活动过程的文档化描述"。ISO 9000 将规程定义为"执行活动或过程的指定方法"。在软件开发领域，规程常常体现为执行某个具体活动的一段程序，如编程语言中的函数、方法等。

4.1.2　PDCA 循环

PDCA 循环是一种经典的质量管理方法，强调对管理过程的持续反省和改进，目前已引入网络安全运营领域。因美国质量控制学家爱德华兹·戴明的贡献，PDCA 循环也称戴明环（Deming circle）。PDCA 四个字母分别指代规划（plan）、执行（do）、检查（check）、处理（act）四个阶段，四阶段螺旋上升，周而复始。在规划阶段，组织设定目标和编排过程；在执行阶段，组织执行前一阶段制定的过程，并收集必要的反馈信息；在检查阶段，组织对上一阶段收集的反馈信息进行评价，将实际执行结果与预期结果进行比对；行动阶段又称调整（adjust）阶段，根据前一阶段的评价结论分析当前过程的不足，使得下一轮规划阶段可以对过程进行改进。

PDCA 的核心思想就是闭环控制，即不断采集实际效果的反馈信息，调整行动方案。这实际是一种普遍的哲学，不仅适用于管理层面，也适用于操作层面。自动控制学科认为，对几乎任何系统的有效控制都应以闭环结构为前提。对于网络安全运营乃至其他任何活动，都应持续基于反馈信息动态调整控制措施，构成行动闭环。需要注意的是，"闭环"一词在商业语境下出现频率很高，一般用于比喻一个完整的流程，这其实并没有体现出循环改进的意味，并不是自动控制学科所强调的闭环概念。

4.1.3　IT 管理与 IT 治理

网络安全治理几乎总是立足于 IT 治理的基础之上（少量的风控、内容安全业务除外）。因此，针对网络安全的运营管理必须融入组织的 IT 管理和 IT 治理体系，不宜另起炉灶，否则很难建立资产的可视性，容易陷入盲目而低效的局面。

IT 管理是研究对 IT 资源进行按需管理的学科。IT 管理涉及预算、人力、变更管理、组织、控制等基本管理职能，并包含软件设计、网络规划等技术要素。IT 管理的核心关注点在于技术使用与业务目标的对齐，通过对信息技术的使用产生业务价值。传统的 IT 管理方式主要是将 IT 资源分割到各个独立的业务部门或产品线，容易形成烟囱式的 IT 架构，不利于 IT 资源的高效使用。为克服这一问题，业界推出了融合基础设施（converged infrastructure）架构，将计算、存储、网络和软件等 IT 资源进行集约化打包管理和自动化调度，从而提升资源利用率，并强化了对业务部门的专业支持。近年来，融合基础设施开始将云资源纳入集中管理。

IT 基础架构库（Information Technology Infrastructure Library，ITIL）是一套 IT 管理框架，描述了一系列通用的过程、规程、任务和清单，涵盖了 IT 服务管理（ITSM）和 IT 资产管理（ITAM）等领域。20 世纪 80 年代，英国中央计算机和电信局（Central Computer and Telecommunications Agency，CCTA）开发了一组推荐意见，用于在政府内实现跨部门的 IT 管理标准化。ITIL 在此基础上产生，于 1989 年发布首版，在 2000 年进行了改版。2001 年 4 月，CCTA 并入英国财政部下属的政府贸易办公室（Office of Government Commerce，OGC）。2007 年 5 月，ITIL 第 3 版发布，包含 26 个过程和功能。2011 年 OCG 解散，其职能转交英国内阁办公室的有关部门。2014 年，英国内阁办公室与 Capita 公司联合成立了合资公司 AXELOS，ITIL 转交 AXELOS 持有。2019 年 4 月，ITIL 已经发展到第 4 版，这一版本倾向于淡化 ITSM，强调通用的服务管理，并提倡从整体性和价值中心视角看待端到端的服务管理。2021 年 7 月，AXELOS 被 PeopleCert 公司收购。

管理和治理是一对相互关联的概念，它们之间的差别较为细微，经常可以混用。管理由运营需求驱动，治理则从价值取向出发，价值取向将最终反映到运营需求。治理流程通常由董事会和执行管理层负责，而管理流程则在高级和中级管理层的职责范围内。组织的价值取向大致有两类来源：一是利益相关者（stakeholder）的意志，二是合规（regulatory compliance）要求。利益相关者是指对于组织活动能够产生影响、受到影响或感觉受到影响的任何个人或组织（见 GB/T 32923—2016/ISO/IEC 27014：2013），包括投资人、客户、合作伙伴、员工、政府和社会公众等角色。各种利益相关者可能有不同的价值取向。合规是指组织对法律、法规、规章和合同的遵守，从而避免政治和法律方面的风险。IT 治理（IT Governance，ITG）是组织治理的子学科，致力于对 IT 及其绩效和风险管理活动进行监管，让 IT 能够产生符合企业利益相关方目标的价值。历史上，企业的高层将关键 IT 决策下放到 IT 管理部门和业务部门，引发了一些短视的决策，与企业的长期目标不符。因此，IT 治理应运而生，它包含领导关系、组织架构和过程等要素，对 IT 决策进行系统性监管，让各个利益相关者均有介入机会。IT 治理与 IT 管理的区别在于，IT 治理所回答的问题是通过 IT 资源做什么，而 IT 管理则专注于怎么做的问题，即如何对 IT 资源进行规划、组织、指导和控制。

2005 年，澳大利亚标准组织（Standard Australia）发布《AS 8015—2005：企业 ICT 治理》文件，针对企业的 ICT 治理提供了一个框架，包括一系列原则、模型和词汇。2008 年，ISO/IEC 在 AS 8015 的基础上发布《ISO/IEC 38500：2008 企业信息技术治理》，并于 2015 年进行了更新。ISO/IEC 38500 给出了 IT 治理的六点原则，分别立足于责任、战略、采购、绩效、合规性、人类行为角度。ISO/IEC 38500 还规定了 IT 治理的三类基本任务：评价（evaluate）、指导（direct）和监督（monitor），合称 EDM。2017 年 11 月，我国的全国信息技术标准化委员会（SAC/TC 28）发布《信息技术服务　治理》（GB/T 34960）标准，包括《通用要求》《实施指南》《绩效评价》《审计导则》四个文件，又于 2018 年发布该标准的第 5 部分《数据治理规范》。《通用要求》借鉴了一些前期标准，引入了 ISO/IEC 38500 中以 EDM 为主要过程的 IT 治理模型，规定了 IT 治理的框架和实施原则，并从顶层设计、管理体系和资源三个方面提出了 IT 治理要求。

4.1.4　IT 控制

内部控制这一概念起源于会计和审计领域，它是指为确保组织运行的有效性、高效性、财务报告可靠性和合规性而采取的目标保障过程。广义的内部控制泛指一切控制组织风险的措施。内部控制用于对企业资源进行指导、监督和测度，对于防范欺诈和保护企业的资产、声誉、知识产权等资源发挥着重要作用。

IT 控制是内部控制的子集，是为确保业务目标而针对性执行的 IT 活动，涉及企业的整体 IT 功能管理和数据 CIA 安全保障。企业的 IT 部门多由首席信息官（CIO）领导，确保 IT 控制措施被有效利用。IT 控制可分为 IT 通用控制（ITGC）和 IT 应用控制（ITAC）两类。ITGC 涵盖了 IT 环境控制、软件版本控制、事件管理控制、配置管理控制、容灾备份控制以及 IT 物理安全控制等内容；ITAC 则体现为在应用程序内部处理数据的自动化规程，如交易完整性校验、数据有效性校验、用户标识、身份鉴别等。

2001 年至 2002 年间，美国爆发了几起大企业假账丑闻，极大打击了投资者的信心。为此，美国政府快速通过《萨班斯法案》（Sarbanes-Oxley，SOX），对在美国上市的公司提供了"必须控制 IT 风险在内的各种风险以保障财务数据的准确可靠"的合规要求。SOX 促进了相关企业对 IT 控制的重视，也促成了 GRC（Governance，Risk Management & Compliance，治理、风险管理与合规）风险治理理论的诞生。

4.1.5　IT 审计

在财务领域，审计（auditing）是指法人向独立的审计者呈递一个涉及财务信息的主张，如关于财务活动的合规性主张。审计者则负责验证这些主张是否属实，并向利益相关者提供证明。审计并不局限于财务领域，它也应用于评价各类管理活动，如项目管理、质量管理、资源管理、隐私管理等。根据 ISO/IEC 27000 的定义，审计是指获取审计证据并对其进行客观评价以确定满足审计准则程度的、系统的、独立的和文档化的过程。审计者的角色分为内部审计和外部审计，前者受雇于被审计的组织，但独立于被审计的活动，向决策层提供客观的评价和建议；后者则与组织无关，通常由法规所设定。内部审计隶属企业治理 EDM 模型中的 M（监督）过程，其主要任务是对组织的内部控制进行评价，如风险控制。

IT 审计是审计的子集，它是指根据 IT 审计标准的要求，对信息系统及其相关的 IT 内部控制和流程进行检查和评价，并发表审计意见。信息安全性、隐私保护、费用和产出都属于 IT 审计的范畴，例如论证 IT 是否在面向组织目标有效运作，IT 控制是否能有效保障数据的 CIA 目标，以及信息系统中是否发生了违规事件。《信息技术服务　治理　第 4 部分：审计导则》（GB/T 34960.4）规定了 IT 审计的总则、审计组织管理、审计人员、审计流程、审计报告、审计适用对象和范围等内容。

4.1.6　COBIT 框架

1996 年，国际信息系统审计和控制协会（ISACA）发布了一个 IT 治理框架，命名为 COBIT（Control Objectives for Information and Related Technologies，信息及相关技术控制目标）。起初，COBIT 是一组面向财务审计人员的 IT 控制目标，后来不断发展和扩充，不再局限于审计场景，形成了完善的 IT 治理框架。ISACA 分别于 1998 年、2000 年、2005 年、2007 年发布了 COBIT 第 2、3、4、4.1 版。2012 年的 COBIT 5 版本整合了 ISACA 的 COBIT 4.1、Val IT、Risk IT 三个框架，并借鉴了 ISACA 的 ITAF（IT Assurance Framework，IT 确保框架）和 BMIS（Business Model for Information Security，信息安全业务模型）框架，成为集大成者。此后的 COBIT 2019 版本基于 COBIT 5 和其他参考资料发展而来。

COBIT 框架提倡，企业应构建、定制和维持一个针对信息与技术（I&T）的治理体系，该体系由多种组件构成：过程，组织结构，原则、政策和框架，信息，文化、道德和行为，人员、技能和能力，服务、基础设施和应用程序。各类组件相互交互，构成一个整体性的治理体系。

利益相关者的意志需要转换为可行动的战略，COBIT 2019 对此过程加以建模，提出"目标级联"（goals cascade）模型，定义了自上而下四个层级的目标，依次为："利益相关方驱动因素与需求""企业目标""一致性目标""治理与管理目标"。下级目标的优先级由上级目标决定。COBIT 2019 列举了 13 个企业目标，如"有竞争力的产品和服务组合""管理信息的质量"等。一致性目标强调所有 IT 工作与业务目标的一致性，COBIT 2019 定义了 13 个一致性目标，如"妥善管理的 I&T 相关风险""将业务需求转化为可运作的解决方案的敏捷性"等。

COBIT 2019 收录了 40 个治理与管理目标。这 40 个目标被划分到五个域（domain）。其中，五个治理目标位于 EDM（评价、指导、监督）治理域，35 个管理目标则分别归属四个管理域：APO（Align, Plan and Organize，调整、规划和组织）、BAI（Build, Acquire and Implement，构建、采购和实施）、DSS（Deliver, Service and Support，交付、服务和支持）、MEA（Monitor, Evaluate and Assess，监控、评价和评估）。

4.1.7　信息安全治理

信息安全治理是指导与控制组织信息安全活动的体系。《ISO/IEC 27014：2013 信息技

术 安全技术 信息安全治理》（GB/T 32923—2016）提供了信息安全治理的指南。文件在总则中指出，信息安全治理需要使"信息安全目标和战略"与"业务目标和战略一致"，并符合法律、法规、规章和合同等合规性要求。信息安全治理宜通过风险管理途径得到评估、分析和实现，并得到内部控制系统的支持。治理者最终需要对组织的决策和绩效负责。在信息安全方面，治理者的关键聚焦点是确保组织的信息安全方法是有效率、有效果、可接受的，与业务目标和战略是一致的，并充分考虑到利益相关者的期望。有效实现信息安全治理的成果将包括：信息安全状态对治理者可见；信息风险的决策方法敏捷；信息安全投资高效且有效；符合法律、法规、规章和合同等外部要求。信息安全治理与 IT 治理互有重叠，两者均属于企业治理的一部分。IT 治理的总体范围是针对获取、处理、存储和分发信息的所需资源，而信息安全治理则主要关注信息的 CIA 三要素。两种治理均需要 EDM（评价、指导、监督）过程，另外，信息安全治理还涉及沟通和保障这两类过程。此处的保障过程提供了关于信息安全治理及其所达到级别的独立和客观的意见，对应第 1 章所述的安全确保概念。

4.1.8 信息安全管理体系（ISMS）

管理体系（Management System，MS）是指一个组织所采用的一系列政策、过程和规程，用于实现组织的各方面目标。ISO 针对各个领域的管理体系推出过系列标准。例如，ISO 9000 对应质量管理体系（Quality Management System，QMS），ISO 14000 对应环境管理体系（Environmental Management System，EMS），ISO/IEC 20000 对应服务管理体系（Service Management System，SMS），ISO 55000 对应物理资产管理体系。

根据 GB/T 25069 的定义，信息安全管理体系（Information Security Management System，ISMS）是指基于业务风险方法建立、实施、运行、监视、评审、保持和改进信息安全的体系。ISMS 是一个组织的整体管理体系的子集。ISMS 包括组织结构、方针策略、规划活动、职责、实践、规程、过程和资源等要素。ISO/IEC 27000 系列标准包含多个文件，对 ISMS 进行了多方面的规定。

《信息技术 安全技术 信息安全管理体系 要求》（GB/T 22080—2016）等同于《ISO/IEC 27001：2013》，提供建立、实施、保持和持续改进 ISMS 的要求。这一文件指出，采用 ISMS 是组织的一项战略性决策。一个组织 ISMS 的建立和实施受其需求和目的、安全要求、所采用的过程以及组织的规模和结构等因素的影响，所有这些影响因素会不断发生变化。ISMS 通过应用风险管理过程来保持信息的保密性、完整性和可用性，以充分管理风险并给予相关方信心。ISMS 是组织过程和整体管理结构的一部分，并集成于后者之中，主张在过程、信息系统、控制措施的设计中考虑信息安全。该标准所期望的是，ISMS 的实现程度要与组织的需求相符合。该标准可被内部和外部相关方使用，以评估组织的能力是否满足组织自身的信息安全要求。

4.1.9 PDR 与 P2DR 模型

PDR（防护-检测-响应，Protection-Detection-Response）模型是一个经典的网络安全运营模型，由美国互联网安全系统公司（ISS 公司，现已被 IBM 收购）提出。PDR 模型定义了防护、检测、响应三类活动。其中，防护是指安全控制措施对网络攻击进行抵抗；检测是指对网络进行持续监测以识别安全事件的发生；响应是指对正在发生的安全事件进行应急处理。PDR 是一种基于时间的安全模型，强调攻防活动的时间跨度属性，定义了防护时间、检测时间、响应时间等时段值。防护时间是指自攻击发生时刻起系统能够保持正常运转而不被攻破的时间，检测时间是自攻击发生时刻到攻击发现时刻的时间，响应时间是自攻击发现时刻到响应完成时刻的时间。若响应完成之前防护措施就已失效，则自失效时刻起至响应完成时刻止之间的时间为暴露时间。若防护时间大于检测时间和响应时间之和，则可认为系统是安全的；否则，系统存在不安全的暴露时间，降低该时间应成为安全运营的目标。

在经典的 PDR 模型中，防护（protection）对应安全控制措施在面对真实攻击后的生效阶段，即拒止（denial），这是一种事中的活动；而现代安全模型多认为防护主要是事前的活动，包括攻击发生前对安全控制措施的实现阶段，即预防（prevention）。在 PDR 模型中，防护和检测是同时开始计时的，而现代的安全运营模型一般认为防护、检测和响应存在时间顺序。

20 世纪 90 年代末，ISS 公司将 PDR 模型修改为 PPDR（Policy-Protection-Detection-Response，策略-防护-检测-响应）模型，增加了"策略"这一要素。策略是 PPDR 模型的核心，其他三类要素均由策略控制。相比 PDR 这一纯技术模型，PPDR 认识到了管理要素与技术要素的关系，承认了安全管理的持续性和安全策略的动态性。PPDR 亦称 P2DR 或 ANSM（Adaptive Network Security Model，自适应网络安全模型）。

此外，其他机构也提出了类似的安全运营模型，如 PDRR（Protection-Detection-Response-Recovery，防护-检测-响应-恢复）、P2DR2（Policy-Protection-Detection-Response-Restore，策略-防护-检测-响应-修复）、P2OTPDR2（Policy-People-Operation-Technology-Protection-Detection-Response-Restore，策略-人员-操作-技术-防护-检测-响应-修复）、MAP2DR2（Management-Audit-Policy-Protection-Detection-Response-Restore，管理-审计-策略-防护-检测-响应-修复）等。

4.1.10 NIST 网络安全框架（CSF）

2013 年 2 月 12 日，时任美国总统奥巴马签署行政令《提升关键基础设施网络安全》（EO13636）。在该行政令要求下，NIST 开发了旨在减少关键基础设施网络风险的网络安全框架（Cybersecurity Framework，CSF），于 2014 年 2 月 12 日发布。目前，该框架已经在世界各国被各个行业广泛采用，不局限于关键基础设施企业。

CSF 包括核心（core）、实施层级（implementation tiers）和轮廓（profile）三部分内容。CSF 核心描述了该框架包含的活动及其效果，并给出了相应的词汇表和外部参考标准、指南文件。CSF 所收录的活动可归结到五大功能：识别、保护、检测、响应和恢复。五大功能对应的效果可进一步划分到不同的类别，类别可再划分为子类别。例如，识别（ID）功能包括资产管理（ID.AM）、业务环境（ID.BE）、治理（ID.GV）、风险管理策略（ID.RM）、供应链风险管理（ID.SC）等类别，如图 4-1 所示。CSF 实施层级代表对本框架的使用深度，共有四个层级，依次为局部（partial）、风险知情（risk informed）、可重复（repeatable）、自适应（adaptive），对应的复杂度和严格度递增。CSF 轮廓是企业的具体实施方案，将 CSF 的功能、类别、子类别对齐到本企业的业务需求、风险准则和资源现状。CSF 推荐企业建立当前轮廓和目标轮廓这两个轮廓，然后致力于推动从当前轮廓到目标轮廓的进步。

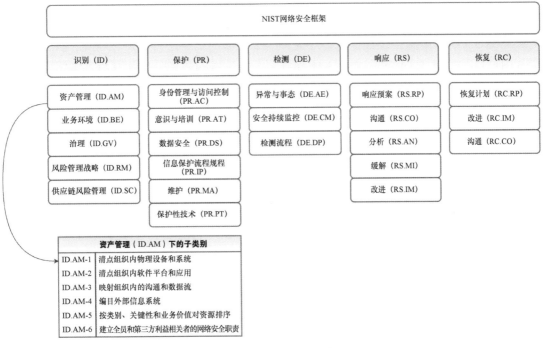

● 图 4-1　CSF 模型示意

4.1.11　网络安全滑动标尺（SSCS）

2015 年 8 月，SANS 研究所的罗伯特·李（Robert M. Lee）研究员发表了白皮书《网络安全滑动标尺》[144]，提出了针对网络安全运营能力演进的滑动标尺模型（the Sliding Scale of Cyber Security，SSCS）。该模型提出了五个运营成熟度阶段，依次是架构安全（architecture）、惰性防御（passive defense）、积极防御（active defense）、情报生产（intelligence）和进攻反制（offense），如图 4-2 所示。各阶段对应一系列的行动、能力和资源投入。为醒目起见，下文将这五个阶段依次称作 SSCS-1~SSCS-5。

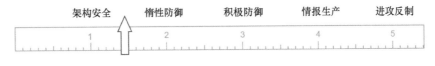

● 图 4-2　滑动标尺模型示意

SSCS-1（架构安全）的基本主张是，信息体系的规划、建设和维护都要同步考虑安全问题，并应为后期的安全建设预留空间。该阶段的特点是"坚壁清野"，主要运营活动包括配置管理、日常打补丁、缩小攻击面等。SSCS-1 属于日常运维行动而非防御行动，因为不涉及对手和对抗。

SSCS-2（惰性防御）是指在原有信息体系中显式增添安全保障系统，实现网络加固。该阶段的特点是"以静制动"，在不发动人力参与的情况下抗击简单的网络攻击，消耗对手的人力成本。虽然安全保障系统也需要一定的人力运维，但这种人力开销并非高强度的持续耗损，代价相对较低。

SSCS-3（积极防御）是指分析师对进入网络内部的威胁进行监控、响应、研究、知识应用的过程。SSCS-3 上升到了人与人的较量，训练有素的防御分析师与意志坚定的高级攻击者"短兵相接"，灵活施展战术，意图掌握主动权，并在对抗中不断学习、调整。人的介入是攻防 TTP（战术、技术、规程）具备动态适应能力的前提，自动化系统无法单独达到积极防御水平，只能是辅助工具。企业还应尝试将人类智慧总结出的有效套路固化为机器逻辑，这对企业的防御能力提升是有积极意义的，不过这个套路本身会下滑到 SSCS-2。另一方面，对 SSCS-2 能力的适应性调整进化则属于 SSCS-3 能力。SANS 研究所提出过一个"积极网络防御循环"模型，将 SSCS-3 划分为四个步骤的循环，依次为：威胁情报利用，资产识别与网络安全监控，事件响应，威胁与环境操纵。

SSCS-4（情报生产）是指收集、分析数据并提炼出有用信息，最终产出能够填补前期信息缺口的情报。SSCS-4 是"格物致知"的过程，不同于单纯的情报利用活动（后者位于 SSCS-2/SSCS-3 阶段）。情报生产活动可体现为敌方网络内部的网络间谍行动；也可以发生在己方网络，从入侵者遗留物中寻求规律。SSCS-4 的目标是知己知彼，知己是知彼的前提，只有为己方决策所需的彼方信息才可称作情报，友军所分享的所谓"威胁情报"对己方而言未必构成情报。在现有技术条件下，只有深谙己方网络情势和决策上下文的人类分析师才能总结出情报，工具只能输出数据和信息。

SSCS-5（进攻反制）是指在敌方网络内执行追击行动，包括拒止（deny）、干扰（disrupt）、欺骗（deceive）、降级（degrade）、毁坏（destroy）等，但不包括网络间谍活动。该阶段可概括为"以攻为守"。对于企业而言，通常不存在法律允许的进攻反制行动；对于军政机构而言，这个话题涉及国际法，存在巨大争议。

五个阶段被可视化为一个横向排列的标尺，自左向右意味着具备了应对更高级威胁的能力，但实施成本会逐渐增大，产投比也会逐渐降低。对企业而言，追求 SSCS 的高等级绝不是件光荣的事情，而应是客观形势逼迫下的慎重选择。左侧阶段一般为其右侧阶段提供了关键的基础，使其事半功倍。比如，若安全构建和惰性防御做得不好，则积极防御将困难重重。企业应优先采用较左阶段的手段制服敌人：对付一只蚊子，拍子够用就不要上高射炮。但对于安全技术团队而言，在更高 SSCS 等级下的成功运作更能够证明其技术的优越性。"善战者无赫赫之功，善医者无煌煌之名"，一个成功的安全运营团队总是将网络威胁遏制于萌芽之中，这反倒不利于形成"亮眼"的业绩，也就不利于凸显他们自身的价值。因此，企业需要深刻理解安全运营的价值规律，为这些真正优秀的运营人员建立合理的考评标准。

4.1.12　数据管理与治理

根据《信息技术服务　治理　数据治理规范》（GB/T 34960.5）的定义，数据管理（data management）是指数据资源获取、控制、价值提升等活动的集合；数据治理（data governance）是指数据资源及其应用过程中相关管控活动、绩效和风险管理的集合。根据

Gartner 的定义，数据管理是指用于实现企业数据跨主题、跨类型一致性访问和交付的实践、架构技巧及工具，以满足所有应用和业务过程的数据消费需求；数据治理是指对决策权和问责框架的制定，确保对数据与分析的估价、创建、消费和控制活动的合宜行为。数据治理的主要输出成果是制度、管理规章、规范等[145]。

GB/T 34960.5 提出了数据治理的总则和框架，规定了数据治理的顶层设计、数据治理环境、数据治理域及数据治理过程的要求。数据治理源自组织外部监管、内部数据管理和应用的需求。数据治理的目标是保障数据及其应用过程中的运营合规、风险可控和价值实现。GB/T 34960.5 提出了符合 PDCA 模型的数据治理过程，包括统筹和规划、构建和运行、监控和评价以及改进和优化这四类任务。根据 GB/T 34960.5，数据管理的对象是数据，而数据治理的对象（即数据治理域）则是数据管理体系和数据价值体系。数据安全管理体系是数据管理体系的一部分，数据管理体系的其他部分还包括数据标准、数据治理、元数据管理和数据生存周期。数据价值体系包括数据流通、数据服务和数据洞察三部分。

4.1.13　数据安全治理（DSG）

数据安全是指通过管理和技术措施，确保数据处在有效保护和合规使用的状态（见 GB/T 37988—2019）。Gartner 在 2017 年定义了数据安全治理（Data Security Governance，DSG）的概念：DSG 是信息治理的子集，专注于通过既定的数据策略和过程保护企业数据（包括结构化数据库和非结构化文件形态）。中国信息通信研究院于 2021 年发布的《数据安全治理实践指南》中提出，广义的 DSG 还应包括国家层面、监管视角下的活动，为数据安全提供良好的社会环境。

早在 2010 年，微软提出的针对隐私、保密和合规的数据治理（Data Governance for Privacy/Confidentiality/Compliance，DGPC）就可以视作一个 DSG 实施框架。DGPC 具有一个三层架构，依次围绕人、流程和技术展开数据治理活动。2018 年 4 月，Gartner 的 DSG 框架问世。根据 DSG 框架，数据安全治理不仅是一套由工具组合而成的产品级解决方案，而且是从决策层到技术层、从管理制度到工具支撑、自上而下贯穿整个组织架构的完整链[146]。Gartner DSG 框架包含五个层次的活动：业务需求与风险的平衡；数据集生命周期的识别、排序和管理；数据安全策略的制定；安全产品实现；涵盖全部产品的策略调度。

尤其值得注意的是，DSG 并非越严苛越好。业务收益、泄露损失与防护成本这三重考量纠葛在一起，最终决定了企业 DSG 的走向。当数据安全防护成本高于数据的业务价值时，这种局面是难以为继的。如果最终无法改变这种失衡，企业大可放弃对数据资产的持有，把数据锁入冷备份冻结访问，或者干脆一删了之。一个稳定的数据安全战略，意味着企业一方面要不断探索和提升数据的价值，另一方面又要降低安全防护成本。然而，提升数据价值并非一日之功，降低防护成本又不能以过度牺牲防护效果为代价，毕竟还畏惧于数据泄露损失。一个值得探索的方向是，通过技术手段实现数据安全防护的降本增效，将一些人工的审批、审计、异常检测工作逐步交由不断成熟的自动化系统。另一个研究方向是安全管理层面的优化，通过精细化的数据分级、分类管理，将有限的防护力量向更加重要的数据加以倾斜。

4.1.14 安全测度

被誉为"现代管理学之父"的彼得·德鲁克有一句名言：无法测度就无法管理。安全测度活动可用于定级、定量地分析网络安全状态，发现存在的短板，为进一步提升安全运营提供参考。安全测度对应 PDCA 模型中的检查环节，与网络安全态势感知（CSA）存在很大交集。网络风险和网络安全保障能力都是常见的安全测度对象。《信息安全技术　信息安全保障指标体系及评价方法》（GB/T 31495）依据国家对信息安全保障工作的相关要求，提出了信息安全保障评价的概念和模型、指标体系及实施指南。《信息技术　安全技术　信息安全管理测量》（GB/T 31497—2015，等同于 ISO/IEC 27004：2009）针对信息安全管理体系（ISMS）控制措施的有效性给出了安全测度指南。

针对网络安全保障能力的测度可以遵循一个能力成熟度模型（Capability Maturity Model，CMM），将测度结果体现为成熟度指标。CMM 会针对各类运营过程分别设定等级体系，定义满足各等级所需要符合的条件。对于一个过程，成熟度等级由低到高发展时，对应的条件也越发严格，这将体现出该过程的改进路线图。

GB/T 20261（ISO/IEC 21827 MOD）提出了一个系统安全工程能力成熟度模型（SSE-CMM），旨在评估和改进组织的系统安全工程（Systems Security Engineering，SSE）能力。SSE-CMM 定义了一个二维矩阵结构，包含域（domain）和能力（capability）两个维度。域维度包含了 SSE 中所有实践过程的集合，其基本单元被称作基本实践（Base Practice，BP）。SSE-CMM 定义了 130 个 BP，划分到了 22 个过程域（Process Area，PA）中。SSE-CMM 包括 11 个安全工程 PA 和 11 个与项目和组织实践相关的 PA。安全工程 PA 包括：管理安全控制（PA01）、评估影响（PA02）、评估安全风险（PA03）、评估威胁（PA04）、评估脆弱性（PA05）、建立保障论据（PA06）、协调安全（PA07）、监视安全态势（PA08）、提供安全输入（PA09）、确定安全需要（PA10）、验证和确认安全（PA11）。11 个与项目和组织实践相关的 PA 包括：确保质量（PA12）、管理配置（PA13）、管理项目风险（PA14）、监督和控制技术工作（PA15）、策划技术工作（PA16）、定义组织系统工程过程（PA17）、改进组织系统工程过程（PA18）、管理产品线演化（PA19）、管理系统工程支持环境（PA20）、提供持续发展的技能和知识（PA21）、与供方协调（PA22）。

SSE-CMM 能力维度包含了那些标志着过程管理能力和制度化能力的实践，用于衡量过程的成熟度（见图 4-3）。能力维度的基本单元称作通用实践（Generic Practice，GP）。GP划分到了五个能力等级中，并进一步按照公共特征进行分类。SSE-CMM 的五个能力自低到高依次为基本执行（performed informally）、计划跟踪（planned & tracked）、充分定义（well defined）、量化控制（quantitatively controlled）、持续改进（continuously improving）。能力的定级以 PA 为粒度，企业在不同 PA 可以表现出不同的成熟度等级。

GB/T 37988 提出了一个针对数据安全能力成熟度模型（Data Security Capability Maturity Model，DSMM），规定了数据采集安全、数据传输安全、数据存储安全、数据处理安全、数据交换安全、数据销毁安全、通用安全的成熟度等级要求，适用于对组织数据安全能力进行评估，也可作为组织开展数据安全能力建设时的依据。如图 4-4 所示，DSMM 存在三个维度，分别为安全能力维度、能力成熟度等级维度、数据安全过程维度。安全能力维度包含组

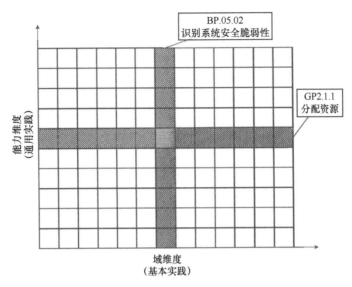

● 图 4-3 SSE-CMM 模型示意（ 选自 GB/T 20261 ）

织建设、制度流程、技术工具、人员能力四个能力类别。能力成熟度等级维度定义了类似于
SSE-CMM 的五个能力成熟度等级。数据安全过程维度定义了 30 个过程域（PA），每个 PA
由若干个基本实践（BP）构成。PA01 ～ PA19 对应数据生存周期安全过程，PA20 ～ PA30 对
应通用安全过程。数据生存周期安全过程又被分为六个生存周期阶段，依次为采集、传输、
存储、处理、交换、销毁，各自包含若干 PA。

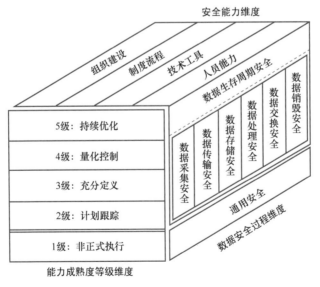

● 图 4-4 DSMM 模型示意（ 选自 GB/T 37988 ）

网络安全相关的其他 CMM 工作还包括：《信息安全技术　信息系统安全保障评估框架》
（GB/T 20274）、《数据管理能力成熟度评估模型》 （GB/T 36073） （Data Management
Capability Maturity Model，DCMM）、《信息技术服务　数据中心服务能力成熟度模型》（GB/

T 33136)、《信息安全技术 工业控制系统信息安全防护能力成熟度模型》（GB/T 41400）、卡耐基梅隆大学《能力成熟度模型集成》（Capability Maturity Model Integration，CMMI）、美国国防部《网络安全成熟度模型认证》（Cybersecurity Maturity Model Certification，CMMC）、牛津大学《国家网络安全能力成熟度模型》、美国能源部《网络安全能力成熟度模型》（Cybersecurity Capability Maturity Model，C2M2）等。

4.2 资产识别

《孙子兵法·谋攻篇》提出，"不知彼而知己，一胜一负；不知彼不知己，每战必败"。当企业准确地掌握了自身网络资产情势，安全防御就成功了一半；反之，如果对资产的认知混乱残缺，网络攻防不过是花拳绣腿。

企业对自身网络资产进行探测、识别、收集和整合，产出一个资产清单（asset inventory），这一过程将形成资产的可视性。资产清单也叫资产台账，是资产及其属性、相互关系的集合，为网络安全风险管理、漏洞管理、安全审计和事件响应等活动提供了支持。《ISO/IEC 27002：2013 信息技术 安全技术 信息安全控制实践技术指南》（GB/T 22081—2016）在资产管理章节中提出一项安全控制点："宜识别信息，以及与信息和信息处理设施相关的其他资产，并编制和维护这些资产的清单"。该项控制点的实现指南提到，宜为每项已识别的资产记录责任人信息和重要性分级信息。对业务使命有关键意义的资产应优先识别，作为监测防护的首要对象。对最核心资产的识别过程称作王冠珍珠分析（Crown Jewels Analysis，CJA）。

资产清单在形态上不需要是一张单一的电子表格，它可以是一个配置管理数据库（CMDB），或者是多个信息仓储的联合。软件实体彼此间还存在复杂的构成关系和交互关系。软件组件层层组装出一个承载了业务使命的应用系统，应用系统之间彼此通信。对于事件调查、溯源取证等安全业务场景，这些软件实体间的关系包含了值得分析挖掘的信息。这类复杂的关系信息适合以图（graph）作为基本数据结构来构建知识库。

网络资产配置是快速变化的，资产清单的更新过程必须实现自动化、敏捷化。如果企业仅仅依靠全员共享 Excel 填报资产信息，那么这个过程将是劳师动众、难以频繁执行的，且人工填报的资产清单一定会疏漏百出。ISO/IEC 27002 提出了两个确保资产清单准确性的方法，一是定期执行评审，比对资产清单同已识别资产的一致性；二是在资产的安装、变更、删除过程中自动化联动清单更新过程。

4.2.1 IT 资产管理（ITAM）

IT 资产管理（ITAM）是 ITIL 定义的一类过程，作为 IT 管理的子集，关注对 IT 资产成本、风险和效率的管控，包含配置管理、事件管理、变更管理和财务管理等内容[147]。ITAM 可分为硬件资产管理（Hardware Asset Management，HAM）和软件资产管理（Software Asset Management，SAM）两部分。HAM 针对用户设备、网络设备、外设部件等物理组件，涵盖了从采购到淘汰的全生命周期。SAM 涵盖软件资产的采购、部署、利用和丢弃等环节的管理和优化。ISO/IEC 19770 系列标准从过程和技术层面对 ITAM 进行了规定。

SAM 涉及多种技术工具：

- 软件清点工具可以自动化地发现计算机网络中的软件安装实例，收集包括名称、产品 ID、大小、日期、路径、版本等软件属性信息，这些数据形成资产台账的一个数据源。
- 许可证管家工具可提供许可证清单分析管理服务，同软件清点工具进行对接，检测出 "欠许可" 和 "过许可" 情形：前者用于合规审计，避免法务风险和声誉风险；后者可发现不必要的软件采购。
- 应用性能管理（APM）工具监测各软件运行实例的资源利用情况，提供整个网络的性能可视性，便于分析性能瓶颈。
- 应用控制工具对何种程序可以在哪台计算机运行进行管控，作为防范安全风险的手段。软件部署工具实现了软件的批量自动化部署安装，并对这一过程进行管理和规范。
- 补丁管理工具专注于对安全补丁的下发安装。

对于网络安全运营活动而言，组织关注的资产范围应比传统的 ITAM 更广泛。《ISO/IEC 27002：2022 信息安全控制》将信息安全相关资产划分为主要资产和支撑资产，前者包括信息、过程和活动等类型；后者包括硬件、软件、网络和人员。例如，知识产权资料、用户数据、产品源代码属于数据安全保护的重点。软件不仅存在于用户计算机中，也存在于企业服务器和云端。操作系统、虚拟机、云端容器、端口服务、进程、注册表、文件系统等运行实例都属于主机威胁检测产品的监控保护目标。域名、IP 地址、员工联络方式等纯信息实体也被纳入了企业风险监测的范畴。这些数据资料、运行实例和信息实体均属于广义上的软件资产。《ISO/IEC 19770-2 软件识别标签》将软件定义为信息处理系统中程序、规程、规则和相关文档的总体或部分。

4.2.2　配置管理（CM）

配置是指信息系统中软件或硬件的组织、互联方式，表现为系统及组件的数量、特质和结构。配置项（Configuration Item，CI）是在配置管理活动中被视作单一实体的工作产物聚合体（定义见《ISO/IEC 24765：2009 系统与软件工程词汇》）。在 ITAM 领域，CI 经常体现为 IT 资产实例的一组可调参数值，有时也指代 IT 资产实例本身。《ISO/IEC 19770-2 软件识别标签》将 CI 定义为：被视为单一实体加以管理的硬件、软件、软硬组合体的单体或聚合体。ISO/IEC 19770-2 指出，CI 在复杂度、尺寸规模、类型等维度上千差万别，大到涵盖全部硬件、软件、文档的整个系统，小到单一模块、小型硬件组件或软件包。

配置管理（Configuration Management，CM）是建立和维护产品配置项的系统工程过程。CM 包括技术性和行政性的指导及监督手段，识别和记录 CI 的功能和物理特性，控制这些特性的变更，记录、报告变更处理和变更实施的状态，并验证是否符合规定（定义自 GB/T 18336.1）。CM 强调系统组件间的关联性，要求采用体系化、标准化方法对 CI 的变更加以评审、控制和追踪，以免产生意外。

安全配置管理（Security Configuration Management，SCM）是 CM 的子集，关注信息系统

生命周期中的信息安全相关配置项，对系统安全加固活动和风险管理活动提供支持。信息系统及其组件的配置将对组织安全态势产生直接影响，CI 需要跟随业务状况和信息安全要求动态调整，但这种调整如有不慎，就会破坏此前业已建立的安全态势。因此，对配置的建立和维护需要采用科学的 CM 方法。SCM 宜在通用的 CM 基础上针对安全问题进行定制深化，但若组织缺乏成熟的 CM 体系，则 SCM 只能另起炉灶独立开展。《NIST SP 800-128 信息系统安全配置管理指南》提出，SCM 活动主要包含四个阶段的闭环：规划、识别与实施配置、配置变更控制、监控。SCM 属于网络安全滑动标尺模型的 SSCS-1 阶段（架构安全）。

我国的政务终端核心配置系列标准是依据我国信息安全等保、分保要求，基于我国政务终端安全保障实际需求提出的。其中，《信息安全技术　政务计算机终端核心配置规范》（GB/T 30278）规定了政务计算机终端核心配置的基本概念和要求，核心配置的自动化实现方法，规范了核心配置实施流程。所谓核心配置项就是 CI，包括计算机操作系统、办公软件、浏览器、BIOS 系统和防恶意代码软件等基础软件中影响计算机安全关键参数可选项。依据 GB/T 30287，《信息安全技术　计算机终端核心配置基线结构规范》（GB/T 35283）规定了计算机核心配置基线的结构及各层元素的标记规则，并给出了基线应用方法实例。所述核心配置基线是根据各单位信息系统安全保护要求制定的计算机终端核心配置策略集，可用于针对大规模计算机终端进行自动化核心配置部署和合规性管理。

配置管理数据库（CMDB）是配置管理过程所使用的信息仓储，记录了 CI 的属性及 CI 间关联。CMDB 是配置管理系统（Configuration Management System，CMS）的核心组成部分。CMS 是开发者在产品生命周期内开发和维护产品配置所使用的一套规程、工具和文档，以 CI 为管理对象。CMDB 解决方案可分为联邦式和 ETL 式两类。联邦式是指 CI 信息由各数据源系统管控，CMDB 仅作代理；ETL 式是指 CI 信息从各类数据源复制到 CMDB，CMDB 完成数据摄入后可以独立运作。

NIST SP 800-137 将常态化的安全配置管理活动称作信息安全持续监视（Information Security Continuous Monitoring，ISCM），其中的"监视"是指判断信息系统与安全控制措施的符合性。美国国土安全部针对美国联邦机关开展的持续诊断和缓解（Continuous Diagnostics and Mitigation，CDM）项目包含了资产可视性、漏洞评估与修复等活动，是 ISCM 的一项著名实践案例。

4.2.3　影子 IT

企业一般不将用户自带设备（BYOD）纳入资产台账。这类资产常常被信息安全部门忽略，成为监管盲区。这种未经审批、未被纳入管控范围的 IT 设施称为影子 IT（shadow IT），也称为偷摸 IT（stealth IT）、假 IT（fake IT）或暗资产、隐资产。其他影子 IT 的例子还包括员工私自下载安装的软件、业务部门擅自购买的云主机、研发团队临时架设的互联网服务器等。一些企业的 IT 管理流程相当低效迟缓，无法灵活满足业务部门快速迭代的需求，催生了影子 IT 这种权宜之物。影子 IT 未能得到企业的正式管理，常被安全部门忽略，却堂而皇之地挺立于互联网，会形成危险的暴露面。对外人而言，影子 IT 未必可以藏得住身份。黑客能够注意到研发团队的隐藏站点和企业正式服务器之间的关联，进而将隐藏站点作为跳板以实施对正式资产的渗透。这种关联常被证书、页面关键词指纹甚至图标暴露出来。企业应持续开展资产识别活动，筛查影子 IT，确保资产清单的完整性。在现实中，资产识别工作通常费力耗时，外加许多企业在绩效考核时未对其赋予足够高的权重，导致这类工作得不到应有的投入。

4.2.4　软件标识（SWID）

企业通常从多个厂商引入软件，而各厂商多采用其私有的型号命名体系，这就造成了 SAM 的混乱。企业应建立统一、可机读的软件型号标识能力，促进补丁管理、桌面管理、软件合规性管理等 SAM 活动的自动化，提升信息安全保障能力。软件标识（Software Identification，SWID）是一种描述软件产品的结构化元数据格式，可以记录软件产品的版本、开发商、作者、构成工件、同其他产品的关系等描述性元信息。SWID 的赋值可出于以下几种来源：①由软件厂商赋值，作为官方权威标识；②由用户赋值，对该组织的软件进行统一命名和统一跟踪；③由第三方软件清点工具进行赋值，进行查漏补缺。

NIST 于 2016 年 4 月发布的《NIST IR 8060 可互操作的 SWID 标签创建指南》推荐采用 ISO/IEC 19770-2：2015 版本的 SWID 规范。ISO/IEC 19770-2：2015 定义了四种 SWID 标签类型：①主标签（primary tag），用于标识已安装的软件；②补丁标签（patch tag），标识已安装的软件补丁；③档案标签（corpus tag），标识软件安装包；④补充标签（supplemental tag），提供附加信息。主标签可以标记当前软件同其他产品间的组件包含关系和运行依赖关系。其中，组件包含关系指向了软件供应链中的上游组件，批量利用这种信息可以还原出完整的软件血缘。

4.2.5　通用平台枚举（CPE）

通用平台枚举（Common Platform Enumeration，CPE）是用于描述和标识 IT 产品型号版本信息的方法。CPE 实现了型号版本信息的标准化和同类产品的家族关联，可用于对齐异构资产清点工具的输出结果，加速企业对资产台账的检索过程，并为资产的管理策略描述提供便利。软件和硬件的型号版本信息可以同已知安全漏洞建立关联，美国的国家漏洞库（NVD）采用 CPE 规范记录各个漏洞对 IT 产品的感染范围，有助于各大组织快速筛查新漏洞对自身资产的感染情况，增强漏洞响应的自动化程度。

CPE 规范引用了 ISO/IEC 19770-2 的定义：平台是指软件赖以安装运行的计算机、硬件设备和（或）相关操作系统或虚拟环境，例如 Linux、Windows 等操作系统，以及 Java 等虚拟环境都属于平台；产品是指交付给软件客户使用的一组完整的计算机程序、规程、相关文档、数据的总体；发行版是指经测试后整体移交生产环境的新增和（或）新变更过的配置项的集合。CPE 并不标识同一型号的不同实例，例如，若两人购买了同一款手机，虽然手机序列号不同，却拥有相同的 CPE 信息。CPE 规范包括命名规范、名字匹配规范、命名词典和适用性语言四部分，分别由 NIST 第 7695、7696、7697、7698 号 IR 标准描述。

CPE 命名规范提出了规范化名称（Well-Formed Name，WFN）这一概念，是用于标识一款产品或描述一类产品的逻辑结构。所谓标识是指将一个实体唯一地描述，能同其他实体建立区别。WFN 通过一组属性对产品范围进行限定：类型（part）、厂商（vendor）、产品

（product）、版本（version）、更新号（update）、版次（edition）、语言（language）、软件版次（sw_edition）、目标软件（target_sw）、目标硬件（target_hw）、备注（other）。其中，类型包括 a/o/h 三种取值，分别代表应用程序、操作系统、硬件。对于微软 IE 浏览器 8.0.6001 Beta 版，其 WFN 类型为"a"，厂商为"microsoft"，产品为"internet_explorer"，版本为 8.0.6001，更新号为 beta；又如 HP Insight Diagnostics 7.4.0.1570 Online Edition for x64 这款产品，其软件版次为"online"，目标软件为"Windows 2003"，目标硬件为"x64"。WFN 可以通过序列化过程表达为符合一定格式的字符串，这一过程在 CPE 规范中叫作绑定（binding）。CPE 规范第 2.3 版定义了两种绑定格式：URI 和格式化字符串。例如，微软 IE 浏览器 8.0.6001 Beta 版的格式化字符串记作"cpe：2.3：a：microsoft：internet_explorer：8.0.6001：beta：*：*：*：*：*：*"。

CPE 的适用性语言规范提出基于 WFN 和数理逻辑运算符建立逻辑表达式，称作适用性语句，用于在 IT 管理策略中规定产品类型范围。例如，若一个安全策略仅适用于 Windows 平台上的火狐 3.6 浏览器，这个范围可以用一个包含"与"（AND）运算符的适用性语句进行表达。

CPE 和 ISO/IEC 19770-2 所定义的 SWID 都可以实现产品标识的标准化，因此在功能上有较大重合。相比 SWID，CPE 的应用范围更广，可标识硬件信息，并将操作系统与应用程序区别；CPE 还可以对同类、同族产品赋予公共信息串，便于实现信息关联分析。

4.2.6 软件物料清单（SBOM）

从采购、获取角度看，企业的软件、硬件资产都属于 ICT 产品。现代的 ICT 产品大都不是从头开发，而是在上游组件的基础上拼装和加工而成。ICT 的供需环环相扣、盘根错节，最终形成复杂的 ICT 供应链生态体系。供应链提高了 ICT 开发的生产力，但另一方面，漏洞、恶意程序和未授权软件将沿供应链向下游扩散。安全脆弱性不仅因组织自身失误而引入，更有可能是被上游、上上游供方所连累。因此，组织需要建立供应链的可视性，清晰而全面地监控和掌握供应链究竟将何种组件引入本机构。供应链网络安全标准 ISO/IEC 27036 将可视性定义为某一系统或过程使各系统元素和过程能被记录并对监控和检查可用的性质。

2014 年 12 月 4 日，美国众议院提交《网络供应链管理与透明度》提案（Cyber Supply Chain Management and Transparency Act）。该提案详细说明了为确保供应链安全而提升供应链透明度的具体措施，正式提出了"软件物料清单（Software Bills of Materials，SBOM）"的概念[148]。SBOM 是一份可机读的软件清单，记录了软件组件及软件依赖关系的详情，类比传统制造业的物料清单（BOM）而得名。企业可以利用 SBOM 增强对现有软件的可视性，以及研判对新软件的采购风险。企业间可以互相交换 SBOM 信息，这一分享有益于整个供应链。

SBOM 应在软件构建过程中作为副产品自动产生，商业软件开发商、软件项目承包商、自主研发企业和开源软件开发者均可考虑生成 SBOM。但如果条件不具备，SBOM 也可采取自动化程度较低的方式乃至手工方式产生。SBOM 可采用不同的数据格式，SWID 和 CPE 均可用于构建 SBOM，它们提供了唯一标识软件组件的能力。软件包数据交换（Software Package Data eXchange，SPDX）和 CycloneDX 也是构建 SBOM 的常用标准。然而，当不同企

业在供应链中传递 SBOM 时，就需要考虑格式兼容和过程对接问题。2021 年 8 月，《ISO/
IEC 5962：2021 信息技术——SPDX 规范 V2.2.1》发布，标志着 SPDX 被确立为 SBOM 的国
际标准。

漏洞可利用性交换（Vulnerability Exploitability eXchange，VEX）是一种常与 SBOM 配合
使用的信息，它负责标记一个组件所牵涉的漏洞是否具有可被恶意利用的条件，避免安全运
营人员在不可利用的漏洞实例上浪费精力。

4.3 风险管理

上文所述的资产透视活动可视为风险管理的前置活动。本节以企业风险管理为主题，介
绍若干个知名方法。

4.3.1 风险管理活动

ISO/IEC 27000 将风险管理（risk management）定义为指导和控制组织相关风险的协调
活动。ISO 31000 针对组织的风险管理提供了原则、框架和流程的指南。网络风险管理是组
织整体风险管理的重要组成部分，是对网络风险进行持续识别、评估和响应的过程，也叫信
息安全风险管理或 IT 风险管理。在下文中，如无特殊说明，风险均指代网络风险。在风险
管理过程中，企业需要保护业务使命所依赖的信息资源，在有限的安全预算下将风险控制在
可接受限度，在业务产出和运行成本中寻求平衡。

针对风险管理，我国的相关国家标准包括《ISO/IEC 27005：2008 信息技术 安全技
术 信息安全风险管理》（GB/T 31722—2015）、《信息安全技术 信息安全风险管理指南》
（GB/Z 24364）、《信息安全技术 ICT 供应链安全风险管理指南》（GB/T 36637）等。国外
的知名标准、框架包括治理、风险管理与合规（GRC）框架、BS 7799-3、NIST SP 800-39 以
及 NIST SP 800-161 等。

GB/T 31722 提出，风险管理的活动类型包括语境建立（context establishment）、风险评
估（risk assessment）、风险处置（risk treatment）、风险接受（risk acceptance）、风险沟通
（risk communication）和风险监视与评审（risk monitoring and review）。

语境建立活动包括三类任务：①设定风险评价准则、影响准则、风险接受准则等基本准
则；②确定范围和边界；③创建管理机构。基本准则反映了组织的价值观，范围和边界筛选
了后续活动的关注面，管理机构的创立明确了风险管理活动的执行机制和责任机制。

风险评估在语境建立后启动，以后者的输出作为输入，对风险进行识别、描述和排序。
风险处置活动是指筛选安全控制措施，建立风险处置计划，它以风险评价活动的输出为输
入。风险被处置后的剩余部分称作残余风险。风险评估与风险处置活动可以迭代执行，逐步
增强评估的深度和细节。

风险沟通是指在决策者和利益相关者之间交换或共享风险信息，从而就如何管理风险达
成一致的活动。风险信息包括但不限于风险的存在性、本质、形式、可能性、严重程度、处
置方式和可接受性。利益相关者之间的有效沟通将对决策有显著的影响。利益相关者对风险

的主观感知将影响他们对风险可接受性的判断，而沟通活动将有助于消除误解、盲区和信息差。

风险监视与评审包括对风险因素的监视和评审，以及对风险管理活动的监视与评审。风险不是静态的，资产的价值及事件场景的影响、威胁、脆弱性、可能性等风险因素都处于持续的变化中。例如，新的资产进入了风险管理的范围，资产价值和业务价值动态起伏，新的威胁取代了旧的威胁。这些易变量导致组织对风险的既有认知产生了滞后和偏差。组织应该尽可能密切监视风险因素的变化，当出现较大变化时随时启动评审。此外，组织所处的客观环境和组织的价值观也在演变，风险处置的成本和组织的资源实力也不是一成不变的，所以组织风险管理的准则和过程本身也需要接受持续监视和评审，以反映相关变化。

《NIST SP 800-39 信息安全风险管理》将风险管理过程划分成风险表述、风险评估、风险响应和风险监控四个组件。其中，风险表述相当于 GB/T 31722 中的语境建立。NIST SP 800-39 提出了一种三层方法论，将风险管理分解到组织层、使命业务层和信息系统层三类活动，要求各层活动无缝衔接，并在层内和层间建立利益相关者风险沟通机制。

4.3.2　风险偏好

《ISO 31073 风险管理词汇》将"风险偏好"（risk appetite）定义为组织准备追逐或承受的风险程度与类型。风险偏好代表了一个组织对不同类型风险的接纳意愿，当某类风险的水平低于相应阈值时可不予处理。风险偏好取决于业务性质和组织文化。组织对科研创新风险和人身安全风险显然有不同的接纳度，前者通常容许试错，后者不容有失。英国财政部发布的指导手册《思考风险》定义了五类风险偏好水平，自小到大依次为厌恶（averse）、最小化（minimalist）、警惕（cautious）、开放（open）、饥渴（hungry）。风险饥渴代表组织勇于创新，有种"富贵险中求"的意味；而风险厌恶则对应最保守的态度，对"出事"零容忍。对风险偏好的度量可以让组织确定风险管理的平衡点，并避免对已控制在合理水平的风险浪费更多资源。风险偏好会随着客观环境和主观意识变化而动态变化，对它的衡量过程也应是持续的。例如，组织可能会长期轻视某种风险，但当该类风险引发了重大安全事件后，组织的风险偏好将发生急剧改变，在一定时间内会对这类风险怀有高度厌恶态度。

4.3.3　风险评估

风险评估活动致力于对风险进行识别和测度，为后续的风险处置活动提供优先级管理的依据。根据 GB/T 31722，风险评估活动包括风险识别（risk identification）、风险估算（risk estimation）和风险评价（risk evaluation），其中风险识别和风险估算合称风险分析（risk analysis）。

风险识别活动旨在辨识何种（what）致损之事或将发生，并预估其发生的成因（why）、位置（where）和方式（how）等属性，建立一系列对"事件场景"（incident scenario）的设想。事件场景是事件的模型，它是对某一威胁行为体对某组脆弱性进行利用而造成安全事件这一假设的描述。事件是事件场景的实例，包括过去发生过的和未来可能发生的同类事件。风险识别的输出就是一系列的事件场景连同其所对应的五个要素：资产、威胁、脆弱性、现有控制措施和后果。所谓后果是指在一个事件场景中，资产因丧失 CIA 而造成的负面价值影响，表现为有效性丧失、病态运行、业务损失、声誉破坏等形式。对这种价值影响的判断取决于语境建立活动中所确立的影响准则。由于事件场景是设想性的而非事实性的，因此后果也是设想性的。在风险识别活动中，后果仅是被识别，而没有被度量。事件场景是对风险进行认知和管理的工具，在后续的风险估算、风险评价和风险处置等活动中，对管理的对象叫作"风险"，而一个所谓的"风险"就对应一个事件场景。

风险估算是指采用定性或定量的方式对各个事件场景的后果和可能性进行度量，从而估算每个事件场景的风险值级别。定量度量比定性度量更为翔实有效，对应的工作量也更大。

风险评价活动对风险进行排序，排名靠前的风险将在风险处置活动中获得优先权。排序并非只考虑风险估算活动所输出的风险值级别，还要依据语境建立活动所输出的风险评价准则和风险接受准则。例如，当企业不关心某一数据资产的保密性时，以该资产保密性丧失为后果的风险将得不到优先考虑，哪怕有很高的风险值级别。当一个风险所伤害的业务活动并不重要时，它也不会得到较多考虑，哪怕会有大量的网络资产受到影响。

《信息安全技术 信息安全风险评估方法》（GB/T 20984—2022 替代了 GB/T 20984—2007）中更新了风险评估的基本概念、基本原理、实施流程和评估方法。GB/T 20984 定义的风险评估活动包括评估准备、风险识别、风险分析、风险评价等阶段，同时还定义了沟通与协商、评估文档管理等活动。其中，评估准备、沟通与协商和评估文档管理等活动在 GB/T 31722 中不属于风险评估范畴，大致对应语境建立、风险沟通和风险接受等活动。《NIST SP 800-30 修订 1：风险评估实施指南》在 NIST SP 800-39 定义的风险管理体系下，针对风险评估活动提供了补充指南。

4.3.4 风险处置

根据 GB/T 31722—2015，风险处置有四种选项：风险降低（risk reduction）、风险保留（risk retain）、风险规避（risk avoidance）和风险转移（transfer）。风险降低是指通过选择控制措施来降低风险级别，使残余风险能够在再次评估时降至可接受水平。风险保留是指对于满足风险接受准则的风险，决定不采取进一步行动。风险规避是指规避引起特定风险的活动或状况，例如撤销高风险、低收益的业务。风险转移是指将风险转移给另一方承担。组织应根据风险评估结果以及实施这些选项的预期成本和收益做出选择，这是一道多选题，多个风险处置选项并不互斥，例如企业可以同时采取风险降低和风险转移措施。

网络安全保险是目前越来越流行的风险转移手段，它将安全事件造成的经济损失转移给保险公司。风险转移的另一手段是将信息系统外包、分包给更专业的 IT 服务商来维护。但需要注意的是，劳务虽可外包，经济损失可以转嫁，但问责无法转包，公众形象的损失也无法逃避。如若真的发生了安全事件，应该被上级问责的仍应是组织本身而非外包商，但组织可以自行向外包商追责并索取赔偿。

4.3.5 安全控制

安全控制（security control）泛指企业为降低安全风险而采取的各类措施。根据

GB/T 25069，控制是指改变风险的措施，包括任何改变风险的过程、策略、设备、实践或其他措施；安全控制是指为保护某一系统及其信息的保密性、完整性和可用性以及可核查性、真实性、抗抵赖性、私有性和可靠性等，而对信息系统所选择并施加的管理、操作和技术等方面的控制（即防御或对抗）。

《ISO/IEC 27002：2022 信息安全、网络安全和隐私保护——信息安全控制》针对企业 ISMS 给出了一份可选的安全控制清单。该清单将安全控制划分成四个主题类，见表 4-1。

表 4-1 ISO/IEC 27002：2022 安全控制清单

主 题 类	控 制 项
组织类	信息安全策略，信息安全职责，职责分离，责任管理，对接监管部门，对接特殊兴趣团体，威胁情报，项目管理信息安全，信息与相关资产清单，信息与相关资产合规使用，资产归还，信息分级，信息标记，信息传输，访问控制，身份管理，鉴别类信息，访问权限，供应关系信息安全，供应协议信息安全规约，ICT 供应链信息安全管理，供应关系监控审查与变更管理，云服务使用信息安全，信息安全事件管理规划与准备，信息安全事态评估与决策，信息安全事件响应，信息安全事件经验学习，证据收集，中断期信息安全，业务连续性 ICT 预备，法务需求，知识产权，记录保护，个人身份信息（PII）隐私与保护，信息安全独立审查，信息安全策略、规则、标准符合性，操作规程文档
人员类	背景甄别，聘用条款和条件，信息安全意识、教育和培训，纪律流程，离、调岗责任，保密协议，远程工作，信息安全事态报告
物理类	物理安全边界，物理入口，加固办公室、房间与设施，物理安全监控，物理和环境威胁防御，安全区工作管理，桌面与屏幕清理，设备陈放与保护，离场资产安全，存储介质，支持性设施，线缆安全，设备维护，设备废弃与再用保护
技术类	用户端点设备，高级访问权限，信息访问限制，源代码访问，安全鉴别，资源容量管理，恶意程序防护，技术脆弱性管理，配置管理，信息删除，数据脱敏，数据泄露预防，信息备份，信息处理设施冗余，日志，活动监控，时钟同步，特权功能程序使用，软件安装，网络安全，安全网络服务，网络分隔，Web 过滤，密码使用，安全开发生命周期，应用安全需求，安全系统架构与工程原则，安全编码，安全测试与接受，外包开发，开发、测试、生产环境分离，变更管理，测试信息，审计测试期间信息系统保护

ISO/IEC 27002：2022 定义了五个属性维度，用于对安全控制实施多元化分类，例如在不同的用户视图（view）中对控制项进行过滤、排序或呈现，见表 4-2。

表 4-2 ISO/IEC 27002：2022 安全控制属性维度

属 性	取 值 范 围	解 释
控制类型 （control type）	预防性（preventive）、检测性（detective）、纠正性（corrective）	根据安全控制发生作用的时机（when）和机理（how）进行分类
信息安全要素 （information security properties）	保密性、完整性、可用性	根据安全控制致力于保全具体哪一要素来实施分类
网络安全概念 （cybersecurity concepts）	识别、保护、检测、响应、恢复	对应于《ISO/IEC TS 27110 网络安全框架开发指南》所描述的网络安全框架中所定义的五大概念，基于安全控制与五个概念之间的关系进行分类

（续）

属　性	取 值 范 围	解　释
运营能力 （operational capability）	治理、资产管理、信息保护、人力资源安全、物理安全、系统与网络安全、应用安全、身份与访问管理、威胁与漏洞管理、连续性、供应关系安全、法律与合规	从实践者视角为安全控制赋予标签
安全域 （security domain）	治理与生态（governance & ecosystem）、保护（protection）、防御（defense）和韧性（resilience）	治理与生态又可进一步细分为信息系统安全治理与风险管理和生态网络安全管理两部分；保护可细分为 IT 安全架构、IT 安全行政管理、身份与访问管理、IT 安全维护、物理与环境安全；防御包括检测和计算机安全事件管理这两个领域；韧性包括运营连续性和危机管理

　　作为一个例子，职责分离（segregation of duties）这一安全控制项属于组织类主题。它的控制类型属于预防性，信息安全要素属性则同时对应保密性、完整性和可用性三个取值，网络安全概念属性为"保护"，运营能力属性取值为"治理"和"身份与访问管理"，安全域属性为"治理与生态"。

　　NIST SP 800-53 也提出了一份安全控制清单，其中的控制项被划分成 20 个控制族（control family），见表 4-3。

表 4-3　NIST SP 800-53 安全控制清单

控 制 族	控 制 项
访问控制	策略规程，账户管理，访问实施，信息流实施，职责分离，最小特权，不成功登录次数，系统使用提醒，前期登录提醒，并发会话控制，设备锁，会话终止，无须识别鉴别的操作，安全隐私属性，远程接入，无线接入，移动设备访问控制，外部系统使用，信息共享，公开内容，数据挖掘保护，访问控制决策，访问监控器
意识与培训	策略规程，通识培训与意识，基于角色的培训，训练记录，培训反馈
审计与核查	策略规程，事态日志，审计记录内容，审计日志存储能力，审计日志流程失败响应，审计记录复核、分析与报告，审计记录提要与报告生成，时间戳，审计信息保护，抗抵赖，审计记录留存，审计记录生成，信息披露监控，会话审计，跨机构审计日志
评估、授权与监控	策略规程，控制评估，信息交换，行动与里程碑计划，授权，持续监控，渗透测试，内部系统连接
配置管理	策略规程，基线配置，配置变更控制，影响分析，变更访问限制，配置设定，最小功能，系统组件清单，配置管理计划，软件使用限制，用户自装软件，信息位置，数据操作映射，签名组件
应急计划	策略规程，应急计划，应急训练，应急计划测试，备选存储站点，备选处理站点，电信服务，系统备份，系统恢复与重建，备选通信协议，安全模态，备选安全机制
识别与鉴别	策略规程，识别与鉴别（本组织用户），设备识别与鉴别，标识符管理，认证器管理，鉴别反馈，密码模块鉴别，识别与鉴别（非本组织用户），服务识别与鉴别，自适应鉴别，重鉴别，身份证明

（续）

控 制 族	控 制 项
事件响应	策略规程，事件响应培训，事件响应测试，事件处理，事件监控，事件报告，事件响应协助，事件响应计划，信息泄露响应
维护	策略规程，受控维护，维护工具，非本地维护，维护人员，及时维护，现场维护
介质保护	策略规程，介质访问，介质标记，介质存放，介质清理，介质使用，介质降级
物理与环境保护	策略规程，物理访问授权，物理访问控制，传输设施访问控制，输出设备访问控制，物理访问监控，访客访问记录，电力设备与线缆，应急关停，应急照明，防火，环境控制，水设施保护，交付与移除，备选工作站点，系统组件位置，信息泄露，资产监控与追踪，电磁脉冲保护，组件标记，设施位置
规划	策略规程，系统安全与隐私计划，行为规则，运营概念描述，安全与隐私架构，集中管理，基线选择，基线裁剪
计划管理	信息安全计划规划，信息安全计划领导角色，信息安全与隐私资源，行动与里程碑流程规划，系统清单，性能测度，企业架构，关键基础设施规划，风险管理战略，授权流程，使命与业务流程定义，内部威胁计划，安全与隐私劳动力，测试、培训与监控，安全与隐私，团体与协会，威胁意识计划，在外部系统保护受控非密信息，隐私计划规划，隐私计划领导角色，隐私计划信息发布，披露核查，PII 质量管理，数据治理部门，数据完整性委员会，PII 在测试、培训与研究中的最小化，投诉管理，隐私报告，风险表述，风险管理计划领导角色，供应链风险管理战略，持续监控战略，意图确认
人事安全	策略规程，岗位风险确定，背景调查，人事终止，人事调整，访问协议，外部人员安全性，人事处分，岗位描述
PII 处理与透明性	策略规程，PII 处理授权，PII 处理意图，授权同意，隐私通知，记录系统通告，特定类别 PII，计算机匹配相关要求
风险评估	策略规程，安全分类，风险评估，漏洞监控与扫描，技术侦察对策勘测，风险响应，隐私影响评估，关键点分析，威胁狩猎
系统与服务采购	策略规程，资源分配，系统开发生命周期，采购流程，系统文档记录，安全与隐私工程原则，外部系统服务，开发方配置管理，开发方测试与评价，开发流程、标准与工具，开发方提供的培训，开发方安全与隐私架构与设计，关键组件定制开发，开发方背景调查，不受支持的系统组件，特殊处理（specialization）
系统与通信保护	策略规程，系统功能与用户功能分离，安全功能隔离，共享系统资源中的信息，拒绝服务攻击防护，资源可用性，边界防护，传输保密性与完整性，网络切断，可信路径，密钥生成与管理，密码学保护，协作性计算设备与应用，安全与隐私属性传输，公钥基础设施证书，移动代码管理，安全名字/地址解析服务（权威来源），安全名字/地址解析服务（迭代或缓存式解析器），名字/地址解析服务架构设计与供给，会话可鉴别性，在已知状态失效（fail in known state），瘦节点，诱饵，平台独立应用，静态信息保护，异构性，隐藏与误导，隐秘信道分析，系统分区，不可更改的可执行程序，外部恶意代码识别，分布式处理与存储，带外信道，运营安全，进程隔离，无线连接保护，接口与 I/O 设备接入，传感能力与数据限制（sensor capability and data），用量限制，沙箱，系统时间同步，跨域策略实施，备选通信路径，传感器重派位，基于硬件的隔离与策略实施，基于软件的隔离与策略实施，基于硬件的保护

（续）

控 制 族	控 制 项
系统与信息完整性	策略规程，缺陷修复，恶意代码防护，系统监控，安全告警、通报和指示，安全与隐私功能验证，软件、固件与信息完整性，垃圾信息防护，信息输入确认，出错处理，信息管理与留存，预测性失效预防，非持久化，信息输出过滤，内存保护，失效安全规程，PII 质量运营，去标识化，信息污染（tainting），信息刷新，信息多样性，信息分片
供应链风险管理	策略规程，供应链风险管理规划，供应链控制与流程，来源（provenance）管控，采购战略、工具与方法，供应商评估与审查，供应链运营安全，告知协议，篡改防护与检测，系统或组件检查，组件可鉴别性，组件弃用处理

4.3.6 安全基线

在各类文献中，基线（baseline）一词主要有两类含义，一是指样板，二是指底线。两个含义其实有一定相关性。如果在某类业务中，工件在特定样板的基础上追加定制功能而产生，那么样板的默认功能自然等于基于该样板的所有工件功能的最小公共集（底线）。

在配置管理及其他工程管理语境下，基线是指样板。《IEEE 828 系统与软件工程中的配置管理》给出了基线的两个定义，均可概括为样板：①经过正式审核、确认的规格说明或产品，作为后续研发的基础，需要通过正式的变更控制规程才可进行变更；②一个配置项在其生命周期的特定时间点被正式指定（designated）和封存（fixed）的一个正式批准版本，与存储介质无关。工程过程会产生一些作为基线的工件，这些工件对应封存的版本状态被长期维护。新的工程过程分支可以用基线工件作为起始点，在此基础上按需更改成定制化的变种工件。基线工件的例子包括利益相关方需求基线、系统需求基线、架构设计基线和配置基线等。配置基线，连同该基线之上的后续核准变更，代表了当前的核准配置。软件基线是一组软件配置项的基线，代表了软件的一个经过确认的特定版本，可用作后续研发活动的稳定基准版，或用于标记一个项目里程碑。

根据 GB/T 25069，安全控制基线是指安全控制选择过程的起始点和选择基点。安全控制基线可理解成一组安全控制所组成的套餐，具有一定典型性，广泛适用于各类组织。组织在选择安全控制时，可以安全控制基线为样板，再针对自身具体情况进行适度定制。GB/T 25069还给出了基线控制的定义："为某一系统或组织建立的最低防护措施的集合"。此处基线作底线含义：实际使用的安全控制不得少于这个强度。当企业出于合规心态而实施安全控制时，自然会采用基线控制思路，寻找能够满足合规性要求的最小代价。无论是安全控制基线还是基线控制，都可用于对安全控制的配置管理活动，于是，安全基线一词开始泛指安全运营中的配置管理过程，无论是否存在底线和样板角色。

《计算机终端核心配置基线结构规范》（GB/T 35283）涉及安全基线的自动化生成、解析和部署问题。该标准沿用 GB/T 30278 的术语，将 CI 称作核心配置项。在 GB/T 35283 中，遵照 GB/T 30278 核心配置基本要求对 CI 设定的参数值称作核心配置基值；能够满足计算机安全基本要求的一组核心配置项基值构成的集合叫作核心配置基线。GB/T 35283 给出了核心配置基线的格式定义和应用示例。《NIST SP 800-53B 信息系统与组织的控制基线》针对美国联邦信息系统提出了一套控制基线方案，其中的安全控制来自《NIST SP 800-53 信息系统和组织的安全与隐私控制》标准，该方案在世界各国被广泛关注。非营利性组织互联网安全中心（Center for Internet Security，CIS）所维护的控制基线列表也受到了广泛参考和接纳。

4.3.7 漏洞评估（VA）

漏洞评估（Vulnerability Assessment，VA）是指在组织视角下，对影响到组织资产的已知漏洞进行检测分析，从而评估资产的安全性。《NIST SP 800-53 信息系统和组织的安全与隐私控制》将 VA 定义为：对信息系统和产品的系统性检查，以确定安全措施的充分性，识别安全缺陷，提供用于预判所提议安全措施有效性的数据，并在措施实现后对其充分性进行确认。Gartner 将 VA 看作一个市场，其中的厂商提供对漏洞的识别、分类和管理能力。渗透测试（PT）也能测出安全漏洞，但系统性的漏洞识别非其主旨。VA 需要周期性开展，它不同于厂商视角下的漏洞验证活动，漏洞验证是对新接收漏洞报告的一次性验证。VA 还可以包含对漏洞影响力的度量、对多个漏洞的优先级排序和对缓解措施的提议过程。风险评估活动通常包含 VA。

VA 过程起始于漏洞识别环节。漏洞识别可以由漏洞扫描器实施，这类工具可以内置漏洞识别规则库，也可依赖外部的漏洞共享知识库、厂商通报和威胁情报。漏洞扫描器包括主机扫描器和网络扫描器。主机扫描器在主机内部执行系统漏洞检查程序，便于读取主机的当前状态。网络扫描器同网络上的端口服务进行通信交互，根据对方的行为判断该服务是否有漏洞存在。应用扫描器可看作网络扫描器的子集，致力于识别 Web、数据库等应用程序中的漏洞。在成功识别漏洞后，VA 工具还需要确定漏洞的根源，对罹患漏洞的具体组件进行定位。

4.3.8 基于风险的漏洞管理（RBVM）

网络安全需要采用成本思维，组织的资源有限性是网络安全运营的最核心假设之一。在此假设下，组织不能保证修复所有已发现的漏洞，而应有所取舍，建立漏洞的优先级。

CVSS 基本分（见 2.6.3 节）反映了漏洞的危害性，可用于决定漏洞的优先级，但该指标是厂商视角下通用的静态评分，仅取决于漏洞的固有属性。站在组织视角下，高危漏洞所造成的损失未必超过低危漏洞。站在社会视角，CVSS 基本分较高的漏洞未必得到了广泛的在野利用。因此，业界开始强调以风险为依据建立漏洞的优先级。2020 年 9 月，Gartner 发布《2020—2021 年顶级安全项目》列表，正式提出了"基于风险的漏洞管理"（RBVM）概念。RBVM 强调对传统的漏洞管理（VM）活动进行升级，利用漏洞优先级技术（Vulnerability Prioritization Technology，VPT）实现漏洞排序筛选，用较少的资源优先解决对企业威胁最大的漏洞。

VPT 是一类产品的统称，它对受漏洞影响的资产进行价值度量，从而评估潜在业务损失。VPT 还可利用开源情报追踪漏洞的流行度，从而预测漏洞利用事件发生的可能性。VPT 还可辅助企业分析漏洞处置的代价、组织的风险偏好和风险接受准则，从而忽略某些可以容忍的漏洞。

4.3.9 进攻性安全

漏洞评估（VA）、渗透测试（PT）和红队测试（RT）都是基于威胁视角的安全性测试措施，统称为进攻性安全（offensive security）。从系统工程的角度定义，进攻性安全是指基于负向测试，对安全控制与安全防御态势的效果进行确认[149]。其中，负向测试是测试工程学的概念，是指向系统输入非预期值，以核实系统的响应是否受控。负向测试区别于正向测试，后者是指向系统输入预期值，以核实系统产出受期待的响应。从 VA 到 PT，再到 RT，范围逐渐减小，而深度逐渐增加。由于三者非常相似，有人将其统称为渗透测试，但这种提法遭到了很多人的反对。

PT 的重点是在预定时间内找到尽可能多的漏洞和配置缺陷，并对这些漏洞、缺陷加以利用，以确定实际的风险。PT 并不一定意味着发现新的漏洞（零日漏洞），而一般是寻找已知、未修补的漏洞。PT 需要发现漏洞并进行评估，以确保它们不是误报，这一点同 VA 相似。然而，PT 比 VA 更进一步，需要对这些漏洞进行利用，并打入系统内部。当漏洞被成功利用后，一个优秀的 PT 人员将不会停止，而是继续发现并利用其他漏洞，将攻击操作链接到一起，以实现所模拟的攻击目标，例如获取企业网络中的秘密数据。相比 PT，RT 更有针对性，不追求发现漏洞的数量，而重在深度，以验证网络中的检测和响应能力，执行周期通常比 PT 要久。红队是受邀执行模拟攻击的人员，与负责防御的蓝队相对应。攻防演练常被叫作红蓝对抗。红队将尝试以任何可能的方式进入并访问敏感信息，尽可能安静，避免被安全设施检出，类似于 APT。红队与 PT 人员相比，职责略有区别。PT 的目标一般是系统或应用，而红队的目标是整个企业，包括各类网络设施，甚至包括人员和物理设施。PT 的目标往往停留在漏洞排查，其所使用的工具主要是漏洞检测、漏洞利用工具；而红队需要着重模拟入侵者的后渗透（post exploitation）行为，他们还需要演习用的恶意程序和主控服务器。Rapid7 公司将渗透测试团队比作海盗，而将红队比作忍者，前者暴烈粗放，后者隐秘精细。

4.4 检测响应

现代实践表明，防火墙、AV、IPS 等静态部署的预防性措施终将被突破。组织必须树立网络必然被入侵的新型安全观。此时，检测和响应机制将形成下一道防线。根据 GB/T 25069 的定义，入侵是对网络或联网系统的未授权访问，即对信息系统进行有意或无意的未授权访问，包括针对信息系统的恶意活动或对信息系统内资源的未授权使用；入侵检测是检测入侵的正式过程，该过程一般特征为采集如下知识：反常的使用模式、被利用的脆弱性及其类型、利用的方式，以及何时发生和如何发生；响应是当攻击或入侵发生时，针对信息系统及所存储数据采取保护措施并恢复正常运行环境的行为。

4.4.1 事件管理

信息安全事件管理是指采用一致、有效的方法处理信息安全事件的企业活动。《ISO/IEC

27035.1：2016 信息技术安全技术　信息安全事件管理　第 1 部分：事件管理原理》（GB/T 20985.1）提出了事件管理的基本概念和过程阶段。根据该标准，事件管理包括规划和准备（plan & prepare）、检测和报告（detection & reporting）、评估和决策（assessment & decision）、响应（response）、经验总结（lessons learned）五个阶段的循环，遵循 PDCA 模型。

1）规划和准备阶段的活动包括策略预案的文档化、安排工作机构和人员、建立内外联络关系、制订培训计划、开展应急演练等。

2）检测和报告阶段实现对事态（event）的发现、上下文收集和报告。事态为疑似事件的迹象，其产生来源包括检测设备告警、安全审计发现、用户反馈、外部组织报送等。

3）评估和决策阶段对上一阶段报告的事态及上下文进行评估，判断是否确属安全事件（incident）。相当多的事态会被归为误报，应跳过响应阶段直接进入经验总结阶段；否则，事态被认定为事件，并进行分级和分类。事件的分级分类可参照《信息安全事件分类分级指南》（GB/Z 20986）执行。

4）响应阶段首先开展事件调查，判断事件的可控性。如果判断事件处于可控范围内，则组织可以自行开展事件遏制、根除及系统恢复活动；否则，应启动"危机处理"模式，引入强有力的外援。

5）经验总结阶段是事件得到解决之后的复盘、评审和改进。评审和改进的对象包括组织的风险管理体系、事件应急预案和相关人员的表现。

4.4.2　网络应急响应小组（CIRT）

为建立应急响应机制，企业应设立由高管组成的应急领导小组，以及其下执行层面的网络应急响应小组（Cyber Incident Response Team，CIRT）。CIRT 负责技术处理和内外协调，其人数由企业的资源能力决定。一个中小企业只有一名安全事件响应人员的情况并不罕见，这位员工将扛起整个 CIRT 的责任。大型企业可能会在每个部门都设立单独的 CIRT。CIRT 的技术职责包括损害评估、调查取证、事件遏制、系统恢复等[150]。CIRT 在履行协调职责时，需要对接企业内部的 IT、法务、公关、安保、财务等部门以及受影响的业务部门，对外还要接触供应商、安全服务商、业务关联方甚至政府机构。应急领导小组对 CIRT 提供资源和威信的支持。

4.4.3　安全运营中心（SOC）

安全运营中心（Security Operation Center，SOC）是一种组织形态，为企业提供日常化、集约化的安全运营能力。SOC 是人力资源、技术资源和过程的汇聚。SOC 的职责包括安全防护、网络监控、威胁检测、审计分析和事件响应。CIRT 隶属 SOC 的人力资源。由于 SOC 是集约化运作的，它可以提供整体化的安全态势感知能力。此外，一些厂商将其提供的 SOC 支撑工具简称为 SOC，因此 SOC 也常被理解为一类产品。

4.4.4　托管式安全服务（MSS）

SOC 可以是组织的内建部门，也可以是来自外包的安全运营服务，后者亦称托管式安全服务（Managed Security Service，MSS）。ISO/IEC 27000 将外包（outsource）定义为"做出外部组织执行部分组织功能或过程的安排"，并指出，虽然外部组织本身不属于 ISMS 范围，但被外包的功能却在 ISMS 范围内。提供 MSS 的服务商称作 MSSP（MSS Provider）。MSSP 可同时为多家企业提供服务，能够产生集约化优势，缓解了中小企业安全能力不足的问题。然而，MSS 的限制因素在于，MSSP 可能缺乏在客户网络展开事件调查的必要权限；如果 MSSP 被攻击沦陷，则会牵连供应链上的大量客户；某些企业的采购体系缺乏对安全服务的应有认可。GB/T 30283 规定了信息安全服务的分类与代码，定义了七个服务大类，其中，"信息安全运营服务"相当于本节所称 MSS，它又包含 14 个二级类。

托管式检测响应（Managed Detection & Response，MDR）是 MSS 的子集。这个名词为强调检测和响应能力而出现，模仿了端点检测响应（EDR）和扩展检测响应（XDR）的名称。MDR 的宣传者称，"传统"的 MSSP 侧重于防护和监测，主要通过自动化设备产生告警，但普遍缺乏深度的检测响应能力，甚至还需要将这部分能力外包给 MDR 厂商；而 MDR 厂商则会投入更多人类分析师，使其具有更强大的积极防御能力。

4.4.5　安全审计

安全审计（security audit）是 IT 审计的子集。根据 GB/T 25069 的定义，安全审计是对信息系统记录与活动的独立评审和考察，以测试系统控制的充分程度，确保对于既定安全策略和运行规程的符合性，发现安全违规，并从控制、安全策略和过程三方面提出改进建议。事件检测能力在相当程度上是由安全审计活动提供的。安全审计不但可以体现为由人执行的活动——比如工程师定期翻查或随时抽查系统日志，还可以体现为软件工具针对各类日志的自动化检索、分析与告警。

安全审计以各类系统日志和应用日志为基本依据，这些日志在生成后以后续审计为目的被留存，因此被称作审计日志。根据 GB/T 25068.1—2020（等同于 ISO/IEC 27022.1：2015）的定义，审计日志是指以评审、分析和持续监视为目的的相关信息安全事态的数据记录。安全审计需要持续开展并保持一定频率，避免结果滞后。《信息安全技术　信息系统安全审计产品技术要求和测试评价方法》（GB/T 20945）规定了信息系统安全审计产品的技术要求和测试评价方法，其中技术要求包括安全功能要求（SFR）、自身安全功能要求和安全保障要求（SAR），并根据功能强弱将这类产品分级为基本级和增强级。增强级要求中有规定，信息系统安全审计产品应提供潜在危害分析功能，即设置某一事件累积发生的次数或频率超过阈值的情况为潜在危害事件。审计产品应至少能够分析以下异常事件中的一种：用户活动异常；系统资源滥用或耗尽；网络应用服务超负荷；网络通信连接数剧增；其他异常事件。

4.4.6　网络安全监测（NSM）

网络安全监测（Network Security Monitoring，NSM）活动在网络可视性的基础上对安全事件的存在性进行检测。《信息安全技术　网络安全监测基本要求与实施指南》（GB/T 36635）将 NSM 定义为：通过对网络和安全设备日志、系统运行数据等信息进行实时采集，以关联分析等方式对监测对象进行风险识别、威胁发现、安全事件实时告警及可视化展示。NSM 同安全审计的区别在于，前者强调实时性，后者多体现出回溯性。NSM 位于网络安全滑动标尺的 SSCS-2（惰性防御）以及 SSCS-3（积极防御）环节。NSM 的哲学是，任何静态的防护手段都会被突破，但对手从突破防护到完成杀伤链之间存在一个时间差，比如数分钟或数小时，对于 APT 而言可长达数月、数年。NSM 相关系统不负责自动阻止攻击，但它能在这个时间差内增强攻击活动的可视性，协助网络应急响应小组（CIRT）及时出手，打断敌人的杀伤链[151]。

GB/T 36635 规定 NSM 包括如下活动：接口连接（实现与监测对象或监测数据源的连通和数据交互）、采集（获取监测对象的数据，并将采集到的源数据转化为标准格式数据）、存储（对网络安全监测过程中的数据进行分类存储）、分析（对采集或存储的数据按照一定规则或模型进行处理，发现安全事件，识别安全风险）、展示与告警（对分析的结果进行实时可视化展示，并按重要级别发布告警）。NSM 所采集的数据类型主要包括流数据与包数据、日志数据与性能数据、威胁数据、策略数据与配置数据及其他数据等。GB/T 36635 规定 NSM 所采集的源数据应至少保留 6 个月，这来自《网络安全法》的要求。这些数据可用于回溯审计分析（retrospective security analysis）和法学取证分析（postmortem analysis）。

曾在美国空军计算机应急响应组服役的里查德·贝伊特利奇（Richard Bejtlich）著有《网络安全监测之道》[152]和《网络安全监测实战》[151]，都是 NSM 领域的知名书籍。贝伊特利奇将 NSM 的数据分析方法分为匹配（matching）和狩猎（hunting），前者依赖于 IoC 输入，从审计日志中搜寻 IoC 命中记录；后者则不依赖 IoC，而是对 IoA 等抽象威胁模型进行假设和求证。

4.4.7 检测工程

检测工程（Detection Engineering，DE）是指对网络威胁的指纹特征进行辨识、解读、建模，并撰写检测规则的过程。检测工程是一个离线的研究探索过程，其输出结果为一个检测器。检测器是一组对可疑行为的判断逻辑。检测器部署于生产环境中的检测设备，如IDS、AV、SIEM（安全信息与事态管理）或 XDR（扩展式检测和响应）等，执行在线的威胁检测活动。为了不断完善检测方案并适应网络威胁趋势，检测器处于动态的调整过程中。检测器的核心策略通常采用某种规则语言进行撰写，常用的规则语言包括 YARA、YARA-L、Sigma、OpenIOC、Snort、Suricata 等。

4.4.8 安全告警

告警（alert）又称警报，用于传递警示信息。《网络安全　信息技术　安全技术　第 1部分：综述和概念》（GB/T 25068.1）将警报定义为：信息系统或网络可能受到攻击或者因意外事件、故障或人为错误而处于危险之中的即时指示。防火墙、IDS 和 AV 都会在预设条件被激发时发出一个告警。

告警并不能百分百确认安全事件的发生，它仅代表可疑的事态，可能是"假阳性"，即误报。此外，一些"真阳性"告警虽确有其事，但不足为患，或者企业早已决定容忍，它们被称作"良性触发"（benign trigger）[6]。误报和良性触发统称无关告警，它们并不需要被 CIRT 关注，但实际上却占用了 CIRT 的关注力。在常见的生产环境下，绝大部分告警都是无关告警。另一类导致告警数量膨胀的因素是冗余告警，它来自威胁检测设备在单次攻击下多次触发警报。无关告警和冗余告警的危害在于信息淹没，让真正的威胁受到了忽视。CIRT 分析师也常迫于 KPI 考核而匆匆结案，而忽略了不起眼的真正危险。2013 年，美国零售巨头 Target 公司发生了美国历史上空前严重的数据泄露事件，超过 4000 万条信用卡信息被盗。入侵者的手法并不高超，其数据外传行为触发了安全软件的告警，但这个告警被 CIRT 忽略了，直至巨额经济损失变得不可挽回。

为了减少冗余告警，分析师可以运行告警合并程序，目前这类程序已经达成了较好的自动化水平。真正难以处理的是无关告警。为了减少无关告警，CIRT 分析师需要执行二次甄别过程。告警甄别这一过程极为烦琐，由于攻防活动的强对抗性和高演化速度，使得人们难以利用人工智能技术实现自动化，分析师必须利用其自身经验和直觉进行人工研判。不过，设计良好的算法与人机界面仍可以在相当程度上改善 CIRT 的工作效率。企业可以将常用的分析流程固化为自动化剧本，部分取代人力劳动，比如利用信息富化工具补充告警的上下文，避免一些简单而又耗时的信息搜集活动。此外，企业还可以使用告警优先级管理工具，用现有的机器智能水平初步实现告警项的重要性排序，让疑似更危险的告警项被优先分析和处理，而后置一些重要性较小的告警项，从而让有限的人力资源尽可能发挥出更大的价值。

4.5 深度对抗

在网络安全滑动标尺模型 SSCS-3 以上的阶段，人与人的交锋成为主题，深度的智力交手和敏捷的阵势变化是关键的决胜因素。本节收录了一些超越常规水准的攻防对抗实践。这些实践所涉及的理念大致可概括为三类：图谱化分析、机动化交手、自适应进化。

4.5.1 主动防御

"主动防御"是个众说纷纭的概念。就笔者观察，当产品宣介材料需要强调新理念时，尤其是与大数据、AI 等"高级"技术相关的时候，新手段就会被冠以"主动防御"，而原有手段就会成为"被动防御"。从这种用法看，主动防御就是厂商视角下的防御技术创新。还有一种说法认为主动防御等同于积极防御，体现为组织视角下对"高级"安全控制的引入，如攻击面治理、威胁情报利用、攻击溯源等，以区别于仅满足安全基线。

严格来讲，积极防御和主动防御是同一概念。根据网络安全滑动标尺模型，积极防御（active defense）对应 SSCS-3 阶段，是指防御方的人力介入，区别于依赖自动化防护的 SSCS-2 阶段惰性防御（passive defense）。人力介入从宣传角度看似乎并不"高大上"，但网络攻防对抗并非有明确计算规则的围棋游戏，人类的主观能动性、态势理解力和灵活决断力远在今天的弱 AI 之上，因此 SSCS-3 阶段的斗争将比机器对抗更为激烈。另一方面，本书认为"主动防御"（proactive defense）是区分于"被动防御"（reactive defense）的，是指在对抗中占据主导权。主动防御的特征是对敌人的引导操控，正如《孙子兵法》所述的"致人而不致于人";被动防御侧重于后知后觉的检测和响应。主动防御包括两种情形,可分别概括为"料敌机先"和"反客为主"。料敌机先是指对攻击模式做出预判,在对方出手之前就能率先建立有效的安全控制措施,从一开始就占据主导权;反客为主是指对率先出手的敌人施计操弄,扭转局势,夺回主导权。需要注意的是,主动防御仍是防御,仅限于非进攻性行为。某些国家实施先发制人的网络安全策略,本质上是"我觉得你要干坏事,我就先入侵你",这应归为攻击而非防御。SSCS-5(进攻反制)发生在敌方网络空间,脱离了主动防御范畴。

积极和惰性是组织的战略选择,而主动和被动是战况的客观态势。事前构建安全防护体系属于惰性防御(SSCS-2),然而企业可以引入威胁情报,紧密跟踪网络威胁趋势,针对潜在攻击事先自动生成防护策略,那么完全可以利用惰性防御体系达到主动防御的效果。应急响应属于积极防御(SSCS-3),但响应这一过程在本质上就是后知后觉的被动防御。威胁狩猎是一种高智力密度的威胁分析活动,不但是典型的积极防御,而且非常"高大上",但它仍是滞后于敌的,不属于主动防御。企业可以通过部署虚假的蜜罐服务器牵制敌人的火力,这属于反客为主式的主动防御。如果企业买了蜜罐就高枕无忧了,这就属于SSCS-2;而如果企业能进一步从蜜罐中生产出情报,则能达到SSCS-4的水准。基于AI和启发式规则的防护手段属于SSCS-2,如果这类防御真的实现了对攻击的准确预测和有效拿捏,则达到了料敌机先的主动防御水平;否则,如果仅仅是产生一堆不自信的告警,把误报甄别责任甩给分析师,那就不能脱离被动防御的局面。

4.5.2　威胁狩猎

威胁狩猎(Threat Hunting,TH)相当于滑动标尺模型SSCS-3阶段(积极防御)的入侵检测活动。TH的本质特征是探索性,通过人工方式发现威胁活动的痕迹,机器工具扮演局部辅助角色。TH存在的背景是,纯粹基于AV/SIEM/IDS的自动化检测方案存在策略广度上的片面性和策略更新速度的滞后性,难以应对层出不穷的高级威胁。为了避免贻误战机,安全分析师不得不先行一步,发挥人类的思维能力,建立对威胁行为特征的新假设,并基于这些假设提出试验性的威胁检测方案。这些方案将在实践反馈中得到持续的试错、验证和打磨。TH的威胁检测方案一般没有能够固化的套路,因为一旦发现了可以固化的套路,就可以将其转换为自动化逻辑,在概念上也就脱离了TH范畴。

为了衡量企业的TH能力,SANS研究所的David Bianco提出了狩猎成熟度模型(Hunting Maturity Model,HMM),定义了多个能力等级[153],如图4-5所示。HMM1级叫作"最小级"(minimal),这个水平的企业会积极地搜寻各类威胁情报报告,从中提取IoC,并将其用于历史日志的匹配检索。很多专家认为IoC匹配是一种"低级"手段,没有"资格"被冠名威胁狩猎。但必须注意的是,HMM1同基于威胁情报供应链的自动化IoC消费有所不同,后者的情报来源是相当受限的,而HMM1一般包含积极的OSINT情报作业,将对威胁情报供应链形成及时而丰富的补充,不应被贬低。HMM2级叫作"规程级"(procedural),这类企业将例行性地从外部资讯中搜集最新的威胁检测方案,并尝试引入。HMM3叫作"创新级"(innovative),这个水平的企业有能力对威胁检测方案进行原创,而HMM2水平的企业就是抄它们的"作业"。HMM4叫作"引领级"(leading),这个水平的企业能够有效实现威胁检测方案的自动化，将其交付为 SSCS-2（惰性防御）能力，而分析师则有精力聚焦于新的优化和探索。

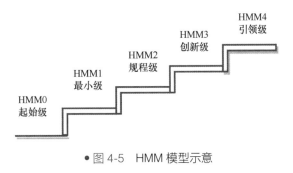

● 图 4-5　HMM 模型示意

4.5.3　图谱化安全分析

在计算机科学中，图（graph）是由一系列点和边构成的数据结构，其中边代表了点之间的关联关系。人的思维大量采用图结构，当我们任由思绪纷飞时，思维的跳跃总是发生在具有相关性的两件事情上。刑侦剧中的破案小组总要在白板上绘制人物和事件之间的关联图，协助人脑对线索的梳理。知识图谱（Knowledge Graph，KG）学科中的基本概念包括实体（entity）和关系（relation），其中关系是一对实体间的一类单向联系。实体和关系可分别划分到不同的类型（class），每个实体或关系实例都可拥有若干个属性（property）。KG 对类型的约束规则叫作本体（ontology），它相当于 KG 中的元数据（metadata），定义了 KG 中允许有哪些实体或关系类型，各类实体或关系允许拥有哪些属性类型，各类实体之间允许有哪些关系类型，以及属性取值限制、关系数量限制等约束。KG 的本质是对语义空间（semantic space）的建模。如果把一个 KG 比作一个小宇宙，本体就是这个宇宙的基本物理学设定。KG 中的数据起初需要从外部数据源导入，在这个过程中，KG 相当于多源数据的融合枢纽，而本体相当于信息组织的框架。"积水成渊，蛟龙生焉"，当 KG 积累了足够多的数据时，就可基于现有知识执行推理过程，产生新的知识，实现自我扩展。在网络安全领域，KG 能够显著增强网络空间的可视性，相当于在集中化的分析平台中建立网络环境的数字孪生映像。网络威胁情报标示（indicator）所附带的上下文信息就非常适合整合到 KG 中：标示代表了一个网络实体，上下文则包含了该实体的属性和关联关系。

Gartner 将安全分析（security analytics）定义为"对某些数据进行高级分析以实现有用的安全结果"，其中，"高级分析"（advanced analysis）是指"比简单规则和基本统计更好的任何方法"。这个定义强调了安全分析在方法上的"高级感"，但方法的"高级感"并不是实战有效性的必要条件。本书认为，任何有益于安全态势感知的知识生产过程都属于安全分析，包括常规的"低级"手段。特征匹配规则和统计指标都可以生成有用的画像标签，可以用作 KG 实体的属性值。简单的手段在巧妙组合后亦可以构成复杂的分析过程；而高级的深度学习推理过程本质就是简单数学运算的叠加。KG 与安全分析之间具有双重关系，一方面，安全分析的结果可对 KG 中的实体、属性或关系进行扩展或更新；另一方面，KG 是安全分析的有力工具。

本书主张，安全分析应以图谱结构为基本认知框架，将网络空间中的大千世界建模为有限个属性各异、相互关联的实体所构成的 KG。只要从事网络空间中的分析活动，就应采取图谱化思维，将实体、属性和关系作为基本认知构件。网络实体既包括资产侧的瓶瓶罐罐，也包括威胁侧的魑魅魍魉。组织机构、自然人、活动事件、工作流程等社会要素也可以映射到 KG 中建立相应的实体。类比社会空间，一个自然人的属性包括生日、性别、民族等，而关联关系则通过家庭成员信息、教育从业经历、犯罪记录、银行交易记录等数据提取。通过这些关联关系，该自然人将会牵扯出其他的自然人、教育机构、企业、司法案件等社会空间实体。基于这些社会空间实体关系信息建立的 KG 可支撑执法部门检测洗钱、欺诈、关联交易等行为。域名、IP 地址、邮箱、病毒样本和机构都属于网络空间 KG 中的常见实体类型。域名这类实体的主要属性包括注册状态、注册时间、是否属于动态域名、子域名数量、访问量特征以及各类文本特征，而它的关联对象也非常丰富：注册商（registrar）、注册局（registry）、注册人邮箱地址、解析 IP、子域名、CNAME 域名、病毒样本等。实体间存在多对多的关联关系，当它们的关系拓扑呈现出某些特殊模式时，就意味着网络威胁的存在，监管机构和安全厂商可据此入手对网络威胁实施检测追踪。邮箱地址这类实体会通过社交账号关联到自然人，很多攻击溯源案例都是依靠域名、证书、邮箱和社交账号之间的多级关联最终定位到作案人的。

需要注意的是，本节所提倡的图谱化安全分析方法指代一种认知框架而非具体技术实现，所称的 KG 是逻辑方法而非产品形态。企业中的安全分析师未必有权利自由选择数据分析工具，他们可能不得不固守公司采购的 SIEM 平台。这些 SIEM 平台一般不支持图查询语法，但分析师们仍可采用 KG 的思维方式执行威胁狩猎、追踪溯源等探索性分析任务。专业的图数据库或 KG 产品能带来的价值体现为高效的图计算能力和良好的用户体验，但并非必需。

下文将讨论两类图谱化分析用例——拓线分析和关联挖掘。前者通过关联关系协助安全分析，后者通过安全分析确认关联关系。

4.5.4 拓线分析

安全分析师应以案件（case）为基本任务单元管理自己的调查工作，并辅助团队间的工作流协同。一旦找出了值得深入调查的告警项，或者在威胁狩猎活动中发现了疑似入侵痕迹，则应进行立案。同一攻击团伙或同一事件相关的安全分析任务应被并案处理。在一个案件中，当分析师成功锁定攻击团伙的一批基础设施资源（如域名、IP、病毒样本）后，可以把它们当作初始线索，然后顺藤摸瓜，拓展出新线索，对该团伙的其他资源进行"搜捕"。这个步骤叫作拓线。拓线步骤可以迭代执行，新发现的资源可以作为下一步拓线的源头，直到难有更多斩获时再"收网"结案。网络中的资源集合在威胁情报领域叫作入侵集（intrusion set）。

拓线过程可以用图谱化分析方法实现。攻击资源对应 KG 中的实体。想象实体是可以被染色的，已确诊被坏人控制的实体应染成黑色，相当于上了黑名单；绝对可信的实体是白色的，位于白名单；可信度存疑的实体是灰色的，忠奸难辨，有待进一步甄别；不在案件视野内的实体则是无色的，但或许能在后续的拓线步骤中得到关注。实体的颜色可以通过在本体模型中设计一个 KG 属性轻易实现。在 KG 中，如果两个实体 g 和 b 之间存在一个关系 r，那么可以称二者为邻居，邻居是潜在的拓线对象。记 r 的类型为 C，采用这样一个推理过程，假如关系类型 C 意味着 g 和 b 被同一团伙所控制 (简称"同流"), 而 b 为黑实体, 那么可以得出结论: g 也应被染黑, 并纳入 b 所在案件。这样就成功地实现了一个拓线步骤。这个推理逻辑非常直观: 近墨者黑, 同流于乌者, 合污也。这一推理过程的关键在于对同流条件的确认。病毒样本文件对 C2 域名的字符串包含关系, 邮件地址同恶意域名间的注册登记关系, 以及 C2 域名同 IP 地址之间的 DNS 解析关系, 都大概率代表了同流, 但分析师应清醒地意识到其中存在推理错误的可能性。这些关系 r 代表了实体间的上下文关联性, 因为 r 是从实体间的某些互动事实中抽取而来的。

但上下文关联性并非唯一的拓线依据, 还有一类拓线步骤源自实体间的特征相似性, 此时分析师并不掌握新旧实体之间的上下文关联, 也就不存在先验的关系 r。但某对实体之间可能表现出同一种极具辨识度的行为特征, 例如网络工件指纹、主机工件指纹、TTP 模式等, 那么也可确定同流关联并实施拓线。这类基于特征相似性的拓线依赖于两种底层能力: 基于旧实体抽取可辨识特征的检测工程能力, 基于可辨识特征筛查新实体的网空搜索能力。计算机取证分析、病毒样本分析等技术可以支持检测工程能力, 而开源情报 (OSINT)、威胁情报供应链和网络测绘技术则支持着网空搜索能力。依次调用一次检测工程能力和一次网空搜索能力可以实现一次拓线步骤。

4.5.5　关联挖掘

关联分析 (correlation analysis) 又称关联挖掘 (association mining), 就是查找变量之间或者实体之间的相关关系, 包括值相关关系、共现关系、语义相关关系等[9]。严格来说, correlation 特指数值间的线性相关性, 但一般的讨论没这么严格。气温与空调销量这对变量之间的相关性是典型的值相关关系。啤酒和尿布经常被一起购买, "多云"和"预报"这两个词经常出现在同一篇文章中, 这属于共现关系。上一小节中讨论过的上下文关联性和特征相似性都属于语义相关关系。《NIST SP 800-92 计算机安全日志管理指南》将关联 (correlation) 定义为"寻找两条或多条日志间的关系", 这仅仅是关联挖掘任务的特例。《信息安全技术　信息系统安全审计产品技术要求和测试评价方法》(GB/T 20945) 将"关联分析"作为安全审计产品的增强级技术要求提出, 具体解释是"信息系统安全审计产品应能够对相互关联的事件进行综合分析", 可以推知这是指建立多个事件之间的相关性, 从而为后续的安全分析任务提供支撑。

关联挖掘在网络安全中的任务是, 在多个看似孤立的网络实体中建立相关性, 从而丰富 KG 中的关系数量, 并以此产生新的知识推理。简单来说, 拓线分析任务要从案件中的已知实体 A 出发, 找到与之关联的案件外的未知实体 B; 而对于关联挖掘任务则针对案件内的一对已知实体 A 和 B, 推理出二者是否可以连线。

如何实现网络安全中的关联分析? 最基本的方法是对早已编码于数据中的语义相关性进行辨识和抽取。例如, 假设实体 A 和 B 都是安全告警, 二者的源 IP 字段相同, 这就构成了语义相关性, 可以据此建立告警合并规则。对于图谱化数据模型来说, 这类关联关系的识别任务等同于检查 A 和 B 是否分别都同某 IP 实体 C 之间存在代表告警项源 IP 的关系类型, 体现为对 KG 的一次简单检索, 工作量微不足道。但对于传统的关系型数据模型来说, 事情就复杂了许多。关系型数据模型将关联性隐藏在数据内容中, 在分析时才予以还原, 将抽取到的关系和相应实体临时加载到数据分析的上下文。此处的"上下文"类似于上文说的"案件",是一个汇聚了当前视野中相关信息的假想空间。关系型数据模型将实体看作一个具有多个字段的数据行,两个不同的数据行共同拥有的等值字段代表了语义相关性,可以通过"连接"(join)操作还原出这对数据行的关联关系,但这种连接操作是懒惰、隐式、局部性、临时性的。相比关系型数据模型,图谱化数据模型的优势是针对所有已知的语义相关性直接建立了预构、显式、全局性、持久性的关联表达,分析师可以基于这些关联性表达立即展开数据探索,而不需要先费心设计连接操作方法,极大减少了分析过程中的认知负担。建立在图谱化数据模型之上的图数据库能够以优异性能实现长路径的多级关联游历,而相应的操作在关系型数据模型中只能体现为多层嵌套的连接操作,不但表达复杂,计算也非常缓慢,性能开销往往大到不可行,这意味着分析师不能随心所欲地开展数据探索。

许多隐含的关联性并不能单纯通过数据中既有的语义相关性完成辨别。此时应结合实体和关系的具体类型,执行某些推理以完成更多的对上下文关联或相似性关联的识别。信息富化是实现隐含关联性识别的重要支撑手段,它包括积极地查阅 OSINT 和商业知识库对相关实体的附属信息进行抓取,并按照 KG 的本体模型将新抓取的信息表达为实体的属性和关系,在这个过程中语义相关性可能会自然显现。

作为例子,关联挖掘能力可服务于以下典型场景:

1)隐资产发现。外部攻击面管理(EASM)服务可以将散落在互联网上的影子 IT 资产关联到所属企业,从而提升资产的可视性。

2)入侵集画像。对黑色的攻击资源实体进行同流连线,归类到各自所属的入侵集,从而针对入侵集的上下文信息完善相关攻击团伙的画像。

3)异常检测。某些行为本身不具备有害特征,不会被异常检测系统所关注。然而,当大量具有相似性关联的行为在不同的环境下密集出现时,则应引起警惕。这种异常检测逻辑可称作"聚白为灰"。例如,当一个 IP 对海量 IP 的同一端口发起探测时,就能判断出这个 IP 是个探测器。类似地,当大量轻度异常广泛出现时,则构成了一种不可忽视的强异常,存在威胁的概率明显上升,这种逻辑可称作"聚灰为黑"。云端反病毒引擎就基于这种原理,对同时被多个终端代理程序报告的样本进行重点研判。

4)告警合并。在各个告警项之间建立连线,对相关告警项及上下文并案处理,减少案件数量,并富化了案件的上下文信息,甚至可以利用"聚灰为黑"逻辑增强告警甄别的准确性。

5)事件调查。事件实体一方面同企业内的资产实体、漏洞实体建立关联,另一方面同企业外部的威胁资源实体建立关联,可以拼凑出整个事件的来龙去脉,从而辅助事件后果评估、攻击路径溯源等分析活动。

4.5.6　追踪溯源

追踪溯源简称溯源(traceback)或归因(attribution),起初是指利用技术手段定位到网络攻击的源头,追查到攻击者,从而将其绳之以法。训练有素的黑客善于使用网络代理藏匿自己的踪迹,甚至会像套娃一样依次登录多个国家的跳板机,连续多次转换 IP 地址,追查到他们的身份通常很困难。理论上,如果全球各大网络运营商都能做好审计留存,并且能互相配合,那么溯源者可以尝试沿着攻击路径在各节点上逆向取证调查,逐级反推,但现实中这种做法并不可行。

目前溯源这一概念有所泛化，不需要定位到个人，只需尽力补充和推断攻击者的情况，其实这个过程更应该叫攻击者画像。某些厂商将企业网络内的攻击路径还原过程称作溯源。溯源概念的泛化导致厂商可以轻易宣布自己的产品具备溯源能力。西方国家有些政治性溯源任务只需要推断出来源国家即可，或者可以先结合地缘政治对某国做有罪推定，再寻找一些捕风捉影的“证据”来佐证推断，显得“以理服人”。比如在一个溯源案例中，研究者从病毒中提取出了开发计算机的文件夹目录，而目录中含有俄语单词，再结合地缘政治分析，溯源者就宣布真相大白，发布报告点名莫斯科。在另一个溯源案例中，研究者对一个 APT 家族不同样本的编译时间进行统计，发现编译时间的分布符合某个时区的工作时段，那么就将攻击者所在地范围缩小到这个时区的城市[154]。这类政治性溯源常被用来对他国进行污名化，或施加外交压力。从技术角度看，这类溯源缺乏严谨性，不宜轻率用于外交目的。APT经常采取“假旗”战术，也就是伪装成其他团伙开展行动，导致溯源结果是被误导的。

企业并非执法机构，通常不具备本企业外的调查取证权限，所能做的溯源活动只限攻击路径还原或攻击者画像。不过，如果能将本地的网络取证能力与外部的威胁情报相结合，那么攻击者画像任务是有希望接近于确定出攻击团伙身份的。有一类 CTI 标示叫作归因标示（attribution indicator），它能反映出具体攻击团伙的特征，但它的出现并不意味着入侵，因此未必能用作 IoC。小明是一名攻击者，他喜欢利用小众的合法网站 b. example. com 实施挂马。当检测到有小红的主机访问 b. example. com 时，不能报告入侵。不过若其他证据证实小红的主机遭到了入侵，而取证时发现该主机有 b. example. com 访问记录，那么可以推测出这是小明的手法，因此 b. example. com 可作为归因标示，但不是 IoC。又比如，假设域名 a. example. com 并无合法用途，它是一个被多个小明和小华共用的攻击基础设施。若在小红的主机上检测到 a. example. com 访问记录，则可以确定入侵事件，但不能推知具体肇事者，那么 a. example. com 属于 IoC，但不是归因标示。

这里介绍笔者针对攻击者画像任务提出的一个工作框架。这个框架将攻击者画像任务分解为拓线分析、信息富化和结果评价三个活动环节的循环，简称 E3（Expansion, Enrichment & Evaluation）循环。E3 循环以事件调查取证过程中发现的工件为起点，先执行拓线分析，建立攻击者的入侵集。接着，针对入侵集中的各个实体进行信息富化，补充它们的属性和关联实体。信息富化可以通过病毒样本分析、CTI 查询或 OSINT 活动等多种手段执行。信息富化可能会引入新的线索，可用于下一轮拓线分析。此时执行结果评价，判断是否进入下一轮 E3 循环。当满足以下条件时应退出 E3 循环并结束任务：①信息富化活动未能进一步扩充线索；②超过预定迭代次数或工作量，已无更多资源预算；③信息富化活动中发现了归因标示，成果定位到了攻击团伙；④未能成功定位攻击团伙，但已收获了足够丰富的信息，满足预定结案要求。

4.5.7　自适应安全架构（ASA）

自我完善和目标变异是驱使安全策略调整的两大原因。自我完善是指安全策略需要在试错中动态趋向优化。目标变异是指网络威胁趋势和网络资产情势处于动态的变化中，导致原有安全策略失效。网络防御必须持续演进，以适应内外环境的发展。

2008 年，Sun 微系统公司（后于 2009 年被 Oracle 收购）提出了自适应安全架构（Adaptive Security Architecture，ASA）概念[155]，它是指一种具有闭环结构的安全运营机制，在检测、响应实战过程中对网络威胁趋势进行学习，对未来威胁进行预判并相应做出自我调整，从而在面对后续攻击时能够迅速反应。它模仿了微观层面的生物自免疫系统和宏观层面的生态系统进化。

2014 年，Gartner 针对高级威胁防疫提出了一种 ASA 模型[156]。该模型是预测（predict）、预防（prevent）、检测（detect）和响应（respond）四个阶段的循环。其中，预测阶段的活动包括主动暴露面分析（proactive exposure analysis）、攻击预测（predict attacks）、基线系统（baseline system）实施等；预防阶段包括系统加固隔离（harden & isolate systems）、攻击转移（divert attacks）、预防事件（prevent incidents）等控制措施；检测阶段包括事件检测（detect incidents）、风险确认及排序（confirm & prioritize risks）、事件遏制（contain incidents）等措施；响应阶段包括调查取证（investigate/forensics）、策略调整（design/model change）、矫正（remediation/make change）等工作。同 PDR 及 CSF 等常规安全模型相比，Gartner ASA 模型的"检测"阶段包含了事件处置等传统意义上的"响应"活动，而 ASA 的"响应"阶段则是对网络防御体系的调整更新，专注于回溯性的反馈、分析和调整，扮演了经典闭环结构中的反馈回路角色。2016 年 10 月，Gartner 将 ASA 列入 2017 年度十大技术趋势。

4.5.8　CARTA 与零信任

2017 年 6 月，Gartner 的文章《数字时代的 Gartner IT 安全方法》提出持续自适应风险与信任评估（Continuous Adaptive Risk and Trust Assessment，CARTA）模型。CARTA 是对 Gartner ASA 模型的升级，强调对信任的灰度动态管理。2017 年 10 月，CARTA 被 Gartner 列入 2018 年度十大战略技术趋势。

Gartner 认为，若企业因风险不明而逡巡不前，将在数字化时代丧失机遇。CARTA 的方法是对所有的风险评估对象临时设定一个初始的信任（T 值）和风险（R 值），保持业务运转，进而在运营过程中对其迭代调整。初始值的设定取决于业务特点和风险偏好。T 和 R 此消彼长，可以约定二者之和恒为 1。CARTA 建立在 UEBA 能力的基础上，以 UEBA 的结果作为变更 R 与 T 的依据。这就好比银行对信用卡用户赋予一个初始的信用额度，然后再以用户的行为记录作为依据对信用额度进行调整。

如果初始的 T 值为 0，这种风险管理策略就是"零信任"（zero trust）。2010 年，Forrester 公司首席分析师 John Kindervag 首次提出了零信任概念。数年后，Gartner 认识到零信任理念的重要性，于是在 2018 年 12 月，Gartner 公司的副总裁分析师 Neil MacDonald 发表报告《零信任是 CARTA 路线图上的第一步》。这样，Gartner 将零信任理念纳入了自己的 CARTA 框架。

4.5.9　网络诱骗

引诱敌人暴露痕迹是一种古已有之的战术。《孙子兵法·虚实篇》提出，"形人而我无形，则我专而敌分"，意思就是让敌人暴露而让我军隐藏，就能够做到自己兵力集中而使敌人兵力分散。网络诱骗是一种网络防御手段，在网络中伪造一些安全漏洞和有价值的资源，模拟真实的信息环境，等待攻击者上钩，然后观察攻击者的行为。网络诱骗有两方面意义：一是吸引攻击者的火力，消耗其有生力量；二是使敌人暴露自己的攻击意图和 TTP，从而在研究分析后加强对相应攻击方式的防御力，甚至建立威胁情报生产能力。以下介绍几种网络诱骗手段。

蜜罐（honeypot）是放置在网络中的诱饵主机，可以是物理机或虚拟机。曾有防御者高调吹嘘自己的网络防御是多么固若金汤，于是一些黑客在好胜心驱使下前来攻击这个系统。该系统实质是个蜜罐，防御者因此收集了大量威胁情报[157]。蜜罐需要尽可能做到逼真，因为攻击者也不傻。一旦识破，他们就会说，"恕不奉陪，你们好自为之！"蜜罐应该处于严密的管控下，并同生产系统保持隔离。如果入侵者以蜜罐为跳板攻入真实的生产系统，那就鸡飞蛋打了。

蜜网（honeynet）是指在网络中部署多个蜜罐架构，增加攻击者踩坑的概率。蜜网能提供足够的资源运行大量的虚假网络服务，对真实业务网络进行完整的仿真，让攻击者可以尽情遨游，充分展示自己的各种"才艺"。蜜网的缺点是建设、维护复杂，成本较高。

蜜场（honeyfarm）是一种集中式管理的蜜罐集群和数据分析系统，通过集中管理降低维护管理的工作量。蜜场用户可在各个业务子网内部署攻击重定向器，将子网遭受的网络攻击转发到蜜场加以集中分析。

蜜饵（decoy file）是一个虚假的工作文档，引诱网络间谍打开或下载，从而留下操作痕迹，作为追踪溯源的线索。蜜标（honeytoken）是蜜饵的一种，它会内嵌木马，待间谍将文件带回"老家"并打开后，隐藏物会被自动触发，并向服务器发送间谍的环境信息，甚至直接定位间谍的身份。蜜饵属于《孙子兵法》定义的"反间"战术：因其敌间而用之。

4.5.10 网络卧底

《孙子兵法》特别注重卧底的作用："凡军之所欲击，城之所欲攻，人之所欲杀，必先知其守将、左右、谒者、门者、舍人之姓名，令吾间必索知之。"卧底战术也出现在了网络安全领域。执法机关可能会在黑客团伙中安插卧底。这类卧底不需要肉身潜入敌营，只需要经营虚拟身份并打入目标团伙所在的网络社群。互联网企业的风控团队为了搜集黑产的特征，可能会伪装成黑产务工人员，潜伏在黑产平台的群聊中，搜寻相关情报，例如跟踪"羊毛党"的最新技术手段。

卧底除了执行情报任务外，还可以主动成为一个"害群之马"，做一些不利于"组织"发展的小动作。外国情报界曾利用一名卧底激起黑客社区的内讧。这名卧底对黑客领袖的技术水平进行了污名化，利用黑客社群以技术高下排座次的文化撼动了对方的地位，搅乱了这个团伙的"政局"。污名化一个黑客技术水平的方法有很多，包括曝光他的代码漏洞，以及攻陷其掌握的攻击基础设施等[158]。

执法机关还可以对黑客团伙进行技术窃听。美国 FBI 曾在黑客群体中推广一款"安全私密"的聊天 APP，号称能防止被政府监控。这个 APP 让勒索团伙如获至宝，但它其实存在后门，正是 FBI 实施监控的工具。于是，FBI 成功抓捕了大量犯罪分子。

4.5.11　OODA 循环

OODA 循环是美国空军上校约翰·柏伊德（John Boyd）提出的动态决策方法，亦称柏伊德循环（Boyd cycle）。OODA 是观察（observe）、知悉（orient）、决策（decide）与行动（act）的缩写，分别代表四个阶段。其中，观察阶段聚焦于敌我信息收集，知悉阶段将观察阶段收集的信息根据已知的信息转换成上下文内容，决策阶段产出行动方案，该方案在行动阶段实施。OODA 循环即为这四种动作的反复执行，强调对环境的快速感知和对行动的敏捷决策，同时还要掌握乃至干扰对手的决策回路。

OODA 理论是受战斗机作战经验启发而产生的，目前已被用于指导网络攻防对抗活动。攻守各方都试图加快自己的 OODA 并破坏对方的 OODA。例如，攻方对守方的渗透就需要多轮 OODA 循环进行试错，直至得手。当守方觉察到攻方痕迹时发起响应，双方的 OODA 将交织在一起。多个守方可以互相配合并共享情报。当守方小红总结出攻击特征，以威胁情报的方式共享给社区时，守方小明可以"抄作业"，跳过许多分析步骤，直接对攻方发起反制，从而加速了 OODA 循环。然而攻方可以快人一步，率先收集到这些威胁情报，并主动改变自己的攻击模式，让小明的策略失效却不自知[11]。

4.5.12　网络机动战

《孙子兵法》称，"兵者诡道也。故能而示之不能，用而示之不用，近而示之远，远而示之近。利而诱之，乱而取之，实而备之，强而避之，怒而挠之，卑而骄之，佚而劳之，亲而离之，攻其无备，出其不意。此兵家之胜，不可先传也。"机动战（maneuver warfare）是以机智和敏捷为特征的军事战斗形态，核心能力包含快速调动、灵活重组、因势利导、登高临下、暗中作梗等要素。消耗战（attrition warfare）是机动战的反面，体现为两军强力对抗直至其中一方力有不逮。这对军事概念目前已经引入网络战理论，涵盖了攻击性网络行动（Offensive Cyber Operation，OCO）和防御性网络行动（Defensive Cyber Operation，DCO）。

网络消耗战比拼资源多寡，以 DDoS 攻击、密码暴力破解为典型。网络机动战则讲究高效利用资源，并灵活适应攻防阵势的变化，快速调整战术策略。网络机动战不急于摧毁敌人，而是着眼诱导敌人，将计就计，为我所用，蜜罐和蜜饵都属于这种战术。美国陆军网络学院的 Aaron F. Brantly 博士总结了网络机动战的六大核心能力[159]。其一是位置欺骗能力，让敌人对我方的网络位置和物理位置产生误判，从而暗度陈仓；其二和其三分别是针对敌方漏洞和我方漏洞的知彼知己；其四是充足的火力调度能力，这些火力可以来自总部、现场等任何来源；其五是漏洞利用能力，对敌批亢捣虚；其六是对地形守弃的收放自如。

网络机动战吸收了很多街头骗术。在街头，小偷假装跟路人搭讪，吸引注意力，其同伙则见机行窃。高调的网络攻击也被用于配合低调的网络窃取。网络机动战的行动效果可分为独立效果和支撑效果，前者单独完成目标，后者意在配合其他行动。震网病毒对伊朗核设施的破坏是典型的独立效果行动。对军事系统的信息破坏则多以支持热战行动为目的，体现出支撑效果。在 2003 年的伊拉克战争中，美军通过渗透伊军的邮件服务器，向伊拉克军人发送邮件实施攻心扰敌，加速了抵抗力量的崩溃，这种认知域作战通常旨在支持其他行动。2007 年，叙利亚政府军的防空系统遭到网络攻击后被假消息干扰，使叙方放任以色列军机入境轰炸。针对防空系统的常规对抗手段是破坏性的电磁干扰，但这种干扰反倒会打草惊蛇，让敌方觉察到后续的攻击计划，而对叙利亚防空系统的欺骗则避免了这种预警效果，可见骗术在网络攻防中的价值。一些政府会主动散播虚假信息，甚至虚构"绝密"文件，引导敌人产生误判，从而掌握主动权。

4.5.13　MITRE 交手矩阵

MITRE 公司将网络机动战思想引入企业网络安全运营领域，提出了名为"交手矩阵"（Engage Matrix）的方法集，列举了各类对敌交手的方法和活动，如图 4-6 所示。交手是以规划和分析活动为核心，以拒止（denial）和欺骗能力为基础的综合运营。

交手矩阵归纳出网络安全运营中的五个目的（goal），包括两个"战略目的"（Strategic Goal，SGO）和三个"交手目的"（Engagement Goal，EGO）。SGO 包括"预备"（prepare，掌握当前态势并建立行动目标）和"解读"（understand，分析所获知识用于改善防御，它们分别是一次交手的启动和收尾环节）。EGO 包括"揭露"（expose，揭示对手的存在）、"影响"（affect，对敌人行动施加负面干扰）和"诱出"（elicit，获取对手的 TTP 情报）。预备和解读环节分别对应交手环节的投入和产出，且整个流程应循环迭代执行，从而不断提高防御水平。

交手矩阵中的每个目的分别由一个或多个方法（approach）所实现。预备和解读这对 SGO 分别由计划（plan，将行动方案与战略意图对齐）和分析（analysis，回溯审视所获信息）这对战略方法（Strategic Approach，SAP）实现。各 EGO 分别由多个交手方法（Engagement Approach，EAP）实现："揭露"由收集（collect）和检测（detect）这两个 EAP 实现，"影响"由预防（prevent，阻断对手的行动能力）、引导（direct，鼓励或阻碍对手行动）和扰乱（disrupt，损害对手行动能力）三个 EAP 实现，"诱出"由安抚（reassurance，通过让诱骗更逼真以消除对手疑虑）和激励（motivate，通过诱饵激发对手的行动欲望）两个 EAP 实现。

交手矩阵还定义了一系列活动，包括战略活动（Strategic Activities，SAC）和交手活动（Engagement Activities，EAC），分别对 SAP 和 EAP 进行支持。活动是基本的行动单元，同一活动可用于支持多个不同的方法。例如，"网络操控"（network manipulation）这个 EAC 活动泛指对计算机网络环境的一切变更，包括限速、隔离、访问控制等，可用于预防、引导和扰乱三种 EAP。"诱饵"（lure）这个 EAC 活动泛指网络诱骗，可用于检测、引导和扰乱三个 EAP。"恶意软件引爆"（malware detonation）是个 EAC 活动，是指在可控环境下执行恶意样本动态分析，可用于检测、引导和激励三个 EAP。"网络威胁情报"在交手矩阵中是个 SAC 活动，代表 CTI 利用，可用于计划和分析这两个 SAP。

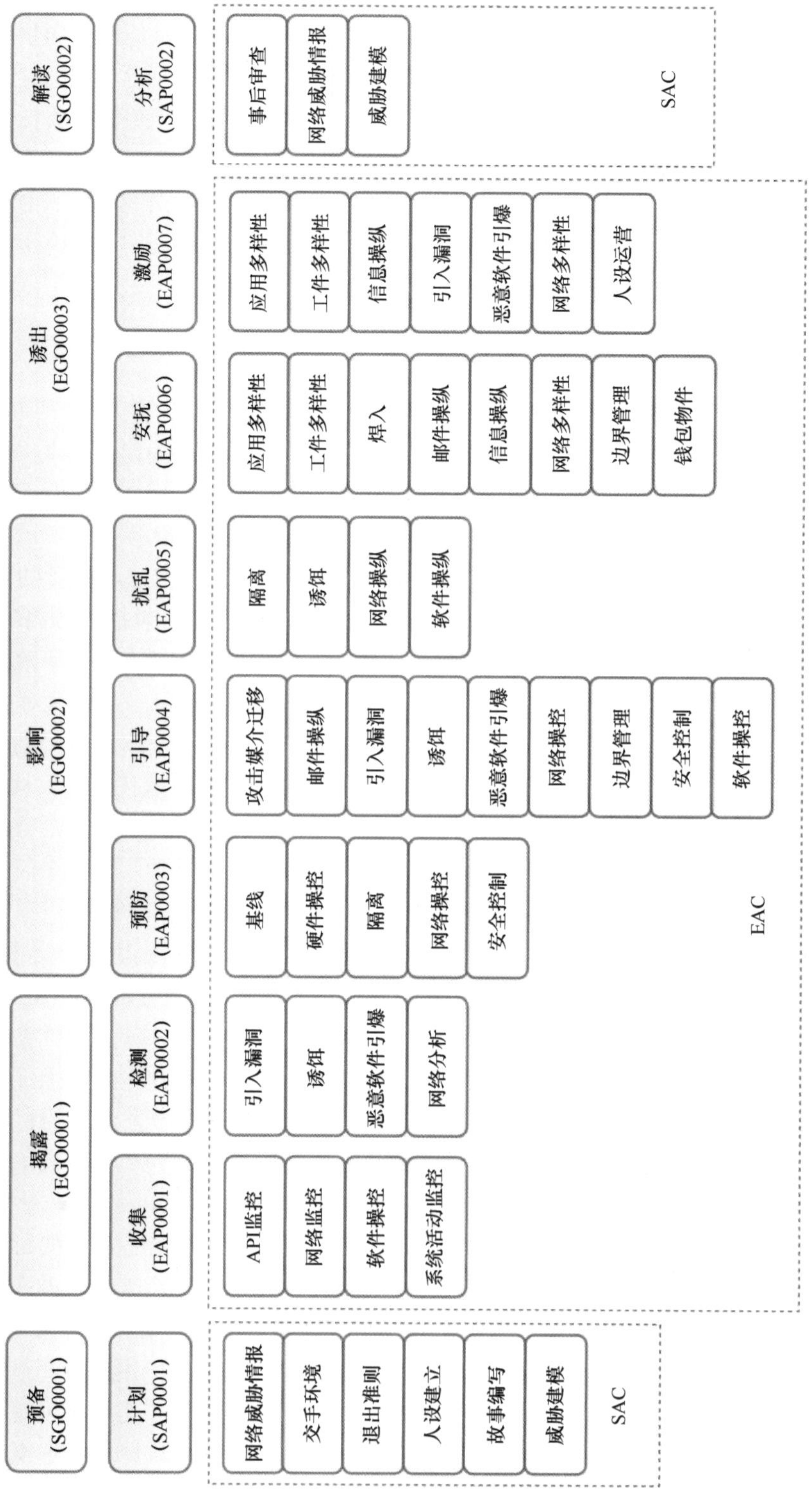

● 图 4-6　MITRE 交手矩阵示意

第5章　深壑高垒：网络安全能力工程

当安全运营成功启航并小有进展后，运营者将对自身的安全需求和安全态势积累一定的认知，此时可以考虑深入开展安全工程建设，对安全保障架构进行重构和优化，建立更完善的安全保障系统，从而获得更为有效的安全保障能力。在全社会大量安全工程实践的基础上，安全厂商可以通过总结较为通用的工程需求，设计出行之有效的安全产品。

读者或许会有疑问，难道不是先开展工程建设，然后才有能力开展安全运营吗？事实上，这涉及一个根本性的路线问题。按照一般的认知逻辑，从需求分析到系统建设，再到实际运营使用，这是自然而然的顺序，也是经典的工程生命周期方法所采取的思维方式。但违反直觉的是，这个最为简单自然的顺序在大部分情景下都不能成立。建设者通常不能在工程生命周期的早期阶段建立明确的"需求"（requirement），因为这超越了人的认知能力。程序员讽刺产品经理乱改需求的网络段子，其实是建立在对需求本质的错误认识之上的。需求不可凭空"分析"，只能在实践中日渐启迪；系统建设方案难以预先设计，需要在迭代中打磨成熟。需求是复杂、抽象、动态的认知产物，一般情况下很难封冻为静态的工程文档。探索性越强的项目，这一规律越为明显。仅在建设者对目标和方法均具有高认知水平的少数情形下，经典的工程生命周期方法方才适用。现代的工程方法论，如敏捷开发和DevOps，大都会对需求的认知规律抱有实事求是的态度。它们会回避线性的工作流程，转而遵循一种PDCA循环式的工作方式。此外，动态变化的不仅仅是对需求的主观认知，还包括客观需求本身。由于安全态势会随着时间动态变化，安全工程必须经历持续的调整和适应，这种调整的催化剂正是安全运营活动中所收获的环境反馈。这进一步支持了安全运营应早于安全工程的理由。

另一个违反直觉的规律是，安全运营与安全产品之间也不存在简单的时序关系。安全运营者未必完全依赖于"买买买"，经常可以利用现有资源以自组织的方式完成安全控制点的建设。如果没有早期运营者的实践，就不能出现符合市场需求的安全产品。而安全产品成熟后，又可为运营者的安全工程建设所采用，以充实其安全保障能力体系，成为后续安全运营实战的有力武器。对运营者而言，安全产品的采购应以具体安全工程的实际需要为指引，对新兴的产品概念应持有审慎开放的态度，既不能脱离时代，也不能任由所谓行业潮流牵制自己的工程决策。

5.1　安全工程概述

5.1.1　系统工程

根据《信息安全技术　术语》（GB/T 25069），系统是指为达到一个或多个既定目的而组织起来的相互作用元素的组合。狭义的系统可视为一种产品或其提供的服务。根据《电子政务术语》（GB/T 25647），系统结构又称体系结构（system architecture），是指某一系统（包括其硬件、软件部件之间的互相联系）的逻辑结构和各种功能特性。组件（component）是系统的构成实体，拥有相对独立的结构和功能。组件在概念上存在于系统的不同分析层次上。ICT组件可以体现为软件模块、硬件模组、子系统、子网络等，因此组件间会形成层次化的包含关系。在软件工程领域，组件特指具有较高内聚性和可复用性的软件模块。

系统工程（systems engineering）是一门研究对复杂系统的设计、集成和生命周期管理的交叉学科。它采用系统论思维，强调系统各组件应产生协同效应。系统工程同诸多技术及人文学科均有交集，包括工业工程、过程系统工程、机械工程、制造工程、控制工程、软件工程、电力工程、自动控制、组织行为学和项目管理学等。系统工程过程（systems engineering process）与制造过程（manufacturing process）的显著区别在于，前者是一个分析需求并寻找解决方案的探索过程，而后者多是重复性的执行过程。系统生命周期（system lifecycle）是指系统从其概念建立到终止使用所经过的一系列发展演变过程。系统集成（system integration）是把组成系统的各个部分融合成一个高效、统一、有机整体的过程，即把组成系统的各部件、子系统、分系统和不同的产品、技术与服务，采用系统工程的科学方法进行综合、合成，组成满足最佳性能要求的系统。

5.1.2 安全工程

系统安全工程（Systems Security Engineering，SSE）简称安全工程，是系统工程的一个分支。《信息安全技术 信息系统安全工程管理要求》（GB/T 20282）将其定义为"确保信息系统的保密性、完整性、可用性等目标而进行的系统工程过程"。NIST SP 800-160的定义是，系统安全工程是系统工程门类下的专业工程学科，它应用科学、数学、工程和测量原理、概念和方法来协调、编排和指导各种安全工程专业和其他相关工程专业的活动，以提供一个完全集成、系统级的系统安全视角。《信息安全技术 系统安全工程 能力成熟度模型》（GB/T 20261/ISO/IEC 21827 MOD）指出，安全工程的目标包括：了解与企业相关的安全风险；根据已识别的风险，建立一套平衡的安全需求；将安全需求转化为安全指导，并纳入项目中使用的其他学科活动，以及对系统配置或操作的描述；对安全机制的正确性和有效性建立信心或确保；确定系统或操作中残留安全脆弱性的影响可容忍（即确定可接受的风险水平）；将所有工程学科和专业的工作整合到对系统可信度的综合理解中。

根据GB/T 20282，安全工程生存周期（security engineering lifecycle）是指在整个信息系统生存周期中执行的安全工程活动，包括概念形成、概念开发和定义、验证与确认、工程实施开发与制造、生产与部署、运行与支持、终止等过程；项目（project）是各种相关实施活动和资源的总和，这些实施活动和资源用于开发或维护信息安全工程，一个项目往往有相关的资金、成本账目和交付时间表。GB/T 20282规定了针对不同安全保护等级的安全工程管理要求，是对信息安全工程中所涉及的需求方（owner）、实施方（developer）与第三方（third party）工程实施的指导性文件，各方可以此为依据建立安全工程管理体系。GB/T 20282将安全工程的目标概括为：理解需求方的安全风险，根据已标识的安全风险建立合理的安全要求，将安全要求转换成安全指南，这些安全指南指导项目实施的其他活动，在正确有效的安全机制下建立对信息安全的信心和保证；判断系统中和系统运行时残留的安全脆弱性，及其对运行的影响是否可容忍，使安全工程成为一个可信的工程活动，能够满足相应等级信息系统的设计要求。

5.1.3　系统架构

架构（architecture）又称体系结构，GB/T 25069 将其定义为"构成系统的各组成部分及其相互关系，以及该系统与环境的关系，还包括指导其设计和演进的基本原则"。《ISO/IEC/IEEE 42010 系统与软件工程——架构描述》对架构的定义是，"一个系统在其环境中的基本概念和属性，体现为其构成元素、关系，也体现为其设计、演化原则"。作为特例，计算机体系结构（computer architecture）是一门关于计算机内部结构的学科，主要探讨指令集架构（Instruction Set Architecture，ISA）、微架构（microarchitecture）和计算机系统设计等内容。IT 应用领域的架构概念则超越了计算机的内部空间，包括业务架构、数据架构、技术架构、应用架构、安全架构等分类。根据 GB/T 25069，安全架构是一种由多个相互协作的安全模块构成的体系结构。安全架构的设计活动关注如何将安全控制点部署在信息系统中，涉及人员、流程和技术要素。

ISO/IEC/IEEE 42010 定义了描述系统架构、软件架构和企业架构的要求。它规范了标准术语，提出了用于表达、沟通和审视架构的概念基础，规定了对架构描述（Architecture Description，AD）、架构框架（Architecture Framework，AF）和架构描述语言的相关要求，旨在对架构描述实践进行规范。根据该文件的定义，架构描述是指用于表达架构的工作产物（work product）；关注点（concern）是指在系统中事关一个或多个利益相关者的兴趣；架构视图（architecture view）是指从特定的系统关注点的视野来表达系统架构的工作产物；架构视点（architecture viewpoint）是指为表述特定的系统关注点而为架构视图的构建、解释、使用活动建立约定的工作产物。

ISO/IEC/IEEE 42010 将架构框架定义为在某个特定应用领域或社区中用于描述架构的约定、原则和实践。架构框架系统性地绘制出了企业范围内各类架构要素的认知地图，可用作思维和沟通活动的桥梁。业界知名的信息系统架构框架包括 Zachman 框架、SABSA（Sherwood Applied Business Security Architecture，舍伍德应用业务安全架构）框架、TOGAF（TOG 架构框架）、DoDAF（美国国防部架构框架）等。

- Zachman 框架起源于约翰·扎克曼（John Zachman）1987 年发表的论文《信息系统架构框架》，是一个针对企业信息系统的架构框架，是企业架构（Enterprise Architecture，EA）理论的先驱。Zachman 框架目前由 Zachman 国际公司管理。
- SABSA 框架是一个针对企业信息安全问题的架构设计方法论，由英国 SABSA 研究所提出。SABSA 作为成熟的安全架构方法论，被广泛应用于构建信息保障和风险管理架构。
- TOGAF 是一个针对信息系统的企业架构框架，包含了架构开发方法（ADM）、架构能力框架、架构内容框架、企业连续体及参考模型等一系列组件。TOGAF 由 TOG（The Open Group，国际开放组织）主持开发，于 1995 年发布 1.0 版本，该版本主要基于美国国防部的 TAFIM（Technical Architecture Framework for Information Management，信息管理技术架构框架）框架这一前期工作。截至 2016 年，TOG 宣称 80% 的世界五十强企业和 60% 的财富五百强企业都在使用 TOGAF。

- DoDAF 是由美国国防部（DoD）的工作小组制定的系统架构框架，于 1996 年 6 月推出，主要用于指导 DoD 的防务信息化建设。DoDAF 的前身是 C4ISR（指挥、控制、通信、计算机、情报、监视与侦察）架构框架。

在一个企业内部，不同角色看待安全架构的视图存在层次化特点。当我们谈及安全架构时，应意识到它是一个多层级的认知产物，层级间相对封闭，每个岗位通常只需要关心少量的层级。如图 5-1 所示，SABSA 框架包含了一个六层架构模型，自上而下分别为上下文（contextual）架构、概念（conceptual）架构、逻辑（logical）架构、物理（physical）架构、组件（component）架构和管理（management）架构。这六层架构分别对应六类视图（view），依次为业务（business）视图、架构师（architect）视图、设计师（designer）视图、建造者（constructor）视图、技术员（technician）视图和管理员（manager）视图。值得注意的是，许多企业是不具备技术研发能力的，其技术员甚至工程师层面的工作都是由外部供应商代劳，在本企业内部不存在相应层次。Zachman 框架具有与 SABSA 相似的结构，包含六个层次的受众视野（audience perspective），自上而下依次对应行政（executive）视野、业务管理（business management）视野、架构师（architect）视野、工程师（engineer）视野、

	资产 （WHAT）	动机 （WHY）	过程 （HOW）	人员 （WHO）	地点 （WHERE）	时机 （WHEN）	
业务 视图	业务目标 与决策	业务 风险	业务 元过程	业务 治理	业务 地理位置	业务 时间依赖	上下文架构
架构师 视图	业务价值 与知识战略	风险管理战略 与目标	过程保障 战略	安全与风险治理；信任框架	域框架	时间管理 框架	概念架构
设计师 视图	信息 资产	风险管理 策略	过程映射 与服务	信任 关系	域映射	日历与 时间表	逻辑架构
建造者 视图	数据 资产	风险管理 实践	过程 机制	人机 接口	基础 设施	过程 调度	物理架构
技术员 视图	组件 资产	风险管理 组件与标准	过程 组件与标准	人类实体 组件与标准	定位器 组件与标准	排期和序列 组件与标准	组件架构
管理员 视图	交付与连续性 管理	运营 风险管理	过程交付 管理	治理、关系与 人力管理	环境管理	时间与性能 管理	管理架构

- 图 5-1 SABSA 架构模型

技术员（technician）视野和企业（enterprise）视野，各视野分别对应一类"实物转化"（reification transformation）活动，依次为识别、定义、表达、指定、配置和实例化。在 TOGAF 中，企业架构分为业务、应用、数据和技术四个层次。DoDAF 包含了八种视图，分别是全视图、数据与信息视图、标准视图、能力视图、作战视图、服务视图、系统视图和项目视图。

架构中的内容要素除了可以划分到不同的视图（层次）外，也可以按不同的切面（aspect）进行分类。切面代表了用于剖析问题的不同角度，这个概念在 SABSA 和 Zachman 框架中有着明显的体现。SABSA 框架包含一个二维矩阵，其纵轴即对应上文所述的架构层级视图，而横轴则代表不同的切面，也叫描述类型（types of descriptions）。Zachman 框架定义了资产、动机、流程、人员、地点、时间特性这六个切面，分别对应 6W（what、why、how、who、where、when）属性。六个层级的视图各自定义六个切面，可形成 36 项内容。例如，对于动机（why）这个切面，SABSA 自上而下的六个层级所对应的内容依次为业务风险（business risk）、风险管理战略与目标（risk management strategy & objectives）、风险管理策略（risk management policies）、风险管理实践（risk management practices）、风险管理组件与标准（risk management components & standards）、运营风险管理（operational risk management）。Zachman 框架也包含类似的二维矩阵，在横轴定义了六个切面，分别为库存集、过程流、分发网络、责任赋予、时间规划和动机意图，依次对应 what、how、where、who、when 和 why，如图 5-2 所示。

	库存集 （WHAT）	过程流 （HOW）	分发网络 （WHERE）	责任赋予 （WHO）	时间规划 （WHEN）	动机意图 （WHY）	
行政视野	库存 识别	过程 识别	分发 识别	责任 识别	排期 识别	动机 识别	范畴背景
业务管理视野	库存 定义	过程 定义	分发 定义	责任 定义	排期 定义	动机 定义	业务概念
架构师视野	库存 表达	过程 表达	分发 表达	责任 表达	排期 表达	动机 表达	系统逻辑
工程师视野	库存 规制	过程 规制	分发 规制	责任 规制	排期 规制	动机 规制	技术机理
技术员视野	库存 配置	过程 配置	分发 配置	责任 配置	排期 配置	动机 配置	工具组件
企业视野	库存 启动	过程 启动	分发 启动	责任 启动	排期 启动	动机 启动	操作实例

● 图 5-2　Zachman 架构模型

ITU-T X.805 针对端到端通信系统提出了一个安全架构设计，如图 5-3 所示。这个设计中定义了几个重要概念，包括安全维度（security dimension）、安全层次（security layer）和安全平面（security plane）。安全维度是用于网络安全架构特定切面中的一组安全措施。X.805 定义了八个安全维度，分别为访问控制、鉴别、抗抵赖、数据保密性、通信安全、数据完整性、可用性、隐私。安全维度需要关联到不同的安全层次中，各层次存在不同的安全威胁。X.805 划分出了三个安全层次，自下而上依次为基础设施安全层、服务安全层和应用安全层，下层对上层具有赋能作用。安全平面是被安全维度所保护的特定类型的网络活动，平面间保持安全隔离，在安全事件发生时互不影响。安全平面包含三类：管理平面、控制平面和最终用户平面，分别对应网络管理活动、网络控制与信令活动、最终用户活动。

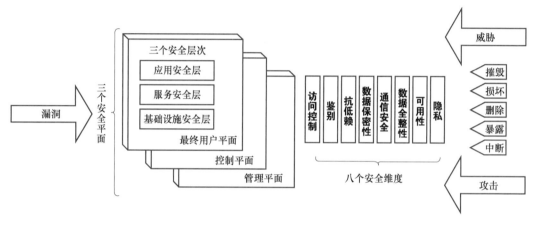

• 图 5-3 ITU-T X.805 安全架构

5.1.4 安全能力

能力（capability）是完成任务或履行角色责任所需知识、技能、经验及其他相关资源的组合，见《信息技术服务 治理第 1 部分：通用要求》（GB/T 34960.1），可简单概括为"能力=功能×资源保障"。我国的安全厂商经常使用"安全能力"代表其产品、服务的安全功能对客户承诺的安全保障效果。NIST SP 800-53 将安全能力定义为"通过技术性、物理性或流程性手段加以实现，可按需选取以实现常见信息安全目标的一组相互增强的安全控制机制"。我国政策文件极少使用"安全能力"一词，一般使用"安全保障能力"，可理解为一个组织的网络安全体系所蕴含的知识技能和保障资源的总和。《信息安全技术 数据安全能力成熟度模型》（GB/T 37988）定义了"数据安全能力"一词：组织在组织建设、制度流程、技术工具以及人员能力等方面对数据的安全保障。

上述对"安全能力"的各个定义较为宽泛，可予以细分。本节采用 CNCERT 提出的相关概念，将网络安全社区活动归纳到威胁、组织、监管和厂商四类视角，同时将网络攻防相关的"能力"划分到战略、战役、战术和战技四个层面，见表 5-1。MITRE 公司的 D3FEND 知识库较好地反映出了能力的层次化特征，将被下文用作实例，但该知识库对战术和技术的理解与本节有所差别。

表 5-1 四类视角下的四层安全能力

	组 织 视 角	监 管 视 角	厂 商 视 角	威 胁 视 角
战略层面	安全保障能力	网络治理能力		安全威胁度
战役层面	安全运营能力	网络监管能力		攻击强度
战术层面	安全支撑能力	标准化	功能覆盖度	攻击调度能力
战技层面	安全技术能力	测评认证体系	符合性	攻击技术能力

1）战略层面只涉及威胁、组织、监管这三个视角，各视角下的意图都是围绕 CIA 三要素等安全保障目标的巩固或破坏而展开的，相应的能力可分别称作"安全威胁度""安全保障能力"和"网络治理能力"。

2）战役层面也涉及上述三视角：组织机构需要具有"安全运营能力"，该能力包含一定的技能和资源，用于维护安全控制措施，开展加固、监测、响应行动；监管机构需要具备"网络监管能力"，支持安全监测、应急协调、合规检查等工作；而威胁行为体则具有"攻击强度"。D3FEND 知识库收录的六个所谓的"防御战术"对应于本节所称的安全运营能力，如图 5-4 所示。

3）战术层面涉及四个视角：组织需要具备"安全支撑能力"，该能力是对具体技术的抽象，用于对安全控制措施加以支撑；威胁行为体的战术则表现为检测逃避、C2 回连、横向移动等攻击手法的抽象，可称"攻击调度能力"；监管机构和厂商则分别对应标准化和功能覆盖度这两个能力指标。D3FEND 知识库收录的 21 个所谓的"基础技术"对应于本节所称的安全支撑能力，如图 5-4 所示。

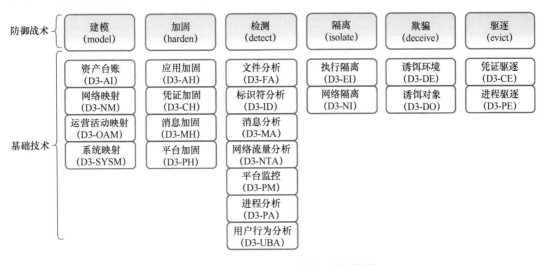

● 图 5-4　D3FEND 防御战术和基础技术

4）战技层面包含了战术的具体实现途径和技巧，组织、监管、厂商和威胁四方的战技能力指标分别为安全技术能力、测评认证体系、符合性和攻击技术能力。D3FEND 知识库收录的上百个"防御技术"对应于本节所称的安全技术能力，例如应用加固（D3-AH）这一"基础技术"可被如下几种"防御技术"支撑：进程段执行防护（D3-PSEP）、段地址偏移随机化（D3-SAOR）、栈帧金丝雀确认（D3-SFCV）、应用配置加固（D3-ACH）、死代码清除（D3-DCE）、异常处理器指针确认（D3-EHPV）、指针鉴别（D3-PAN）。

5.1.5　安全服务

安全服务（security service）在商业语境和工程语境下对应不同概念。在商业语境下，安全服务简称安服，是一种市场业务形态，即安全厂商通过人工外包的方式填补客户安全保障体系中的技能要素缺口，区别于安全产品。其中，托管式安全服务（Managed Security Service，MSS）是一类较为彻底的安全保障外包业务。

本节内容主要涉及工程语境，此时安全服务是系统架构中的一个抽象的功能描述，是"下层"组件向"上层"组件提供的各类安全保障能力，如密钥管理、身份验证、访问控制等，等同于安全支撑能力。GB/T 25069 将安全服务定义为"根据安全策略，为用户提供某种安全功能及相关保障"，可简单记作"安全服务 = 安全功能×资源保障"。《RFC2828 互联网安全词汇》将安全服务定义为"某系统提供的一个处理或通信服务，旨在对系统资源提供某种保护"。《ITU-T X.800 OSI 安全架构》（等同于 ISO/IEC 7498-2，引入为 GB/T 9387.2）对安全服务的定义强调了服务的分层化："通信开放系统的某个协议层级提供的一个用于确保系统和数据传输获得足够安全性的服务。"ITU-T X.800 规定开放系统必须具备五种安全服务：鉴别、访问控制、数据保密性、数据完整性和抗抵赖。

安全功能（Security Function，SF）是安全服务的一个维度，GB/T 25069 将其定义为"为实现安全要素的要求，并正确实施相应安全策略所提供的功能"。安全功能可以划分为安全策略（security policy）和安全机制（security mechanism）两个层面，其中安全策略是对安全功能的需求描述，安全机制代表了对安全策略的具体实现，可简记作"安全功能 = 安全策略+安全机制"。在测评语境下，产品（TOE）安全功能的总和叫作评价对象安全功能（TOE Security Functionality，TSF），GB/T 25069 将其定义为"正确执行安全功能要求（SFR）所依赖的评价对象（TOE）的所有硬件、软件和固件的组合功能"。

5.1.6　安全机制

安全机制被 GB/T 25069 定义为"实现安全功能，提供安全服务的基本方法"。安全功能由相应的安全机制加以实现。ITU-T X.800 列举了八种旨在支撑特定安全服务的"特定安全机制"（specific security mechanisms）和五种不针对特定安全服务的"普遍性安全机制"（pervasive security mechanisms）。

ITU-T X.800 特定安全机制包括密文化（encipherment）、数字签名（digital signature）、访问控制、数据完整性（data integrity）、鉴别交换（authentication exchange）、流量填充（traffic padding）、路由控制（routingcontrol）和公证（notarization）。其中，鉴别交换是指通过交换鉴别信息确保实体的身份主张；流量填充是指生成欺骗性的通信实例、数据单元，或在数据单元中生成假数据；路由控制是指在路由过程中执行规则，以选择或避免特定的网络、链路或中继；公证是指在通信过程中向第三方公证人登记数据，以便在后期证明信息的准确性，如内容、来源、时间和目的地。ITU-T X.800 给出了安全服务与这八种特定安全机制之间的映射矩阵。

ITU-T X.800 普遍性安全机制包括可信功能度（trusted functionality）、安全标签（security label）、事态检测（event detection）、安全审计跟踪（security audit trail）和安全恢复（security recovery）。其中，可信功能度用于对其他安全机制提供可信度量；安全标签是指隐式或显式绑定到资源上用于标明或指派安全属性的记号；安全审计跟踪是指为执行安全审计而对数据进行采集记录；安全恢复用于受理恢复请求，通过查阅相关规则决定应以何种方式开展恢复动作，包括立即动作（如断开连接）、临时动作（如临时失效）和长期动作（如拉黑）等方式。

5.1.7 安全策略

策略这一概念跨越了企业架构的多个层级。根据 GB/T 25069 的定义，组织管理语境下的策略是指"由其最高管理层正式表达的组织的意图和方向"；访问控制语境下的策略是指"实施访问控制决策所遵循的一组规则、一种规则组合算法标识和（可选的）一组义务"；安全策略是指"用于治理某一组织及其系统内管理、保护并分发影响安全及有关元素的资产（包括敏感信息）的一组规则、指导和实践"；安全功能策略（Security Function Policy，SFP）是指"描述由评价对象安全功能（TSF）所实施的特定安全行为的规则集，可表达为安全功能要求（SFR）的集合"。无论在何种语境，安全策略都是对安全需求的一种描述，体现为行为准则的集合，通过对特定动作进行强制、禁止或授权，实现对行为活动的规范性管理。安全策略依架构层级不同表示为自然语言或机器配置。机器级的安全策略就是规则，由工程师为贯彻高层级安全策略而制定。

ITU-T X.800 将安全策略分类为基于规则的安全策略和基于身份的安全策略，两类策略的区别在于管控粒度不同。基于规则的安全策略常见于 RBAC、ABAC 等访问控制范型中，规则的决策依据是属性标签，如信息密级、人员等级、人员角色等，这些标签的取值范围较小。身份的安全策略常见于 ACL 中，管控粒度细化到具体主体，决策依据是个人化的属性标签，如用户 ID、MAC 地址等。

安全域（security domain）是指遵从共同安全策略的资产和资源的集合（定义自 GB/T 25068.1）。ITU-T X.800 认为，安全域包含了一组元件（elements）、一个安全策略、一个"安全权威"（security authority）和一组"安全相关活动"。这些成分的关系是，元件在开展安全相关活动时应遵从安全策略，安全权威负责为安全域管理安全策略。

5.1.8 DevOps 与 DevSecOps

瀑布模型是最为经典的软件工程模型。它起源于工业生产，强调系统开发应有完整周期，流程应按阶段渐次进展，环环相扣，如瀑布而下。软件领域的瀑布模型一般包括需求分析、设计、编码、测试、集成、维护等环节。瀑布模型适用于需求和方法较为明确的项目，但在软件工程实践中经常遭遇困境。瀑布是不走回头路的，当工程需求频繁发生中途变更，技术路线必须探索试错时，这种按部就班的工作模式将难以适应。

敏捷开发模式是对瀑布模型的颠覆，从 20 世纪 90 年代开始逐渐引起广泛关注，目前存在许多变种。敏捷开发旨在快速应对变化中的不确定需求，主张淡化文档、小步快走、增量迭代、即时反馈、尽早试错。敏捷开发模式尤其适合探索性较强的中小型项目。持续交付（Continuous Delivery，CD）是一项常用于敏捷开发模型的实践原则，是指按短周期、高频次发布软件版本，并通过自动化工具确保软件发布、回滚操作能够快速、精确完成。敏捷开发也存在缺点，它在大型项目中容易导致混乱，不利于保持软件质量，不适用于高可靠性产品。如果飞机系统的程序员宣称他们采用了敏捷开发，还说要"先上线再迭代"，我们可能就不敢乘坐飞机了。

DevOps 是建立在持续交付理念上的一组实践方法，强调研发与运维的职责结合、信息融合与工具整合，让软件变更交付与生产环境部署之间的过程更为流畅，从而缩短软件开发迭代周期。DevOps 的名称来自研发（development）和运营（operation）两个词的缩写。DevOps的实施意味着 Ops 环节将保证软件的运行效果快速反馈至 Dev 环节，使得整个系统以 PDCA 方式循环演进。DevOps 产生的增量功能适合以微服务方式进行部署，便于开展持续的重构。Gartner 指出，DevOps 代表了一种 IT 文化变革，通过在面向系统的方法（system-oriented approach）中采用敏捷的精益实践，聚焦快速的 IT 服务交付；DevOps 强调人和文化，寻求改善运营和开发团队之间的协作；DevOps 的实现依赖于技术，特别是自动化工具，这些工具能够从生命周期视角对一个日渐可编程化、动态化的基础设施实现利用。DevOps 的一些理念受到了敏捷开发的启示，二者可构成互补。敏捷开发方法通常不关注 Ops，实践中常遭遇 Dev 和 Ops 不通畅的问题；而 DevOps 则将 Ops 与 Dev 并列为重点。DevOps 的 Dev 环节通常是敏捷的，但这不是强制要求。

DevSecOps 是对 DevOps 的增强，在软件迭代过程中融入了安全（Sec）这一实践要素。根据 Gartner 的定义，DevSecOps 是指将安全尽可能无缝、透明地集成到敏捷 IT 和 DevOps 开发当中。区别于传统的集中式安全保障部门，DevSecOps 团队将具备安全研发和安全测试能力，在每一轮交付迭代中均施加安全控制，保证交付物安全可靠，并在运营环节继续实施安全保护。不幸的是，DevSecOps 将安全与业务耦合在一起，在实践中可能会带来不利影响，例如开发者将被迫学习掌握安全技能，迭代敏捷性也会被拖累。这些后果有时是不可接受的，会促使开发团队抛弃 Sec，退化到不讲安全的 DevOps。因此，如何设计一种合理的架构，让安全和业务既能协同共生，又能避免耦合，是一个值得探索的课题，目前也出现了一些解决方案。

5.2　安全工程原则

安全工程应遵循一些良好的设计原则。这些原则可以指导组件层面的安全开发或逻辑架构层面的系统集成工作，有助于增强系统的安全性、稳定性及其他性能指标。

5.2.1　关口前移

在"4·20"重要讲话中，习近平总书记针对国家网络安全建设提出了"关口前移，防患于未然"的要求。这是针对国家网络安全防护体系建设的重要指导原则，要求网络安全保障策略从被动补救到防微杜渐转变，保障重点从事中响应的"已然"阶段向事前防护的

"未然"阶段倾斜。

全国政协委员、安天实验室首席技术架构师肖新光在《将"关口前移"要求落到实处》一文中指出，深入落实"关口前移"的前提是深入理解"关口"的内涵，不能将其片面窄化为安全网关或网络入口，而是应理解为落实安全能力的重要控制点。文章提出，在网络安全体系建设实施的过程中，必须在投资预算和资源配备等方面予以充分保障，以确保将"关口前移"要求落到实处，在此基础上进一步建设实现有效的态势感知体系。在做好"关口前移"的基础上，进一步加强网络安全防护运行工作，除了采用定期检查和突发事件应急响应等偏被动的常规机制外，还需提升安全防护工作的主动性，将安全管理与防护措施落实前移至规划与建设等系统生命周期的早期阶段，将态势感知驱动的实时防护机制融入系统运行维护过程，实现常态化的威胁发现与响应处置工作，从而实现"防患于未然"[160]。

5.2.2 纵深防御

纵深防御（Defense in Depth，DiD）又称层次化防御（layered defense），在网络入侵路径上串行部署多个安全控制点，即使外层防御被突破，内层控制仍可继续生效，从而增强慑阻成功率。虽然牢不可破的防御体系是不存在的，但 DiD 要求在不同层面、不同方面实施多种安全控制，彼此间可以形成互补，使得整体防御能力显著增强。

20 世纪 90 年代末，美国 NSA 从军事领域中引入了 DiD 概念，作为信息保障技术框架（Information Assurance Technical Framework，IATF）的核心思想。IATF 在世界范围内受到了广泛认可，它将安全控制方案划分为四个 DiD 焦点域：局域计算环境、区域边界、网络和基础设施、支撑性基础设施。IATF 提出这四个焦点域的目的是让人们理解网络安全的不同方面，以全面分析信息系统的安全需求，考虑恰当的安全防御机制。在每个焦点域内，IATF 都描述了该域的安全需求和可供选择的安全控制。

我国等保 2.0 标准的通用技术要求体现出了纵深防御思想，规定从安全物理环境、安全通信网络、安全区域边界、安全计算环境角度建立多重防护，并通过安全管理中心实施集中式策略管控。

5.2.3 最简机制

安全机制应尽可能保持简约精巧的设计。复杂的安全机制增加了在实现和使用环节出错的可能性，扩大了攻击面，也很难对其正确性进行严密的验证和确保。最简机制（economy of mechanism）原则常用于指导可信计算基（TCB）等关键组件的设计。

5.2.4 公开设计

公开设计（open design）原则要求系统的安全性不应依赖于设计细节的保密性，而是应该在公众的充分审视下及时发现和消除安全隐患，确保攻击者即使掌握系统设计原理也无法渗透。该原则也叫作透明式安全（Security Through Transparency，STT），与隐匿式安全（Security Through Obscurity，STO）相对立。公开设计原则建立在两个假设之上，其一是绝对的保密性难以保障，而一旦泄密，隐匿式安全就会失效；其二是隐匿式安全会带来虚假的安全感，并阻碍安全漏洞的发现。

公开设计原则在密码学领域得到了广泛认可。柯克霍夫原则（Kerckhoffs's principle）由荷兰裔密码学家奥古斯特·柯克霍夫（August Kerckhoffs）在 19 世纪提出：即使密码系统的任何细节已为人悉知，只要密钥未泄漏，它也应是安全的。数学家克劳德·香农（Claude Shannon）提出了表达类似思想的香农箴言（Shannon's maxim）：系统设计应建立在敌人可立即完全掌握它们的假设下。现代密码算法通常是公开发表的，只要求保护好密钥即可。不过，隐秘性仍可以作为额外的安全措施加以采用，前提是同其他安全机制保持独立，确保不产生负面影响。目前，军事、情报等领域仍倾向于对密码系统的技术细节进行保密。

5.2.5 心理接纳

心理接纳（psychological acceptability）原则要求安全功能应足够易用，具有良好的用户体验，避免让资源访问的难度加大。心理接纳原则位列开放 Web 应用安全项目（OWASP）基金会发布的顶级安全设计原则列表，它是决定安全机制成败的关键。一旦员工产生了心理排斥反应，就会设法对安全控制进行逾越，单纯的行政命令难以阻止。OWASP 指出，用户总能打败安全机制，然后"把门卡住"（prop the doors open）。

奇安信集团董事长齐向东曾在 2016 年提出过"两个失效"定律，是对心理接纳原则的一个印证：一切违背人性的管理手段都会失效，一切没有技术手段作为保障的管理措施都会失效。"两个失效"定律背后的解决方案是，通过技术手段增强管理措施的易用性，确保管理手段的人性化，从而让安全控制得以维持。

美国行政预算办公室（OMB）于 2022 年发布的《零信任战略备忘录》规定，口令策略不得要求使用特殊字符或定期轮换。这一规定颠覆了传统的安全管理策略。绝大部分机构在感受到安全威胁时，都会强迫用户设置非常难记的口令，还必须定期更换。虽然弱口令是网络安全的首要隐患，但过强的口令和过于频繁的轮换对安全性的提高也是有限的，甚至会对安全性造成反作用。当用户对登录系统不堪忍受时，可能会将登录口令明文保存到代码库，甚至会在系统中设置后门。零信任访问控制的实施能够降低口令这一鉴别因素的重要性，有助于提升登录体验。

5.2.6 最低特权

最低特权原则（Principle of Least Privilege，PoLP）对授权管理功能提出要求：主体仅被赋予完成其合法使命所需的最小权限，以防止在恶意劫持下具有过大的破坏力。PoLP 又称最小特权原则（Principle of Minimal Privilege，PoMP）或最低权限原则（Principle of Least Authority，PoLA）。如果主体确实因任务要求而临时提高权限，则应在完成相关高权限操作后立即进行特权回收。这种临时性的权限提升过程叫作"特权撑托"（privilege bracketing）。符合 PoLP 的账户叫作最低权限用户（Least-privileged User，LPU）或最低权限账户（Least-privileged User Account，LUA）。与之相对的是具有无限特权的超级用户（superuser），其用户名在不同系统下可能叫作 root、admin、SA 或 administrator。任务应尽可能避免由超级用户执行。PoLP 在逻辑上等价于根据工作需要将权限赋予尽可能少的主体。保密工作中的最小知悉范围原则可看作 PoLP 的特例。

PoLP 在安全领域受到了广泛的口头认可，但在日常运营中却经常遭到抵制。贯彻 PoLP 的关键前提在于满足心理接纳原则，即应确保用户能够动态、便捷地申请到其完成临时任务所需的必要权限，而不需要逐层审批到 CEO 级别，耗费十余个工作日后（任务或许已经超时）才能获得授权。

5.2.7　特权分离

特权分离（privilege separation）被看作实现 PoLP 的一类技巧。特权分离是指权限被拆解到多个主体，各主体可以协同完成一个高特权操作。这样，任何一个主体遭劫持后，失窃的特权都是有限的。这一原理可类比为需要多把钥匙才能解开一把锁。多因素认证是特权分离的一个实例。特权分离思想类似于企业中的职责分离（Separation of Duties，SoD）机制，例如企业一般需要对会计和出纳岗位实施分离，有助于防范财务舞弊。信息系统中的管理员账户同业务人员账户也需要实施职责分离。

5.2.8　机制与策略分离

机制与策略分离（separation of mechanism and policy）是计算机科学中的一个重要设计思想，它要求将一项功能分解为下层机制与上层策略，二者尽可能解耦。策略应具有灵活性，不被机制过度限制，而是给用户预留充分的定制空间。机制与策略分离思想在访问控制系统中得到了充分体现。在这类系统中，安全策略体现为用户配置的规则，如 ACL、用户角色或安全标签，而安全机制对这些策略保持中立。

5.2.9　安全左移

安全左移（shifting security left）是 IT 开发人员使用的术语，泛指将安全保障的重心向系统生命周期的"左侧"移动，尤其是从使用阶段转移到开发阶段。当前，安全左移已经成为软件行业的共识，因为在软件开发生命周期的早期修复漏洞远比在后期进行补救更加省时省力。DevSecOps 就是一种符合安全左移理念的实践方法论。

设计安全（Security by Design，SbD）是一个符合安全左移理念的工程原则，在系统组件的设计、研发过程中即考虑网络安全需求，预防安全攻击，确保功能安全[161]。SbD 通常意味着针对恶意使用行为做好准备，将认证授权、加密、完整性校验等安全机制融入产品的设计而非作为使用时的附加物。这一理念广泛适用于软件、硬件的研制，并得到了许多工程方法论的采纳，微软公司的安全开发生命周期（SDL）框架就以 SbD 理念为核心。

内设安全（designed-in security）是一个与 SbD 相近的概念，是美国国家科学技术委员会（NSTC）于 2011 年 12 月提出的一个研发目标，其内容是"设计、开发和演化有高质量保证的软件密集型系统并同时有效管控风险、开销、进度、质量和复杂性的能力"，通过安全开发工具、环境和最佳安全实践措施，"确保安全系统的开发，并能够同步产生该系统可抵御漏洞、缺陷和攻击的证据"。内设安全不仅涵盖了 SbD，还强调了对 SbD 的赋能技术和确保技术。

5.2.10　预设安全

预设安全（secure by default）是一个工程原则，是指 ICT 产品出厂时的默认设定即为最安全配置。许多产品不符合预设安全原则，在出厂设置中包含了一些不必要的暴露面，如多余的系统服务、监听端口、弱口令账户等。这些暴露面可以在出厂后通过安全加固（hardening）活动进行消除，但也有可能被放任不管。某些品牌的物联网设备因出厂设置中采用了弱口令，被僵尸网络大规模劫持，在网络空间中形成巨大威胁。如果采用预设安全原则，网络设备在出厂时应禁用弱口令账户或随机设置强口令。预设安全还提倡默认启用防火墙，并配置好足够安全的策略规则。预设安全通常以牺牲易用性为代价，导致产品无法"开箱即用"，因而招致用户反感。

5.2.11　防御性设计

防御性设计（defensive design）是一个工程学原则，它是指在系统设计时充分考虑使用阶段中可能出现的各类异常、极端情形，预先设置相应的应急保护机制。防御性设计的对立面是契约式设计（design by contract），将程序的功能逻辑建立在各组件之间的交互符合预期要求之一的假设之上。在软件工程领域，防御性设计叫作防御性编程（defensive programming），旨在保证对程序的非预期使用不会造成漏洞。防御性编程要求程序对用户输入数据的合理性加强核验，不做任何想当然的假设，在遭遇非法输入时保持健康运行。安全编程（secure programming）是防御性编程的子集，旨在防范漏洞利用。

5.2.12　失效安全

fail-safe 和 fail-secure 都被译作失效安全，二者都是工程学领域中针对突发不利情况的设计原则。fail-safe 旨在防范物理伤害，它是指在系统发生故障时，应急响应措施能够自动触发，将危害后果最小化。fail-secure 旨在防范权限违规和信息安全问题。例如，在大楼失火时，fail-safe 系统倾向于自动开锁，便于人员逃生；而 fail-secure 系统倾向于自动上锁，避免未授权人员混入。

在网络安全领域，失效安全（fail-secure）特指程序在任务失败（例如数据库连接错误、用户输入异常等情况）时能进入一种安全状态，而不出现可被恶意利用的暴露面（如导致提权利用、暴露系统日志等）。失效安全同防御性编程的区别在于，前者不关注危险的来源，只致力于对危险情况的紧急响应；后者强调对用户输入的非法数据加以防范，并将危险化解。失效安全位列 OWASP 基金会发布的顶级安全设计原则列表。

失效安全与固有安全（inherent safety）概念类似，但存在区别。固有安全是指工业品在事故中产生的危害水平很低。这种效果不是来自外在机制的控制，而是通过降低工业品自身蕴含的危险物的数量来实现，例如降低易燃材料的聚集度。电气领域的本质安全（intrinsic safety）是固有安全的一个特例，特指电子设备在爆炸性气体环境及不正常操作条件下的抗燃爆技术。本质安全的理念已被引入网络安全理论领域，喻指源于组件自身的安全保护能力，有时被称作"内生安全"。

5.2.13　内生安全

网络安全文献中的"内生安全"其实是多个不同方法论的统称，其共性是网络系统的自我保护能力。

安全有两个互反的意思，其一是指安全性，其二是指不安全性。当我们说"注意安全"的时候，其实是在说注意危险，如果身处安全的环境下自然无甚可注意。邬江兴院士曾提出"内生安全问题"（endogenous security problem）这一概念，对应第二个意思，实质是强调了事物的内在不安全性，例如漏洞的不可避免性。内生安全问题是哲学层面的思辨。在此基础上，邬江兴院士进一步提出了"内生安全体制机制"（endogenous safety and security mechanism）概念，对应技术层面的安全性构建问题，是指通过网络内部构造因素获得安全性保障，实现内源性的免疫力[162]。

奇安信公司提出的内生安全框架[163]是一种系统工程方法论，将安全能力组件化，由规划方法、工具集、模型、架构和项目纲要构成，并且强调安全建设与信息化建设共同布局，从而实现安全能力与信息设施的架构级融合，更好地发挥安全潜能。

5.2.14　内禀安全

内禀安全（intrinsic assurance）是一种旨在降本增效的网络安全工程原则，由 CNCERT 总工程师陈训逊提出。其基本思想是，在网络组件内部发掘或引入对安全保障的支撑机制，并通过一体化的协同实现网络的整体安全性。在合理的实现方式下，内禀安全既能让安全机制贴合业务特性，又能避免业务功能被安全措施过度耦合。内禀安全有望降低安全成本，优化资源使用效率，是一种符合甲方利益的工程原则。

内禀安全支撑能力是内禀安全理念的核心，是战术级的安全支撑能力。一般而言，安全支撑能力意在保障某个客体的安全目标，能力主体自身之安全保障则在主旨之外。内禀安全则主张安全支撑能力的主、客体一致，即能力主体等同于或隶属于受保护的客体。如 5.1.4 节"安全能力"所述，安全支撑能力并不直接提供客体所需的安全保障效果（如 CIA 三要素），而是仅提供底层 ICT 支持，因此内禀安全与内生安全所探讨的主题是不同的。内禀安全支撑能力涵盖了网络组件原生支撑网络安全监测、防护和溯源的能力。其中，"原生"具有两重含义，既可以指挖掘组件自身潜能，从而就地取材构造安全支撑能力；亦可指将外部提供的安全功能加以封装内嵌，与原有环境融为一体，对外形成"伪原生"的安全能力。此处，组件泛指网络空间中的各类可感知实体，既可以是软硬件模块、系统、服务、设备，也可以是人、机房、组织机构等管理域概念，还可以上卷到区域网络、行业等中观概念。各组件通过隶属关系形成上下层级。内禀安全支撑能力的核心特征是对内可用和对外透明。对内可用强调业务适配性，即安全能力已针对当前环境加以本土化定制，适应当前环境所需，优化工作效果；对外透明是指安全保障机制隐藏在组件内部，无须用户刻意关注，从而降低认知复杂度。

5.3　安全架构模式

　　架构模式（architectural pattern）是针对系统架构设计中常见问题而提出的通用、可复用的解决方案。架构模式与架构的区别在于，架构模式是对架构中某些局部性特征的归纳，架构则对应架构模式在特定环境下的具体设计实例。架构模式的概念外延等同于设计模式（design pattern），这是因为两者都出现在架构设计这个语境中。软件设计模式（software design pattern）则是设计模式的子集，是软件工程领域下的架构模式，只探讨单个程序内部的流程逻辑机理，而更具一般性的架构模式则可能涉及程序间、主机间、系统间的交互方式。软件设计模式体现为程序设计中的"套路"，用于完成一些反复出现的任务。它并不直接产生代码，只是定性描述在特定场景下如何设定各种对象，以及对象间如何联动。并非所有的编程技巧都属于软件设计模式，设计模式特指设计层次上的问题，这个层次的抽象度低于编程范型，高于算法。设计模式可类比于小说中的桥段。在文艺领域滥用桥段之举并不受欢迎，而工程领域中的设计模式却带来了很多好处。它可以促进方案沟通，可以提高代码可复用性，可以增强运行时的灵活性，还可以管控逻辑耦合度和软件复杂性。一些软件设计模式将稳定逻辑与易变逻辑隔离，另一些软件设计模式将活跃代码同"祖传"遗留代码解耦，这些做法都可以降低需求变更所引发的工作量。

　　某些设计模式专为安全开发目标而提出，旨在降低漏洞产生的概率，这些模式被称作安全模式、安全架构模式或者安全设计模式。一些经典设计模式在经过改造后就特化为安全设计模式。大部分设计模式并不意在解决安全问题，但安全工程仍可从中获益，例如优化安全工程成本、提升安全产品迭代敏捷度、延长安全保障能力的有效期等。

　　有一个同架构模式相似的概念是架构风格（architectural style），二者都对架构的设计提供了公共词汇和特性约束，经常混用。如果需要严格区分，则架构模式是针对某个问题而提出的方案，而架构风格更具一般性，不回答特定问题。架构风格可看作对架构按其整体性特点进行分类的方式。一个架构实例可以采用相当多的架构模式，但通常只能符合单个架构风格，或者少量的几个架构风格。微软 Azure 平台官网将云应用架构划分到如下几类架构风格：多层（n-tier）、Web-队列-工人（Web-queue-worker）、微服务（microservice）、事件驱动（event-driven）、大数据（big data）、大计算（big compute）。

　　设计模式的概念起源于 1977 年，由建筑学家克里斯托弗·亚历山大（Christopher Alexander）针对建筑学问题提出。1987 年，肯特·贝克（Kent Beck）和沃德·坎宁安（Ward Cunningham，Wiki 技术与敏捷开发的先驱）将设计模式引入软件编程领域。1993 年 8 月，肯特·贝克和格雷迪·布赫（Grady Booch，UML 发明者之一）在科罗拉多的一处山坡上发起了一个非营利组织"山坡组"（The Hillside Group）。这个听起来像是日本帮会的团体旨在资助对设计模式的研究和推广。山坡组在多个国家召开名为"程序模式语言"（Pattern Languages of Programs，PLoP）的年度会议，以归纳总结设计模式，并出版相关技术专著。1994 年，埃里希·伽马（Erich Gamma）、理查德·赫尔姆（Richard Helm）、拉尔夫·约翰逊（Ralph Johnson）和约翰·弗利赛斯（John Vlissides）合作出版了《设计模式：可复用面向对象软件的基础》（Design Patterns：Elements of Reusable Object-Oriented Software）一书，收录了 23 个设计模式，促进了设计模式理念的普及，在软件行业影响深远。四位作者被称为"四人组"（Gang of Four，GoF），23 个设计模式也被称作 GoF 设计模式。1997 年，约瑟夫·约德（Joseph Yoder）和杰弗里·巴卡洛（Jeffrey Barcalow）发表论文《赋能应用安全的架构模式》（Architectural Patterns for Enabling Application Security），将设计模式理念引入了安全开发领域。2006 年，由 PLoP 欧洲会议所支持的安全架构模式专著《安全模式：安全与系统工程的集成》（Security Patterns：Integrating Security and Systems Engineering）问世。该书对安全模式进行了系统性的介绍，并系统性地阐释了八类主题下的 46 个安全模式。2009 年，SEI（卡耐基梅隆大学软件工程研究所）在 JPCERT/CC（日本计算机应急响应协调中心）的资助下发表《安全设计模式》（Secure Design Patterns）研究报告，收录了三个层次下的 15 个安全设计模式。

5.3.1　GoF 设计模式

GoF 设计模式分为创建型模式（creational pattern）、结构型模式（structural pattern）和行为型模式（behavioral pattern）。创建型模式关注如何创建各类工件，使创建过程能够满足一些良好的准则约束，如提升软件的可维护性。结构型模式涉及如何将多个组件进行组织、缔结，形成更大的结构，做到充分复用旧功能、快速配制新功能。行为型模式以多个角色如何通信、协同为主题。下面对若干个 GoF 设计模式进行解释，它们是理解安全设计模式的基础。

- 工厂方法（factory method）：工厂方法模式是一个创建型模式，让工件的创建逻辑与接收使用过程解耦。工厂方法是为客户端提供服务的一个特殊接口，用于创建不同类型的工件。客户端调用工厂方法时，无须指明工件的具体类型。这样，无论工件的类型体系如何随着业务演化而扩展，客户端调用工厂方法以创建工件的代码均可以维持不变。唯一需要扩展的是工厂方法自身的实现和创建过程，这就相当于对代码中的易变因素实施了隔离控制。小明是家具店的进货员（相当于程序中的客户端），他给不同的家具厂拨打送货电话（相当于调用工厂方法）时只会说同一句话：进些货。餐桌厂和餐椅厂自会明白是送哪类货（假设故事中的工厂都专精于单一产品）。后来，一个餐柜厂也被纳为家具店的供应商，但小明不需要学习新的说辞。小明甚至不需要理解各家工厂的业务范围，只需要按照经理提供的电话名录按时拨打电话即可。这样，即使某家工厂的产品实现了升级，小明这个岗位也无须知晓。
- 抽象工厂（abstract factory）：抽象工厂是一个创建型模式，让客户端对成套工件的接收使用过程与具体创建逻辑解耦。抽象工厂模式设置了一类叫作工厂的对象，工厂可以创建成体系的工件类别，例如，一个家具厂可以生产餐桌、餐柜、餐椅等不同产品，而不同类型的工厂又遵循不同的主题风格，比如给小明送货的家具厂分为中式、西式两类。假设一个标准的家庭餐厅需要配备 1 个餐桌、2 个餐柜和 6 个餐椅，小明给工厂打电话时只需说：上三套喽。于是 3 个餐桌、6 个餐柜和 18 个餐椅运送到了小明面前，它们的风格保持了统一。工厂不需要问要中式的还是西式的，它非常清楚自己的业务范围。第二天，小明给另一家工厂打电话，使用一字不差的说辞，送来的货却是另一种风格。

- 建造者（builder）：建造者模式是一个创建型模式，让创建复杂工件的基本工序同具体制造环节进行解耦。建造者模式设立了指挥者（director）和建造者两类角色，分别负责工序指挥和环节实施。假设一切餐桌的生产工序都分为四步：造腿、造面、上胶、黏合，小明是车间的指挥者，他只要记住这四步工序，就可以胜任一切风格的餐桌生产，即使跳槽也不需要重新学习。但建造者的技能要求很高，小华和小刚作为建造者分别只能掌握中式、西式的餐桌制造环节。有一天市场风向改变，消费者开始推崇非洲风格，于是拥有相应技能的建造者小红加入车间，小明很快就驾轻就熟地指挥起了小红。在建造者模式中，指挥者的工作逻辑保持高度稳定，而建造者的类型则是可扩展的变化因素。当需求发生变化时，只需要开发出新型的建造者类型，工件就会呈现出崭新的风格，而无须变更指挥者对应的代码。

- 代理（proxy）：代理模式是一个结构型模式，在客户端代码与服务程序之间设立一个代理角色，实现访问控制、功能扩展或性能优化等目标，但保持访问接口不变，保证客户端和服务端的交互逻辑稳定。其他一些结构型模式同代理模式存在类似但相异的功能，如适配器（adapter）模式用于转换访问接口，装饰器（decorator）模式用于增强访问接口，门面（facade）模式用于简化访问接口。

- 策略（strategy）：策略模式是一个行为型模式，将角色的行为策略从行为框架中抽离，实物化（reify）为一个一等公民对象。因此，只需要替换策略对象，就可以灵活改变角色的行为方式。策略对象用于在运行时动态调换合适的算法。

- 责任链（chain of responsibility）：责任链是一个行为型模式，让任务的发起者（sender）与处理者（handler）实现逻辑解耦。在运行时，处理者角色按链式排列，各节点在收到请求时应做出选择，是自行处理还是踢给下一节点。待处理的任务将在多个处理者间顺序传递，直至找到合适的处理者，发起者无须了解具体是哪个处理者节点完成了处理。这种链式结构让运行时动态调整处理者顺序成为可能。当需要扩展出新的处理能力时，只需插入新的处理者节点。

- 状态（state）：状态模式是一个行为型模式，允许一个角色的外在行为因其内部状态的变化而改变，相当于实现了一个有限状态机模型。这个角色被称为上下文对象，它的一部分行为逻辑与其内部状态相关，在不同状态下呈现出截然不同的特征。状态模式将这些状态的相关行为单独抽离出来，实化为一组状态对象，其中每个状态对象实现单个状态下的行为逻辑。这样，状态无关行为和状态相关行为将被隔离、解耦，分别演化。状态可以在运行时动态变化，仿佛代码被修改过。状态模式与策略模式非常相似，区别在于多个状态间存在相互转换关系，而策略之间则通常没有瓜葛。

- 来访者（visitor）：来访者模式是一个行为型模式，将资源访问逻辑分解到来访者和受访者两类角色对象中。这样，来访者的操作算法同受访者的核心功能、数据结构得以解耦。来访者的代码独立于受访者，可以灵活演化扩展，而不影响后者的稳定性。

5.3.2　约德-巴卡洛安全模式

约德和巴卡洛的论文《赋能应用安全的架构模式》提出了 7 个安全模式。这些模式可以集成使用，构成一个开发应用程序的安全框架。在该论文发表的年代，security 一般特指访问控制，这七个安全模式均与访问控制有关。

- 单一访问点（single access point）：应用提供单一的访问入口，并做好访问日志记录。
- 检查点（check point）：将安全策略模块单独列出，与其他组件解耦，独立变化。检查点也被称作策略实施点（PEP）。
- 角色（role）：将用户按角色分组，组内具有相似特权，相当于实现 RBAC。
- 会话（session）：在多用户环境中，将关于用户的全局信息本地化为一个叫会话的数据结构，从而可以在程序的不同位置进行分发。
- 带错完全视图（full view with errors）：对用户展示出看似不受限的视图，但在未授权访问时报错。
- 受限视图（limited view）：仅对用户展示其有权访问的视图。
- 安全访问层（secure access layer）：整合系统中的安全机制，对上层应用提供访问接口层。

5.3.3 SEI 安全设计模式

SEI《安全设计模式》报告将不同的安全设计模式划分到三个抽象层次，自顶向下依次为架构层、设计层和实现层。其中，多个模式的名称形如"安全 XX"，安全（secure）这一前缀是指 XX 受到了安全控制，而不是指 XX 输出了安全服务。

1）SEI 报告提出的三个架构层模式如下。

- 非信任分解（distrustful decomposition）：将安全功能分割到多个互不信任的程序中，从而缩小单个程序的攻击面，并预防其他程序被劫持。
- 特权分离（Privilege Separation，PrivSep）：临时派生出低权限进程执行高危任务。PrivSep 是非信任分解模式的特例。
- 内核委托（defer to kernel）：调用内核中的用户验证功能。内核委托是非信任分解模式的特例，也是访问监控器（Reference Monitor，RM）模式的特例。RM 模式并不要求身份验证功能一定要在内核态实现。

2）SEI 报告提出的六个设计层模式如下。

- 安全工厂（secure factory）：安全工厂模式是 GoF 抽象工厂模式的扩展，引入了安全方面的考虑。客户端对工厂发出的工件创建请求需要附带认证凭证，这一凭证将被用于认证授权，并影响工厂实际产出的工件类型。
- 安全策略工厂（secure strategy factory）：安全策略工厂模式是安全工厂模式和 GoF 策略模式的结合。在安全策略工厂模式中，策略对象就是安全工厂所生产的工件。对客户端的认证授权结果将影响工厂对它的信任度，并反映到工厂所产出的策略对象。
- 安全建造者工厂（secure builder factory）：安全建造者工厂是安全工厂的特例，同安全策略工厂十分类似。在该模式中，工厂以 GoF 建造者模式中的建造者对象为输出工件。建造者的行为将受到认证授权结果的影响，反映了客户端的受信程度。
- 安全责任链（secure chain of responsibility）：安全责任链模式是 GoF 责任链模式的特例，在处理者节点的决策过程中纳入了对客户端身份的考量。

- 安全状态机（secure state machine）：安全状态机模式是对 GoF 状态模式的扩展，设置安全状态机和业务状态机两类角色，并保持彼此解耦。该模式还要求安全上下文对象充当业务上下文对象的代理角色，为后者提供唯一的访问入口，从而实现安全保护。
- 安全来访者（secure visitor）：安全来访者模式是对 GoF 来访者模式的扩展，将受访者的功能代码分离到上锁数据点和解锁数据点两类角色中，分别执行安全功能逻辑和业务功能逻辑，实现二者的解耦。安全来访者模式还采用了 GoF 代理模式，让上锁数据点充当解锁数据点的代理，只对完成授权的客户端提供业务访问服务，从而对业务功能提供安全保护。

3）SEI 报告中的六个实现层模式如下。

- 安全日志器（secure logger）：安全日志器模式意在防范攻击者对系统日志进行读取和篡改。其实现思路是，将日志记录通道与日志读取通道实施分离，分别设置安全日志器角色和日志读取器角色执行安全控制。
- 敏感信息清除（clear sensitive information）：敏感信息清除模式要求应用程序在释放内存空间、磁盘空间等系统资源时，及时清理其中的敏感信息，防止资源在再度分配后泄露这些信息。
- 安全目录（secure directory）：安全目录模式意在防范攻击者通过操纵应用程序的运行目录妨害其运行。这个运行目录是由启动者从外部输入的，可能是一个不安全的目录。安全目录模式的实现思路很直接，应用程序启动时，先确保被指定的运行目录仅对本程序所属用户开放写入权限，而其他用户无权访问，如不满足这一条件，应用程序可拒绝运行。
- 路径名典范化（pathnamecanonicalization）：这一模式要求应用程序调用操作系统的路径典范化功能，对启动者传入的路径名执行典范化处理，将其中的符号链接和快捷方式替换为真实目录。这样，应用程序就可以进一步判断启动者是否有权限访问其指定的路径，以防范提权类漏洞利用。
- 输入确认（input validation）：这一模式要求应用程序对启动者输入的参数是否合规进行确认，仅当确认其符合规范时，再对其提供服务。这样可以防范缓冲区溢出、SQL 注入、XSS 等类型的漏洞利用。
- 资源获取即初始化（Resource Acquisition Is Initialization，RAII）：RAII 是一种良好的编程实践，要求将资源的分配、释放生命周期同对象的产生、销毁生命周期紧密贴合，防范安全漏洞的产生。例如，某游戏程序创建了一个叫"小明战士"的内存对象。在"小明战士"被对手杀死后，程序将相关内存予以释放。这些内存被系统回收后又分配给了"小红战士"对象。然而，程序中存在漏洞，竟试图对"小明战士"再次进行读写操作，导致"小红战士"被错误地读取和篡改，这将产生不可预知的后果。RAII 模式则保证，"小明战士"对象会随着内存回收而被同步摧毁，无法再度读写，从而防范这类漏洞。面向对象的编程语言一般可以对 RAII 提供底层支持。

5.3.4　Azure 设计模式

微软 Azure 云平台在官网列举了大量的设计模式，旨在指导开发者构建可靠、可伸缩、安全的云端应用程序。事实上，这些设计模式不仅适用于 Azure 云，也适用于任何分布式系统环境。Azure 按不同主题对这些设计模式进行了分类。

安全主题的设计模式致力于保障应用程序的 CIA。Azure 提出了三个此类模式。

- 联邦化身份（federated identity）：将身份认证功能外包给专业的身份提供商。
- 门卫（gatekeeper）：使用一个专用主机，在用户和应用程序之间扮演代理人角色，对请求进行安全确认和安全净化，从而提供对应用和服务的保护。
- 仆从钥匙（valet key）：对客户端发放权限受限的令牌，仅开放特定资源或服务。

韧性主题的设计模式可帮助应用程序在遭遇事故或攻击时能够安然承受并快速恢复。这类模式如下。

- 舱壁（bulkhead）：舱壁模式将应用程序的组件变成互相隔离的资源池。若单个组件出现故障，在池中换一个备件即可。这个模式因类似轮船的防水隔离设计而得名。
- 重试（retry）：临时性的故障经常可以快速自愈，客户端只需多次尝试申请，就能获得服务。应用程序可将重试逻辑封装成软件模块，以透明地执行重试操作，避免开发者自行实现此类逻辑。重试模块应提供参数配置项，如最大重试次数、重试间隔，防止服务端被大量的请求淹没。
- 熔断器（circuit breaker）：有些服务故障并不能快速自愈，在这种情况下，客户端等太久除了浪费时间外，更严重的后果是对紧俏资源的占而不用，害人害己。熔断器就是一种让客户端死心的机制，它扮演客户端和服务端之间的代理人，监控服务端的状态，判断服务故障是一时失误还是状态不佳。当服务端状态不佳时，熔断器进入熔断状态，在一定时间内拒绝所有请求，并将坏消息告诉客户端。待熔断时长结束后，熔断器还可以试探性恢复连接，随机选择部分请求进行传达，并视情况进入完全连接状态或再度进入熔断状态。
- 逆事务（compensating transaction）：一个遵循最终一致性（eventual consistency）模型的事务由多个步骤组成，当全部步骤均执行成功后，数据将处于一致性状态。然而，若出现了失败的步骤，数据的一致性则无法保证。这就好比小明在理发中途电推子坏掉了，他的发型就不太一致。逆事务是针对这些步骤设计的回退操作（假如小明的头发可以粘回去），可在原事务执行失败时执行逆事务的步骤，逐步消除原事务的影响。系统需要在原事务执行时保持跟踪，并对如何复原每个步骤建立操作方案。
- 健康度端点监测（health endpoint monitoring）：这一模式在应用服务的内部植入健康监测传感器，对本服务及其上游依赖服务的运行状况进行检查和分析。该模式还要求这个应用服务对外提供一个查询接口，Azure 称其为端点（endpoint）。外部的探测者（agent）可以通过这个端点定期查询该服务（及其上游服务）的健康状况。系统可以在不同的网络位置设置多个探测者实例，并对多个服务进行探测，从而获得更完整的可视性。
- 领导者选举（leader election）：分布式应用经常同时运行多个需要互相协作的程序实例。为了避免这些程序产生冲突和资源竞争，可以从中选出一个领导人，负责整体协调。实现这个模式的关键在于，要在复杂的分布式环境下应对各类功能失效和通信故障情形。如果领导人因遭遇事故而瘫痪，或者因为通信故障而失联，其余程序就要自动选举出新的领导人；但若仅是一个可容忍的短时故障，则不宜急于"另立新君"，避免更迭太过频繁。在恶劣的通信条件下，还要避免由此形成的多个"山头"选出不止一个"总舵主"的情况。

- 基于队列的负载平整（queue-based load leveling）：这个模式在客户端与服务端之间设置一个任务队列作为缓冲，将请求与服务解耦，达到对服务端负载水平削峰填谷的效果。这有助于避免应用服务被任务高峰击垮，可提高系统的可用性。
- 调度者-代理者-监管者（scheduler agent supervisor）：这个模式设置了调度者、代理者和监管者角色，以帮助应用程序管理凌乱而易错的任务步骤。当应用程序接收到一个任务请求时，它把任务提交给调度者去执行。调度者将调用一个工作流引擎，将复杂的任务分解为多个步骤，并将这些步骤编排为工作流。调度者将指挥各个步骤的有序执行，跟踪各步骤的等候状态和工作进度，并将这些信息录入状态信息库。每个步骤的执行成败取决于复杂的环境因素，但该模式主要关注对外部资源和外部服务的访问是否顺利，因为这会引入很大的不确定性。多个代理者负责为各个步骤提供对外部资源和外部服务的访问，它会自动执行容错和重试逻辑。监管者是一种周期性启动的程序，它将对状态信息库中的内容进行读取和分析，检测出失败或超时的任务步骤。对于这些病态的步骤，监管者将对命令调度者进行相应的故障修复，包括对久无进展的代理者进行重启。必要时，监管者可以要求调度者对整个任务进行重启。

Azure 官网还收录了一个重要的设计模式——跨斗（sidecar）。跨斗模式未列入安全类和韧性类模式列表，但它被应用到了许多安全系统中，用于解决安全逻辑与业务逻辑的协作问题，这两类逻辑需要相互配合，又要保持解耦。这个模式因类似摩托车的跨斗而得名。在该模式中，附属于应用程序的若干组件被部署到单独的进程或容器中，以提供隔离和封装。跨斗与应用程序的主干可以采用异构的技术，独立演化。跨斗通常用于运行支撑性的"外围"（peripheral）职能，如监视、日志记录、配置和网络服务。在云环境下，跨斗容器被用作业务容器的反向代理，它对业务流量进行劫持并执行安全策略。

5.3.5 PLoP 安全模式

不同模式之间存在一些固有的关系，常见关系类型包括精炼（refinement）、变种（variation）和组合（composition）。除了固有关系外，多个模式会在同一个架构实例中发生共现关系——当利用一个模式解决特定问题时，由此产生的子问题又需要通过其他模式进行解决。

由 PLoP 欧洲会议出版的《安全模式：安全与系统工程的集成》是一部关于安全模式的专著。PLoP 对模式的阐述较为深刻，不仅仅局限于罗列出一张由孤立的模式构成的列表，而是深入探讨了模式之间的复杂关联以及利用多种模式解决实际问题的系统性过程，体现出一种叫作"模式语言"（pattern language）的方法。模式语言被定义为一个由紧密交织的模式构成的假想网络，它定义了一个系统性过程，用于解决一组相互关联、互为依赖的软件开发问题。PLoP 所收录的安全模式超出了一般的设计模式范畴，凡是能体现出可复用性的安全方法均被归纳为一个模式，涵盖了安全运营模式、安全技术模式、安全工程模式等各个层次，其中许多模式都已成为业内的常规实践方法。PLoP 安全模式被划分到八个主题，下面按主题进行简要介绍。

1. 企业安全与风险管理

PLoP 收录了八个企业级安全模式，这些模式致力于在企业全局高度解决安全运营的整体性问题，包括：企业资产安全需求识别（security needs identification for enterprise assets）、资产价值评定（asset valuation）、威胁评估（threat assessment）、漏洞评估（vulnerability assessment）、风险确定（risk determination）、企业安全方法（enterprise security approaches）、企业安全服务（enterprise security services）、企业伙伴通信（enterprise partner communication）。这些模式对应 Zachman 企业视野下的若干个运营过程，本质是对这些过程中相应方法步骤的总结，其主旨可以通过模式的名称清晰反映，这里不再赘述。值得说明的是，这里所谓的企业安全方法是指安全运营的基本功能，包括预防（prevention）、检测（detection）、响应（response）三类。

2. 识别与鉴别

这个主题包含了四个关于身份识别与鉴别（Identification & Authentication，I&A）的安全模式，分别为 I&A 需求（I&A requirements）、自动化 I&A 设计选型（automated I&A design alternatives）、口令设计与使用（password design and use）、生物识别设计与使用（biometrics design alternatives）。它们实际上描述了一些安全工程过程的工作步骤。

3. 访问控制模型

这个主题实质是将经典的访问控制范型使用面向对象方式进行表述。该主题收录的五个安全模式分别是授权（authorization）、基于角色的访问控制（RBAC）、多级安全（multilevel security）、访问监控器（RM）、角色权限定义（role rights definition）。授权就是指对活跃主体的资源访问范围和方式进行指示，这一模型目前已属司空见惯，人们通常不会认识到这也算一个模式。RBAC 作为一类访问控制范型是对授权的特化。RM 是对授权的补充，规定了如何贯彻实施授权结果。角色权限定义是对 RBAC 的补充，规定了识别角色和权限的方法步骤。在多级安全模式中，用户被赋予不同的许可证（clearance）等级，数据被赋予不同的类别（category/compartment）和敏感度（sensitivity）等级，只有可信进程才有权修改主客体的分级分类标签信息。多级安全模式为进一步定义安全策略提供了框架。

4. 系统访问控制架构

这个主题探讨访问控制服务的实现架构，其收录的六个安全模式分别为访问控制需求（accesscontrol requirements）、单一访问点（single access point）、检查点（check point）、安全会话（security session）、带错完全访问（full access with errors）和受限访问（limited access）。后五个模式均来自约德和巴卡洛的论文。单一访问点、检查点和安全会话三个模式是互相依赖的，可以共同实现一个访问控制系统架构。检查点和安全会话为单一访问点模式的灵活、有效实现提供了细节。单一访问点保障了检查点不会被绕过。检查点可以利用安全会话模式实现信息存放。检查点内部可以执行 RBAC 模型，并将角色信息存放到安全会话中。多个检查点模块可以通过责任链模式进行整合。带错完全访问和受限访问是一对互反的策略，规定了如何向权限有限的用户提供系统访问视图。

5. 操作系统访问控制

这个主题探讨操作系统层次的访问控制机制，收录了八个安全模式。

- 认证者（authenticator）模式是单一访问点模式在操作系统中的应用，单点登录（SSO）是该模式的变种。
- 受控进程创建（controlled process creator）模式在子进程创建时，只对该进程赋予完成其使命的必要权限，而不完全继承父进程的权限。
- 受控对象工厂（controlled object factory）模式主张用工厂（如 GoF 工厂方法或抽象工厂模式）的方式创建客体对象，确保在创建客体的同时指定各个主体对它持有的权限，即设定它的 ACL。
- 受控对象监视器（controlled object monitor）是访问监视器模式在操作系统层级的具体体现，规定了操作系统如何强制执行安全策略。
- 受控虚拟地址空间（controlled virtual address space）模式是授权模式在内存保护问题中的特化，要求将虚拟内存空间划分为不同的内存段，并限定各进程主体的内存访问权限范围。进程的权限范围会通过叫作描述符（descriptor）的数据结构进行标识。
- 执行域（execution domain）模式提出了一类叫作执行域的概念空间，每个执行域包含了执行特定类型任务所需的权限，通过描述符结构进行记录。进程在执行不同任务时进入不同的执行域，相当于对进程施加了一种基于任务类型的访问控制。执行域模式可以同受控进程创建、受控虚拟地址空间和受控对象监视器模式配合运作。
- 受控执行环境（controlled execution environment）模式是指综合利用授权、执行域、受控对象监视器等模式，对进程的执行实施控制。受控执行环境模式可以利用受控进程创建模式，为新创建的进程指定执行域。
- 文件授权（file authorization）模式是授权模式的特例，以文件或目录为受保护客体。

6. 核查

安全核查（security accounting）旨在对安全相关的活动和事态进行追踪，实现信息系统的可核查性（accountability）目标。安全核查包含四项基本功能：①捕获（capture），获取关于安全事态的数据；②存储（store），将捕获的数据离线存放；③审查（review），从数据中觉察出事态信息；④报告（report），就事态信息进行沟通，告警和分析报告都属于这类功能。PLoP 在核查主题下收录了五个安全模式：安全核查需求定义（security accounting requirements）、审计需求定义（audit requirements）、审计记录和日志需求定义（audit trails and logging requirements）、入侵检测需求定义（intrusion detection requirements）、抗抵赖需求定义（non-repudiation requirements）。

7. 防火墙架构

这个主题将三类防火墙的工作原理作为安全模式进行了收录，包括包过滤防火墙（packet filter firewall）、基于代理的防火墙（proxy-based firewall）和状态防火墙（stateful firewall）。

8. 安全互联网应用

这个主题探讨互联网应用程序的安全架构，收录了七个安全模式。

- 信息隐匿（information obscurity）模式主张对企业数据资产进行敏感度分级，对敏感数据进行加密，并对其存放环境做隐秘化处理，而其他数据采用明文存储即可。PLoP 的编写组认为，隐匿式安全（STO）在密码学领域不值得提倡，但在其他领域却有可取之处。

- 安全信道（secure channel）模式主张对敏感数据的传输采用加密信道，而对其他数据以明文传输。
- 已知伙伴（known partners）模式主张通信双方应互相采取身份认证措施，确保身份不被仿冒。
- 隔离区（Demilitarized Zone，DMZ）模式要求在外部低可信网络和内部高可信网络之间设立一个过渡性的网络区域，即 DMZ 区。DMZ 区放置用于对外提供服务的 Web 服务器，而重要的应用服务器则位于内网。这个模式将业务功能与 Web 服务分离，缩小了暴露面。
- 保护性反向代理（protection reverse proxy）模式要求在 DMZ 区放置一个反向代理服务器，对内网中真正的服务器提供安全过滤，确保危险的流量不会到达内网。
- 集成性反向代理（integrated reverse proxy）模式用于解决多个应用服务的集成问题。该模式在 DMZ 区放置一个反向代理服务器，同时对内网的多个后台应用服务器提供代理，从而为用户提供同质化的服务视图，屏蔽掉后台服务的细节变动。例如，当后台服务器的 URL 路径发生改变时，反向代理服务器可确保用户感受不到这个变化。集成性反向代理与保护性反向代理模式可以搭配使用，形成一个"集成保护性反向代理"。
- 前门（front door）模式是集成性反向代理模式的特殊化。该模式在 DMZ 区部署一个前门服务器，它除了具备集成性反向代理服务器的能力外，还具备用户识别和会话追踪能力，并为多个后台服务器提供单点登录功能。前门服务器也可扮演保护性反向代理的角色。安全会话模式可以搭配前门模式使用，提供用户跟踪功能。

5.3.6 网络韧性工程框架（CREF）

网络韧性工程是基于网络韧性（Cyber Resilience，CR）概念建立起的学科，被视作业务保障工程的子学科，关注提升 CR 的实践方法及应用这些实践的成本收益。CR 工程建立在网络安全和业务连续性计划（Business Continuity Planning，BCP）等学科之上。其中，BCP 包含了组织针对灾难恢复能力的一系列预备工作，涉及对各类资产和资源的调配。2011 年，MITRE 公司发布网络韧性工程框架（Cyber Resiliency Engineering Framework，CREF）1.0 版，描述了 CR 的目的 & 目标（goals & objectives）、实践技术、威胁模型、应用架构和成本分析[164]。NIST SP 800-160 第 2 卷《开发网络韧性系统——一种系统安全工程方法》即基于 MITRE 的 CREF 编写。

CREF 提出了一组 CR 技巧，并针对每个技巧提出了若干个典型的实现方法。这些技巧如下。

- 自适应响应（adaptive response）：实施敏捷的行动措施（CoA）以管控风险，提升组织以适时、适当方式响应敌人活动的能力。CREF 针对自适应响应提出的典型实现方法包括动态配置、动态资源分配、自适应管理等。动态配置是指在组件运行期间在线更改其配置。动态资源分配是指在任务、功能运行期间变更其资源分配，而无须进行中断。自适应管理是指根据运行环境和威胁环境的变化调整对防御机制的使用。
- 分析式监测（analytic monitoring）：以持续性、协同性方式对数据进行收集、融合、分析，以识别潜在脆弱性、恶意活动和损失。

- 协同防御（coordinated defense）：以互不侵扰的方式管理多种互补的安全机制，增加敌人的工作负担。NIST SP 800-160 将该技巧称作协同保护（coordinated protection），并提出了四个实现方法：①校准化纵深防御（calibrated defense-in-depth），在不同的架构层次和网络位置提供互补的保护机制，并根据资源价值调校保护机制的强度和数量；②一致性分析（consistency analysis），研究多个保护机制是否能协调一致以及如何做到协调一致，尽可能互不干扰，不产生级联故障（cascading failures），最小化覆盖间隙；③编排（orchestration），使用剧本等手段对多个安全机制进行协调；④自挑战（self-challenge），实施渗透测试、红队测试等进攻性安全手段。
- 欺骗（deception）：对敌实施误导迷惑，隐藏关键资产。
- 多样性（diversity）：引入多种异构性（heterogeneity），避免各功能因相同原因发生失效，尤其是避免产生共同的漏洞。这将迫使敌人开发多种 TTP，从而抬高了对敌方的技能要求，并增大了敌方的暴露概率。CREF 提出了六类多样性：架构多样性、设计多样性、合成多样性、信息多样性、路径多样性、供应链多样性。架构多样性体现为多种不同的技术标准、通信协议、操作系统、架构模式等架构因素。设计多样性体现在针对同一功能提供多种设计方案。合成多样性是指在同一实现方案下产生不同变种，如采用地址空间布局随机化（ASLR）或编译器随机化手段。信息多样性体现为多个信息源或多种信息表示方式。路径多样性是指 C3（指挥、控制、通信）路径的多样性，如采用多种通信服务、通信信道。供应链多样性体现为关键组件来自多个独立的供应商。
- 动态派位（dynamic positioning）：对功能和资产进行分散及动态移位，阻碍敌人定位重要资产。CREF 提出的实现方法包括传感器功能迁移（functional relocation of sensors）、网络资源功能迁移（functional relocation of cyber resources）、资产移动性（asset mobility）、分片（fragmentation）、分布式功能（distributed functionality）。传感器功能迁移是指变更传感器位置，或重新划分传感器的任务范围。网络资源功能迁移是指迁移资产或转移功能责任，从而改变特定功能对应的网络资源位置。资产移动性特指对物理资产的移动。分片是指将信息进行切割，分发到多个组件，例如对数据库进行分区。分布式功能是指采用分布式架构将应用功能分配到多个组件上。
- 动态呈现（dynamic representation）：对当前的网络态势进行构建和维护。该技巧在 NIST 标准中叫作上下文感知（context awareness）。
- 非持久性留存（non-persistence）：只在一定时间内生成和留存资源，防止被恶意利用。
- 权限限制（privilege restriction）：根据主体、客体属性实施权限约束，阻碍敌人获取完成其目标的充分权限。
- 资源调整（realignment）：根据业务重要性等级调整网络资源分配，避免非重要业务占据过多资源并沦为攻击载体。
- 冗余性（redundancy）：对关键资源进行冗余式供应，从而缓解信息、服务的失效后果，促进快速恢复，降低关键服务失效时间。CREF 提出的典型实现方法包括受保护的备份恢复（protected backup and restore）、容量盈余（surplus capacity）、复制（replication）。受保护的备份恢复方法强调了在备份过程中要抵御干扰和破坏。
- 分段（segmentation）：根据网络组件的重要性和可信度实施隔离，限制敌人的活动范围。CREF 提出的典型实现方法包括预定义分段和动态分段隔离。

- 完整性证实（substantiated integrity）：对关键的服务、信息存储、信息流进行完整性校验，及时发现恶意活动。

- 不可预测性（unpredictability）：实施不可预测的随机变化，扰乱敌人的预期。该技巧用于支撑其他技巧的实施，如自适应响应、分析式监测、欺骗、多样性、动态派位、非持久性留存、权限限制、分段等。不可预测性这一属性可以通过随机函数或复杂函数来保障。CREF 针对不可预测性提出了两类典型实现方法：时间不可预测性（temporal unpredictability）和上下文不可预测性（contextual unpredictability）。时间不可预测性体现为不定时地变更行为和状态，例如不定时地执行身份鉴别。上下文不可预测性体现为以不确定的方式来改变行为和状态，例如随机轮回角色、职责，随机切换通道等。

这个列表将随着 MITRE 的研究进展而变化。其中，分析性监测、欺骗、动态呈现等技巧代表了特定的运营能力，而自适应响应、协同防御、多样性、动态派位、冗余性、分段等技巧则涉及改变网络自身属性的架构模式。

5.3.7　动态目标防御（MTD）

动态目标防御（Moving Target Defense，MTD）是一类旨在增强安全性的架构模式的总称。MTD 的基本原理是，通过降低信息系统的确定性、相似性和静态性，增加其随机性，降低其可预见性，构建持续变化、不相似、不确定的信息系统，让信息系统对外呈现不可预测的变化状态。MTD 让攻击者难以有足够时间发现或利用信息系统的安全漏洞，更不容易持续探测、反复攻击，大大提高了攻击的难度和代价。2011 年 12 月，美国国家科学技术委员会发布《可信网络空间：联邦网络空间安全研发战略规划》，核心是针对网络空间所面临的现实和潜在威胁来发展能"改变游戏规则"的革命性技术，确定了内设安全、MTD、量身定制可信空间、网络经济激励四个"改变游戏规则"的研发主题，作为白宫网络安全研究与发展战略规划的四大关键领域。其中，MTD 技术是被学术界、工业界看作最有希望进入实战化应用的研究方向[165]。

MTD 与网络韧性密切相关。MITRE 在 2015 年发布的《网络韧性工程指导》（Cyber Resiliency Engineering Aid）报告认为，MTD 涵盖了动态派位、自适应响应、多样性等 CREF 技巧。地址空间布局随机化（ASLR）可以看作一种硬件及操作系统层面的 MTD 技术，密歇根大学研制的抗劫持 MORPHEUS 芯片是 ASLR 的应用实例。MTD 还可以在网络架构层面实现。ACyDS 是美国陆军资助开发的网络迷惑系统，基于 MTD 思想，让网络中的节点看到的网络环境各不相同且不断变化，从而干扰网络攻击[166]。MTD 可看作网络敏捷性和防御机动（Cyber Agility and Defensive Maneuver，CAADM）的子集。CAADM 是各类基于敏捷性和机动性的安全机制的总称。除 MTD 外，CAADM 还包括快速恢复机制和网络欺骗机制。

5.3.8　拟态防御（CMD）

网络空间拟态防御（Cyber Mimic Defense，CMD）理论由邬江兴院士提出，旨在对未知的网络威胁建立天然的免疫。CMD 受到生物界拟态伪装机制启发，通过建造动态异构冗余（Dynamic Heterogeneous Redundancy，DHR）系统来提升受保护目标的安全性[167]。DHR 的原理是，在异构性和冗余性基础上加入动态性和随机性，使系统呈现相当程度的不确定性，扰乱攻击者信息链，让攻击难度非线性增加。南京紫金山实验室研制的"莲花哪吒"服务器是对 CMD 的一个具体实现，入选南京市 2020 年度十大创新成果，其安全性已经通过了大量红队测试的考验。

CMD 与 MTD 有一定的相似性，区别在于 CMD 更具一般性。MTD 重在防范漏洞，CMD 同时关注漏洞和后门；MTD 一般基于软件逻辑实现，CMD 则通过软硬件组件协同技术加以实现[168]。CMD 可以对应到 CREF 中的自适应响应、冗余性、多样性、不可预测性、资产动态派位等多项技巧。

5.3.9　安全平行切面

安全平行切片是蚂蚁集团提出的一种安全架构模式，致力于让安全逻辑和业务逻辑既融合又解耦。这个模式借鉴了面向切面编程（Aspect-Oriented Programming，AOP）的思想。AOP 是一类编程范型，其特点是将横切关注点（cross-cutting concerns）同程序主体分离。横切关注点是指同时影响了多个关注点的功能切面，如出错处理、日志记录、安全检查等。这类支撑性功能如果与程序的主体逻辑混在一起，就容易导致代码冗余、逻辑纠缠（tangling）等问题。AOP 将每个横切关注点抽离到一段切面代码中，使其独立于主体代码演进。同时，AOP 又通过点切（pointcut）机制，在主体代码的特定点位实施行为干预，但不改变主体代码本身。例如，AOP 的点切机制可以这样规定：在主体代码中执行完所有以 set 为前缀的函数后，注入切面代码中的日志留存逻辑。这就像在高维空间中任意修改低维空间中的运动，而低维空间的人却不知道这种力量从何而来。

安全平行切面将 AOP 思想提升到了架构模式层面。安全平行切面被比喻为在平行空间运行安全逻辑，与业务逻辑位处于不同的空间，但会在必要时出手干预。可以想象一下，小明在上网时经常会遇到一些带有诱惑性图片的链接，每次他想点击进去一睹为快的时候，空气中就会伸出一只手拦住他，并提醒他谨防黄赌毒诈。安全平行切面体现为三类核心能力：切点植入、数据内视和干预管控。切点植入是选取业务关键逻辑处理点，并将安全逻辑嵌入其中的机制，数据内视和干预管控能力则在切点植入的基础上，分别实现增强可视性和执行安全控制策略的功能。切点植入的方式和位置是多种多样的，接入方式可采用流量层接入（如网关或服务网格）、动态接入（如 Hook）和静态框架接入（如 AOP 框架）等方式，植入位置可以是操作系统内核、服务端应用或移动 APP。不同层的切点集合决定了安全切面的内视和管控能力所触达的范围[169]。

5.3.10　组装式架构

Gartner 通过市场调研发现，企业的业务能力正在变成可复用的积木。Gartner 将一积木化理念描述为"可组装架构"（composable architecture）。基于可组装架构理念，Gartner 还进一步总结出"可组装应用"（composable app）、"可组装数据和分析"（composable data and analytics）甚至"可组装企业"（composable enterprise）等概念。可组装架构代表了信息化建设的发展趋势，安全架构作为信息架构的一部分，应充分吸收这种理念，提升安全控制体系的构建效率和演化敏捷性。

可组装应用是指对多个程序、数据和设备进行编排和拼装，从而产生新的应用功能。可组装应用程序旨在快速适应不断变化的业务环境，让企业的新应用构建速度变得快人一步。可组装应用的各个组成部分是独立开发的，可以使用不同的数据模型。可组装应用还可以参与更高层级可组装应用的构建。可组装应用的构成单元被 Gartner 称作封装化业务能力（Packaged Business Capability，PBC）。PBC 是一个软件组件，代表了一个被预先充分定义的业务能力，比如订单管理、CRM 等。PBC 可以通过微服务方式实现，它通常包含相关的数据、服务、API 及事件消息通道。Gartner 认为 PBC 具有四个属性：①高度模块化，可快速应用到企业业务场景中；②足够的自主性，能够自给自足，确保组装时有足够的灵活性；③可编排性，能够按照一定流程和事件接口，或是通过 API 打包成一定流程；④可发现性，确保对封装的业务能力做到语义清晰的设计，可以轻松获取。

可组装数据和分析是指通过可复用的数据能力单元实现的数据分析应用。这些能力单元包括各种类型的数据接入、数据分析和 AI 解决方案。Gartner 认为可组装数据和分析以"数据编织"（data fabric）为基础。数据编织是 Gartner 提出的数据架构概念，是指一切为上层业务提供数据服务的功能总体所抽象出的一个网格化基础设施，用于在分布式数据环境中提供便利的数据访问和共享机制。

可组装企业是指把企业抽象成若干个可以灵活拼搭的业务能力的总和，从而快速响应业务变化。可组装企业由多个 PCB 和数据编织层构成。

5.3.11　网络安全网格架构（CSMA）

通常，企业的安全控制体系并非单一设备，而是由分散于网络各处的控制点所形成的互动体系，呈现出一定的拓扑结构。随着企业边界的抽象化和企业资产的碎片化，安全控制体系为适应这一局面，保持对网络资产的充分覆盖和有效防护，其架构拓扑正逐渐进化为更加复杂的形态。为了对安全控制体系进行有效的描述和管理，业界开始将其建模为网格式的结构。

2020 年 10 月，Gartner 发布《2021 年重要战略技术趋势》名单，提出了"网络安全网格"（cybersecurity mesh）概念并进行了简要描述："网络安全网格是一种分布式架构方法，能够实现可扩展、灵活和可靠的网络安全控制。现在许多资产存在于传统安全边界之外，网络安全网格本质上允许围绕人或事物的身份定义安全边界。通过策略编排的集中化和策略执行的分散化，它促成了一个更加模块化、更有响应力的安全方法。随着边界保护的意义逐渐式微，围墙式的安全方法必须面向当前的需求演化。"2021 年 10 月，Gartner 发布《2022 年重要战略技术趋势：网络安全网格》报告，对网络安全网格的概念进行了更多解释。报告指出，网络安全网格将安全控制集成和扩展到更加分散的资产中。它将解决影响企业安全的三个现实问题：攻击者不采用"竖井"（silo）思维，但组织却经常将安全控制部署到孤立的竖井中；边界日益碎片化；许多组织开始塑造多云（multicloud）环境，需要统一的安全方法。该报告还提出了一种架构模式——网络安全网格架构（Cybersecurity Mesh

Architecture，CSMA）。CSMA 与 Gartner 此前提出的可组装架构关系密切。报告称，CSMA 是一种可组装（composable）、可伸缩（scalable）的方法，旨在对安全控制实施扩展，直至扩展到广泛分布的资产之中。其灵活性尤其适用于产生日益模块化的方法，与混合多云架构相称。CSMA 将创建一个更具可组装性、灵活性和韧性的安全生态。网络安全网格不是在竖井中运行单个安全工具，而是使工具能够通过多个支持层进行互操作。CSMA 针对分布式的安全服务提出了一种协作式方法，将产生一个力量倍增器，用更少的资源获得更加清晰的安全态势。CSMA 为人员和机器从不同位置实现安全连接提供了基础，可以跨越混合云、多云环境，贯通不同信道，穿过种类繁多的应用程序，从而保护组织的全部数字资产。如此，它促进了更一致的安全态势，以支持可组装企业所要求的更强的敏捷性。CSMA 通过提供一组基础性赋能服务使得安全工具得以集成，包括分布式身份编织、安全分析与情报、自动化与触发器，以及集中式的策略管理和编排。

CSMA 提供了四个基本层，使不同的安全控制能够实现组装和协同，如图 5-5 所示。其中，安全分析与情报层用于整合源自其他安全工具的数据和成果，提供威胁分析，触发适当的响应。统一策略管理层可以将中央策略转换为单个安全工具的本机配置结构，或者作为更高级的替代方案，提供动态运行时授权服务。统一仪表盘提供了一个对安全生态的复合视图，使安全团队能够更快、更有效地响应安全事件。分布式的身份编织（identity fabric）贯穿上述三层，提供诸如目录服务、自适应访问、去中心化身份管理、身份证明、权利管理（entitlement management）等能力。

• 图 5-5　Gartner CSMA 示意

5.3.12　安全架构的反模式

安全架构中的"反模式"（anti-pattern）是指流行但不好的安全架构模式，应在实践中予以避免。它是著名软件学者安德鲁·凯尼格（Andrew Koenig）受到 GoF 设计模式的启发而提出的概念。

2019 年，英国国家网络安全中心（NCSC）发布《安全架构反模式》白皮书，提出了六个司空见惯的反模式。

1）向上管理（browse-up for administration）。该模式是指通过低可信设备执行管理员操作，对高可信系统实施管理。这意味着，管理员设备存在被攻击者控制的较大风险，而一旦出现这类情况，后果将非常可怕。这种低可信设备可能是资产清单之外的陌生设备，如居家办公人员的个人计算机，或者外部服务商的远程终端。企业内部的管理员设备如果还同时执行互联网访问操作，那么也应算作低可信设备。更好的架构模式应该是"向下管理"，将管理员设备按高可信等级进行管理，实施严格的安全保护。如果管理员需要同时执行互联网访问等低可信操作，则应实施隔离，例如跳转到虚拟机上或另一台主机上执行，确保低可信操作不慎"染病"后不会"传染"到高可信设备上。

2）管理不设防（management bypass）。许多企业将网络的数据平面（亦称用户平面）和管理平面分离，对管理性通信和业务性通信使用不同信道，这本是一个良好的架构设计。但如果仅在数据平面上设置纵深防御体系，而轻视对管理平面的保护，则将形成一个安全瓶颈。好的做法是同样对管理平面实现纵深防御，并对管理平面与数据平面之间的通信流量实施管控。

3）背靠背防火墙（back-to-back firewall）。一些企业串行部署两个防火墙，配置相同的策略，认为这能形成纵深防御能力。如果多个防火墙来自不同厂商，还能提高抵抗漏洞利用的成功率。这一做法符合 MITRE 公司网络韧性工程框架的异构性理念。但英国 NCSC 反对这种做法，认为它显著抬高了安全成本，却并不能带来明显的收益，得不偿失。事实上，如果两个安全控制点执行相同的策略，并不能形成互补效果，不属于纵深防御。至于漏洞利用的隐患，NCSC 主张通过其他安全手段弥补。

4）本地环境照搬上云（building an on-premise solution in the cloud）。一些企业将自有环境下的 IT 和安全架构照搬到 IaaS 平台，没有充分享用云环境的弹性特征，也没有充分利用云平台的专业安全能力，这不利于降本增效。NCSC 建议企业将漏洞修复等安全工作交给云平台。

5）不受监管的第三方接入（uncontrolled and unobserved third party access）。许多企业将运维工作外包给第三方服务商，允许后者通过远程接入方式管理本地系统，这本是一个好的业务模式。然而，它们常忽视了对外部厂商的风险管理。若外部人员拥有过大的权限，一旦他们的系统被黑客攻陷，将会成为攻击跳板。NCSC 建议慎重选择第三方服务商，并合理设定对其人员、流程、技术的控制协议。当外部人员远程接入后，应实施最小特权原则，避免开通无关权限，并做好审计记录。NCSC 还建议对远程访问方案提出如下安全需求：限制攻击者的横向移动；采用多因素认证；对不同厂商的远程访问实施隔离；考虑采用即时管理（just-in-time administration）的方式，仅对当前的活跃任务开放接入。

6）不可修复的系统（the un-patchable system）。许多系统在设计时缺乏远见，需要长时间下线才能完成漏洞修复，而生产系统往往需要不间断地运行。这样，此类系统将带病上岗，最后满目疮痍，陷入一个不可修复的恶性循环。一个相关问题是，一些生产系统缺乏在测试环境下的参考系统，运营者无法确认漏洞补丁是否会带来稳定性问题。NCSC 强调易维护性这一设计理念。例如，系统应该不要求全部组件同时在线，从而可以分阶段实施下线和修复。

5.4 安全组件协同

安全产品的互操作性（interoperability）是提升安全运营自动化水平的基础，是高效完成安全运营活动的前提。当前，不同安全厂商推出的产品普遍存在互不兼容的问题。当企业从多个供应商处采购安全产品时，经常会在接口适配、格式转换等过程中劳心费神。产品间互操作性的缺失，使得协同化的安全控制体系难以构建，制约了安全能力成熟度的提升，并妨碍了用户对产品的自由选择，抬高了安全工程的成本。

因此，一些颇有远见的技术团体发起了一系列项目，试图制定架构规范和格式标准，以提升安全组件（产品及服务）间的协同性。这些项目的理想是构建一个高度协同联动的生态，让安全组件最终可以像乐高积木一样具有规范化的格式规格和拼插接口，呈现出即插即用、灵活编排的效果。实现安全组件的协同性将是十分漫长、曲折的过程，一方面是因为技术本身的难度，另一方面是因为各大厂商在利益上存在考量和博弈。

5.4.1　MITRE "可测度安全" 计划

2007 年，MITRE 公司发起了一项名为"可测度安全"（Making Security Measurable，MSM）的项目，试图通过制定一系列的技术规范，让网络空间中的各类安全概念和安全活动变得精准可测。MSM 的发起者希望，通过系统工程实践将此前"原始"的安全解决方案重塑为"基于标准化功能分解"的安全架构。这类架构可以为构建和操作企业安全解决方案提供一个具有灵活性、逻辑性和可扩展性的方法，这个方法将提升弹性，并能为安全操作、安全测度、安全管理和安全共享提供更好的支持[170]。

MSM 的四个基本构件是标准化枚举（standardized enumerations）、高保真语言（languages for encoding high-fidelity information）、内容仓库（repositories of content）和采用同一性（uniformity of adoption）。

- 标准化枚举是指对需要共享的通用概念进行的捕捉归纳，形成数据模式中的取值词典。例如，源自 MITRE 的通用漏洞与暴露（CVE）、通用弱点枚举（CWE）、通用配置枚举（CCE）、通用平台枚举（CPE）、通用攻击模式枚举和分类（CAPEC）就是非常知名的标准化枚举。
- 高保真语言用于在人人间、人机间、机器间精确传递概念信息。结构化威胁信息表达（STIX）、标示信息可信自动化交换（TAXII）、恶意软件属性枚举和特征描述（MAEC）、通用漏洞评分系统（CVSS）、开放脆弱性与评估语言（OVAL）、可扩展配置检查表描述格式（XCCDF）就是高保真语言的实例。
- 内容仓库是在人人间、人机间、机器间交换信息的方式，实现信息在社区和组织中的共享，其中的内容通过高保真语言编码，以防止信息损失。这类内容仓库包括安全漏洞库、安全建议库、安全基线库等类型。
- 采用同一性是指通过品牌推广和审查程序（vetting program）等方式，鼓励工具、交互和内容保持标准化和一致性，让上述三个构件得到切实采用。比如，CVE 兼容性程序、OVAL 兼容性程序都是致力于提升采用同一性的审查程序。

虽然 MSM 计划最终未达成既定愿景，但获得了重要的成果，CVE、CVSS、STIX 等安全规范得到了安全产业界的广泛采用。目前，CCE 和 CPE 交接给 NIST 维护，OVAL 转交给了 CIS（互联网安全中心），STIX 和 TAXII 贡献给了结构化信息标准促进组织（OASIS）。

5.4.2　安全内容自动化协议（SCAP）

安全内容自动化协议（Security Content Automation Protocol，SCAP）是一组由 NIST 维护

的互操作性规范集合，旨在针对漏洞管理和安全配置检查等活动确立标准化的机读格式，统一度量指标，打通数据关联分析的对齐方式，建立自动化的管理操作能力。

2009 年，NIST 发布的《NIST SP 800-126：SCAP 技术规范 1.0》收录了 CVE、CCE、CPE 三大枚举规范，XCCDF、OVAL 两个语言格式，以及 CVSS 度量指标。SCAP 1.0 还包含了一个内容确认工具（Content Validation Tool），用于测试给定产品支持 SCAP 标准的能力。此后，SCAP 随着安全社区的需求持续进化，陆续加入新的协议和规范，包括开放检查表交互语言（Open Checklist Interactive Language，OCIL）、资产标识语言、资产报告格式（Asset Reporting Format，ARF）语言、通用配置评分系统（Common Configuration Scoring System，CCSS）、安全自动化数据模型（Trust Model for Security Automation Data，TMSAD）。2018 年，NIST 发布的《NIST SP 800-126 修订 3：SCAP 技术规范 1.3》收录了 SWID 规范。

5.4.3　IACD 框架

集成式自适应网络防御（Integrated Adaptive Cyber Defense，IACD）是美国国土安全部、美国国家安全局资助约翰·霍普金斯大学应用物理实验室（JHU/APL）开展的研究项目，起于 2014 年。IACD 官网指出，网络防御的四个重大挑战驱动了 IACD 理念的产生：安全产品和运营陷入复杂性、互依赖性和威胁泛在性的困境，难以实现伸缩；网络对手已经体现出了复用化、模块化、编排化、自动化优势；采购流程无法适应技术发展的速度；熟练的人手意味着高昂的用工成本。IACD 项目推出了一个安全运营框架，包括参考架构、使用案例、规范草案和实现示例等内容，旨在使企业所有者能够利用现有的安全投入，通过一种可扩展、自适应的方法，应对上述挑战。IACD 还包含了一个旨在提升防御速度和规模的策略：人类专家被移除出安全响应的"回路之内"（in-the-loop），只承担"回路之上"（on-the-loop）的规划者和审批者角色。

在 IACD 框架中，多种产品和服务被集成在一起，根据组织的业务规则实现风险确认、行动决策和响应同步动作的自动化，并在互信的社区中分享威胁信息和响应策略。企业用于处理网络事件的业务规则被编纂为规程（procedure），这些规程也被称作"剧本"（playbook）。IACD 需要将这些剧本转换为可机读的工作流（workflow），再将工作流转换为特定设备的指令格式，即"本地实例"（local instance）。这样，IACD 得以通过自动化方式实现四项关键能力：感知（sensing）、理解（sense making）、决策（decision making）和行动（action）。这四项关键能力将转化为遵循 OODA（观察-知悉-决策-行动）循环模型的活动。IACD 还设想通过一个公共消息系统在多个活动之间共享信息。企业采用 IACD 框架的三个基本原则是：企业自助使用（Bring Your Own Enterprise，BYOE）、即插即用（product-agnostic plug-and-play）和互操作。

如图 5-6 所示，IACD 基线参考架构将企业现有的安全功能抽象为传感器（sensor）和执行器（actuator）两类组件，统称 S/A。IACD 自身引入的功能称作 IACD 服务，包括编排服务（Orchestration Service，OS）、共享基础设施服务（Sharing Infrastructure Service，SIS）和可信服务（Trust Service，TS）。

编排服务包括五类组件。

- S/A 接口（S/A Interface）负责从各 S/A 处获取安全事态信息并选择性地产生告警项

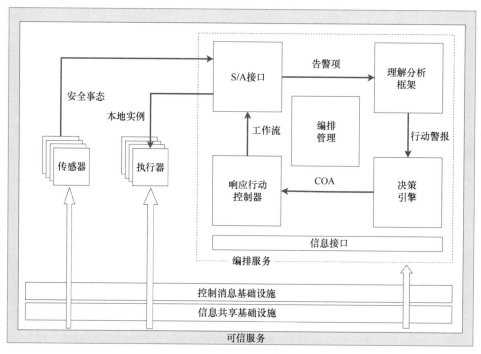

● 图 5-6　IACD 基线参考架构

（alert），还负责将工作流转译为特定 S/A 设备上的"本地实例"格式。

- 理解分析框架（Sense-Making Analytic Framework，SMAF）负责对告警项执行信息富化并在必要时发出行动警报。
- 决策引擎（Decision Making Engine，DME）负责选择行动措施（Course of Action，COA）。
- 响应行动控制器（Response Action Controller，RAC）负责将 COA 转换成可机读的工作流，传输到 S/A 接口。
- 编排管理（Orchestration Management，OM）负责统筹管理，包括管理其他 OS 组件的配置并指挥 OS 组件间的信息流动，还负责向操作员和电子设备提供 OS 能力输出。

共享基础设施服务提供企业内部和企业间的消息交换能力，它包含控制消息基础设施（Control Message Infrastructure，CMI）和信息共享基础设施（Information Sharing Infrastructure，ISI）两个部件。CMI 提供 OS 与被编排组件间的控制信令交互机制，ISI 提供企业范围及社区范围内的主要内容信息传输。TS 负责保障各组件间的可信传输，防止 IACD 被恶意攻击利用。

OASIS 的 OpenC2 是一种用于对安全设备进行指挥控制的机器通信语言。这些安全设备相当于 IACD 框架中的执行器，OpenC2 则可用于 RAC 和 S/A 接口间的通信。

5.4.4　OCA

2019 年，IACD 项目的公开信息停止更新。此后，OASIS 主导的开放网络安全联盟（the

Open Cybersecurity Alliance，OCA）项目作为 IACD 的继承者上线。2021 年 4 月，OCA 发布公告，IACD 项目已达成预定目标，OCA 将把 IACD 的成果应用到产业界，首要任务是增强和改善网络安全产品之间的互操作性。

OCA 是一个开源项目，提供一个非营利性的全球性合作平台，参与者包括软件供应商、最终用户、政府机构、研究机构和个人，致力于开发标准化的数据接口，以支持一个开放的生态系统，让网络安全工具无须定制集成功能即可互相操作。目前，OCA 的工作已得到众多团体和厂商的参与和支持。OCA 下设行为标示（IoB）分享工作组、零信任架构工作组和 OCA 本体（OCA Ontology）工作组。IoB 分享工作组负责开发一个用可共享格式表达网络威胁行为的标准化方法，从而改善对网络威胁的检测响应。零信任架构工作组致力于优化 OCA 的各类技术以实现零信任架构。OCA 本体工作组负责创建一套表达网络安全信息的统一本体模型，从而为数据编织和 API 上的信息编码提供标准方式。

OCA 还为多个子项目提供孵化支持，包括 Kestrel、STIX 移位器（STIX Shifter）和态势属性采集与评估（Posture Attribute Collection and Evaluation，PACE）等。Kestrel 是一个威胁狩猎语言，用于构建可复用、可组装、可共享的"狩猎流"（hunt-flow）。Kestrel 让威胁狩猎者专注于狩猎目标而非狩猎方式。用户只需编写高层次的业务逻辑，Kestrel 即可将其转换为可执行的应用程序，自动适配不同的数据源。STIX 移位器是基于 STIX 格式的模式查询工具（patterning library），通过定制连接器来适配不同的数据仓储接口，实现跨仓储的数据正规化（normalization）。STIX 移位器让应用程序利用统一的查询模式（即 STIX Patterning）连接到数据仓储中，并将返回结果统一转换为 STIX Observation 格式。PACE 为网络资产态势的采集和评估活动提供了一套完整的自动化方法论。PACE 基于 OVAL/SBOM 等规范格式构建组件间的数据管道和连接器，还致力于对 IETF 定义的安全自动化和持续监控（Security Automation and Continuous Monitoring，SACM）架构进行试点实现。

5.4.5 安全通报规范化

安全通报是指多个组织间传递的安全事件、安全漏洞、安全预警等类型的信息。由于涉及跨机构的信息交换，自动化的安全通报依赖于建立统一的数据格式规范。本小节介绍这方面的若干项工作。

事件对象描述交换格式（Incident Object Description Exchange Format，IODEF）泛指用于描述网络安全事件的数据模式（data schema），通过统一数据规范实现多个组织间的安全事件信息共享，常见场景是协调多个计算机安全事件响应组（CSIRT）共同完成事件响应活动。发送方需要将待共享数据从内部格式转换为 IODEF 报告，采用 XML 等文档格式执行序列化后，附带在 HTTP/SMTP 等通信协议中执行传送。接收端系统收到 IODEF 消息后，则按相反的顺序执行：先从通信协议中提取出 XML 文档，按照 IODEF 数据模式提取出共享的信息，再转换为本端的内部格式进行处理和存储。IODEF 与一类叫作入侵检测消息交换格式（Intrusion Detection Message Exchange Format，IDMEF）的格式保持兼容。IDMEF 用于表达安全设备中的告警和心跳信息。2007 年，RFC 5070 提出了一个 IODEF 数据模式，该模式在 RFC 6685 中更新。2016 年发布的 RFC 7970 提出了 IODEF 第二版，替代了 RFC 5070 和 RFC 6685。第二版 IODEF 增强了 IODEF 的表达功能，在安全事件表达能力基础上增加了对标示的表达能力。2017 年发布的 RFC 8274 为 IODEF 的实现者提供了使用指南，并列举了多个应用场景，包括：CSIRT 间共享恶意软件数据；关键基础设施运营者向 ISP 通报安全攻击；ISP 向国家 CERT 报告安全事件；多个单位共享疑似钓鱼邮件；第三方证书认证机构查询证书有效性。

我国于 2012 年发布了由 CNCERT 牵头制定的《网络安全事件描述和交换格式》（GB/T 28517），以国家标准的形式确立了一种 IODEF 格式，旨在规范我国各 CSIRT 之间安全事件的描述和交换格式，提高各 CSIRT 对安全事件的响应能力和预防能力。类似地，《信息安全技术　网络安全漏洞标识与描述规范》（GB/T 28458）对漏洞的标识和描述格式进行了规范，适用于从事漏洞发布与管理、漏洞库建设、产品生产、研发、测评、网络运营等活动的相关方。《信息安全技术　网络安全威胁信息格式规范》（GB/T 36643）描述了网络安全威胁信息表达模型，规范了网络安全威胁信息表达模型中各个威胁信息组件的属性信息以及组件之间的关系，适用于网络安全威胁信息供方和需方之间进行网络安全威胁信息的生成、共享和使用，也可为网络安全威胁信息共享平台的建设和运营提供参考。《信息安全技术　网络攻击定义及描述规范》（GB/T 37027）界定了网络攻击的属性特征和多维度描述方法，提出按照攻击对象、攻击方式、漏洞利用、攻击后果、严重程度五个维度对网络攻击进行描述，并给出了五个维度词典。GB/T 28517、GB/T 28458、GB/T 36643、GB/T 37027 分别立足于事件、漏洞、威胁、攻击角度，针对安全通报信息的格式建立了相应规范。

通用安全通报框架（Common Security Advisory Framework，CSAF）是 OASIS 推出的安全通报信息分享框架，其前身被称作通用漏洞报告框架（Common Vulnerability Reporting Framework，CVRF）。CSAF 用于将安全漏洞、安全事件等安全通报信息转换成结构化的可机读形态。CVRF 1.1 版由互联网安全促进产业联盟（the Industry Consortium for Advancement of Security on the Internet，ICASI）于 2012 年发布，后贡献给 OASIS，由 OASIS 的 CSAF 技术委员会负责进一步改进。CSAF 扩展了 CVRF 的功能，将 CVRF 的 XML 序列化方式改为 JSON。漏洞可利用性交换（VEX）是 CSAF 所支持的一种通报类型（profile），用可机读格式对特定漏洞的状态进行断言。

开源的事态记录和事件共享词汇（The Vocabulary for Event Recording and Incident Sharing，VERIS）、STIX、TAXII、ATT&CK、D3FEND 等项目旨在针对安全事件、安全威胁、攻防手段等信息的描述建立统一的词汇，得到了业内的广泛认可。

为了实现信息分享过程中的知悉范围控制，FIRST 创建的交通灯协议（Traffic Light Protocol，TLP）得到了广泛采用。TLP 用四种颜色向阅读者提示本条信息的扩散边界：红色（TLP：RED）代表不得对他人披露；琥珀色（TLP：AMBER）代表仅限阅读者所在组织知情；绿色（TLP：GREEN）代表仅限所在社区或行业知情；白色（TLP：WHITE）代表披露不受限。

5.5　安全产品类别

安全产品是对多种安全能力进行产品化集成后所形成的场景解决方案。这些产品就功能而言，彼此存在大量交集，区别在于能力侧重点不同。它们相当于对安全工具按不同的

"配方"产出的"套餐"。对产品类型的识别来自市场调研机构对典型场景需求的研究和归纳,以及厂商市场部门的商业策划创新。安全市场一直在努力发明着新的产品名词,以强调同前期产品在侧重点上的差别,哪怕仅是微小的差别。在实践中,安全产品可能是强大的工具,但毕竟只是工具,还是需要依靠因地制宜的部署和使用才能充分发挥其价值。

本节对安全产品的不同类别进行介绍。某些安全产品负责完成基础的技术功能,如防火墙、AV、IDS、RASP、UEBA 等,这些内容已在第 3 章中作为安全技术进行过介绍,本节不再赘述。另外一些产品旨在完成特定的运营过程,如 VA、RBVM 等,已在第 4 章进行过介绍,也不再列举于此。

5.5.1 SM 与 DM

系统管理(Systems Management,SM)是指企业对自身计算机系统及其他 IT 设施的全面集约化管理平台。SM 同 ITAM 关系密切,但 ITAM 是一种管理流程,而 SM 则是技术工具。依企业需求不同,SM 可以包含各类服务,如自动化清点、批量安装、运行日志簿记、反病毒(AV)、应用性能管理(APM)、网络使用率监控、身份与访问管理(IAM)、用户行为监控(UEBA)等。其中,APM 是系统管理的一部分,对软件应用的性能和可用性进行监控、测度、分析和报告,检测和诊断性能问题,旨在保障服务等级,被称作"从 IT 测量指标到业务价值的翻译"。

桌面管理(Desktop Management,DM)简称桌管,是 SM 的子集,特指针对企业内所有用户终端的集中管理平台。这意味着 DM 一般要包含 Windows 软件生态下的工具集。从所有权而言,用户终端可以是企业置备的设备,也可以是用户自带设备(Bring Your Own Device,BYOD)。DM 通过一个桌管接口对用户终端执行生命周期管理,包括远程访问、停用、擦除、补丁安装和软件装卸。DM 还可以通过一个企业级应用商店,管控用户终端上的软件安装源,并下发策略禁用不合规应用。

5.5.2 UTM

2004 年 9 月,IDC 公司提出"统一威胁管理"(Unified Threat Management,UTM)这一产品类别,将 AV、IDS 和防火墙整合为单一产品。随后,UTM 产品开始不断涌现,它们可以在单一面板上集成多种安全功能,减少了安全设备,降低了管理操作复杂度和采购成本。然而,UTM 很难在每一个功能项上都做到足够优秀,在多个功能同时运行时也容易出现性能开销过大的问题。此外,很多安全问题并不能在网络层、网关处解决,因此 UTM 并非"银弹"。

5.5.3 NGFW

2008 年,派拓网络公司(Palo Alto Networks)发布了叫作"下一代防火墙"(Next-Generation Firewall,NGFW)的产品。NGFW 除了包含传统防火墙的功能外,还能基于用户、应用和内容进行管控,并同 IPS 深度集成。相对于 UTM 设备,NGFW 则拥有更高的处理效率和更强的外部拓展联动能力。从市场看，NGFW 产品经常提供下列能力：应用识别、身份识别、IDS、IPS、反病毒、VPN 和威胁情报。Gartner 对 NGFW 的解释是，NGFW 是深度包检测（DPI）防火墙，它超越了基于端口/协议的检查和封堵，添加了应用层检查、入侵预防等功能，并从防火墙之外引入情报；NGFW 不应与独立部署的网络 IPS 混淆，后者包含了商用或非企业级防火墙，或者是在同一应用中未紧密集成的防火墙与 IPS 组合。

5.5.4　WAF

Web 应用防火墙（Web Application Firewall，WAF）是一种工作在应用层的防火墙，用于防护一个或一组 Web 应用程序（如网站），一般通过反向代理方式部署。WAF 按照事先设定的策略对进出 Web 应用的 HTTP 流量进行检查和过滤。WAF 可以预防一些 Web 类攻击，如 SQL 注入、XSS、文件包含攻击等。WAF 同 IPS 和 NGFW 的区别在于，IPS 通常强调对应用层以下网络流量的检测防护，同 WAF 相比存在功能定位差异。NGFW 也有能力检测应用层内容，它不但可以用作反向代理，也可以部署为正向代理，用于保护企业中的上网用户。派拓网络的 NGFW 产品内置了 WAF 功能。

5.5.5　DLP

DLP 是数据丢失防护（Data Loss Prevention）或数据泄露预防（Data Leakage Prevention）的简称。数据丢失和数据泄露这两个概念经常被混用，但严格来说，数据丢失意味着数据失去了可用性，而数据泄露是指数据被未授权方获取。本节中的 DLP 特指数据泄露预防。企业应该将 DLP 视作持续性、综合性的治理工程，而不应将其简单视为产品或技术。防火墙、IDS 和 AV 等常规的网络威胁检测防护技术都有助于保护数据，但不视为 DLP 范畴。静态数据是指没有访问和传输的数据，通常位于数据库或文件服务器中，对这些数据的保护措施包括访问控制、加密和数据留存管理等。从概念上讲，泄露中的数据将不再是静态数据，所以对静态数据的安全保护也不属于 DLP 的关注范围。

DLP 相关的能力包括敏感文件识别、敏感网络流量识别以及异常行为检测等。关键词、文件指纹以及正则表达式等内容匹配手段经常出现在 DLP 产品中，一些 DLP 解决方案还会通过机器学习技术实现敏感数据识别。Word 文档的文件属性信息以及封面、页眉、页脚等关键位置的内容常常能体现出文件敏感性，敏感文件识别功能应尽可能支持对多种不同文档类型的解析。按照作用位置划分，DLP 产品分为网络 DLP（NDLP）和端点 DLP（EDLP）。NDLP 关注流动中的数据，在网络侧检测违规传输的敏感内容，并可以采取拦截措施。NDLP 通常应支持对 HTTP、FTP、SMTP 等常用应用层协议的内容解析。EDLP 部署在各个主机上，将本企业所制定的管控策略运用于正在被使用的数据。EDLP 所监控的用户操作行为可以包括文件打开、截屏、录屏、复制、打印等，还可对即时通信和电子邮件的数据外发操作进行干预。由于 EDLP 拥有物理设备上的地利优势，所以它们有机会在数据被加密之前就进行探查，还可以掌握信息操作源头等上下文信息，从而实施更有力的控制策略，也更便于事后溯源。EDLP 产品同桌面管理（DM）工具有一定交集。

若 DLP 最终没能阻止数据资料被非法窃取，数字版权管理（Digital Rights Management，

DRM）类产品或许可以形成下一道防线，让这些资料无法被未授权设备读取。DRM 手段包括内容加密、产品密钥验证、地域性封锁、追踪等。

5.5.6 ASM

组织所有脆弱性及其相关风险的总和构成了它的暴露面，而攻击面是位于威胁视角下的暴露面。NIST 对攻击面的定义是：位于系统、系统元素或环境的边界上可被攻击者尝试渗入、影响、提取数据的点的集合。攻击面管理（Attack Surface Management，ASM）是组织换位于威胁视角对自身攻击面进行系统性摸排和处置的计划、能力和实践，也指代用于支撑这类活动的产品工具。

2022 年 3 月，Gartner 发布《攻击面管理创新洞察》报告，提出 ASM 的三项主要能力是网络资产攻击面管理（Cyber Asset ASM，CAASM）、外部攻击面管理（External ASM，EASM）和数字风险保护服务（Digital Risk Protection Service，DRPS）。CAASM 致力于整合现有的资产和漏洞可视性工具，利用 API 集成方式打通各工具的数据流，完成数据融合，提供统一查询服务，以在此基础上开展漏洞分析和风险管理。CAASM 扮演了多源数据聚合器的角色，而 EASM 则可作为 CAASM 的数据源之一。EASM 侦察企业开放在公共互联网的资产和脆弱性，相关脆弱性包括服务器漏洞、公共云服务配置错误、上游产品漏洞和不必要的开放暴露等。EASM 的监控范围涵盖了影子资产和子公司资产，还包括供应链合作伙伴的 IT 脆弱性。EASM 可综合利用内部过程、技术和外部服务增强这些要素的可视性。DRPS 利用威胁情报、网空测绘等服务，在社交网络、论坛、暗网等位置监测多种类型的数字资产安全事件，包括敏感资料失窃、安全凭证泄露、网站仿冒钓鱼、域名抢注、社交账号盗用等。DRPS 还被用于从网络空间内容层面检测出针对本企业的恶意宣传、定向鱼叉攻击、人身侵害等不良图谋。DRPS 的监测范围同 EASM 有一定交集，区别在于 EASM 偏重于技术和操作层面的能力交付，多用于支持 VA、渗透测试和威胁狩猎等安全运营活动；而 DRPS 则偏重于支持企业数字风险评估、合规性和品牌保护等商业层面的活动[171]。

上述三类能力帮助组织获得攻击者视角，了解攻击者的优先事项，获得更完善的资产和风险可视性。传统的漏洞评估（VA）工具也能提供一定的风险可视性，但要求用户自行圈定扫描范围，这将产生疏漏。Gartner 将厂商为 ASM 提供的支撑性工具和服务集合称作攻击面评估（Attack Surface Assessment，ASA），其功能可概括为可视性增强或优先级排序。ASM 不应单纯视作工具和技术，它是一项综合性的企业活动，ASA 工具起到赋能作用。

5.5.7 AST

绝大部分软件漏洞都位于应用层，对应用层漏洞的检查属于应用程序安全测试（Application Security Testing，AST）的领域。Gartner 将 AST 市场定义为应用程序安全漏洞分析测试产品、服务的卖家和买家。AST 产品可以通过本地软件或 SaaS 方式部署。静态应用安全测试（Static AST，SAST）、动态应用安全测试（Dynamic AST，DAST）、交互式应用安全测试（Interactive AST，IAST）、软件成分分析（Software Composition Analysis，SCA）都属于 AST 类别。

SAST 在代码层面上对应用程序的内部结构和工作过程进行白盒测试。SAST 可以在软件开发生命周期早期发现缺陷，并指出缺陷的根源，从而快速解决问题。但是，SAST 误报率较高，面对动态类型语言和多语言项目会遇到挑战。SAST 发现的漏洞类型也很有限，无法结合具体运行环境发现逻辑漏洞和配置漏洞。

DAST 是一种在程序运行过程中进行黑盒测试的工具，使用较为简易，能发现运行时缺陷，从而弥补 SAST 的局限性。DAST 常见于利用 HTTP 对 Web 应用进行测试。DAST 无法指向缺陷根源，纯黑盒的测试也难以模拟对程序内部结构有所了解的攻击者。

IAST 是一个在应用和 API 中自动化识别和诊断软件漏洞的工具。IAST 使用插桩技术来收集安全信息，相当于在应用程序中安插了"代理人"，可以直接从运行的代码中发现问题，在应用测试阶段和上线运行阶段均可工作。IAST 可触碰到代码、控制流、数据流、应用配置、Web 组件、后端连接等位置，比 SAST 和 DAST 的视野更开阔。IAST 的缺点是，安插的"代理人"可能会拖累程序性能。

SCA 是一种对软件的供应链组成成分进行自动化分析并生成软件物料清单（SBOM）的工具。SCA 就技术原理而言包括静态和动态两类。静态 SCA 是指在不运行目标软件的情况下对其进行解压、分析和识别；动态 SCA 是指在目标软件运行时对其活动进行跟踪和收集，在此过程中对其组件的关系进行标定。

5.5.8 BAS

2017 年，Gartner 发布的《威胁应对技术的成熟度曲线》（Hype Cycle for Threat-Facing Technologies）中首次出现入侵与攻击模拟（Breach & Attack Simulation，BAS）工具这个分类。2018 年 2 月，Gartner 的研究副总裁 Augusto Barros 预测，BAS 结合 VA 技术，将会取代传统的渗透测试。BAS 的支持者称，传统的渗透测试需要较多的人工劳动，执行时间较久，测试结果反映了执行时的静态图景。这种笨重的活动难以常态化运营，偶尔的检查会让员工产生刻意的警惕感，因而不能反映真实自然的防御状况。BAS 则是自动化的，通常以 SaaS 方式在云中部署，能够一键执行，因而可以频繁运行，以便在第一时间发现安全隐患，并且紧密跟踪组织网络状况的发展。对于大型网络而言，BAS 自动化执行方式的优势尤其明显。

不过，BAS 的批评者指出，它对真实攻击的模拟还较为肤浅，攻击手法常常缺乏针对性并且落伍，会产生虚假安全感，安全验证效果打了折扣。BAS 属于模拟（simulation）技术，而不是仿真（emulation）技术，容易被安全防护工具忽视。BAS 重在模拟后渗透（post exploitation）阶段的行为，不能覆盖整个杀伤链。因此，FireEye 等安全厂商开始销售"安全确认"（security validation）概念，强调了对实时威胁情报的使用、对威胁行为的针对性筛选、对真实恶意软件的仿真执行，从而克服 BAS 的一些缺陷。针对安全确认，FireEye 公司提出的方法包含了五个步骤：优先级管理、测量、优化、论证、监控。

5.5.9 SIEM

安全信息与事态管理（Security Information & Event Management，SIEM）是一类功能丰富的安全分析工具，提供了日志汇聚、数据融合、关联统计、威胁检测、态势报告及案件管理等功能。Gartner 将 SIEM 定义为"通过对来自各种事件和上下文数据源的安全事件进行实时收集和历史分析来支持威胁检测和安全事件响应的技术"。SIEM 还可以解读为安全信息管理（SIM）和安全事态管理（SEM）工具的整合，其中，SIM 提供信息日志的收集、存储和检索功能，SEM 提供基于日志的威胁发现能力。

SIEM 产品常基于 ElasticSearch、ClickHouse、Spark、Flink 等大数据处理引擎实现，以提供强大的数据汇聚处理能力。SIEM 还具有丰富的规则执行能力，能够执行事态关联规则和威胁告警规则。这些规则定义了对 SIEM 数据的处理方式，需要由外部提供，这意味着 SIEM 的效果依赖于规则的质量乃至分析师的能力。SIEM 可以同 UEBA 进行整合，前者为后者提供数据来源，而后者则增强了前者的洞察检测能力。

5.5.10　EPP 与 EDR

端点保护平台（Endpoint Protection Platform，EPP）是为了扩展传统 AV 的功能而发展出的综合性端点保护方案。EPP 多用于企业环境，在各个用户端点分别运行软件代理，实施统一安全控制，这种具备中枢控制节点的分布式架构类似于 DM。EPP 打包了多种安全能力，包括 AV、防火墙、反间谍软件、IDS、IPS 等，但各类安全能力之间的协同性较弱。

端点检测响应（Endpoint Detection & Response，EDR）是 EPP 的进化形态，提升了端点间的协同联动，强化了跨端点的行为可视性和关联分析能力，因而体现出更好的威胁检测与响应效果。Gartner 对 EDR 的定义是：一种能够记录和存储端点系统级别行为的解决方案，使用多种数据分析技术检测可疑的系统行为、提供关联信息、阻断恶意行为，并提供受影响系统的修复建议。不过，为了避免 EDR 对业务环境造成误伤，EDR 在响应环节难以实现完全的自动化，一般是提供告警和调查支持功能，引导安全专家手动完成响应处置。EDR 是一个跨节点的体系，在端点侧执行遥测采集，进而在中枢处理节点执行集中式数据分析，最终又回归端点实施阻断遏制。EDR 产品大多从 EPP 或 DM 发展而来，擅长终端环境安全防护，少数 EDR 产品是从 HIDS 发展而来，对服务器主机环境驾轻就熟。

5.5.11　NTA 与 NDR

网络流量分析（Network Traffic Analysis，NTA）是一种在网络流量中检测异常行为的产品。Gartner 对 NTA 的定义是，运用机器学习、高级分析和规则检测等多种技术对企业网络中的可疑行为进行检测。在 NTA 的发展过程中，NIDS 是"传统"的，通常只支持基于签名匹配的误用检测手段，而 NTA 则进一步具备了高级分析手段和异常检测功能。NTA 的早期形态称作 NBA（网络行为分析，Network Behavior Analysis），一般用于 L3 层的会话流分析。有一类同 NTA 相关的产品叫作网络取证器/网络取证技术（Network Forensics Tool/Technology，NFT），旨在留存网络流量，以备日后取用。Gartner 的定义是，NFT 是一种技术，它支持出于安全意图在网络中的特定位置对任意网络流量进行捕获、存储、索引、处理、搜索和分析。

网络检测响应（Endpoint Detection & Response，NDR）在 NTA 的检测（D）能力基础上增加了响应（R）能力。在 NDR 的语境下，NTA 还是太"传统"，其分析能力主要限于统计分析，而 NDR 的检测功能还有机器学习、威胁情报等 "先进" 能力的加持。如果排除商业因素，NTA 就是一种高级的 NIDS，并且等同于 NDR 的 "D" 功能。

SIEM、EDR 和 NDR 被 Gartner 合称为 SOC 的 "可视性三角"（visibility triad），三类产品分别从系统日志、终端状态和网络行为角度侦察网络威胁，联合使用可以构成纵深防御体系，产生 "1+1>2" 的效果。EDR 和 NDR 也可以充当 SIEM 的数据源。不过，随着网络流量加密化的日益普及，NTA/NDR 的效果将越发受限。

5.5.12 XDR

扩展检测响应（Extended Detection & Response，XDR）是一种堪比 "可视性三角" 的产品类型，强调对多源数据的汇聚、规约和关联。业界普遍认为 XDR 源于 EDR，是 EDR 整合了 NDR 视野后的进化形态。咨询公司 ESG 给出了 XDR 的一个定义：跨越异构 IT 架构的安全产品集成化套件，负责威胁预防、检测和响应等多个安全要素之间的协调和互操作。2018年，Palo Alto 的首席技术官 Nir Zuk 首次提出了 XDR 概念。此后这一概念被业界不断添砖加瓦，安全厂商纷纷将自己的产品能力融入其中，宣称这是 XDR 的必备组件。ESG 的研究表明，企业普遍希望 XDR 产品所提供的功能包括：端点/服务器/云工作负载安全、网络安全、常见的攻击媒介（即 Email/Web）防护、沙箱、威胁情报和数据分析。某些 XDR 供应商还添加了基本的安全编排、自动化和响应（SOAR）功能。

XDR 同 SIEM 存在竞争。在 XDR 的故事里，SIEM 注重多源日志的聚合，但对日志的关联分析和深入挖掘则依赖于外部智慧的驱动，SIEM 只提供执行力；而 XDR 在整合 EDR、NDR 等数据源的基础上，主动地执行数据融合和信息富化，可提高分析师的工作效率。XDR 相比 SIEM 通常更为轻量化，更适合预算有限的中小企业。

5.5.13 CWPP

Gartner 针对云环境下的工作负载（workload）保护需求，发明了云负载保护平台（Cloud Workload Protection Platform，CWPP）这个名词。工作负载是夹在基础设施和应用程序之间的中间层次。《ISO/IEC/IEEE 24765 系统与软件工程词汇》将工作负载定义为 "给定计算机系统通常运行的计算任务的混合体"，其重要特征属性包括 "输入输出需求，计算量和计算类型，所需计算资源等"。工作负载是云的基本组成单元，包含了相关的组件和资源，如数据和网络带宽。云中的典型工作负载类型包括 API、后台处理程序、前端运算逻辑、云虚拟机、容器化应用、无服务器函数（serverless function）等。

CWPP 应帮助企业敏捷适应现实中的复杂异构信息环境，针对各类工作负载提供在非云、单云、多云、混合云环境下的一致性安全机制，包括可视性和安全控制能力，助力工作负载跨环境轻松迁移而无须从头构建安全防护。Gartner 提出了 CWPP 的五项核心功能、两项重要功能和一项可选功能。

- CWPP 的核心功能包括：加固、配置和漏洞管理；基于身份的隔离和网络可视性；系统完整性保障；应用控制与白名单；漏洞利用防护与内存保护。
- CWPP 的两项重要功能可以在工作负载之外执行，包括：服务器工作负载行为监控

（服务器 EDR）和威胁检测响应（TDR）；具备漏洞屏蔽（vulnerability shielding）能力的 HIPS。

- 反恶意软件扫描是 CWPP 的可选功能，应该在文件存储系统上实施。

5.5.14 CNAPP

当 CWPP 的概念在业内普及之后，Gartner 又在 2020 年的一份报告中提出了 CNAPP（云原生应用保护平台，Cloud-Native Application Protection Platform）这个名词，可看作对 CWPP 概念的升级。云原生（cloud-native）是指充分利用云环境优势的应用开发方式，云原生应用的典型特征包括微服务架构、容器化或无服务器、DevOps 敏捷迭代等。由于版本快速更迭，安全测试也必须融入 DevOps 流水线，从而保持同步的敏捷，形成 DevSecOps 流水线。CNAPP 强调云原生应用在整个 DevSecOps 过程中拥有协同一致的安全保护机制，覆盖开发环境和生产环境中的安全能力。如果说 CWPP 是为了实现跨空间的安全能力融合，CNAPP 则进一步追求跨时间、跨阶段的安全能力融合。CNAPP 所集成的安全能力非常广泛，涵盖了 CWPP、CIEM（云基础设施权利管理，Cloud Infrastructure Entitlements Management）、CSPM（云安全态势管理，Cloud Security Posture Management）以及多种安全扫描能力。其中，CSPM 产品提供针对云基础设施的安全配置管理（SCM）能力，以自动化方式管理云资产的配置，持续发现和修复不合规配置，实现安全合规目标。

5.5.15 CIEM

CIEM 又称云身份治理（Cloud Identity Governance，CIG），是针对云环境的 IAM（身份与访问管理）工具，协助企业发现过度授权事项，贯彻最小权限原则，缩小攻击面。CIEM 需要适应各类复杂的云环境，对这些环境中的身份、ACL 和访问数据进行自动读取分析。CIEM 的工作方式是对主体和客体间的授权信息进行持续监控分析，对访问记录进行持续审计，经风险计算后生成改进的访问控制策略。

5.5.16 CASB

云访问安全代理（Cloud Access Security Broker，CASB）是 Gartner 针对云安全策略管理提出的产品概念。根据 Gartner 的解释，CASB 是本地（on-premises）或云上的安全策略执行点，位于云服务的消费者和提供商之间，以便在访问云资源时能统合植入企业的安全策略；CASB 整合了对多种安全策略的执行，这些安全策略的例子包括身份鉴别、单点登录、授权、凭据映射、设备画像（device profiling）、加密、脱敏（tokenization）、日志记录、告警、恶意软件检测预防等。CASB 的意义在于，在现代企业复杂的 IT 环境（如混合云、多云环境）下，能提供集中、统一的云访问安全管理。由于对云资源的访问都要经过 CASB，CASB 还能够增强云资产与用户设备的可视性，及时发现影子 IT。与 CWPP 相比，CASB 的覆盖范围以 SaaS 为主，CWPP 则侧重于 IaaS。在 SaaS 环境中，应用服务由云服务商提供，企业的价值资产主要是数据，因此数据安全是 CASB 的保障重点。

5.5.17　SWG

根据 Gartner 的定义，安全 Web 网关（Secure Web Gateway，SWG）是一种解决方案，它可以在用户的 Web 流量中滤除不受欢迎软件和恶意软件，并根据企业策略和法律法规对流量实施合规管控。SWG 用于保障用户 Web 浏览过程的安全性和合规性，它可以防止不安全的互联网流量流入企业内部网络，也可以用于对员工实施上网管理。简而言之，SWG 既能防止员工中招木马，又能限制员工工作期间上网娱乐。Gartner 认为，SWG 至少应包含的功能有：URL 过滤、恶意代码检测过滤、主流 Web 应用（如即时通信、Skype 等）控制。越来越多的 SWG 解决方案还包含了 DLP 能力。

SWG 与 WAF 的名称中都带有 Web，其区别在于，SWG 采用正向代理，可部署在办公网出口或网络边缘侧，用于保护（及管控）Web 用户；WAF 通常是反向代理，多部署在数据中心或云端，用于保护 Web 服务。

5.5.18　ZTNA

VPN 远程访问方案的主要缺点在于，设备一旦通过认证，便被给予过大信任。这些设备像内网设备一样可以自由访问企业资源，而不论其上是否存在恶意软件，是否为恶意人员所窃取，这会带来安全隐患。VPN 对远程设备的信任是非黑即白的，是粗粒度、静态的，而有效的安全管控需要灰度、精细和动态的信任。另外，VPN 服务本身还是企业网络最大的暴露面之一，VPN 的安全漏洞将产生严重恶果。

2010 年，Forrester 公司的 JohnKindervag 提出了零信任（Zero Trust，ZT）的概念，强调了信任要从零建立，默认条件下不予信任。目前，零信任这个标签泛指符合"持续验证、动态信任"理念的各类技术和措施。零信任的基本思想是，利用尽可能多的环境上下文因素，持续维护账号和设备的行为档案，通过综合分析形成信任水平，结合行为档案和信任水平对用户的每一次网络请求进行风险评估，从而实现灰度化、精细化、动态化控制。零信任网络访问（Zero Trust Network Access，ZTNA）被视为 VPN 的竞争者，由 Gartner 公司在 2019 年 4 月提出，本质是通过软件定义边界（Software Defined Perimeter，SDP）技术实现远程接入功能。SDP 这一术语在 2014 年由国际组织云安全联盟（CSA）提出，其核心思想是"先认证后连接"，在网络层隐藏企业资源，其 IP 地址只对通过认证的用户可见，这是建立网络连接的前提。SDP 通过软件层面的运作改变用户视线中的网络拓扑，这一思想借鉴自软件定义网络（SDN）技术。SDP 可以结合用户行为分析和多因素认证（MFA）实现零信任思想所强调的灰度、精细、动态控制。SDP 的技术思想起源于 2007 年美国国防部（DoD）的"黑核"网络计划。DoD 将隐藏的网络资产称为"黑"，SDP 在该机构中称作黑云。

SDP 的架构涉及三种角色：发起主机（Initiating Host，IH）、控制器和接受主机（Accept Host，AH）。IH 对应客户端用户，AH 对应置于网络资源之前的网关。AH 默认拒绝和丢弃所有访问流量，除非它们来自控制器或有控制器的背书，因此是默认隐藏的。SDP 的控制器可以是硬件设备或软件程序，通过单包授权（SPA）技术得到保护。上线的 IH 和 AH 都需要在控制器处进行身份认证。当 IH 需要访问某个资源时，控制器将确定它被允许访问的 AH 列表，然后通知这些 AH 接受该 IH 的连接，并将这个 AH 列表告知 IH。此后，IH 通过单包授权技术访问 AH，并创建加密连接访问 AH 后面的网络资源。数据平面与控制平面的分离是 SDP 的一个特点，身份认证通道和后续的资源访问通道是隔开的，这种设计被认为具有良好的可扩展性。

5.5.19　SASE 与 ZTE

除了 ZTNA 外，安全访问服务边缘（Secure Access Service Edge，SASE）是 Gartner 基于零信任理念提出的另一个产品概念创新。零信任是宽泛的理念，SASE 和 ZTNA 都是符合零信任理念的产品形态。

2019 年 8 月，Gartner 分析师 Neil MacDonald 首次提出了 SASE 的概念。根据 Gartner 的解释，SASE 提供了"融合网络"（converged network）和"安全即服务"（security as a service）能力，包括 SD-WAN（软件定义广域网，Software Defined Wide Area Network）、SWG、CASB、NGFW 和 ZTNA；SASE 支持分支机构、远程办公和本地安全访问等应用场景；SASE 主要作为一种服务形态进行交付，使得基于设备或实体身份、结合实时上下文和安全合规策略的零信任访问成为可能。

此处介绍一下 SD-WAN，它是一种新型的广域网（WAN）组网方案，采用软件定义的方式提供了虚拟化的 WAN 架构，可以在应用层实施统一的精细控制，让网络建设不依赖于特定的底层传输技术和硬件设备，具有配置灵活、部署快捷、安全可靠的特点。SD-WAN 常用于大型企业的分支机构网络设施建设，它避免了传统 WAN 架构中分支机构流量必须回程（backhual）到总部的缺陷，从而提升网络性能。

SASE 是部署在网络边缘侧的服务。边缘侧是指在用户与应用服务之间的互联网设施中更接近用户侧的网络位置，一般用于部署代理服务，如用于提升网络资源加载速度的 CDN 服务。由于用户遍布各地，边缘侧部署意味着服务也要相应分发到广阔的地域。在边缘侧实施安全控制的理念是对传统围墙式安全模型的颠覆。围墙式安全模型认为企业有明显的网络边界，只要牢牢守住边界就能抵御外部威胁。但企业上云的趋势和员工居家办公的潮流让企业的边界抽象化了，不再具有典型的围墙形态。

随着 Gartner 大力宣传 SASE 概念，发明了零信任概念的 Forrester 公司也开始跟进，于 2021 年 1 月提出 ZTE（零信任边缘，Zero Trust Edge）模型。Forrester 指出，零信任有两类实现，一是位于数据中心的资源侧零信任，二是边缘侧零信任。ZTE 和 SASE 都属于边缘侧零信任，也就是在边缘侧执行安全策略，实施安全控制。Forrester 指出，ZTE 和 SASE 模型是相似的，区别在于 ZTE 的重点是零信任，要先解决安全访问问题，再考虑长期性的网络重构问题。SASE 方案包含了 SD-WAN 等网络工程目标，强调网络重构与安全升级要同步开展，对企业 IT 的变革幅度较为敏感，显得太过厚重。

5.5.20　SSE

安全服务边缘（Security Service Edge，SSE）是 Gartner 在 2021 年提出的产品概念，作为 SASE 的子集，因去掉 SASE 中的字母 A 而得名。SSE 放弃了 SASE 关于网络与安全捆绑

销售的策略，剥离了 SD-WAN 等网络能力要素，只保留了核心的安全能力，即 CASB、SWG
和 ZTNA，让企业得以低成本启动。厂商的 SSE 解决方案还可以进一步包含 FWaaS（防火墙
即服务）、RBI（远程浏览器隔离）、DLP 等组件。Gartner 强调，SD-WAN 并没有死去，SSE
也不会替代 SASE。

SSE 作为边缘侧安全服务，其价值就在于将安全控制的触角延伸到了广阔的边缘空间，
也就是紧邻用户和物联网设备的活动位置。同时，SSE 又建立了集中、统一的决策大脑，旨
在提供一张快捷、高效的安全天网。SWG 和 CASB 用作 SSE 的组件时，需要作为边缘云平
台实现全球交付，保证用户无论身处何地，无论在岗、出差还是居家，都能快速连接。

5.5.21 SOAR

SOAR 是 Gartner 在 2015 年提出的产品概念，中文为"安全运营、分析与报告"（Security
Operations，Analytics & Reporting）。2017 年，Gartner 将 SOAR 改述为"安全编排、自动化与响
应"（Security Orchestration，Automation & Response），含义发生了较大变化。Gartner 给出的术
语解释是："SOAR 是赋能组织收集安全运营团队监控结果的技术。例如，安全告警就是这
类监控结果，它们来自 SIEM 系统或其他安全技术，这些技术通过整合人和机器的能力来执
行事件分析、分类，有助于对标准化的事件响应活动进行定义、排序和驱动。SOAR 工具让
组织以数字工作流的格式定义事件分析和响应规程。"

SOAR 是打包了多种安全能力的解决方案，Gartner 认为 SOAR 主要有三个组件：安全编
排与自动化（Security Orchestration & Automation，SOA）、安全事件响应平台（Security
Incident Response Platform，SIRP）、威胁情报平台（Threat Intelligence Platform，TIP）。其
中，TIP 助力事件上下文的信息富化；SIRP 负责对接 SIEM、TIP 等数据源，并输入其他上
下文信息，协助运营人员对安全事件的真伪和严重性执行研判，决定处置方案；SOA 接收
SIRP 的决议指令，启用既定的剧本（playbook），根据剧本的规定同其他安全设备进行联动，
协同实现自动化的事件处置。实际上，SOA 的应用场景要多于事件响应，它可以针对广泛
的安全运营任务完成标准操作规程（SOP）的定义和编排，实现人力的解放和效率的提升。
SOA 的难点在于建立同众多厂商设备之间的互操作性。

附 录

附录 A　网络安全文献常见缩略语

本附录收录了网络安全行业日常沟通中可能出现的上千条缩略语。相当多的缩略语有多种含义，下表大致按照行业相关度、词频等因素对多个含义进行排序。读者在阅读其他文献时如果遇到未加解释的缩略语，可以查询本附录获得中英文全称。

A ~ B

AAA：认证、授权与核查（Authentication, Authorization & Accounting）

AAAA：认证、授权、审计与核查（Authentication, Authorization, Auditing & Accounting）；DNS IPv6 地址资源记录（Address × 4）

AAC：自适应访问控制（Adaptive Access Control）

AAL：认证器保障级别（Authenticator Assurance Level）

AB：认证机构（Accreditation Body）

ABAC：基于属性的访问控制（Attribute-Based Access Control）

ABI：基于活动的情报（Activity-Based Intelligence）；应用二进制接口（Application Binary Interface）

ABIS：自动生物特征识别系统（Automated Biometric Identification System）

ABMS：先进战斗管理系统（Advanced Battle Management System）

ABNT：巴西国家标准化组织（葡萄牙语：Associação Brasileira de Normas Técnicas）

AC：访问控制（Access Control）；上网行为管理（Access Control）；应用接入数据中心（Application Center）；攻击复杂度（Attack Complexity）

ACE：访问控制项（Access Control Entry）

ACG：应用控制网关（Application Control Gateway）

ACK：确认标志（Acknowledge Flag）

ACL：访问控制列表（Access Control List）

ACM：国际计算机协会（Association for Computing Machinery）；访问控制矩阵（Access Control Matrix）；访问控制机制（Access Control Mechanism）

ACME：自动证书管理环境（Automatic Certificate Management Environment）

ACPI：高级配置与电源接口（Advanced Configuration and Power Interface）

ACS：访问控制服务（Access Control Service）

AD：活动目录（Active Directory）；积极防御（Active Defense）；架构描述（Architecture Description）；附加数据（Associated Data）

ADLS：Azure 数据湖存储（Azure Data Lake Storage）

ADM：资产定义与管理（Asset Definition & Management）；架构开发方法（Architecture Development Method）

ADP：自动数据处理（Automated Data Processing）

ADS：数据应用服务（Application Data Service）

AE：认证加密（Authenticated Encryption）

AEAD：关联数据的认证加密（Authenticated Encryption with Associated Data）

AEP：敌手模拟计划（Adversary Emulation Plan）；高级端点防护（Advanced Endpoint Protection）

AES：先进加密标准（Advanced Encryption Standard）

AES-NI：AES 指令集（Advanced Encryption Standard New Instructions）

AF：架构框架（Architecture Framework）

AFS：安德鲁文件系统（Andrew File System）

AGM：隶属图模型（Affiliation Graph Model）

AH：认证头部（Authentication Header）；接受主机（Accept Host）

AI：人工智能（Artificial Intelligence）

AICPA：美国注册会计师协会（American Institute of Certified Public Accountants）

AIDM：应用与基础设施依赖映射（Application and Infrastructure Dependency Mapping）

AIK：作证身份密钥（Attestation Identity Key）；自动化安装工具包（Automated Installation Kit）

AIO：多合一（All-In-One）；异步输入/输出（Asynchronous Input/Output）

AIS：自动标示共享（Automated Indicator Sharing）；自动化信息系统（Automated Information System）；船载自动识别系统（Automatic Identification System）

AIVD：荷兰情报安全总署（荷兰语：Algemene Inlichtingen en Veiligheidsdienst）

AJAX：异步 JavaScript 和 XML（Asynchronous Javascript and XML）

AKC：非对称密钥加密（Asymmetric Key Cryptography）

AKE：鉴别密钥交换（Authenticated Key Exchange）

ALE：年化损失预期（Annualized Loss Expectancy）

ALFA：授权策略简易语言（Abbreviated Language For Authorization）

ALPN：应用层协议协商（Application Layer Protocol Negotiation）

AM：资产管理（Asset Management）；访问管理（Access Management）；资产移动性（Asset Mobility）

AMD：超微半导体公司（Advanced Micro Devices，Inc）

AML：反洗钱（Anti-Money Laundering）

AMSI：反恶意软件扫描接口（Anti-Malware Scan Interface）

ANN：人工神经网络（Artificial Neural Network）；近似近邻（Approximate Nearest Neighbor）

ANS：美国国家标准（American National Standard）

ANSI：美国国家标准协会（American National Standard Institute）

ANSM：自适应网络安全模型（Adaptive Network Security Model）

ANSSI：法国国家信息系统安全局（法语：Agence Nationale de la Sécurité des Systèmes d'Information）

AOP：面向切面编程（Aspect-Oriented Programming）；面向代理编程（Agent-Oriented Programming）

AP：接入点（Access Point）；执行器轮廓（Actuator Profile）

aPAKE：非对称口令鉴别密钥协商（asymmetric Password-Authenticated Key Agreement）

APC：异步过程调用（Asynchronous Procedure Call）

APCERT：亚太地区计算机应急响应组（Asia Pacific Computer Emergency Response Team）

API：应用程序接口（Application Programming Interface）

APM：应用性能管理（Application Performance Management）；应用性能测量（Application Performance Measurement）

APN：接入点名称（Access Point Name）

APNG：亚太地区网络组织（Asia-Pacific Networking Group）

APNIC：亚太互联网络信息中心（Asia-Pacific Network Information Center）

APT：高级持久威胁（Advanced Persistent Threat）

ARF：资产报告格式（Asset Reporting Format）

ARIN：美洲互联网号码注册管理机构（American Registry for Internet Numbers）

ARM：高级精简指令集机器（Advanced RISC Machine）

ARO：年度发生率（Annualized Rate of Occurrence）

ARP：地址解析协议（Address Resolution Protocol）

AS：互联网自治域（Autonomous System）

ASA：自适应安全架构（Adaptive Security Architecture）；攻击面评估（Attack Surface Assessment）

ASan：地址检查器（Address Sanitizer）

ASC：公认标准委员会（Accredited Standards Committee）

ASCII：美国信息交换标准代码（American Standard Code for Information Interchange）

ASD：澳大利亚信号局（Australian Signals Directorate）

ASG：应用安全网关（Application Security Gateway）

ASIC：专用集成电路（Application Specific Integrated Circuit）

ASIM：高级安全信息模型（Advanced Security Information Model）

ASLR：地址空间布局随机化（Address Space Layout Randomization）

ASM：攻击面管理（Attack Surface Management）

ASN：互联网自治域编号（Autonomous System Number）；抽象语法标记（Abstract Syntax Notation）

ASOC：应用安全编排与关联（Application Security Orchestration & Correlation）

ASP：应用服务供应商（Application Service Provider）

ASR：攻击面缩减（Attack Surface Reduction）；自动服务器恢复（Automatic Server Recovery）

AST：应用程序安全测试（Application Security Testing）

ATS：iOS 应用传输安全（App Transport Security）

ATSD：数字对象体系架构应用技术与标准促进组织（DOA Application Technology Standardization & Development）

AST：应用安全测试（Application Security Testing）；抽象语法树（Abstract Syntax Tree）

ASTaaS：应用安全测试即服务（Application Security Testing as a Service）

ASTO：应用安全测试编排（Application Security Testing Orchestration）

ATM：异步传输模式（Asynchronous Transfer Mode）；自动取款机（Automated Teller Machine）

ATP：高级威胁防护（Advanced Threat Protection）

ATT&CK：对手战术、技术和常识（Adversarial Tactics, Techniques, and Common Knowledge）

AUP：可接受的使用策略（Acceptable Use Policy）

AV：反病毒（Anti-Virus）软件；攻击载体（Attack Vector）

AVC：应用漏洞关联（Application Vulnerability Correlation）

AVP：属性-值对（Attribute-Value Pair）

AVPTCC：病毒防治产品检验中心（Anti-Virus Products Testing and Certification Center）

AWARE：机构级自适应风险枚举（Agency-Wide Adaptive Risk Enumeration）

AWS：亚马逊云服务（Amazon Web Services）

A2AD：反介入/区域拒止（Anti-Access & Area Denial）

BaaS：备份即服务（Backup-as-a-Service）；后端即服务（Backend-as-a-Service）

BAB：谷歌 Borg 二进制授权（Binary Authentication on Borg）

BAC：越权访问（Broken Access Control）

BAH：博思艾伦公司（Booz Allen Hamilton）

BAN：体域网（Body Area Network）

BAS：入侵与攻击模拟（Breach & Attack Simulation）

BBN：雷神 BBN 科技公司（Bolt Beranek and Newman Inc.）

BBS：电子布告栏系统（Bulletin Board System）

BBU：基带单元（Base Band Unit）

BCDR：业务连续性与灾难恢复（Business Continuity & Disaster Recovery）

BCG：波士顿咨询（The Boston Consulting Group）

BCP：业务连续性计划（Business Continuity Plan）

BCM：业务连续性管理（Business Continuity Management）

BCR：约束性公司准则（Binding Corporate Rules）

BEAST：BEAST 攻击（Browser Exploit Against SSL/TLS）

BER：基本编码规则（Basic Encoding Rules）

BERT：基于变换器的双向编码器表示（Bidirectional Encoder Representations from Transformers）

BEP：行为执行预防（Behavior Execution Prevention）

BFA：暴力破解攻击（Brute Force Attacking）

BFT：拜占庭容错问题（Byzantine Fault Tolerance）

BGP：边界网关协议（Border Gateway Protocol）

BHO：浏览器助手工具（Browser Helper Object）

BI：商业智能（Business Intelligence）

BIA：业务影响分析（Business Impact Analysis）

BIOS：基本输入输出系统（Basic Input Output System）

BIS：美国工业与安全局（Bureau of Industry and Security）

BLL：业务逻辑层（Business Logic Layer）

BLOB：二进制大对象（Binary Large Objects）

BLP：贝尔-拉帕杜拉（Bell-LaPadula）模型；旁路标签处理（Bypass Label Processing）

BMIS：信息安全业务模型（Business Model for Information Security）

BOD：约束性行动指令（Binding Operational Directives）；董事会（Board of Directors）

BoF：话题兴趣组（Birds of a Feather）

BOSS：业务运营支撑系统（Business & Operation Support System）

BP：基本实践（Base Practice）；反向传播（Back Propagation）

BPD：业务流程图（Business Process Diagram）

BPF：伯克利包过滤器（Berkeley Packet Filter）

BPGL：最佳实践指南库（Best Practice Guide Library）

BPMN：业务流程建模与标注（Business Process Modeling Notation）

BPR：业务流程再造（Business Process Reengineering）

BRA：基线评估（Baseline Risk Assessment）

BSC：基站控制器（Base Station Controller）

BSD：伯克利软件套件（Berkeley Software Distribution）

BSI：德国联邦信息安全办公室（德语：Bundesamt für Sicherheit in der Informationstechnik）；英国标准协会（British Standards Institution）

BSS：未初始化数据块（Block Started by Symbol）

BTC：比特币（Bitcoin）

BYOD：用户自带设备（Bring Your Own Device）

BYOE：企业自助使用（Bring Your Own Enterprise）

C ~ D

CA：数字证书认证机构（Certificate Authority）；保密协议（Confidentiality Agreement）

C&A：认证认可（Certification & Accreditation）

CAA：证书颁发机构授权（Certification Authority Authorization）

CAADM：网络敏捷性和防御机动（Cyber Agility and Defensive Maneuver）

CaaS：容器即服务（Container as a Service）

CAASM：网络资产攻击面管理（Cyber Asset Attack Surface Management）

CAAT：计算机辅助审核技术（Computer-Assisted Audit Techniques）

CAB：变更顾问委员会（Change Advisory Board）

CAC：国家互联网信息办公室（Cyberspace Administration of China）；通用访问卡（Common Access Card）；用户获取成本（Customer Acquisition Cost）

CACAO：协作式自动化响应措施操作（Collaborative Automated Course of Action Operations）

CACR：中国密码学会（Chinese Association for Cryptologic Research）

CAD：计算机辅助设计（Computer Aided Design）

CAE：首席审计官（Chief Audit Executive）

CAL：网络攻击生命周期（Cyber Attack Lifecycle）

CAM：网络资产测绘（Cyberspace Asset Mapping）；计算机辅助制造（Computer Aided Manufacturing）

CAN：控制器局域网（Controller Area Network）

CANET：中国学术网（Chinese Academic Network）

CAP：云接入点（Cloud Access Point）；组合确保包（Composed Assurance Package）

CAPEC：通用攻击模式枚举和分类（Common Attack Pattern Enumeration & Classification）

CAPP：受控访问保护轮廓（Controlled Access Protection Profile）

CAPTCHA：验证码（Completely Automated Public Turing Test to tell Computers and Humans Apart）

CAR：网络分析知识库（Cyber Analytics Repository）

CARO：计算机反病毒研究组织（Computer Anti-virus Researchers Organization）

CARTA：持续自适应风险与信任评估（Continuous Adaptive Risk and Trust Assessment）

CAS：集中式认证服务（Central Authentication Service）；持续应用安全（Continuous Application Security）；中国科学院（Chinese Academy of Sciences）；中国标准化协会（China Association for Standardization）

CASB：云访问安全代理（Cloud Access Security Broker）

CASCO：ISO 合格评定委员会（ISO Committee on Conformity Assessment）

CASE：计算机辅助软件工程（Computer-Aided Software Engineering）

CATR：电信研究院（China Academy of Telecommunication Research）

CAVP：加密算法确认程序（Cryptographic Algorithm Validation Program）

CBAC：基于主张的访问控制（Claims-Based Access Control）；基于上下文的访问控制（Context-Based Access Control）

CBC：密文块链接模态（Cipher Block Chaining）

CBI：云浏览器隔离（Cloud Browser Isolation）；主张式身份（Claims-Based Identity）

CBK：通用知识体系（Common Body of Knowledge）

CBM：组件化业务模型（Component Business Model）

CBOR：简明二进制对象表示（Concise Binary Object Representation）

CBPR：跨境隐私规则（Cross-Border Privacy Rule）

CC：挑战黑洞攻击（Challenge Collapsar）；信息技术安全评价通用准则（Common Criteria for Information Technology Security Evaluation）；机密计算（Confidential Computing）；隐秘信道（Covert Channel）；客户端证书（Client Certificate）

C&C：命令与控制（Command & Control）；编码和密码（Code & Cypher）

CCA：选择密文攻击（Chosen-Ciphertext Attack）；持续配置自动化（Continuous Configuration Automation）；思杰认证管理员（Citrix Certified Administrator）；思科认证架构师（Cisco Certified Architect）；克林格-科恩法案（Clinger-Cohen Act）；应急能力评估（Contingency Capabilities Assessment）；成本效益分析（Cost-Consequences Analysis）；英国网络评估中心（Centre for Cyber Assessment）

CCAA：中国认证认可协会（China Certification and Accreditation Association）

CCAC：云计算顾问委员会（Cloud Computing Advisory Council）

CCAIA：中国网络安全与信息化产业联盟（China Cyberspace Affairs Industry Alliance）

CCA2：自适应选择密文攻击（Adaptive Chosen Ciphertext Attack）

CCC：中国强制性认证（China Compulsory Certification）；网络安全协作中心（Cybersecurity Collaboration Center）

CCDB：通用准则开发组（Common Criteria Development Board）

CCE：通用配置枚举（Common Configuration Enumeration）

CCF：中国计算机学会（China Computer Federation）

CCFIR：紧凑控制流完整性和随机化（Compact Control Flow Integrity and Randomization）

CCI：网络反间谍（Cyber Counterintelligence）；通用控制索引（Common Control Index）

CCIA：中国网络安全产业联盟（China Cybersecurity Industry Alliance）

CCIE：思科认证网络专家（Cisco Certified Internetwork Expert）

CCIR：国际无线电咨委会（法语：Comité Consultatif International pour la Radio）

CCITT：国际电报电话咨委会（法语：Comité Consultatif International Téléphonique et Télégraphique）

CCL：商业管制清单（Commerce Control List）

CCM：CBC-MAC 计数器模态（Counter with Cipher block chaining Message authentication code）；云端安全控制矩阵（Cloud Control Matrix）；通信协处理器模块（Communications Coprocessor Module）

CCMB：通用准则维护组（Common Criteria Maintenance Board）

CCN：以内容为中心的网络（Content Centric Networking）；西班牙国家密码中心（西班牙语：Centro Criptológico Nacional）

CCNA：中国计算机大会（China National Computer Conference）思科认证网络工程师（Cisco Certified Network Associate）

CCNP：思科认证网络专业人员（Cisco Certified Network Professional）

CCoA：网络响应措施（Cyber Course of Action）

CCOP：网络空间通用作战图（Cyber Common Operational Picture）

CCPA：加州消费者隐私法案（California Consumer Privacy Act）

CCR：中央控制室（Central Control Room）

CCRA：通用准则互认约定（Common Criteria Recognition Arrangement）

CCRC：中国网络安全审查技术与认证中心（China Cybersecurity Review Technology and Certification Center）

CCS：ACM 计算机与通信安全会议（the ACM Conference on Computer & Communications Security）

CCSA：中国通信标准化协会（China Communications Standards Association）

CCSC：网络安全能力认证（Certification for Cyber Security Competence）

CCSP：网络安全等级保护（Classified Cyber Security Protection）；CCF 大学生计算机系统与程序设计竞赛（Collegiate Computer Systems & Programming contest）

CCSRP：网络与信息安全应急人员认证（Certified Cyber Security Response Professional）

CCSS：通用配置评分系统（Common Configuration Scoring System）

CCTC：商用密码检测中心（Commercial Cryptography Testing Center）

CCTV：闭路电视（Closed Circuit Television）

CD：持续交付（Continuous Delivery）；委员会草案（Committee Draft）

CDA：保密协议（Confidential Disclosure Agreement）

CDC：证书分发中心（Certificate Distribution Center）；云数据中心（Cloud Data Center）；资质国防承包商（Cleared Defense Contractor）；核心数据中心（Core Data Center）；疾病控制中心（Center for Disease Control）

CDD：码分复用（Code Division Duplexing）

CDES：跨域企业级服务（Cross Domain Enterprise Service）

CDH：计算 DH 协议（Computational Diffie-Hellman）；Cloudera Hadoop 发行版（Cloudera's Distribution including Apache Hadoop）

CDI：客户数据集成（Customer Data Integration）；上下文和依赖注入（Contexts and Dependency Injection）；受约数据项（Constrained Data Item）

CDM：公共数据模型（Common Data Model）；持续诊断和缓解（Continuous Diagnostics & Mitigation）；副本数据管理（Copy Data Management）；客户数据管理（Customer Data Management）

CDMA：码分多址（Code Division Multiple Access）

CDN：内容分发网络（Content Distribution Network）

CDP：潜在附带损害（Collateral Damage Potential）；客户数据平台（Customer Data Platform）；Cloudera 数据平台（Cloudera Data Platform）

CDR：话单记录（Call Detail Record）；云端检测与响应（Cloud Detection & Response）

CDS：跨域解决方案（Cross Domain Solution）

CE：网络窃取（Cyber Exploitation）

CEC：中国电子信息产业集团有限公司，简称中国电子（China Electronics Corporation）

CECPQ：综合椭圆曲线抗量子协议（Combined Elliptic-Curve and Post-Quantum）

CEM：通用准则评价方法论（CC Evaluation Methodology）

CEN：欧洲标准化委员会（法语：Comité Européen de Normalisation）

CENELEC：欧洲电工标准化委员会（法语：Comité Européen de Normalisation Électrotechnique）

CEP：复杂事件处理（Complex Event Processing）

CEPT：欧洲邮电管理会议（法语：Conférence Européenne des administrations des Postes et des Télécommunications）

CER：典范编码规则（Canonical Encoding Rule）

CERN：欧洲核子研究中心（法语：Conseil Européen pour la Recherche Nucléaire）

CERT：计算机应急响应小组（Computer Emergency Response Team）

CESD：英国通信电子安全部（Communications-Electronic Security Department）

CESG：GCHQ 通信电子安全组（Communications-Electronic Security Group）

CESS：网络空间内生安全（Cyberspace Endogenous Safety and Security）

CET：控制流强制技术（Control-flow Enforcement Technology）

CETC：中国电子科技集团有限公司（China Electronics Technology group Corporation）

CF：Cloudflare 公司（Cloudflare）；CF 卡（Compact Flash）；列族（Column Family）

CFA：特许金融分析师（Chartered Financial Analyst）

CFAA：计算机欺诈与滥用法案（Computer Fraud and Abuse Act）

CFB：密文反馈模态（Cipher Feedback）

CFEII：中国电子信息行业联合会（China Federation of Electronics and Information Industry）

CFG：控制流防护（Control-Flow Guard）；控制流图（Control Flow Graph）

CFI：控制流完整性（Control-Flow Integrity）

CFIUS：美国外国投资委员会（the Committee on Foreign Investment in the United States）

CFR：联邦法规（Code of Federal Regulations）

CGC：DARPA 网络安全挑战赛（Cyber Grand Challenge）

CGDCC：政务计算机终端核心配置（Chinese Government Desktop Core Configuration）

CGI：通用网关接口（Common Gateway Interface）

CGS：社区黄金标准框架（Community Gold Standard）

CHAP：挑战握手鉴别协议（Challenge-Handshake Authentication Protocol）

CHERI：权能硬件增强式 RISC 指令（Capability Hardware Enhanced RISC Instruction）

CI：关键基础设施（Critical Infrastructures）；反情报（Counter Intelligence）；配置项（Configuration Item）；基站小区标识（Cell Identifier）；持续集成（Continuous Integration）；融合基础设施（Converged Infrastructure）

CIA：保密性、完整性和可用性（Confidentiality，Integrity & Availability）；美国中央情报局（Central Intelligence Agency）；刑侦分析（Criminal Investigative Analysis）

CIAM：客户身份与访问管理（Customer Identity & Access Management）

CICA：加拿大特许会计师协会（Canadian Institute of Chartered Accountants）

CICC：中国指挥与控制学会（Chinese Institute of Command and Control）

CICS-CERT：国家工信安全中心（China Industrial Control Systems Cyber Emergency Response Team）

CIDF：通用入侵检测框架（Common Intrusion Detection Framework）

CIDR：无类域间路由（Classless Interdomain Routing）

CIEM：云基础设施权利管理（Cloud Infrastructure Entitlements Management）

CIG：云身份治理（Cloud Identity Governance）

CII：关键信息基础设施（Critical Information Infrastructure）

CIIP：关键信息基础设施保护（Critical Information Infrastructure Protection）

CIKR：关键基础设施和重要资源（Critical Infrastructures and Key Resources）

CIM：公共信息模型（Common Information Model）

CIMOM：公共信息模型对象管理器（Common Information Model Object Manager）

CIO：首席信息官（Chief Information Officer）

CIP：关键基础设施保护（Critical Infrastructure Protection）

CIRT：计算机事件响应组（Computer Incident Response Team）；网络应急响应小组（Cyber Incident Response Team）

CIS：全面内网安全（Comprehensive Intranet Security）；互联网安全中心（Center for Internet Security）；计算机信息系统（Computer Information System）

CISA：认证信息系统审核员（Certified Information Systems Auditor）；美国网络安全与基础设施安全局（Cybersecurity & Infrastructure Security Agency）；网络安全信息共享法案（Cybersecurity Information Sharing Act）

CISAW：信息安全保障人员认证（Certified Information Security Assurance Worker）

CISCP：网络信息分享协作计划（Cyber Information Sharing and Collaboration Program）

CISO：首席信息安全官（Chief information Security Officer）；注册信息安全管理员（Certified Information Security Officer）

CISP：注册信息安全专业人员（Certified Information Security Professional）

CISSO：认证信息系统安全官（Certified Information Systems Security Officer）；美国涉密信息共享和保护办公室（Classified Information Sharing and Safeguarding Office）

CISSP：信息系统安全专业认证（Certification for Information System Security Professional）

CJA：王冠珍珠分析（Crown Jewels Analysis）

CK：ClickHouse 数据库（ClickHouse）；Cohn-Kanade 数据集（Cohn-Kanade）；列键（Column Key）

CLG：社区主导型增长（Community-Led Growth）

CLOB：字符大对象（Character Large Object）

CLS：无证书签名（Certificateless Signature）

CM：配置管理（Configuration Management）；持续监视（Continuous Monitoring）

CMAC：基于密码的消息验证码（Cipher-based Message Authentication Code）

CMD：网络空间拟态防御（Cyber Minic Defense）；操作命令（Command）

CMDB：配置管理数据库（Configuration Management Database）

CMF：网络任务部队（Cyber Mission Force）；内容监控过滤（Content Monitoring & Filtering）；收集管理框架（Collection Management Framework）

CMM：能力成熟度模型（Capability Maturity Model）

CMMI：能力成熟度模型集成（Capability Maturity Model Integration）

CMMS：计算化维护管理系统（Computerized Maintenance Management System）

CMO：某兵棋推演软件（Command：Modern Operations）；配置管理员（Configuration Management Officer）；首席营销官（Chief Marketing Officer）

CMP：证书管理协议（Certificate Management Protocol）

CMS：密码消息语法（Cryptographic Message Syntax）；配置管理系统（Configuration Management System）；内容管理系统（Content Management System）

CMT：时序默克尔树（Chronological Merkle Tree）

CMU：卡耐基梅隆大学（Carnegie Mellon University）

CN：核心网（Core Network）；通用名（Common Name）

CNA：CVE 编号授权机构（CVE Numbering Authority）；计算机网络攻击（Computer Network Attack）

CnA：认证认可（Certification & Accreditation）

CNAAC：国家移动互联网应用安全管理中心（China National APP Administration Center）

CNAME：DNS 典范名称资源记录（Canonical Name）

CNAPP：云原生应用保护平台（Cloud-Native Application Protection Platform）

CNAS：中国合格评定国家认可委员会（China National Accreditation Service for Conformity Assessment）

CNC：数控机床（Computer Numerical Control）

CnC：指挥控制服务器（Command & Control）

CNCA：国家认证认可监督管理委员会（Certification and Accreditation Administration of the People's Republic of China）

CNCC：中国计算机大会（China National Computer Conference）

CNCERT：国家互联网应急中心（Computer Network Emergency Response Technical Team/ Coordination Center of China）

CNCF：云原生计算基金会（Cloud-Native Computing Foundation）

CNCI：美国国家网络安全综合计划（Comprehensive National Cybersecurity Initiative）

CND：计算机网络防御（Computer Network Defense）

CNE：计算机网络利用（Computer Network Exploitation）

CNF：容器化网络功能（Containerized Network Function）；云原生网络功能（Cloud-native Network Function）

CNI：容器网络接口（Container Network Interface）；关键国家基础设施（Critical National Infrastructure）

CNIL：法国国家数据保护委员会（法语：Commission Nationale Informatique et Libertés）

CNITSEC：中国信息安全测评中心（China Information Technology Security Evaluation Center）

CNMF：国家网络任务部队（Cyber National Mission Force）

CNNIC：中国互联网络信息中心（China Internet Network Information Center）

CNNVD：中国国家信息安全漏洞库（China National Vulnerability Database of Information Security）

CNRI：美国国家研究推进机构（Corporation for National Research Initiatives）

CNSS：美国国家安全系统委员会（Committee on National Security Systems）

CNSSI：美国国家安全系统委员会指示（Committee on National Security Systems Instruction）

CNVD：国家信息安全漏洞共享平台（China National Vulnerability Database）

CoA：行动措施（Course of Action）

COBIT：信息与相关技术控制目标（Control Objectives for Information and related Technology）框架

COFRAC：法国认可委员会（法语：Comité Français d'Accréditation）

COG：COG 信息安全论坛（Chown Group）

COI：利益冲突（Conflict Of Interest）

COM：组件对象模型（Component Object Model）

CONOPS：运营概念（Concept of Operations）

COOP：伪造面向对象编程攻击（Counterfeit Object-Oriented Programming）；运行连续性计划（Continuity Of Operations Plan）

COP：面向调用的编程攻击（Call-Oriented Programming）；通用作战图（Common Operational Picture）；实践社区（Community Of Practice）

COPS：某漏洞扫描器（Computer Oracle and Password System）；通用开放策略服务（Common Open Policy Service）

CORBA：通用对象请求代理架构（Common Object Request Broker Architecture）

CORS：跨域资源共享（Cross-Origin Resource Sharing）

COS：片内操作系统（Chip Operating System）

COSO：特雷德韦委员会发起人委员会（Committee of Sponsoring Organizations of the Treadway Commission）

COTS：商用现货（Commercial Off-The-Shelf）

CP：应急计划（Contingency Planning）；证书策略（Certificate Policy）；复制（copy）

CPE：客户现场设备（Customer Premise Equipment）；通用平台枚举（Common Platform Enumeration）

CPM：关键路径法（Critical Path Method）

CPTPP：全面与进步跨太平洋伙伴关系协定（Comprehensive and Progressive agreement for Trans-Pacific Partnership）

CPU：中央处理器（Central Processing Unit）

CQRS：命令与查询职责分离（Command & Query Responsibility Segregation）

CR：网络韧性（Cyber Resilience）

CRC：循环冗余校验（Cyclic Redundancy Check）

CPA：选择明文攻击（Chosen-Plaintext Attack）；注册会计师（Certified Public Accountant）；单次获客成本（Cost Per Acquisition）；商用产品确保（Commercial Product Assurance）

CPB：单字节运算时间（Cycles Per Byte）

CPI：代码指针完整性（Code-Pointer Integrity）

CPO：首席隐私官（Chief Privacy Officer）

CPRNG：密码学安全伪随机数生成器（Cryptographically secure Pseudo-Random Number Generator）

CPS：代码指针分离（Code-Pointer Seperation）；赛博物理系统（Cyber-Physical System）；续体传入风格（Continuation-Passing Style）

CPTED：基于环境设计的犯罪预防（Crime Prevention Through Environmental Design）

CRASH："韧性、自适、安全主机清洁设计"计划（Clean-Slate Design of Resilient, Adaptive, Secure Hosts）

CR：网络韧性（Cyber Resiliency）

CRA：代码重用攻击（Code Reuse Attack）

CRAMM：中央计算和电信机构风险分析与管理方法（Central computing & telecommunications agency Risk Analysis and Management Method）

CREF：网络韧性工程框架（Cyber Resiliency Engineering Framework）

CRL：证书废止列表（Certificate Revocation List）

CRM：客户关系管理（Customer Relationship Management）

CRQ：网络风险量化（Cyber Risk Quantification）

CRSM：网络空间资源测绘（Cyberspace Resource Surveying & Mapping）

CRTM：可信度量根的核心（Core Root of Trust for Measurement）

CS：渗透工具（Cobalt Strike）；某安全厂商（Crowd Strike）；电路交换（Circuit Switching）；计算机科学（Computer Science）

CSA：网络安全态势感知（Cyber Security Awareness）；云安全联盟（Cloud Security Alliance）；新加坡网络安全局（Cyber Security Agency）

CSAAC：网络态势感知分析能力（Cyber Situational Awareness Analytic Capabilities）

CSAF：通用安全通报框架（Common Security Advisory Framework）

CSBA：美国战略与预算评估中心（Center for Strategic and Budgetary Assessments）；亚马逊客户服务（Customer Service By Amazon）

CS&C：美国网络空间安全和通信办公室（Office of Cybersecurity and Communications）

CSCP：美国通信系统主任委员会（Communication System Committee of Principals）

CSE：加拿大通信安全机构（Communications Security Establishment）

CSF：网络安全框架（Cyber Security Framework）

CSIA：网络安全和信息保障（Cyber Security & Information Assurance）

CSIRT：计算机安全事件响应组（Computer Security Incident Response Team）

CSM：网络空间测绘（Cyberspace Surveying & Mapping）；配置设定管理（Configuration Settings Management）

CSMA：网络安全成熟度评估（Cyber Security Maturity Assessment）；网络安全网格架构（Cyber Security Mesh Architecture）；载波侦听多路访问（Carrier-Sense Multiple Access）

CSME：Intel 融合式安全与管理引擎（Converged Security & Management Engine）

CSNET：计算机科学网（Computer Science Network）

CSO：首席安全官（Chief Security Officer）；首席战略官（Chief Strategy Officer）；首席问题官（Chief Solution Officer）；美国网络空间安全办公室（Cyberspace Security Office）；

GCHQ 复合信号组织（Composite Signals Organisation）

CSP：内容安全策略（Content Security Policy）；云服务提供商（Cloud Service Provider）；关键安全参数（Critical Security Parameter）；加密服务供应程序（Cryptographic Service Provider）；凭证服务提供者（Credential Service Provider）；CCF 计算机软件能力认证（Certified Software Professional）；SNAP 从业人员认证（Certified SNAP Practitioner）

CSPEC：公安部信息安全等级保护评估中心（MPS Information Classified Protection Evaluation Center）

CSPM：云安全策略管理（Cloud Security Policy Management）；云安全态势管理（Cloud Security Posture Management）

CSPRNG：密码学安全的伪随机数生成器（Cryptographically Secure Pseudo-Random Number Generator）

CSR：凭证签发请求（Certificate Signing Request）；控制状态寄存器（Control and Status Register）

CSRF：跨站请求伪造（Cross Site Request Forgery）

CSS：层叠样式表（Cascading Style Sheets）；美国中央安全署（Central Security Service）

CSTC：密码行业标准化技术委员会（Cryptography Standardization Technical Committee）

CSTIS：网络安全威胁和漏洞信息共享（Cyber Security Threat Information Sharing）平台

CSU/DSU：通道服务单元/数据服务单元（Channel Service Unit/Data Service Unit）

CSV：逗号分隔值（Comma-Separated Values）

CT：证书透明度（Certificate Transparency）

CTA：认知任务分析（Cognitive Task Analysis）

CTAP：客户端认证器协议（Client to Authenticator Protocol）

CTF：夺旗赛（Capture The Flag）；打击恐怖主义融资（Counter-Terrorist Financing）；CTF 加载程序（ctfmon.exe）

CTI：网络威胁情报（Cyber Threat Intelligence）

CTID：威胁感知防御中心（the Center for Threat-Informed Defense）

CTIIC：美国网络威胁情报整合中心（the Cyber Threat Intelligence Integration Center）

CTR：计数器工作模式（CounTeR operation mode）

CTSRD："值得信赖的清洁安全研发"计划（Clean Slate Trustworthy Secure Research and Development）

CTTL：中国泰尔实验室（China Telecommunication Technology Labs）

CUDA：统一计算设备架构（Compute Unified Device Architecture）

CVD：协同漏洞披露（Coordinated Vulnerability Disclosure）

CVE：通用漏洞与暴露（Common Vulnerabilities & Exposures）

CVERC：国家计算机病毒应急处理中心（National Computer Virus Emergency Response Center）

CVRF：通用漏洞报告框架（Common Vulnerability Reporting Framework）

CVSS：通用漏洞评分系统（Common Vulnerability Scoring System）

C-V2X：蜂窝车联网（Cellular Vehicle-to-everything）

CW：克拉克-威尔逊（Clark Wilson）模型

CWC：卡特维根计数器（Carter Wegman+CTR）

CWE：通用弱点枚举（Common Weakness Enumeration）

CWPP：云负载保护平台（Cloud Workload Protection Platform）

CyBOK：网络安全知识体（The Cyber Security Body of Knowledge）

C2：命令与控制（Command & Control）

C2C：用户对用户（Consumer to Consumer）；合规连接（Comply to Connect）

C2M2：网络安全能力成熟度（Cybersecurity Capability Maturity Model）

C3：指挥、控制、通信（Command，Control，Communication）

C3I：指挥、控制、通信与情报（C3 & Intelligence）

C4I：指挥、控制、通信、计算机与情报（C3，Computer & Intelligence）

C4KISR：指挥、控制、通信、计算机、杀伤、情报、监视与侦察（C4，Killing & ISR）

C4ISR：指挥、控制、通信、计算机、情报、监视与侦察（C4 & ISR）

C5ISR：指挥、控制、通信、计算机、网络防御、情报、监视与侦察（C4，Cyber-defense & ISR）

C6ISR：指挥、控制、通信、计算机、网络防御、战斗系统、情报、监视与侦察（C5，Combat systems & ISR）

DAA：直接匿名作证（Direct Anonymous Attestation）

DAC：自主访问控制（Discretionary Access Control）

DAD：冗余地址检测（Duplicate Address Detection）

DAL：数据访问层（Data Access Layer）

DAMA：国际数据管理协会（the Data Management Association International）

DAO：数字工件本体（Digital Artifact Ontology）；数据访问对象（Data Access Object）；去中心化自治组织（Decentralized Autonomous Organization）

DARPA：美国国防先进研究计划局（Defense Advanced Research Projects Agency）

DASD：直接访问存储设备（Direct Access Storage Device）

DAST：动态应用安全测试（Dynamic Application Security Testing）

DAU：日均活跃用户数量（Daily Active User）

DBA：数据库管理员（DataBase Administrator）

DBF：数据库防火墙（DataBase Firewall）

DBI：动态二进制插桩（Dynamic Binary Instrumentation）

DBMS：数据库管理系统（DataBase Management System）

DBSCAN：噪声应用密度空间聚类算法（Density-Based Spatial Clustering of Applications with Noise）

DC：域控制器（Domain Controller）；主数据中心（Data Center）

DCE：数据电路终端设备（Data Circuit-Terminating Equipment）；分布式计算环境（Distributed Computing Environment）

DCEO：防御性网络行动（Defensive Cyber Effects Operation）

DCF：分布式协调功能（Distributed Coordination Function）

DCI：数据中心基础设施（Data Center Infrastructure）；数据中心互联（Data Center Inter-connect）

DCIM：数据中心基础设施管理（Data Center Infrastructure Management）

DCO：防御性网络行动（Defensive Cyber Operation）

DCOM：分布式组件对象模型（Distributed Component Object Model）

DCS：分布式缓存服务（Distributed Cache Service）；集散控制系统（Distributed Control System）

DC3：美国国防部网络犯罪中心（the Department of Defense Cyber Crime Center）

DDH：决策 DH（Decisional Diffie-Hellman）

DDM：动态数据脱敏（Dynamic Data Masking）

DDN：数字数据网络（Digital Data Network）

DDoS：分布式拒绝服务攻击（Distributed Denial of Service）

DE：数字实体（Digital Entity）；检测工程（Detective Engineering）

DEC：美国数字设备公司（Digital Equipment Corporation）

DeFi：去中心化金融（Decentralized Finance）

DEK：数据加密密钥（Data Encryption Key）

DEP：数据执行预防（Data Execution Prevention）

DEPA：数字经济伙伴关系协定（Digital Economy Partnership Agreement）

DER：可辨别编码规则（Distinguished Encoding Rules）

DES：数据加密标准（Data Encryption Standard）

DET：数据元素类型（Data Element Types）

DevOps：研发-运维（Development-Operations）

DevSecOps：研发-安全-运维（Development-Security-Operations）

DFG：数据流图（Data Flow Graph）

DFI：深度流检测（Deep Flow Inspection）

DFIR：数字取证与事件响应（Digital Forensics & Incident Response）

DFS：分布式文件系统（Distributed File System）

DGA：域名生成自动化（Domain Generation Automation）

DGPC：针对隐私、保密和合规的数据治理（Data Governance for Privacy, Confidentiality and Compliance）

DH：DH（Diffi-Hellman）

DHCP：动态主机配置协议（Dynamic Host Configuration Protocol）

DHE：临时 DH 协议（Diffie-Hellman Ephemeral）

DHKE：DH 密钥交换（Diffi-Hellman Key Exchange）

DHR：动态异构冗余（Dynamic Heterogeneous Redundancy）

DHS：最终硬件库（Definitive Hardware Store）；美国国土安全部（Department of Homeland Security）

DI：数据目录（Data Inventory）

DIA：美国国防情报局（Defense Intelligence Agency）

DIB：国防工业基地（Defense Industrial Base）

DID：去中心化身份标识（Decentralized Identifier）；分布式数字身份（Distributed Identifier）

DiD：纵深防御（Defense in Depth）

DIEA：美国国防部信息体系架构（DoD Information Enterprise Architecture）

DII：国防信息基础设施（Defense Information Infrastructure）

DIKW：数据-信息-知识-智慧（Data-Information-Knowledge-Wisdom）

DIM：维度（Dimension）

DIP：目的 IP（Destination IP）

DIS：国际标准草案（Draft International Standard）；数字免疫系统（Digital Immune System）

DISA：美国国防信息系统局（Defense Information Systems Agency）

DISN：国防信息系统网（Defense Information Systems Network）

DIUx：美国国防创新单元（Defense Innovation Unit Experimental）

DJCP：网络安全等级保护测评（汉语拼音：Deng Ji Ce Ping）

DKIM：域密钥标识邮件（Domain Keys Identified Mail）

DLL：动态链接库（Dynamic-Link Library）

DLP：数据泄露预防（Data Leakage Prevention）；数据丢失预防（Data Loss Prevention）

DLV：DNSSEC 旁路确认（DNSSEC Lookaside Validation）

DM：桌面管理（Desktop Management）；数据集市（Data Mart）

DMA：直接存储器访问（Direct Memory Access）

DMARC：基于域的消息鉴别、报告与符合性（Domain-based Message Authentication, Reporting & Conformance）

DMBOK：数据管理知识体系（Data Management Body of Knowledge）

DMCA：数字千年版权法（Digital Millennium Copyright Act）

DML：检测成熟度等级（Detection Maturity Level）；数据操纵语言（Data Manipulation Language）

DMN：决策模型和标记（Decision Model and Notation）

DMP：数据管理平台（Data Management Platform）

DMS：数据库迁移服务（Database Migration Service）；数字现代化战略（Digital Modernization Strategy）

DMZ：隔离区（Demilitarized Zone）

DN：可分辨名称（Distinguished Name）

DNA：数据网络架构（Digital Network Architecture）

DNAT：目的网络地址转换（Destination NAT）

DNI：美国国家情报总监（Director of National Intelligence）

DNN：深度神经网络（Deep Neural Networks）

DNC：分布式数控（Distributed Numerical Control）；美国民主党全国委员会（Democratic National Committee）

DNP：分布式网络协议（Distributed Network Protocol）

DNS：域名系统（Domain Name System）

DNSSEC：DNS 安全扩展（Domain Name System Security Extensions）

DNV：DNV 公司（挪威语：Det Norske Veritas）

DO：数字对象（Digital Object）

DOA：数字对象架构（Digital Object Architecture）

DoD：美国国防部（Department of Defense）

DoDIN：美国国防部信息网（Department of Defense Information Networks）

DoH：DNS-over-HTTPs（DNS over HTTPs）

DOI：数字对象标识符（Digital Object Identifier）

DOIP：数字对象接口协议（Digital Object Interface Protocol）

DONA：多纳基金会（DONA Foundation）

DOP：面向数据编程攻击（Data Oriented Programming）

DoS：拒绝服务（Denial of Service）

DOS：磁盘操作系统（Disk Operating System）

DoT：DNS-over-TLS（DNS over TLS）

DP：差分隐私（Differential Privacy）

DPA：差分能量分析（Differential Power Analysis）；数据处理协议（Data Process Agreement）；数据保护机构（Data Protection Agency）

DPDK：数据面开发套件（Data Plane Development Kit）

DPI：深度包检测（Deep Packet Inspection）

DPIA：数据保护影响评估（Data Protection Impact Assessment）

DPKI：分布式 PKI（Distributed PKI）

DPO：数据保护官（Data Protection Officer）

DRA：动态资源分配（Dynamic Resource Allocation）

DRBG：确定性随机比特生成器（Deterministic Random Bit Generator）

DR：灾难恢复（Disaster Recovery）

DRaaS：灾难恢复即服务（Disaster Recovery as a Service）

DRC：灾难恢复能力（Disaster Recovery Capability）

DRM：数字版权管理（Digital Rights Management）

DROWN：DROWN 攻击（Decrypting RSA with Obsolete and Weakened eNcryption）

DRP：数字风险保护（Digital Risk Protection）；灾难恢复计划（Disaster Recovery Plan）

DRPS：数字风险保护服务（Digital Risk Protection Service）

DRTM：动态可信度量根（Dynamic Root of Trust for Measurement）

DS：数据段（Data Segment）

DSA：数字签名算法（Digital Signature Algorithm）

DSbD：数字安全设计计划（Digital Security by Design）

DSG：数据安全治理（Data Security Governance）

DSGMM：数据安全治理能力成熟度（Data Security Governance Maturity Model）

DSL：数字用户线路（Digital Subscriber Line）；领域专用语言（Domain Specific Language）；最终软件库（Definitive Software Library）

DSLAM：数字用户线接入复用设备（Digital Subscriber Line Access Multiplexer）

DSM：数据安全管理（Data Security Management）

DSMM：数据安全能力成熟度模型（Data Security capability Maturity Model）

DSO：动态共享对象（Dynamic Shared Objects）

DSP：数据安全保护（Data Security Protection）；数据协作平台（Data Sharing Platform）；数据服务平台（Data Service Platform）；数字信号处理（Digital Signal Processing）

DSS：数字签名标准（Digital Signature Standard）；决策支持系统（Decision Support Systems）

DSSA：分布式系统安全架构（Distributed System Security Architecture）

DSSS：直接序列扩频（Direct Sequence Spread Spectrum）

DST：某 CA 机构（Digital Signature Trust）

DSVPN：动态智能 VPN（Dynamic Smart Virtual Private Network）

DTA：数据传输协议（Data Transfer Agreement）

DTD：文档类型定义（Document Type Definition）

DTLS：数据报安全传输层协议（Datagram Transport Layer Security）

DTR：技术报告草案（Draft Technical Report）

DTS：技术规范草案（Draft Technical Specification）

DTT：德勤公司（Deloitte）

DTE：数据终端设备（Data Terminal Equipment）

DV：域名验证型证书（Domain Validated）

DW：数据仓库（Data Warehouse）

DWD：数仓明细层（Data Warehouse Details）

DWH：数据仓库（Data Warehouse）

DWM：数仓中间层（Data Warehouse Middle）

DWS：数仓服务层（Data Warehouse Service）

DXL：数据交换层（Data Exchange Layer）

D3FEND：赋能网络防御的检测、拒止和扰乱框架（Detection，Denial and Disruption Framework Empowering Network Defense）

E~F

EA：执行机构（Enforcement Agency）；企业架构（Enterprise Architecture）

EAI：企业应用集成（Enterprise Application Integration）

EAL：评价确保级（Evaluation Assurance Level）

EAP：可扩展认证协议（Extensible Authentication Protocol）

EAR：重定向后执行（Execution After Redirect）；出口管理条例（Export Administration Regulations）

EASM：外部攻击面管理（External Attack Surface Management）

EAX：EAX 密码模态（Encrypt-then-Authenticate-then-Translate）

EBA：端点行为分析（Endpoint Behavioral Analytics）

EBCDIM：扩展二进制编码十进制交换模式（Extended Binary-Coded Decimal Interchange Mode）

eBPF：扩展式伯克利包过滤器（Extended Berkeley Packet Filter）

ECAB：紧急变更顾问委员会（Emergency Change Advisory Board）

ECB：电码本（Electronic Codebook）

ECC：椭圆曲线加密（Elliptic Curve Cryptography）

ECCN：出口控制分类号（Export Control Classification Number）

ECDH：椭圆曲线 DH 协议（Elliptic CurveDiffie-Hellman）

ECDHE：临时椭圆曲线 DH 协议（Elliptic Curve Diffie-Hellman Ephemeral）

ECDLP：椭圆曲线离散对数问题（Elliptic Curve Discrete Logarithm Problem）

ECDSA：椭圆曲线数字签名算法（Elliptic Curve Digital Signature Algorithm）

ECH：加密客户端问候（Encrypted Client Hello）

ECMQV：椭圆曲线 MQV 协议（Elliptic Curve Menezes-Qu-Vanstone）

ECP：加密控制协议（Encryption Control Protocol）

ECS：应急通信系统（Emergency Communication System）；增强式网络安全服务（Enhanced Cybersecurity Services）

ECU：电子控制单元（Electronic Control Unit）

EDC：企业数据中心（Enterprise Data Center）

EdDSA：爱德华曲线数字签名算法（Edwards-curve Digital Signature Algorithm）

EDH：临时 DH 协议（Ephemeral Diffie-Hellman）

EDI：电子数据交换（Electronic Data Interchange）

EDLP：端点数据泄露预防（Endpoint Data Leakage Prevention）

EDM：评价、指导、监督（Evaluate，Direct & Monitor）

EDP：电子数据处理（Electronic Data Processing）

EDPB：欧洲数据保护委员会（European Data Protection Board）

EDR：端点检测响应（Endpoint Detection & Response）；汽车事件数据记录系统（Event Data Recorder）

EDW：企业数仓（Enterprise Data Warehouse）

EE：数字证书终端实体（End Entity）

EEC：欧洲经济共同体（European Economic Community）

EF：暴露因子（Exposure Factor）

EFI：可扩展固件接口（Extensible Firmware Interface）

EFT：电子资金转账（Electronic Funds Transfer）

EFTA：欧洲自由贸易区（European Free Trade Association）

EGIT：企业信息与技术治理（Enterprise Governance of Information and Technology）

EGP：外部网关协议（Exterior Gateway Protocol）

EHR：电子健康记录（Electronic Health Records）

EI：外部输入（External Input）

EIF：外部接口文件（External Interface File）

EIGRP：增强内部网关路由协议（Enhanced Interior Gateway Routing Protocol）

EIS：主管信息系统（Executive Information System）

EKE：加密密钥交换（Encrypted Key Exchange）

EKU：增强型密钥使用（Enhanced Key Usage）

ELAM：早期启动防恶意软件技术（Early-Lunch Anti-Malware）

EMC：电磁兼容（Electromagnetic Compatibility）

EMI：电磁干扰（Electromagnetic Interference）

EMP：电磁脉冲（Electromagnetic Pulse）

EMS：电磁敏感性（Electromagnetic Susceptibility）；应急管理系统（Emergency Management System）；紧急缓解服务（Emergency Mitigation Service）；环境管理体系（Environmental Management System）

EQ：外部查询（External Query）

EO：外部输出（External Output）

EK：背书密钥（Endorsement Key）

EL：实体链接（Entity Linking）

ELF：可执行与可链接格式（Executable and Linkable Format）

ELK：ELK 工具（Elasticsearch，Logstash & Kibana）

E&M：加密并 MAC（Encrypt-and-MAC）

EMET：微软"增强的缓解体验工具包"（Enhanced Mitigation Experience Toolkit）

EMM：扩展度量模块（Extended Measurement Module）

EMTD：集成式移动目标防御（Ensembles of Moving Target Defenses）

EN：欧洲标准（European Norm）

ENISA：欧洲网络与信息安全局（The European Union Agency for Cybersecurity）

ENT：软件许可模式（Entitlement Schema）

EO：行政令（Executive Order）

EPC：演进分组核心网（Evolved Packet Core）

EPO：入口点混淆（Entry Point Obfuscation）

EPP：端点保护平台（Endpoint Protection Platform）

ePR：欧盟电子隐私条例（e-Privacy Regulation）

EPS：演进分组系统（Evolved Packet System）

EPSS：利用预测评分系统（Exploit Prediction Scoring System）

ER：实体及其关系（Entities and their Relationships）

ER&A：实体识别分析（Entity Resolution & Analysis）

ERM：企业风险管理（Enterprise Risk Management）；企业资源管理（Enterprise Resource Management）

ES：ElasticSearch 数据仓储

ESA：企业安全架构（Enterprise Security Architecture）

ESB：企业服务总线（Enterprise Service Bus）

ESF：持久安全框架（Enduring Security Framework）

eSIM：嵌入式 SIM（embedded SIM）

ESNI：加密主机名称指示（Encrypted SNI）

ESO：欧洲标准组织（European Standards Organization）

ESG：环境、社会与企业治理（Environmental，Social and corporate Governance）；ESG 公司（Enterprise Strategy Group）

ESP：封装安全载荷（Encapsulate Security Payload）；企业安全计划（Enterprise-wide Security Program）；EFI 系统分区（EFI System Partition）；事件流处理（Event Stream Processing）；漏洞利用（Exploit）

ESS：主管支持系统（Executive Support System）

ETH：以太币（Ether）；苏黎世联邦理工学院（德语：Eidgenössische Technische Hochschule Zürich）

ETL：抽取、转换、加载（Extract、Transform、Load）

EtM：加密后 MAC（Encrypt-then-MAC）

ETSI：欧洲电信标准协会（European Telecommunications Standards Institute）

EUE：最终用户体验（End-User Experience）

EUI：可扩展唯一标识（Extended Unique Identifier）

E-UTRAN：演进通用陆地无线接入网（Evolved Universal Terrestrial Radio Access Network）

EV：扩展验证型证书（Extended Validation）

EVP：OpenSSL 数字封装库（EnVeloPe）

EW：电子战（Electronic Warfare）

EXT：EXT 文件系统（Extended File System）

E3：拓线分析、信息富化和结果评价（Expansion，Enrichment & Evaluation）

FAB：特色、优势、价值（Feature，Advantage & Benefit）

FAR：错误接受率（False Acceptance Rate）；现场机柜室（Field Assemble Rack Room）

FAT：文件分配表（File Allocation Table）

FATF：反洗钱金融行动特别工作组（Financial Action Task Force）

FBI：美国联邦调查局（Federal Bureau of Investigation）

FCC：美国联邦通信委员会（Federal Communications Commission）

FCD：委员会最终草案（Final Committee Draft）

FCoE：光纤通道以太网（Fibre Channel over Ethernet）

FDD：频分复用（Frequency-Division Duplexing）

FDDI：光纤分布式数据接口（Fiber Distributed Data Interface）

FDIS：国际标准最终草案（Final Draft International Standard）

FDM：频分多路复用（Frequency-Division Multiplexing）

FDT：全双工吞吐量（Full Duplex Throughput）

FedRAMP：美国联邦风险与授权管理计划（Federal Risk and Authorization Management Program）

FFI：外部功能接口（Foreign Function Interface）

FFRDC：美国联资研发中心（Federally Funded Research & Development Center）

FHMQV：全哈希 MQV 协议（Fully Hashed Menezes-Qu-Vanstone）

FHSS：跳频扩频（Frequency Hopping Spread Spectrum）

FICAM：联邦身份、凭证与访问管理（Federal Identity, Credential, and Access Management）

FICIC：关键基础设施网络安全提升框架（Framework for Improving Critical Infrastructure-Cybersecurity）

FIdM：联邦化身份管理（Federated Identity Management）

FIDO：快速在线身份认证（Fast IDentity Online）

FIFO：先入先出（First In, First Out）

FILO：先入后出（First In, Last Out）

FIM：文件完整性监控（File Integrity Monitoring）

FIPS：美国联邦信息处理标准（Federal Information Processing Standard）

FIR：错误识别率（False Identification Rate）

FIRRMA：外国投资风险审查现代化法（Foreign Investment Risk Review Modernization Act）

FIRST：事件响应和安全团队论坛（Forum of Incident Response and Security Teams）

FISMA：美国联邦信息安全管理法（Federal Information Security Management Act）

FL：联邦学习（Federated Learning）

FLOPS：每秒浮点运算数（Floating-point Operations Per Second）

FMEA：失效模式和影响分析（Failure Modes & Effect Analysis）

FOSS：自由开源软件（Free & Open Source Software）

FOTA：固件在线升级（Firmware Over-The-Air）

FPA：功能点分析（Function Point Analysis）

FPE：格式保留加密（Format-Preserving Encryption）

FPGA：现场可编程门阵列（Field-Programmable Gate Array）

FPI：全包检测（Full Packet Inspection）

FRAD：帧中继组装/分解（Frame Relay Assembler/Disassembler）

FRAP：简化风险分析过程（Facilitated Risk Analysis Process）

FREAK：FREAK 攻击（Factoring RSA Export Keys）

FRR：错误拒绝率（False Rejection Rate）

FSB：俄罗斯联邦安全局（俄语拉丁化：Federal'naya Sluzhba Bezopasnosti Rossiyskoy Federatsii）

FSF：自由软件基金会（Free Software Foundation）

FSM：有限状态机（Finite State Machine）；功能规模测量（Functional Size Measurement）

FSR：反馈移位寄存器（Feedback Shift Register）

FTE：全职人力工时（Full-Time Equivalents）

FTP：文件传输协议（File Transfer Protocol）

FTR：引用文件类型（File Types Referenced）

FUD：完全抗检出（Fully UnDetectable）

FUSE：用户空间文件系统（Filesystem in Userspace）

FWA：固定无线接入（Fixed Wireless Access）

FWaaS：防火墙即服务（Fire Wall as a Service）

G ~ H

GAN：生成式对抗网络（Generative Adversarial Network）

GAO：美国政府问责办公室（Government Accountability Office）

GAPP：公认隐私准则（Generally Accepted Privacy Principles）

GB：国家标准（汉语拼音：Guo Biao）

GBDT：梯度提升决策树（Gradient Boosting Decision Tree）

GB/T：国家推荐标准（汉语拼音：Guo Biao/Tui）

GB/Z：国家标准化指导性技术文件（汉语拼音：Guo Biao/Zhi）

GC：混淆电路（Garbled Circuit）

GCC：GNU 编译器套件（GNU Compiler Collection）

GCCS：全球指挥控制系统（Global Command & Control System）

GC&CS：英国政府编码和密码学校（Government Code and Cypher School）

GCHQ：英国政府通信总部（Government Communications Head Quarters）

GCM：伽罗瓦计数器模式（Galois Counter Mode）

GCP：谷歌云平台（Google Cloud Platform）

GCS：谷歌云存储（Google Cloud Storage）

GCSB：新西兰政府通信安全局（Government Communications Security Bureau）

GDPR：欧盟通用数据保护条例（General Data Protection Regulation）

GFS：全局文件系统（Global File System）；谷歌文件系统（Google File System）

GGSN：网关 GPRS 支撑节点（Gateway GPRS Support Node）

GHC：格拉斯哥 Haskell 编译器（Glasgow Haskell Compiler）

GHR：全局句柄注册（Global Handle Registry）

GIAC：全球信息保障认证（Global Information Assurance Certification）

GIG：全球信息栅格（Global Information Grid）

GIOP：通用对象请求代理间通信协议（General Inter-ORB Protocol）

GMAC：伽罗瓦消息认证码（Galois Message Authentication Code）

GMSK：高斯最小频移键控（Gaussian Filtered Minimum Shift Keying）

GNN：图神经网络（Graph Neural Network）

GNU：GNU 操作系统计划（GNU's Not Unix）

GOT：全局偏移表（Global Offset Table）

GOTS：政用现货（Government Off-The-Shelf）

GP：组策略（Group Policy）；通用实践（Generic Practice）

GPGPU：GPU 通用计算（General-Purpose Computing On Graphics Processing Units）

GPL：GNU 通用公共许可协议（General Public License）

GPMC：组策略管理控制台（Group Policy Management Console）

GPO：组策略对象（Group Policy Object）；英国邮政总局（General Post Office）

GPRS：通用分组无线服务（General Packet Radio Service）

GPT：GUID 分区表（GUID Partition Table）；生成式预训练转换器（Generative Pretrained Transformer）

GPU：图形处理器（Graphics Processing Unit）

GRC：治理、风险管理与合规（Governance，Risk Management & Compliance）

GRE：通用路由封装（Generic Routing Encapsulation）

GRO：通用接收卸载（Generic Receive Offload）

gRPC：gRPC 框架（gRPC Remote Procedure Calls）

GRU：俄罗斯总参情报总局（俄语拉丁化：Glavnoye Razvedyvatel'noye Upravleniye）

GRUB：GNU 启动管理器（GRand Unified Bootloader）

GSLB：全局负载均衡（Global Server Load Balance）

GSM：全球移动通信系统（Global System for Mobile Communications）

GSN：GPRS 支撑节点（GPRS Support Node）

GTP：GPRS 隧道协议（GPRS Tunnelling Protocol）

GUA：全局单播地址（Global Unicast Address）

GUID：全局唯一标识符（Globally Unique Identifier）

HA：高可用（High Availability）

HAG：高保障卫士（High Assurance Guard）

HAL：硬件抽象层（Hardware Abstraction Layer）

HAM：硬件资产管理（Hardware Asset Management）

HCF：混合协调功能（Hybrid Coordination Function）

HCI：人机交互（Human-Computer Interfaces）；超融合基础设施（Hyper Converged Infrastructure）

HCIA：华为认证 ICT 工程师（Huawei Certified ICT Associate）

HCIE：华为认证 ICT 专家（Huawei Certified ICT Expert）

HCIP：华为认证 ICT 高级工程师（Huawei Certified ICT Professional）

HCSA：华为专业认证专家（Huawei Certified Specialist-Associate）

HCSE：华为专业认证资深专家（Huawei Certified Specialist-Expert）

HCSP：华为专业认证高级专家（Huawei Certified Specialist-Professional）

HDD：硬盘驱动器（Hard Disk Drive）

HDFS：Hadoop 分布式文件系统（Hadoop Distributed File System）

HDL：硬件描述语言（Hardware Description Language）

HDLC：高级数据链路控制（High-level Data Link Control）

HDR：主机检测与响应（Host Detection & Response）

HE：同态加密（Homomorphic Encryption）

HIDS：主机入侵检测系统（Host Intrusion Detection System）

HIPAA：美国健康保险便携性与责任法案（Health Insurance Portability and Accountability Act）

HIPS：主机入侵预防系统（Host Intrusion Prevention System）

HITL：人机回环（Human-In-The-Loop）

HMAC：散列消息验证码（Hash-based Message Authentication Code）

HMI：人机界面（Human Machine Interface）

HMM：狩猎成熟度模型（Hunting Maturity Model）

HMQV：哈希 MQV 协议（Hashed Menezes-Qu-Vanstone）

HOIC：高轨道离子炮网络压测工具（High Orbit Lon Cannon）

HOTP：基于 HMAC 的一次性口令（HMAC-based One-time Password）

HPC：高性能计算（High-Performance Computing）；硬件性能计数器（Hardware Perform-ance Counter）

HRU：哈里森-鲁佐-厄尔曼（Harrison-Ruzzo-Ullman）模型

HSI：人机交互（Human-System Interactions）

HSM：硬件安全模块（Hardware Security Module）；层次化存储管理（Hierarchical Storage Management）

HSPD：美国国土安全总统令（Homeland Security Presidential Directive）

HSS：归属签约用户服务器（Home Subscriber Server）

HSSI：高速串行接口（High-Speed Serial Interface）

HSTS：HTTP 严格传输安全（HTTP Strict Transport Security）

HTML：超文本标记语言（Hyper Text Markup Language）

HTTP：超文本传输协议（Hyper Text Transfer Protocol）

HTTPS：超文本传输安全协议（HTTP over SSL）

HULK：某 Web 压力测试工具（Http Unbearable Load King）

HUMINT：人力情报（HUMan INTelligence）

HVA：高价值资产（High Value Asset）

HWASan：硬件辅助地址检查器（Hardware-assisted Address Sanitizer）

I~J

IA：信息保障（Information Assurance）；互联网访问（Internet Access）

I&A：识别与鉴别（Identification & Authentication）

IaaS：基础设施即服务（Infrastructure as a Service）

IAB：互联网架构委员会（Internet Architecture Board）

IACD：集成化自适应网络防御（Integrated Adaptive Cyber Defense）

IAL：身份确保级（Identity Assurance Level）

IAM：身份与访问管理（Identity & Access Management）

IANA：互联网数字分配机构（The Internet Assigned Numbers Authority）

IAST：交互式应用安全测试（Interactive Application Security Testing）

IATF：信息保障技术框架（Information Assurance Technical Framework）

IBC：基于身份的密码（Identity-Based Cryptography）

IBE：基于身份的加密（Identity-Based Encryption）

IC：集成电路（Integrated Circuit）；情报界（Intelligence Community）

ICA：中国兵器工业计算机应用技术研究所（Institute for Computer Application）

ICAM：身份、凭证与访问管理（Identity，Credential，and Access Management）

ICANN：互联网名称与数字地址分配机构（The Internet Corporation for Assigned Names and Numbers）

ICAP：互联网内容适配协议（Internet Content Adaptation Protocol）

ICASI：互联网安全促进产业联盟（the Industry Consortium for Advancement of Security on the Internet）

ICDT：信息通信与数据技术（Information，Communication & Data Technology）

ICE：网络环境情报（Intelligence on Cyber Environment）

ICG：互联网控制网关（Internet Control Gateway）；智能通信网关（Intelligent Communication Gateway）；智能控制网关（Intelligent Control Gateway）

ICMP：互联网控制报文协议（Internet Control Message Protocol）

ICN：以信息为中心的网络（Information Centric Networking）

ICO：首次代币发行（Initial Coin Offering）；英国信息专员办公室（Information Commissioner's Office）

ICP：网络内容服务商（Internet Content Provider）；行业云平台（Industry Cloud Platform）

ICS：工业控制系统（Industrial Control System）

ICT：信息与通信技术（Information & Communications Technology）

ICV：完整性校验值（Integrity Check Value）

I-D：互联网草案（Internet Draft）

IDaaS：身份即服务（Identity as a Service）

IdAM：身份与访问管理（Identity & Access Management）

IDC：互联网数据中心（Internet Data Center）；国际数据公司（International Data Corporation）

IDE：集成开发环境（Integrated Development Environment）

IDEA：国际数据加密算法（International Data Encryption Algorithm）

IDIQ：不定交付/不定数量合同（Indefinite Delivery/Indefinite Quantity）

IDL：接口描述语言（Interface Description Language）

IdM：身份管理（Identity Management）

IDMEF：入侵检测消息交换格式（Intrusion Detection Message Exchange Format）

IDN：国际化域名（Internationalized Domain Name）

IdP：身份提供者（Identity Provider）

IDPS：入侵检测和防御系统（Intrusion Detection & Prevention System）

IDS：入侵检测系统（Intrusion Detection System）

IDT：等同采用（Identical）

IDV：智能桌面虚拟化（Intelligent Desktop Virtualization）

IE：信息企业（Information Enterprise）

IEA：信息企业架构（Information Enterprise Architecture）

IEC：国际电工委员会（International Electrotechnical Commission）

IED：智能电子设备（Intelligent Electronic Device）

IEEE：电气电子工程师学会（Institute of Electrical and Electronics Engineers）

IEN：互联网实验备注（Internet Experiment Note）

IEO：首次交换发行（Initial Exchange Offering）

IEP：信息交换策略（Information Exchange Policy）

IESG：互联网工程指导组（Internet Engineering Steering Group）

IETF：互联网工程任务组（Internet Engineering Task Force）

IFAA：互联网金融身份认证联盟（Internet Finance Authentication Alliance）

IFCC：间接函数调用检查器（Indirect Function Call Checker）

IFPUG：国际功能点用户组（International Function Point Users Group）

IFR：暂行最终规定（Interim Final Rule）

IGA：身份治理与管理（Identity Governance & Administration）

IGMP：互联网组管理协议（Internet Group Management Protocol）

IGP：内部网关协议（Interior Gateway Protocol）

IGRP：内部网关路由协议（Interior Gateway Routing Protocol）

IH：发起主机（Initiating Host）

IIOP：互联网 ORB 间通信协议（Internet Inter ORB Protocol）

IIoT：工业物联网（Industrial IoT）

IIS：某 Web 服务器软件（Internet Information Services）

IKE：网际密钥交换（Internet Key Exchange）

IL：完整性级别（Integrity Level）；影响级别（Impact Level）

ILAC：国际实验室认可合作组织（International Laboratory Accreditation Cooperation）

ILDP：信息泄露检测防护（Information Leak Detection and Prevention）

ILF：内部逻辑文件（Internal Logical File）

ILP：信息泄露防护（Information Leak Prevention）

IMAP：互联网邮件访问协议（Internet Mail Access Protocol）

IMS：IP 多媒体子系统（IP Multimedia Subsystem）

IND-CCA：选择密文攻击下的不可区分性（Indistinguishability under Chosen-Cyphertext Attack）

IND-CPA：选择明文攻击下的不可区分性（Indistinguishability under Chosen-Plaintext Attack）

I/O：输入/输出（Input/Output）

I&O：基础设施与运营（Infrastructure & Operations）

IoA：攻击标示（Indicator of Attack）

IoB：行为标示（Indicator of Behavior）

IoC：失陷标示（Indicator of Compromise）；控制反转（Inversion of Control）

IODEF：事件对象描述交换格式（Incident Object Description Exchange Format）

IoT：物联网（Internet of Things）

IoV：车联网（Internet of Vehicles）

IP：互联网协议（Internet Protocol）；IP 地址（IP address）；知识产权（Intellectual Property）

IPAM：IP 地址管理（IP Address Management）

IPC：进程间通信（Inter-Process Communication）；信息保护控制（Information Protection and Control）

IPDR：IP 通信详单（Internet Protocol Detail Record）

IPF：信息处理设施（Information Processing Facility）

IPFIX：IP 数据流信息输出（Internet Protocol Flow Information Export）

IPFS：星际文件系统（Inter-Planetary File System）

IPL：初始化程序加载器（Initial Program Loader）

IPS：入侵预防系统（Intrusion Prevention System）

IPX：网际分组交换协议（Internetwork Packet Exchange）

IR：事件响应（Incident Response）；情报需求（Intelligence Requirement）；信息检索（Information Retrieval）；中间代码（Intermediate Representation）；跨机构报告（Interagency Report）；内部报告（Internal Report）

IRC：互联网中继聊天（Internet Relay Chat）

IRM：内联参考监视器（Inlined Reference Monitor）；集成风险管理（Integrated Risk Management）

IRP：事件响应平台（Incident Response Platform）

IRS：入侵响应系统（Intrusion Response Systems）

IRT：事件响应组（Incident Response Team）

IRTF：互联网研究任务组（Internet Research Task Force）

IS：信息系统（Information System）；国际标准（International Standard）

ISA：指令集架构（Instruction Set Architecture）；工业标准体系结构（Industry Standard Architecture）

ISAC：信息共享与分析中心（Information Sharing and Analysis Center）

ISACA：国际信息系统审计和控制协会（Information Systems Audit and Control Association）

ISAKMP：网际安全连接和密钥管理协议（Internet Security Association & Key Management Protocol）

ISAM：索引顺序访问方法（Indexed Sequential Access Method）

ISAO：信息共享与分析组织（Information Sharing and Analysis Organization）

ISATAP：站内自动隧道寻址协议（Intra-Site Automatic Tunnel Addressing Protocol）

ISC：中国互联网协会（Internet Society of China）；互联网安全大会（Internet Security Conference）；互联网系统联盟（Internet Systems Consortium）；美国信息共享议政会（Information Sharing Council）；互联网风暴中心（Internet Storm Center）

ISCCC：中国信息安全认证中心（China Information Security Certification Center）

ISCF：英国产业战略挑战基金（Industrial Strategy Challenge Fund）

ISCM：信息安全持续监视（Information Security Continuous Monitoring）

ISCSI：互联网小型计算机系统接口（Internet Small Computer System Interface）

ISDN：综合服务数字网（Integrated Service Digital Network）

ISEAA：中关村信息安全测评联盟（InfoSecurity Evaluation and Assessment Association）

ISM：信息安全管理（Information Security Management）

ISMS：信息安全管理体系（Information Security Management System）

ISO：国际标准化组织（International Organization for Standardization）

ISOC：国际互联网协会（Internet Society）

ISOO：美国信息安全监督办公室（Information Security Oversight Office）

ISP：互联网服务提供商（Internet Service Provider）

ISR：情报、监视、侦察（Intelligence，Surveillance，Reconnaissance）

ISIRT：信息安全事件响应组（Information Security Incident Response Team）

IS-IS：中间系统到中间系统（Intermediate System to Intermediate System）

ISS：信息安全系统（Information Security System）；互联网安全系统公司（Internet Security Systems）；国际空间站（International Space Station）

ISSE：信息系统安全工程（Information Systems Security Engineering）

ISTQB：国际软件测试资格委员会（International Software Testing Qualifications Board）

ISV：独立软件供应商（Independent Software Vendor）

IT：信息技术（Information Technology）

I&T：信息与技术（Information & Technology）

ITA：IT 架构（IT Architecture）

ITAF：IT 确保框架（IT Assurance Framework）

ITDG：IT 需求治理（IT Demand Governance）

ITDR：身份威胁检测响应（Identity Threat Detection & Response）

ITES：IT 化服务（Information Technology Enabled Services）

ITF：集成测试设施（Integrated Test Facility）

ITG：IT 治理（IT Governance）

ITGI：IT 治理研究所（IT Governance Institute）

ITIL：IT 基础构架库（Information Technology Infrastructure Library）

ITM：内部威胁管理（Internal Threat Management）；智能流量管理（Intelligent Traffic Management）

ITOA：IT 运维分析（IT Operation Analytics）

ITOM：IT 运维管理（IT Operation Management）

ITRM：IT 风险管理（IT Risk Management）

ITS：入侵容忍系统（Intrusion Tolerance System）；信息技术系统（Information Technology Systems）；智能交通系统（Intelligent Transportation System）

ITSG：IT 供给侧治理（IT Supply-side Governance）

ITSM：IT 服务管理（IT Service Management）

ITSMS：IT 服务管理体系（IT Service Management System）

ITSTEC：信息产业信息安全测评中心（Information Technology & Security Test and Evaluation Center）

ITT：入侵容忍技术（Intrusion Tolerance Technology）

ITW：在野（In The Wild），指恶意程序广泛传播

ITU：国际电信联盟（International Telecommunication Union）

ITU-T：国际电信联盟电信标准化部门（ITU Telecommunication Standardization Sector）

IV：初始化向量（Initialization Vector）；初始化值（Initialization Value）

IVC：车间通信（Inter-Vehicle Communication）

IVI：车载信息娱乐系统（In-Vehicle Infotainment）

IVP：完整性验证规程（Integrity Verification Procedure）

IV&V：独立验证与确认（Independent Verification & Validation）

IWA：国际工作组协议（International Workshop Agreements）

IWG：跨机构工作组（Interagency Working Group）

I2P：隐形网计划（Invisible Internet Project）

JAD：联合应用开发模式（Joint Application Development）

JADC2：联合全域指挥控制（Joint All-Domain Command & Control）

JADN：JSON 抽象数据标记（JSON Abstract Data Notation）

JADO：联合全域作战（Joint All-Domain Operations）

JAIC：联合人工智能中心（Joint Artificial Intelligence Center）

JARM：JARM 指纹探测（John，Andrew，RJ & Mike）

JA3：JA3 指纹（John Althouse，Jeff Atkinson & Josh Atkins）

JA3S：JA3S 指纹（JA3 Server）

JCCM：欧盟刑事司法合作（Judicial Cooperation in Criminal Matters）

JCC2：联合网络指挥控制（Joint Cyber Command & Control）

JCDC：联合网络防御协作（Joint Cyber Defense Collaborative）

JCWA：联合网络作战架构（Joint Cyber Warfighting Architecture）

JDBC：Java 数据库连接（Java Database Connectivity）

JEDI：联合企业国防基础设施（Joint Enterprise Defense Infrastructure）

JIE：联合信息环境（Joint Information Environment）

JIT：即时编译（Just-In-Time）

JMS：联合管理系统（Joint Management System）

JOP：面向跳转编程（Jump Oriented Programming）

JPEG：联合照片专家组（Joint Photographic Experts Group）

JRE：Java 运行时环境（Java Runtime Environment）

JRSS：联合区域安全栈（Joint Regional Security Stack）

JS：JavaScript

JSON：JavaScript 对象标记语言（JavaScript Object Notation）

JTC：联合技术委员会（Joint Technical Committee）

JTAG：联合测试行动组协议（Joint Test Action Group）

JTF：联合任务部队（Joint Task Force）

JV：合资公司（Joint Venture）

JVM：Java 虚拟机（Java Virtual Machine）

JWCC：联合作战云能力（Joint Warfighting Cloud Capability）

JWICS：联合全球情报通信系统（Joint Worldwide Intelligence Communications System）

JWT：JSON Web 令牌（JSON Web Token）

K ~ L

KBA：基于知识的鉴别（Knowledge-Based Authentication）

KBP：基于知识的证明（Knowledge-Based Proofing）

KBV：基于知识的验证（Knowledge-Based Verification）

KCM：密钥缓存管理（Key Cache Management）

KDC：密钥分发中心（Key Distribute Center）

KDD：数据库中的知识发现（Knowledge Discovery in Database）

KDF：密钥导出函数（Key Derivation Function）

KEK：密钥加密密钥（Key Encryption Key）

KEM：密钥封装机制（Key Encapsulation Mechanism）

KEV：已知利用漏洞（Known Exploited Vulnerabilities）

KG：知识图谱（Knowledge Graph）；密钥流生成器（Keystream Generator）

KGC：密钥生成中心（Key Generation Center）

KHAPE：密钥隐藏非对称 PAKE（Key-Hiding Asymmetric PAKE）

KISA：韩国互联网振兴院（Korea Internet & Security Agency）

KL：KL 散度（Kullback-Leibler）

KM：知识管理（Knowledge Management）

KMC：密钥管理中心（Key Management Center）

KMS：密钥管理服务（Key Management Service）

KPA：已知明文攻击（Known-Plaintext Attack）

KPI：关键绩效指标（Key Performance Indicator）

KPMG：毕马威（Klynveld Peat Marwick Goerdeler）

KQL：Kusto 查询语言（Kusto Query Language）；Kibana 查询语言（Kibana Query Language）；关键词查询语言（Keyword Query Language）

KRACK：KRACK 攻击（Key Reinstallation Attacks）

KRI：关键风险指标（Key Risk Indicator）

KRR：知识表示和推理（Knowledge Representation and Reasoning）

KSF：关键成功因素（Key Success Factor）

KSK：密钥签名密钥（Key-Signing Key）

KVM：基于内核的虚拟机（Kernel-based Virtual Machine）

KYC：实名身份认证（Know Your Customer）

K8S：Kubernetes 容器管理工具（Kubernetes）

LAC：L2TP 访问集中器（L2TP Access Concentrator）；位置区码（Location Area Code）；中文词法分析（Lexical Analysis of Chinese）

LaC：基础设施即代码（Infrastructure as Code）

LB：负载均衡（Load Balance）

LBS：基于位置的服务（Location-Based Service）

LBSA：基于实验室的安全评估（Lab-Based Security Assessment）

LCESA：伦敦通信电子安全局（London Communications-Electronic Security Agency）

LCP：链路控制协议（Link Control Protocol）

LCSA：伦敦通信安全局（London Communications Security Agency）

LDAP：轻型目录访问协议（Lightweight Directory Access Protocol）

LEA：执法机构（Law Enforcement Agency）

LEAF：执法访问区段（Law Enforcement Access Field）

LEAP：轻量级可扩展认证协议（Lightweight Extensible Authentication Protocol）

LFSR：线性反馈移位寄存器（Linear Feedback Shift Register）

LID：基于日志的入侵检测（Log based Intrusion Detection）

LKM：Linux 内核模块（Linux Kernel Module）

LLC：逻辑链路控制（Logical Link Control）

LLM：大规模语言模型（Large Language Model）

LLMNR：本地链路多播名称解析（Link-Local Multicast Name Resolution）

LLVM：LLVM 编译器（Low Level Virtual Machine）

LNS：L2TP 网络服务器（L2TP Network Server）

LOA：确保级（Level of Assurance）

LOIC："低轨道离子炮"网络压测工具（Low Orbit Ion Cannon）

LOLBAS：离地攻击二进制与脚本（Living Off the Land Binaries And Scripts）

LOLBins：离地攻击二进制（Living Off the Land Binaries）

LOP：局部作战图（Local Operational Picture）

LoRa：远距离无线电（Long Range Radio）

LotL：离地攻击（Living off the Land）

LPC：LPC 总线类型（Low Pin Count）

LSA：本地安全机构（Local Security Authority）

LSASS：本地安全机构子系统服务（Local Security Authority Subsystem Service）

LSB：最低有效位（Least Significant Bit）

LSM：Linux 安全模块（Linux Security Module）

LSPP：标记安全保护轮廓（Labeled Security Protection Profile）

LSTM：长短期记忆（Long Short-Term Memory）

LTE：3G 移动网长期演进技术（Long Term Evolution）

LTO：链接时优化（Link Time Optimization）

LUA：最低权限账户（Least-privileged User Account）

L2TP：二层隧道协议（Layer 2 Tunneling Protocol）

M ~ N

MaaS：恶意程序即服务（Malware as a Service）

MAC：介质访问控制（Media Access Control）；消息验证码（Message Authentication Code）；强制访问控制（Mandatory Access Control）

MAE：任务保障工程（Mission Assurance Engineering）

MAEC：恶意软件属性枚举和特征描述（Malware Attribute Enumeration and Characterization）

MAID：大规模非活动磁盘阵列（Massive Array Of Inactive Disk）

MAM：移动应用管理（Mobile Application Management）

MAN：城域网（Metropolitan Area Network）

MANET：移动自组织网络（Mobile Ad-hoc Network）

MAPP：微软主动防护计划（Microsoft Active Protection Program）

MAST：移动应用安全测试（Mobile Application Security Testing）

MAU：月均活跃用户数量（Monthly Active User）

MBR：主引导记录（Master Boot Record）；最大比特率（Maximum Bit Rate）

MBSA：微软基线安全分析器（Microsoft Baseline Security Analyzer）

MCN：多频道网络（Multi-Channel Network）

MCS：多类别安全（Multi Categories Security）

MCU：微控制器单元（Micro-Controller Unit）

MDA：消息摘要算法（Message-Digest Algorithm）

MDATP：微软高级威胁保护防御（Microsoft Defender Advanced Threat Protection）

MDM：移动设备管理（Mobile Device Management）；主数据管理（Master Data Management）

MDO：多域作战（Multi-Domain Operation）

MDR：托管式检测与响应（Managed Detection & Response）

MD5：消息摘要算法（MD5 Message-Digest Algorithm）

ME：英特尔管理引擎（Intel Management Engine）；小微企业（Micro-Enterprise）

MECR：多边出口控制机制（Multilateral Export Control Regime）

MeitY：印度电子和信息技术部（Ministry of Electronics and Information Technology）

MEM：微软端点管理器（Microsoft Endpoint Manager）

MES：制造执行系统（Manufacturing Execution System）

MFA：多因素认证（Multi-Factor Authentication）

MFLOP：每秒百万浮点运算数（Mega FLoating-point Operations Per Second）

MFT：主文件表（Master File Table）；受控文件传输（Managed File Transfer）

MGCP：媒体网关控制协议（Media Gateway Control Protocol）

MGF：掩码生成函数（Mask Generation Function）

MHA：印度内政部（Ministry of Home Affairs）

MIB：管理信息库（Management Information Base）

MIC：强制完整性控制（Mandatory Integrity Control）

MICE：金钱、观念、胁迫、自我价值等动机（Money，Ideology，Coercion & Ego）

MICTIC：一种 APT 归因分析框架（Malware，Infrastructure，Control Servers，Telemetry，Intelligence，Cui Bono）

MIIT：工业和信息化部（Ministry of Industry and Information Technology）

MILDEC：军事欺骗（Military Deception）

MILS：多独立安全级架构（Multiple Independent Levels of Security）

MIM：机器身份管理（Machine Identity Management）

MIME：多功能互联网邮件扩展（Multipurpose Internet Mail Extensions）

MIPS：一种精简指令集架构（Microprocessor without Interlocked Pipeline Stages）

MIS：管理信息系统（Management Information System）

MitM：中间人攻击（Man-in-the-Middle）

MIVD：荷兰军事情报安全署（荷兰语：Militaire Inlichtingen- en Veiligheidsdienst）

ML：机器学习（Machine Learning）；度量日志（Measurement Log）

MLOps：机器学习运营（Machine Learning Operations）

MLS：多级安全（Multi-Level Security）；多级安全体（Multi-Level Secure）

MME：移动性管理实体（Mobility Management Entity）

MMIO：内存映射（Memory-Mapped I/O）

MMU：内存管理单元（Memory Management Unit）

MNS：大规模通知系统（Mass Notification System）

MO：惯用手法（Modus Operandi）

MOD：修改采用（Modified）；国防部（Ministry of Defence）

ModelOps：模型运营（Model Operations）

MOM：动机、机会和手段（Motive，Opportunity and Means）；面向消息的中间件（Message-Oriented Middleware）

MOTS：军用现货（Military Off-The-Shelf）

MOTW：Web 标记（Mark-of-the-Web）

MPA：多主管理员（Multi-Primary Administrator）

MPC：安全多方计算（Secure Multi-Party Computation）

MPE：任务伙伴环境（Mission Partner Environment）

MPEG：动态图片专家组（Motion Picture Experts Group）

MPLS：多协议标签交换（Multi-Protocol Label Switching）

MPP：大规模并行处理（Massively Parallel Processing）

MPPE：微软点对点加密（Microsoft Point-to-Point Encryption）

MPS：公安部（Ministry of Public Security）

MPT：默克尔帕特里树（Merkle Patricia Tree）

MPTD：最大中断时间（Maximum Period Time of Disruption）

MQ：消息队列（Message Queuing）

MQTT：消息队列遥测传输（Message Queuing Telemetry Transport）

MQV：MQV 协议（Menezes-Qu-Vanstone）

MRA：多边互认协议（Mutual Recognition Agreement）

MRC：面向任务的韧性云（Mission-oriented Resilient Clouds）

MRE：受管运行环境（Managed Runtime Environment）

MS：微软公司（Microsoft）；摩根士丹利公司（Morgan Stanley）

MSB：最高有效位（Most Significant Bit）

MSDT：微软支持诊断工具（Microsoft Support Diagnostic Tool）

MSF：一款渗透测试工具（Meta Sploit Framework）

MSG：微隔离（Micro-Segmentation）；消息（message）

MSIS：信息安全理学硕士（Master of Science in Information Security）

MS-ISAC：美国州际信息分享和分析中心（Multi-State Information Sharing and Analysis Center）

MSISE：信息安全工程理学硕士（Master of Science in Information Security Engineering）

MSISPM：信息安全政策管理理学硕士（Master of Science in Information Security Policy & Management）

MSIT-IS：信息技术理学硕士信息安全方向（Master of Science in Information Technology-Information Security）

MSL：多种单一安全级（Multiple Single Levels）；多安全级（Multiple Security Levels）

MSLS：多类单级安全体（Multi-Single Level Secure）

MSP：托管式服务提供商（Managed Service Provider）

MSS：托管式安全服务（Managed Security Service）

HSSEDI：美国国土安全系统工程与开发研究所（Homeland Security Systems Engineering and Development Institute）

MSSP：托管式安全服务提供商（Managed Security Services Provider）

MT：机床（Machine Tool）

MTBF：平均故障间隔（Mean Time Between Failures）

MTC：移动威胁目录（Mobile Threat Catalogue）

MTD：动态目标防御（Moving Target Defense）；最大允许中断时间（Maximum Tolerable Downtime）

MTE：内存标签扩展（Memory Tagging Extension）

MtE：MAC 后加密（MAC-then-Encrypt）

MTIPS：托管式可信 IP 服务（Managed Trusted Internet Protocol Services）

MTO：最大可容许中断（Maximum Tolerable Outage）

MTTD：平均检测时间（Mean Time to Detect）

MTTF：平均失败间隔（Mean Time to Failure）

MTTR：平均恢复时间（Mean Time To Recovery）

MTU：最大传输单元（Maximum Transmission Unit）；主终端设备（Master Terminal Unit）

MVC：模型-视图-控制器（Model-View-Controller）

MVD：俄罗斯内务部（俄语拉丁化：Ministerstvo vnutrennikh del）

MVP：最简可行产品（Minimal Viable Product）；最具价值专家（Most Valuable Professional）

MX：邮件交换（Mail Exchange）

M2M：机器间通信（Machine-to-Machine）

N/A：不适用（Not Applicable）

NAC：网络准入控制（Network Access Control）

NAI：NAI 公司（Network Associates, Inc.）

NAPT：网络地址与端口转换（Network Address & Port Translation）

NARA：美国国家档案和记录管理局（National Archives and Records Administration）

NAS：网络附属存储（Network Attached Storage）

NAT：网络地址转换（Network Address Translation）

NATO：北约（North Atlantic Treaty Organization）

NBA：网络行为分析（Network Behavioral Analysis）

NB-IoT：窄频物联网（Narrowband Internet of Things）

NBNS：网络基本输入/输出系统名称服务器（NetBIOS Name Server）

NBT：基于 TCP/IP 的 NetBIOS（NetBIOS over TCP/IP）

NBT-NS：NBT 名称服务器（NetBIOS Name Server）

NBV：荷兰国家通信安全局（荷兰语：Nationaal Bureau voor Verbindingsbeveiliging）

NC：国家级委员会（National Committee）

NCC：美国国家通信协调中心（National Coordination Center）；国家网络安全中心（The National Cybersecurity Center）

NCCC：国家网络协调中心（National Cyber Coordination Centre）

NCCM：网络配置和变更管理（Network Configuration & Change Management）

NCD：美国国家网络总监（National Cyber Director）

NCF：国家关键职能（National Critical Function）

NCIIPC：印度国家关键信息基础设施保护中心（National Critical Information Infrastructure Protection Centre）

NCIRP：国家网络事件响应计划（National Cyber Incident Response Plan）

NCISS：国家网络事件评分系统（National Cyber Incident Scoring System）

NCP：网络控制协议（Network Control Protocol）

NCPS：国家网络安全保护系统（National Cybersecurity Protection System）

NCR：国家网络靶场（National Cyber Range）

NCS：国家通信系统（National Communication System）

NCSC：国家网络安全中心，多国（National Cyber Security Centre）；美国国家反情报与安全中心（National Counterintelligence and Security Center）；印度国家网络安全协调员（National Cyber Security Coordinator）

NCSD：美国国土安全部国家空间网络安全司（National Cyber Security Division）

NCW：网络中心战（Network-Centric Warfare）

NDA：保密协议（Non-Disclosure Agreement）

NDAA：美国国防授权法案（National Defense Authorization Act）

NDLP：网络数据泄露预防（Network Data Leakage Prevention）

NDN：数据命名网络（Named Data Networking）

NDR：网络检测响应（Network Detection & Response）

NDS：国家安全战略（National Defense Strategy）

NDSS：网络与分布式系统安全研讨会（Network & Distributed System Security Symposium）

NEA：网络端点评估（Network Endpoint Assessment）

NEAT：不可绕过、可评估、始终调用、防篡改（Non-bypassable，Evaluatable，Always-invoked，Tamper-proof）

NED：美国"国家民主基金会"（The National Endowment for Democracy）

NER：命名实体识别（Named Entity Recognition）

NERC：北美电力可靠性公司（North American Electric Reliability Corporation）

NFT：非同质化代币（Non-Fungible Token）；网络取证器/网络取证技术（Network Forensics Tool/Technology）

NFV：网络功能虚拟化（Network Function Virtualization）

NGAV：下一代反病毒（Next-Generation Anti-Virus）

NGFW：下一代防火墙（Next-Generation Firewall）

NGIDS：下一代入侵检测系统（Next-Generation IDS）

NIAC：美国国家基础设施咨询委员会（National Infrastructure Advisory Committee）

NIAP：美国国家信息保障联盟（National Information Assurance Partnership）

NICE：美国国家网络安全教育计划（National Initiative for Cybersecurity Education）

NIDS：网络入侵检测系统（Network Intrusion Detection System）

NIPS：网络入侵预防系统（Network Intrusion Prevention System）

NIPRNet：非涉密 IP 路由器网（Non-classified Internet Protocol Router Network）

NIS：网络信息服务（Network Information Service）

NISEC：国家信息安全工程技术研究中心（National Information Security Engineering Center）

NIST：美国国家标准与技术研究院（National Institute of Standards & Technology）

NITRD：美国网络信息技术研发计划（Network and Information Technology Research & Development）

NITSC：国家信息技术安全研究中心（National Research Center for Information Technology Security）

NMF：国家任务部队（National Mission Force）

NMS：网络管理系统（Network Management System）

NNTP：网络新闻传输协议（Network News Transport Protocol）

NOC：网络运营中心（Network Operation Center）

NOFORN：禁发外国（Not Releasable to Foreign Nationals）

NoSQL：非关系型数据库（Not only SQL）

NP：非确定性多项式复杂度（Non-deterministic Polynomial）；网络处理器（Network Processor）；新标准提议（New Proposal）

NPE：非人实体（Non-Person Entity）

NPS：网络代理服务器（Network Proxy Server）

NPSI：德国国家信息保护计划（Nationaler Plan zum Schutz der Informationsstrukturen）

NPU：网络处理单元（Network Processing Unit）；神经网络处理器（Neural-network Processing Unit）

NR：5G 移动网新空口（New Radio）

NRI：抗抵赖信息（Non-Repudiation Information）

NS：名字服务器（Name Server）

NSA：美国国家安全局（National Security Agency）；5G 非独立组网（Non-Standalone）

NSATP：注册网络安全测评专业人员（Certified Cybersecurity Assessment Professional）

NSB：国家级标准团体（National Standards Body）；美国国家科学理事会（National Science Board）

NSEC：美国国家安全工程中心（National Security Engineering Center）

NSIN：美国国家安全创新网络（National Security Innovation Network）

NSM：网络安全监测（Network Security Monitoring）

NSOC：NSA 国家安全行动中心（National Security Operation Center）

NSP：网络服务提供商（Network Service Provider）

NSPD：美国国家安全总统令（National Security Presidential Directive）

NSPM：网络安全策略管理（Network Security Policy Management）

NSS：国家安全系统（National Security System）

NSSTEC：国家保密科技测评中心（National Secrecy Science and Technology Evaluation Center）

NSTB：美国国家 SCADA 试验台（National SCADA Test Bed）

NSTC：美国国家科学技术委员会（National Science & Technology Council）

NSTIC：美国国家网络空间可信身份战略（National Strategy for Trusted Identities in Cyber-space）

NTA：网络流量分析（Network Traffic Analysis）

NTFS：Windows NT 文件系统（New Technology File System）

NTLM：Windows NT 局域网管家（NT LAN Manager）

NTM：网络流量监视器（Network Traffic Monitor）

NTOC：美国国家安全局威胁行动中心（NSA/CSS Threat Operation Center）

NTP：网络时间协议（Network Time Protocol）

NWC：不可写代码（Non-Writable Code）

NWIP：新工作项提议（New Work Item Proposal）

NX：不可执行（Non-eXecutable）

NXD：不可执行数据（Non-eXecutable Data）

O ~ P

OA：办公自动化（Office Automation）

OAEP：最优非对称加密填充（Optimal Asymmetric Encryption Padding）

OASIS：结构化信息标准推进组织（the Organization for the Advancement of Structured Information Standards）

OATH：开放认证项目（Initiative for Open Authentication）

OAuth：开放授权协议（Open Authentication）

OBD：车载诊断系统（On Board Diagnostics）

OBM：原始品牌制造商（Original Brand Manufacturer）

OC：光载波（Optical Carrier）

OCA：开放网络安全联盟（the OpenCybersecurity Alliance）

OCB：偏移电码本模式（Offset CookBook）；片上总线（On-Chip Bus）

OCC：运行控制中心（Operating Control Center）

OCEO：攻击性网络行动（Offensive Cyber Effects Operation）

OCI：开放容器计划（Open Container Initiative）；Oracle 云基础设施（Oracle Cloud Infrastructure）

OCIL：开放检查表交互语言（Open Checklist Interactive Language）

OCO：攻击性网络行动（Offensive Cyber Operation）

OCR：光学字符识别（Optical Character Recognition）

OCSF：开源网络安全架构框架（OpenCybersecurity Schema Framework）

OCSIA：英国网络安全和信息保障办公室（Office of Cyber Security and Information Assurance）

OCSP：在线证书状态协议（Online Certificate Status Protocol）

OCTAVE：运营关键威胁、资产和脆弱性评估（Operationally Critical Threat, Asset & Vulnerability Evaluation）

ODBC：开放数据库连接（Open Database Connectivity）

ODC：外包型数据中心（Outsourcing Data Center）

ODCC：开放数据中心标准推进委员会（Open Data Center Committee）

ODM：原始设计制造商（Original Design Manufacturer）

ODNI：美国国家情报总监办公室（Office of the Director of National Intelligence）

ODS：操作型数据存储（Operational Data Store）

OE：作战环境（Operational Environment）

OEM：原始设备生产商（Original Equipment Manufacturer）

OFDM：正交频分复用（Orthogonal Frequency-Division Multiplexing）

OFB：输出反馈模式（Output Feedback）

OGAS：苏联全国自动化会计与系统处理系统（俄语拉丁化：ObweGosudarstvennaq Avtomatizirovannaq Sistema uchyota i obrabotki informacii）

OID：对象标识符（Object Identifier）

OIDC：OpenID 连接（OpenID Connect）

OIS：互联网安全组织（Organization for Internet Safety）

OKR：目标与关键成果法（Objectives and Key Results）

OKS：不经意关键词检索（Oblivious Keyword Search）

OLE：对象链接与嵌入技术（Object Linking and Embedding）

OM：编排管理（Orchestration Management）

O&M：运维（Operation and Maintenance）

OMAC：单钥 MAC（One-key Message Authentication Code）

OMB：美国行政预算办公室（Office of Management and Budget）

OMG：对象管理组织（Object Management Group）

OMTP：开放移动终端平台（Open Mobile Terminal Platform）

ONF：开放网络基金会（Open Networking Foundation）

OOB：带外（Out-Of-Band）

OODA：观察、知悉、决策、行动（Observe，Orient，Decide，Act）

OOM：内存不足（Out Of Memory）

OOP：面向对象编程（Object-Oriented Programming）

OPC：用于过程控制的 OLE（Object Linking and Embedding for Process Control）

OPE：不经意多项式评估（Oblivious Polynomial Evaluation）

OpenSSF：开源安全基金会（Open Source Security Foundation）

OPRF：不经意伪随机函数（Oblivious Pseudo Random Function）

OPS：开放式可插拔规范（Open Pluggable Specification）

OPSEC：行动安全（Operational Security）

ORB：对象请求代理（Object Request Broker）

ORM：对象关系映射（Object Relational Mapping）

OS：操作系统（Operating System）；编排服务（Orchestration Service）

OSA：开放系统鉴别（Open System Authentication）

OSCAL：开放安全控制评价语言（Open Security Controls Assessment Language）

OSCP：进攻性安全职业认证（Offensive Security Certified Professional）

OSF：开放软件基金会（Open Software Foundation）

OSI：开放系统互联（Open System Interconnection）

OSIE：开放式系统互联环境（Open System Interconnection Environment）

OSINT：开源情报（Open Source Intelligence）

OSPF：开放式最短路径优先协议（Open Shortest Path First）

OSS：运营支撑系统（Operation Support System）；对象存储服务（Object Storage Service）；开源软件（Open Source Software）

OSSEM：开源安全事件元数据（Open Source Security Events Metadata）

OT：运营技术（Operational Technology）；不经意传输（Oblivious Transfer）

OTA：空中下载技术（Over The Air）；其他交易协议采购（Other Transaction Agreement）

OTE：不经意传输扩展（Oblivious Transfer Extension）

OTP：一次一密（One-Time Pad）；一次性口令（One-Time Password）

OTR：无记录消息协议（Off-the-Record messaging）

OU：组织单位（Organization Unit）

OUI：组织唯一标识符（Organizationally Unique Identifier）

OV：组织验证型证书（Organization Validated）

OVAL：开放脆弱性与评估语言（Open Vulnerability and Assessment Language）

OWASP：开放 Web 应用安全项目（The Open Web Application Security Project）基金会

OWL：Web 本体语言（Web Ontology Language）

OW-PCA：明文检查攻击下的单向性（Onewayness under Plaintext-Checking Attacks）

PA：过程域（Process Area）；伪现攻击（Presentation Attack）；派拓公司（Palo Alto）；私有应用访问（Private Access）

PaaS：平台即服务（Platform as a Service）

PAC：权限属性证书（Privilege Attribute Certificate）；代理自动配置（Proxy Auto-Config）；态势属性收集（Posture Attribute Collection）；可编程自动化控制器（Programmable Automation Controller）

PAD：伪现攻击检测（Presentation Attack Detection）

PAKE：口令鉴别密钥交换（Password-Authenticated Key Exchange）

PAM：权限访问管理（Privileged Access Management）

PAN：个人区域网（Personal Area Network）

PAP：策略管理点（Policy Administration Point）；口令鉴别协议（Password Authentication Protocol）

PARC：派拓研究中心（Palo Alto Research Center, Inc.）

PAS：公开可用规范（Publicly Available Specification）

PAT：端口地址转换（Port Address Translation）

PB：剧本（Play Book）

PBAC：基于策略的访问控制（Policy-Based Access Control）；基于管道的访问控制（Pipeline-Based Access Control）

PBC：封装化业务能力（Packaged Business Capability）

PbD：源自设计的隐私（Privacy by Design）

PBE：基于口令的加密（Password-Based Encryption）

PBKDF：基于口令的密钥导出函数（Password-Based Key Derivation Function）

PBX：专用交换分机（Private Branch Exchange）

PC：个人计算机（Personal Computer）；程序计数器（Program Counter）

PCA：隐私证书机构（Privacy Certificate Authority）；明文检查攻击（Plaintext-Checking Attack）；主成分分析算法（Principal Component Analysis）

PCAP：抓包（Packet Capture）

PCF：点协调功能（Point Coordination Function）；协议控制帧（Protocol Control Frame）

PCI-DSS：支付卡行业数据安全标准（Payment Card Industry Data Security Standard）

PCII：关键基础设施信息保护计划（Protected Critical Infrastructure Information）

PCR：平台配置寄存器（Platform Configuration Register）；程序变更请求（Program Change Request）

PCS：态势收集服务（Posture Collection Service）；过程控制系统（Process Control Systems）

PCTE：持续网络训练环境（Persistent Cyber Training Environment）

PD：公共数据库（Public Database）

PDCA：规划-执行-检查-处理（Plan-Do-Check-Act）

PDD：美国总统决议令（Presidential Decision Directive）

PDP：策略决策点（Policy Decision Point）；策略定义点（Policy Definition Point）

PDR：防护-检测-响应（Protection-Detection-Response）

PDU：协议数据单元（Protocol Data Unit）；电源分配单元（Power Distribution Unit）

PE：可移植可执行文件格式（Portable Executable）；Windows 预安装环境（Preinstallation Environment）；策略实施（Policy Enforcement）；私募股权（Private Equity）

PEAP：保护性可扩展认证协议（Protective Extensible Authentication Protocol）

PEC：隐私计算（Privacy Enhancing Computing）

PEK：平台加密密钥（Platform Encryption Key）

PEM：隐私增强邮件（Privacy Enhanced Mail）

PEP：策略实施点（Policy Enforcement Point）

PERT：计划评审技术（Program Evaluation & Review Technique）

PES：态势评价服务（Posture Evaluation Service）

PEST：宏观环境的分析（Politics，Economy，Society，Technology）

PET：隐私增强技术（Privacy Enhancing Technology）

PFS：完美前向保密（Perfect Forward Secrecy）

PFX：PKCS12#文件格式（Personal Exchange Format）

PGP：一种保护隐私的电子邮件服务（Pretty Good Privacy）

PGT：代理授权票据（Proxy Granting Ticket）

PHI：个人健康信息（Personal Health Information）

PI：个人信息（Personal Information）

PIA：隐私影响评估（Privacy Impact Assessment）

PIC：位置独立代码（Position Independent Code）

PICS：互联网内容选择平台（Platform for Internet Content Selection）

PID：进程标识（Process Identifier）

PIDAS：边界入侵检测评估系统（Perimeter Intrusion Detection & Assessment System）

PIE：位置独立可执行文件（Position Independent Executable）

PIFS：PCF 跨帧空间（Point Coordination Function Interframe Space）

PII：个人身份信息（Personally Identifiable Information）

PIK：平台身份密钥（Platform Identity Key）

PIN：个人标识码（Personal Identifier Number）

PIM：产品信息管理（Products Information Management）

PIP：策略信息点（Policy Information Point）；个人信息保护（Personal Information

Protection）；Python 包安装器（Package Installer for Python）；绩效提升计划（Performance Improvement Plan）

  PIPL：个人信息保护法（the Personal Information Protection Law）

  PIR：隐私信息检索（Private Information Retrieval）

  PIV：个人信息验证（Personal Identity Verification）

  PK：端口敲门（Port Knocking）

  PKCS：公钥加密标准（Public Key Cryptography Standard）

  PKE：公钥加密（Public-Key Encryption）；公钥使能（Public Key Enabling）

  PKG：私钥生成器（Private Key Generator）

  PKI：公钥基础设施（Public Key Infrastructure）

  PJL：打印机作业语言（Printer Job Language）

  PLC：可编程逻辑控制器（Programmable Logic Controller）；电力线通信（Power-Line Communication）

  PLG：产品主导型增长（Product-Led Growth）

  PLoP：程序模式语言（Pattern Languages of Programs）

  PLT：规程链接表（Procedure Linkage Table）

  PMI：权限管理基础设施（Privilege Management Infrastructure）

  PMM：隐私成熟度模型（Privacy Maturity Model）

  PMO：项目经理（Project Management Officer）；项目管理办公室（Project Management Office）；新加坡总理办公室（Prime Minister's Office）

  PMU：性能监测单元（Performance Monitor Unit）

  PoC：概念证明（Proof of Concept）；联系点（Point of Contact）

  PoD：分发点（Point of Delivery）；Kubernetes 计算单元（pod）

  POF：被动 OS 指纹识别（Passive OS Fingerprinting）

  PoI：兴趣地点（Point of Interest）

  PoLP：最低特权原则（Principle of Least Privilege）

  POODLE：贵宾犬漏洞（Padding Oracle On Downgraded Legacy Encryption）

  POP：邮件协议版本（Post Office Protocol）；接入点（Point Of Presence）

  POS：销售终端（Point Of Sales）

  POSIX：可移植操作系统接口（Portable Operating System Interface）

  PoW：工作量证明（Proof of Work）

  PP：保护轮廓（Protection Profile）；受保护进程（Protected Process）

  PPA：保护轮廓确保（Protection Profile Assurance）

  PPC：隐私保护计算（Privacy Preserving Computing）

  PPDR：策略-防护-检测-响应（Policy-Protection-Detection-Response）

  PPDRR：策略-防护-检测-响应-修复（Policy-Protection-Detection-Response-Recovery），也叫 P2DR2

  PPE：管道执行投毒（Poisoned Pipeline Execution）

  PPL：轻量级受保护进程（Protected Process Light）

PPP：点对点协议（Point-to-Point Protocol）；公私合作（Public-Private Partnership）

PPPoE：以太网点对点协议（Point-to-Point Protocol over Ethernet）

PPT：人、流程、技术（People，Process & Technology）

PPTP：点对点隧道协议（Point-to-Point Tunneling Protocol）

PQC：后量子密码学（Post-Quantum Cryptography）

PR：所需权限（Privileges Required）；拉取请求（Pull Request）；PageRank 网页分；公共关系（Public Relation）

PRF：伪随机函数（Pseudo-Random Function）

PRG：伪随机生成器（Pseudo-Random Generator）

PRINCE：受控环境下的项目管理（PRoject IN Controlled Environment）

PRNG：伪随机数生成器（Pseudo-Random Number Generator）

PRP：伪随机排列（Pseudo Random Permutation）；策略取回点（Policy Retrieval Point）

PS：分组交换（Packet Switching）

PSC：平台服务控制器（Platform Services Controller）

PSI：隐私集合求交（Private Set Intersection）

PSIRT：产品安全事件响应组（Product Security Incident Response Team）

PSK：预享密钥（Pre-Shared Key）

PSN：公共交换网络（Public Switched Network）

PSP：公开安全参数（Public Security Parameter）；配置服务提供商（Provisioning Service Provider）；某游戏机产品（Play Station Portable）

PST：配置服务目标（Provisioning Service Target）

PSTN：公共交换电话网络（Public Switched Telephone Network）

PT：渗透测试（Penetration Testing）；代理票据（Proxy Ticket）；持续性威胁（Persistent Threat）

PTE：渗透测试工程师（Penetration Testing Engineer）

PTES：渗透测试执行标准（Penetration Testing Execution Standard）

PtH：哈希传递攻击（Pass the Hash）

PTP：精确时间协议（Precision Time Protocol）

PUA：隐匿垃圾应用（Potentially Unwanted Application）；心理操控（Pick-Up Artist）

PUP：隐匿垃圾程序（Potentially Unwanted Program）

PVC：永久虚电路（Permanent Virtual Circuit）

PVK：PVK 格式（Private Key）

PwC：普华永道（Pricewaterhouse Coopers）

P2DR：策略-防护-检测-响应（Policy-Protection-Detection-Response）

P2P：点对点，对等（Peer-to-Peer）

Q~R

QA：质量保证（Quality Assurance）

QKD：量子密钥分发（Quantum Key Distribution）

QMS：质量管理体系（Quality Management System）

QoS：服务质量（Quality of Service）

QUIC：快速 UDP 互联网连接（Quick UDP Internet Connection）

QVM：奇虎支持向量机（Qihoo Support Vector Machine）

RA：数字证书注册机构（Registration Authority）；请求机构（Requesting Authority）；参考架构（Reference Architecture）

RAD：快速应用程序开发模式（Rapid Application Development）

RADIUS：远程认证拨号用户服务（Remote Authentication Dial-In User Service）

RAID：独立磁盘冗余阵列（Redundant Array of Independent Disk）

RAII：资源获取即初始化（Resource Acquisition Is Initialization）

RAIT：独立磁带冗余阵列（Redundant Array of Independent Tape）

RAN：无线接入网（Radio Access Network）

RARP：逆向地址解析协议（Reverse Address Resolution Protocol）

RAS：远程接入服务（Remote Access Service）

RASP：运行时应用自保护（Runtime Application Self-Protection）

RAT：远程访问木马（Remote Access Trojan）；远程访问工具（Remote Access Toolkit）

RaaS：勒索软件即服务（Ransomware as a Service）

RBA：基于风险的身份鉴别（Risk-Based Authentication）

RBAC：基于角色的访问控制（Role-Based Access Control）

RBACPP：基于角色的访问控制保护轮廓（Role-Based Access Control Protection Profile）

RBI：远程浏览器隔离（Remote Browser Isolation）

RBVM：基于风险的漏洞管理（Risk-Based Vulnerability Management）

RC：报告可信度（Report Confidence）；Rivest 密码（Rivest Cipher）

RCA：根源分析（Root Cause Analysis）

RD：负责任披露（Responsible Disclosure）；受限数据（Restricted Data）

RDF：资源描述框架（Resource Description Framework）

RDN：相对可分辨名称（Relative Distinguished Name）

RDP：远程桌面协议（Remote Desktop Protocol）

RDS：远程桌面服务（Remote Desktop Service）

REE：富执行环境（Rich Execution Environment）

RELRO：重定位只读（Relocation Read-Only）

REPL：读取、求值、打印循环（Read-Evaluation-Print Loop）

REST：表示层状态转换（Representational State Transfer）

RET：记录元素类型（Record Element Types）

RF：RaidForums 论坛（RaidForums）；Recorded Future 公司（Recorded Future）

RFB：远程帧缓冲协议（Remote Frame Buffer）

RFC：请求意见稿（Request for Comments）；变更申请（Request for Change）

RFID：射频识别（Radio Frequency Identification）

RFP：征求意见书（Request For Proposal）

RHCA：红帽认证架构师（Red Hat Certified Architect）

RHCE：红帽认证工程师（Red Hat Certified Engineer）

RIN：规章识别号（Regulation Identifier Numbers）

RISC：精简指令集计算机（Reduced Instruction Set Computer）

RIP：路由信息协议（Routing Information Protocol）

RL：修复等级（Remediation Level）

RM：访问监控器（Reference Monitor）；风险管理（Risk Management）；资源管理（Resource Management）；删除命令（remove）

RMF：风险管理框架（Risk Management Framework）

RMM：风险成熟度模型（Risk Maturity Model）；弹性管理模型（Resilience Management Model）

RMON：远程网络监控（Remote Network Monitoring）

RNC：无线网络控制器（Radio Network Controller）

RNG：随机数发生器（Random Number Generator）

RNN：循环神经网络（Recurrent Neural Network）

ROC：受试者操作特征（Receiver Operating Characteristic）；NSA 下属的远程行动中心（Remote Operation Center）

rodata：只读数据段（read-only data segment）

ROE：交手规则（Rules of Engagement）

ROI：产投比（Return On Investment）

ROP：面向返回编程（Return Oriented Programming）

RP：依赖方（Relying Party）；返回指针（Return Pointer）

RPA：机器人流程自动化（Robotic Process Automation）

RPC：远程过程调用（Remote Procedure Call）

RPO：恢复点目标（Recovery Point Objective）

RR：DNS 资源记录（Resource Record）

RRL：响应速率限制（Response Rate Limiting）

RSA：RSA（Rivest-Shamir-Adleman）算法；RSA 公司（Rivest-Shamir-Adleman）；回溯审计分析（Retrospective Security Analysis）

RSAC：RSA 会议（RSA Conference）

RSAES：RSA 加密体制（Rivest-Shamir-Adleman Encryption System）

RSO：减点登录（Reduced Sign-On）

RSS：富站点摘要（Rich Site Summary）；RDF 站点摘要（RDF Site Summary）；简易信息聚合（Really Simple Syndication）

RST：连接重置（Reset The Connection）

RT：红队（Red Team）；红队测试（Red Teaming）

RTCP：RTP 控制协议（RTP Control Protocol）

RTM：可信度量根（Root of Trust for Measurement）

RTMP：实时消息协议（Real-Time Messaging Protocol）

RTO：恢复时间目标（Recovery Time Objective）

RTP：实时传输协议（Real-time Transport Protocol）

RTR：可信报告根（Root of Trust for Report）

RTS：可信存储根（Root of Trust for Storage）

RTSP：实时流协议（Real Time Streaming Protocol）

RTU：远程终端单元（Remote Terminal Unit）

RuBAC：基于规则的访问控制（Rule-Based Access Control）

RUM：真实用户监控（Real User Monitoring）

RVA：相对虚拟地址（Relative Virtual Address）

S~T

SA：态势感知（Situation Awareness）；系统管理员（System Administrator）；5G 独立组网（StandAlone）；源地址（Source Address）；服务代理（Service Agent）

SaaS：软件即服务（Software as a Service）

SABSA：舍伍德应用业务安全架构（Sherwood Applied Business Security Architecture）

SAC：国家标准化管理委员会（Standardization Administration of the People's Republic of China）

SACM：安全自动化和持续监控（Security Automation and Continuous Monitoring）

SAE：系统架构演进（System Architecture Evolution）；国际汽车工程学会（Society of Automotive Engineers）

SAM：账户安全管理（Account Security Management）；软件资产管理（Software Asset Management）

SAML：安全断言标记语言（Security Assertion Markup Language）

SAN：存储区域网（Storage Area Network）；主体备选名（Subject Alternative Name）

SANS：SANS 研究所（SysAdmin, Audit, Network & Security）

SA&O：安全自动化与编排（Security Automation & Orchestration）

SAP：安全分析平台（Security Analytics Platform）；思爱普公司（德语：Systeme, Anwendungen und Produkte in der Datenverarbeitung）；特别访问计划（Special Access Program）

SAR：安全保障要求（Security Assurance Requirement）

SASE：安全访问服务边缘（Secure Access Service Edge）

SASL：简单认证与安全层（Simple Authentication and Security Layer）

SAST：静态应用安全测试（Static Application Security Testing）

SAT：安全意识宣贯培训（Security Awareness Training）

SATAN：某漏洞工具（Security Administrator Tool for Analyzing Networks）

SAV：源地址验证（Source Address Validation）

SBC：服务端计算（Server-Based Computing）；单板机（Single Board Computer）

SbD：设计安全（Security by Design）

SBOM：软件物料清单（Software Bills of Materials）

SBU：敏感非涉密（Sensitive But Unclassified）；乌克兰国家安全局（乌克兰语拉丁化：Sluzhba Bezpeky Ukrayiny）；战略业务单元（Strategic Business Unit）

SC：分委会（subcommittee）；服务端证书（Server Certificate）

SCA：软件成分分析（Software Composition Analysis）；侧信道攻击（Side Channel Attack）；国家密码管理局（State Cryptography Administration）

SCADA：工业用的数据采集与监控系统（Supervisory Control and Data Acquisition）

SCAP：安全内容自动化协议（Security Content Automation Protocol）

SCC：标准合同条款（Standard Contractual Clause）

SCCA：安全云计算架构（Secure Cloud Computing Architecture）

SCCM：软件变更与配置管理（Software Change and Configuration Management）

SCF：无服务器云函数（Serverless Cloud Function）；安全控制框架（Security Control Framework）

SCI：敏感分区信息（Sensitive Compartmented Information）；科学引文索引（Science Citation Index）

SCIF：敏感分区信息设施（Sensitive Compartmented Information Facility）

SCM：安全配置管理（Security Configuration Management）；供应链管理（Supply Chain Management）；软件配置管理（Software Configuration Management）；源码配置管理（Source Configuration Management）；源码管理（Source Code Management）

SCONE：安全容器环境（Secure CONtainer Environment）

SCRM：供应链风险管理（Supply Chain Risk Management）；社会客户关系管理（Social Customer Relationship Management）

SCS：影子调用栈（Shadow Call Stack）；供应链安全（Supply Chain Security）

SCSI：小型计算机系统接口（Small Computer System Interface）

SCSSI：法国中央信息系统安全局（法语：Service Central de la Sécurité des Systèmes d'Informations）

SCT：签名证书时间戳（Signed Certificate Timestamp）

SDG：合成数据生成（Synthetic Data Generation）

SDK：软件开发工具包（Software Development Kit）

SDL：安全开发生命周期（Security Development Lifecycle）

SDLC：系统开发生命周期（System Development LifeCycle）；同步数据链路控制（Synchronous Data Link Control）

SDM：静态数据脱敏（Static Data Masking）

SDN：软件定义网络（Software Defined Network）

SDO：标准开发组织（Standards Developing Organization）

SDP：软件定义边界（Software Defined Perimeter）；安全交付平台（Secure Delivery Platform）；会话描述协议（Session Description Protocol）

SDS：软件定义安全（Software Defined Security）；软件定义隔离（Software Defined Segmentation）

SDU：服务数据单元（Service Data Unit）

SD-WAN：软件定义广域网（Software Defined Wide Area Network）

SDx：软件定义万物（Software Defined everything）

SDxI：软件定义万物基础设施（Software Defined everything Infrastructures）

SE：系统工程（System Engineering）；软件工程（Software Engineering）

SEA：社交工程攻击（Social Engineering Attacking）

SEAL：微软简单加密算法库（Simple Encrypted Arithmetic Library）

SEC：美国证券交易委员会（United States Securities and Exchange Commission）

SecCM：安全配置管理（Security Configuration Management）

seccomp：Linux 安全计算模态（secure computing）

SEG：安全电子邮件网关（Secure Email Gateway）

SEH：结构化异常处理（Structured Exception Handling）

SEHOP：SEH 重写保护（Structured Exception Handling Overwrite Protection）

SEI：软件工程研究所（Software Engineering Institute）

SEM：安全事态管理（Security Event Management）

SF：安全功能（Security Function）

SFA：销售能力自动化（Sales Force Automation）

SFI：软件故障隔离（Software Fault Isolation）

SFP：安全功能策略（Security Function Policy）；简单功能点（Simple Function Point）

SFR：安全功能要求（Security Function Requirement）

SG：安全网关（Security Gateway）；子工作组（Sub Groups）；研究组（Study Group）

SGID：SGID（Set Group ID）

SGML：标准通用标记语言（Standard Generalized Markup Language）

SGSN：业务 GPRS 支撑节点（Serving GPRS Support Node）

SGX：英特尔软件保护扩展（Software Guard Extensions）

SH：系统级高位（System High）

SHA：安全散列算法（Secure Hash Algorithm）

SI：软件完整性（Software Integrity）

SID：Windows 安全标识符（Security Identifier）

SIDH：超奇异同源性 DH 协议（Supersingular Isogeny Diffie-Hellman）

SIEM：安全信息与事态管理（Security Information & Events Management）

SIG：特别兴趣组（Special Interest Group）

SIGINT：信号情报（SIGnal INTelligence）

SIKE：超奇异同源性密钥交换（Supersingular Isogeny Key Exchange）

SIM：用户身份模块（Subscriber Identity Module）；安全信息管理（Security Information Management）

SIMD：单指令多数据流技术（Single Instruction Multiple Data）

SIP：会话发起协议（Session Initiation Protocol）；源 IP（Source IP）

SIPRNet：机密 IP 路由网（Secret Internet Protocol Router Network）

SIRP：安全事件响应平台（Security Incident Response Platform）

SIS：安全仪表系统（Safety Instrumented System）；共享基础设施服务（Sharing Infrastructure Servise）

SITSA：新加坡信息通信技术安全局（Singapore Infocomm Technology Security Authority）

SIV：合成初始化向量（Synthetic Initialization Vector）

SK：隔离内核（Separation Kernel）

SKA：共享密钥鉴别（Shared Key Authentication）

SKC：对称密钥加密（Symmetric Key Cryptography）

SKEME：安全密钥交换机制（Secure Key Exchange MEchanism）

SLA：服务等级协议（Service Level Agreement）

SLAAC：无状态地址自动配置（Stateless Address Auto-Configuration）

SLB：负载均衡（Server Load Balance）

SLE：单次损失预期（Single Loss Expectancy）

SLIP：串行线路网际协议（Serial Line Internet Protocol）

SLG：销售主导型增长（Sales-Led Growth）

SLO：服务等级目标（Service Level Objective）

SLS：单级安全体（Single Level Secure）

SLSA：软件工件供应链级别（Supply chain Levels for Software Artifacts）

SLTPS：州、地方、部落和私营部门（State，Local，Tribal，and Private Sector）

SLTT：州、地方、部落及领地（State，Local，Tribal，and Territorial）

SM：商用密码（汉语拼音：Shang Mi）；系统管理（Systems Management）

SMAC：软件地址访问控制（Software Memory Access Control）

SMB：服务器消息块协议（Server Message Block）；中小企业（Small to Medium-sized Business）；标准化管理领导组（Standardization Management Board）

SME：中小企业（Small and Medium Enterprise）；领域专家（Subject Matter Expert）

SMI：系统管理中断（System Management Interrupt）

SMK：存储主密钥（Storage Master Key）

SML：存储度量日志（Storage Management Log）

SMM：系统管理模态（System Management Mode）

SMP：对称多处理（Symmetric Multi-Processing）；安全管理计划（Security Management Plan）

SMPC：安全多方计算（Secure Multi-Party Computation）

SMS：短信（Short Message Service）；服务管理体系（Service Management System）

SMTP：简单邮件传输协议（Simple Mail Transfer Protocol）

SNA：社交网络分析（Social Network Analysis）；社交网络攻击（Social Network Attack）

SNAC：NSA下设的系统与网络攻击中心（System and Network Attack Center）

SNAP：软件非功能评估过程（Software Non-functional Assessment Process）

SNAT：源网络地址转换（Source NAT）

SNI：服务器名称指示（Server Name Indication）

SNMP：简单网络管理协议（Simple Network Management Protocol）

SNS：社交网络服务（Social Network Service）；简单通知服务（Simple Notification Service）

SO：安全本体模型（Security Ontology）；安全洋葱（Security Onion）；安全运营（Security Operations）

SOA：安全编排与自动化（Security Orchestration & Automation）；面向服务的架构（Service Oriented Architecture）；DNS SOA 资源记录（Start of a zone of Authority）

SOAP：简单对象访问协议（Simple Object Access Protocol）

SOAPA：安全操作与分析平台架构（Security Operations and Analytics Platform Architecture）

SOAR：安全编排、自动化与响应（Security Orchestration，Automation and Response）；安全运营、分析与报告（Security Operations，Analysis & Reporting）

SOC：安全运营中心（Security Operation Center）；单次发生成本（Single Occurrence Cost）

SoC：片上系统（System on Chip）；关注点分离（Separation of Concerns）

SOCKS：SOCKS 协议（SOCKet Secure）

SOD：职责分离（Separation of Duties）

SOGIS：信息系统安全高级官员组（Senior Officials Group Information Systems Security）

SONET：同步光纤网络（Synchronous Optical Network）

SOP：标准操作规程（Standard Operation Procedure）；同源策略（Same-Origin Policy）

SOR：记录系统（System of Records）

SORN：记录系统通告（System of Records Notice）

SoT：可信系统（System of Trust）

SOTA：软件在线升级（Software Over-The-Air）；当前领先水准（State Of The Art）

SOW：工作说明书（Statement of Work）

SOX：美国萨班斯法案（Sarbanes-OXley act）

SP：服务提供者（Service Provider）；特别出版物（Special Publication）；统计抽样（Statistical Sampling）

S&P：IEEE 安全和隐私研讨会（IEEE Symposium on Security and Privacy）

SPA：单包授权（Single Packet Authorization）；安全态势评估（Security Posture Assessment）；简单能量分析攻击（Simple Power Analysis）

SPC：PKCS#7 证书格式（Software Publishing Certificate）

SPDX：软件包数据交换（Software Package Data Exchange）

SPEKE：简单口令指数密钥交换（Simple Password Exponential Key Exchange）

SpEL：Spring 表达式语言（Spring Expression Language）

SPF：发送方策略框架（Sender Policy Framework）

SPL：检索处理语言（Search Processing Language）

SPM：安全态势管理（Security Posture Management）

SPML：服务配置标记语言（Service Provisioning Markup Language）

SPN：服务主体名称（Service Principal Name）

SPOF：单点故障（Single Point of Failure）

SPX：序列分组交换协议（Sequenced Packet Exchange）

SQA：软件质量保障（Software Quality Assurance）

SQL：结构化查询语言（Structured Query Language）

SR：移位寄存器（Shift Register）；特别报告（Special Report）

SRC：安全响应中心（Security Response Center）

SRE：站点可靠性工程（Site Reliability Engineering）

SRI：SRI 国际公司（Stanford Research Institute）

SRK：存储根密钥（Storage Root Key）

SRMA：行业风险管理机构（Sector Risk Management Agencies）

SRM：安全风险管理（Security Risk Management）

SRP：安全远程口令协议（Secure Remote Password）；安全响应平台（Security Response Platform）

SRS：安全评级服务（Security Rating Service）；软件需求规格（Software Requirement Specification）

SRTM：静态可信度量根（Static Root of Trust for Measurement）

SSA：静态单赋值（Static Single Assignment）；行业主管部门（Sector-Specific Agency）；安全解决方案架构（Security Solution Architecture）；安全服务访问（Secure Service Access）；单一安全架构（Single Security Architecture）

SSCS：网络安全滑动标尺（the Sliding Scale of Cyber Security）

SSCT：国家支持的网络威胁（State Sponsored Cyber Threat）

SSD：固态硬盘（Solid State Drive）

SSDF：安全软件开发框架（Secure Software Development Framework）

SSDP：简单服务发现协议（Simple Service Discovery Protocol）

SSE：安全服务边缘（Security Service Edge）；系统安全工程（System Security Engineering）；流式 SIMD 扩展（Streaming SIMD Extensions）

SSF：软件安全框架（Software Security Framework）；SSOIS 安全功能（SSOIS Security Function）

SSH：安全外壳协议（Secure Shell）

SSI：自治式身份（Self-Sovereign Identity）

SSID：服务集标识（Service Set Identifier）

SSITH："基于硬固件的系统安全集成"计划（System Security Integration Through Hardware and Firmware）

SSL：安全套接字协议（Secure Sockets Layer）

SSLIOP：SSL 对象请求代理间通信协议（SSL Inter ORB Protocol）

SSO：单点登录（Single-Sign-On）

SSOIS：信息系统安全子系统（Security Subsystem Of Information System）

SSOR：记录源系统（Source System Of Records）

SSP：敏感安全参数（Sensitive Security Parameter）；安全支持提供方（Security Support Providers）；SSOIS 安全策略（SSOIS Security Policy）

SSPI：安全支持提供方接口（Security Support Provider Interface）

SSPM：SaaS 安全配置管理（SaaS Security Posture Management）

SSR：系统安全就绪（System Security Readiness）

SSRF：服务端请求伪造（Server-Side Request Forgery）

SSTI：服务端模板注入攻击（Server-Side Template Injection）

SSTP：安全套接字隧道协议（Secure Socket Tunneling Protocol）

SSVC：特定相关者漏洞分类法（Stakeholder-Specific Vulnerability Categorization）

SS7：7 号信令系统（Signalling System No. 7）

ST：服务票据（Service Ticket）；安全目标（Security Target）

STA：安全目标确保（Security Target Assurance）；生成树算法（Spanning Tree Algorithm）

STD：互联网标准（Internet Standard）

STDM：统计时分多路复用（Statistical Time-Division Multiplexing）

STEM：科学、技术、工程和数学（Science，Technology，Engineering & Math）

STG：STG 公司（Symphony Technology Group）

STIG：安全技术实施指南（Security Technical Implementation Guide）

STIX：结构化威胁信息表达（Structured Threat Information Expression）

STO：隐匿式安全（Security Through Obscurity）

STP：生成树协议（Spanning Tree Protocol）；屏蔽双绞线（Shielded Twisted Pair）

STS：安全令牌服务（Security Token Service）

STT：透明式安全（Security Through Transparency）

SUID：SUID（Set User ID）

SVC：交换式虚电路（Switched Virtual Circuit）

SVM：支持向量机（Support Vector Machine）；安全虚拟机（Secure Virtual Machine）

SVR：俄罗斯联邦对外情报局（俄语拉丁化：Sluzhba Vneshney razvedki Rossiyskoy Federatsii）

SWG：安全 Web 网关（Secure Web Gateway）；特别工作组（Special Working Group）

SWID：软件标识（Software Identification）

SWIMA：软件清单消息和属性（Software Inventory Message and Attributes）

SWOT：优势、弱点、机会和威胁（Strength-Weakness-Opportunity-Threat）

SWT：简单 Web 令牌（Simple Web Token）

SYN：同步标识（Synchronization flag）

SYSLOG：系统日志（System Log）

S2C2F：安全供应链消费框架（Secure Supply Chain Consumption Framework）

TA：可信应用（Trusted Application）；跟踪区（Tracking Area）；时耗分析（Timing Analysis）

TAC：跟踪区码（Tracking Area Code）；类型分配码（Type Allocation Code）

TACACS：终端访问控制器访问控制系统（Terminal Access Controller Access Control System）

TAEP：三元认证可扩展协议（Tri-element Authentication Extensible Protocol）

TAFIM：信息管理技术架构框架（Technical Architecture Framework for Information Management）

TAG：威胁分析团队（Threat Analysis Group）；技术咨询组（Technical Advisory Group）

TAO：美国国家安全局特定入侵行动办公室（Tailored Access Operations）

TAXII：标示信息可信自动化交换（Trusted Automated Exchange of Indicator Information）

TBAC：基于任务的访问控制（Task-Based Access Control）

TBB：可信平台构造模块（Trusted Building Blocks）

T-BOX：远程信息处理器（Telematics BOX）

TBS：TBSCertificate 字段（To Be Signed）；某 CA 机构（TBS International）

TC：可信计算（Trusted Computing）；流量控制（Traffic Control）；尾调用（Tail Call）

TCA：可信连接架构（Trusted Connect Architecture）

TCB：可信计算基（Trusted Computing Base）

TCG：可信计算组织（Trusted Computing Group）

TCM：可信密码模块（Trusted Cryptography Module）

TCMA：分层竞争多路访问（Tiered Contention Multiple Access）

TCMU：中国可信计算工作组（China TCM Union）

TCO：总拥有成本（Total Cost of Ownership）；尾调用优化（Tail Call Optimization）

TCP：传输控制协议（Transmission Control Protocol）

TCPA：可信计算平台联盟（Trusted Computing Platform Alliance）

TCS：TCM 核心服务（TCM Core Services）

TCSEC：可信计算机系统评价标准（Trusted Computer System Evaluation Criteria）

TC260：全国信息安全标准化技术委员会（Technical Committee 260）

TDD：TCM 设备驱动（TCM Device Driver）；时分复用（Time Division Duplex）；测试驱动开发（Test-Driven Development）

TDR：威胁检测响应（Threat Detection & Response）

TDS：交易型数据存储（Transaction Data Store）

TDT：威胁检测技术（Threat Detection Technology）

TE：类型强制（Type Enforcement）

TEE：可信执行环境（Trusted Execution Environment）

TEMPEST：瞬间电磁脉冲辐射监视技术（Transient Electromagnetic Pulse Emanation Surveillance Technology）

TePA：三元对等架构（Tri-element Peer Architecture）

TFA：双因素认证（Two Factor Authentication）

TFTP：简易文件传输协议（Trivial File Transfer Protocol）

TGC：票授权 Cookie（Ticket Granting Cookie）

TGS：票授权服务（Ticket Granting Service）

TGT：票授权票据（Ticket Granting Ticket）

TH：威胁狩猎（Threat Hunting）

TI：威胁情报（Threat Intelligence）

TIB：标记信息库（Tag Information Base）

TIBER-EU：欧洲基于威胁情报的道德红队框架（European framework for Threat Intelligence-Based Ethical Red-teaming）

  TIP：威胁情报平台（Threat Intelligence Platform）

  TIC：威胁情报计算（Threat Intelligence Computing）；可信网络连接计划（Trusted Internet Connects）

  TIFF：标签图像文件格式（Tagged Image File Format）

  TKIP：临时密钥完整性协议（Temporal Key Integrity Protocol）

  TLB：旁路快表缓冲（Translation Lookaside Buffer）

  TLCP：传输层密码协议（Transport Layer Cryptographic Protocol）

  TLD：顶级域名（Top Level Domain）

  TLP：交通灯协议（Traffic Light Protocol）

  TLS：安全传输层协议（Transport Layer Security）

  TLSP：传输层安全协议（Transport Layer Security Protocol）

  TLV：标签-长度-值（Tag-Length-Value）

  TMMi：测试能力成熟度集成（Test Maturity Model integration）

  TMS：磁带管理系统（Tape Management System）

  TMSAD：安全自动化数据模型（The Model for Security Automation Data）

  TMT：威胁建模工具（Threat Modeling Tool）

  TNC：可信网络连接（Trusted Network Connect）

  TNE：可信网络环境（Trusted Network Environment）

  TNI：可信计算机网络系统说明（Trusted Network Interpretation）

  TNIU：可信网络接口单元（Trusted Network Interface Unit）

  TOB：技术监督委员会（Technical Oversight Board）

  TOC：检查时间（Time-Of-Check）；技术监督委员会（Technical Oversight Committee）

  TOE：评价对象（Target Of Evaluation）

  TOG：国际开放组织（The Open Group）

  TOGAF：TOG 架构框架（The Open Group Architecture Framework）

  TOR：洋葱路由（The Onion Router）

  TOTP：基于时间的一次性口令，动态口令（Time-based One-Time Password）

  TOU：使用时间（Time-Of-Use）

  TP：转变规程（Transformation Procedure）

  TPA：第三方认证（Third Party Authentication）

  TPCM：可信平台控制模块（Trusted Platform Control Module）

  TPM：可信平台模块（Trusted Platform Module）

  TPRM：第三方风险管理（Third-Party Risk Management）

  TPS：每秒交易数（Transactions Per Second）

  TQM：全面质量管理（Total Quality Management）

  TR：技术报告（Technical Report）

  TRiSM：信任、风险与安全管理（Trust, Risk and Security Management）

  TRNG：真随机数发生器（True Random Number Generator）

TS：技术规范（Technical Specification）；时间戳（Time Stamp）；绝密（Top Secret）；可信服务（Trust Service）

TSB：可信软件基（Trusted Software Base）

TSF：评价对象安全功能（TOE Security Function）

TSIG：交易签名（Transaction Signature）

TSM：TCM 服务模块（TCM Service Module）

TSP：TCM 服务提供者（TCM Service Provider）；TSS 服务提供层（TSS Service Provider）；时间戳协议（Time Stamp Protocol）；电信服务优先级（Telecommunications Service Priority）

TSS：可信软件栈（TCG Software Stack）；时间戳服务（Time Stamp Service）

TST：时间戳令牌（Time Stamp Token）

TSV：TAB 符分隔值（TAB-Separated Values）

TTE：时间触发以太网（Time Triggered Ethernet）

TTL：生存时间（Time To Live）

TTP：战术、技术和规程（Tactics，Techniques & Procedures）；可信第三方（Trusted Third Party）

TTX：桌面练习（Table Top eXercises）

TUP：用户在场证明（Test of User Presence）

TVF：表值函数（Table-Valued Function）

TXT：可信执行技术（Trusted eXecution Technology）；DNS 文本资源记录（text）

U ~ V

UA：用户代理（User-Agent）

UAC：用户账户控制（User Account Control）；用户代理客户端（User Agent Client）

UAF：释放后使用（Use After Free）；通用认证框架（Universal Authentication Framework）

UAM：用户活动监控（User Activity Monitoring）

UARC：大学附属研究中心（University Affiliated Research Center）

UAS：用户代理服务器（User Agent Server）

UAV：无人航空载具（Unmanned Aerial Vehicle）

UBA：用户行为分析（User Behavior Analytics）

UC：通用可组装性（Universal Composability）

UCDMO：统一跨域管理办公室（Unified Cross Domain Management Office）

UCG：统一协调小组（Unified Coordinating Group）

UDDI：通用描述、发现和集成（Universal Description，Discovery & Integration）

uDH：无鉴别 DH 协议（unauthenticated Diffie-Hellman）

UDI：非受约数据项（Unconstrained Data Item）

UDP：用户数据报协议（User Datagram Protocol）

UE：用户设备（User Equipment）

UEM：统一终端管理（Unified Equipment Management）

UEBA：用户与实体行为分析（User & Entity Behavior Analytics）

UEFI：统一可扩展固件接口（Unified Extensible Firmware Interface）

UFP：未经调整的功能点数（Unadjusted Function Point）

UGC：用户生成内容（User Generated Content）

UHF：超高频（Ultra High Frequency）

UI：用户交互（User Interaction）；用户界面（User Interface）

UICC：通用集成电路卡（Universal Integrated Circuit Card）

UIPI：用户界面特权隔离（User Interface Privilege Isolation）

UK：用户类密钥（User Key）

UKAS：英国认可局（United Kingdom Accreditation Service）

UKC：统一杀伤链（United Kill Chain）

UKRI：英国国家研究与创新署（UK Research and Innovation）

UML：统一建模语言（Unified Modeling Language）

UMTS：通用移动通信系统（Universal Mobile Telecommunications System）

UNC：通用命名规范（Universal Naming Convention）

UNIX：UNIX 操作系统（UNiplexed Information Computing System）

UOS：统信操作系统（Uniontech OS）

UP：统一平台（Unified Platform）

UPF：用户面功能（User Plane Function）

UPS：不间断电源（Uninterruptible Power Supply）

URI：统一资源标识符（Uniform Resource Identifier）

URL：统一资源定位符（Uniform Resource Locator）

URN：统一资源名称（Uniform Resource Name）

URPF：单播逆向路径转发（Unicast Reverse Path Forwarding）

USB：通用串行总线（Universal Serial Bus）

USCERT：美国计算机应急响应中心（United States Computer Emergency Readiness Team）

USGCB：美国政府配置基线（United States Government Configuration Baseline）

UTM：统一威胁管理（Unified Threat Management）

UTP：非屏蔽双绞线（Unshielded Twisted Pair）

UTRAN：UMTS 陆地无线接入网（UMTS Terrestrial Radio Access Network）

UUID：通用唯一识别码（Universally Unique Identifier）

U2F：通用双因素认证（Universal 2nd Factor）

VA：漏洞评估（Vulnerability Assessment）；虚拟地址（Virtual Address）

VANET：车载自组织网络（Vehicular Ad-hoc Network）

VAS：虚拟地址空间（Virtual Address Space）

VB：Visual Basic 语言（Visual Basic）

VBOS：VBOS 计划（Vulnerabilities Below The Operating System）

VC：可验证凭证（Verifiable Credential）；可验证主张（Verifiable Claim）；视频会议

（Video Conferencing）；风险投资（Venture Capital）

VDC：虚拟数据中心（Virtual Data Center）

VDI：虚拟桌面设施（Virtual Desktop Infrastructure）

VDP：漏洞报告政策（Vulnerability Disclosure Policy）

VEP：漏洞衡平程序（Vulnerabilities Equities Process）

VERIS：事态记录和事件共享词汇（Vocabulary for Event Recording and Incident Sharing）

VEX：漏洞可利用性交换（Vulnerability Exploitability eXchange）

VHF：甚高频（Very High Frequency）

VKB：漏洞知识库（Vulnerability Knowledge Base）

VLAN：虚拟局域网（Virtual Local Area Network）

VLANIF：VLAN 接口（Virtual Local Area Network Interface）

VLIW：超长指令字处理器架构（Very Long Instruction Word）

VM：虚拟机（Virtual Machine）；漏洞管理（Vulnerability Management）

VMM：虚拟机监控器（Virtual Machine Monitor）

VMS：脆弱性管理系统（Vulnerability Management System）

VMT：虚拟方法表（Virtual Method Table）

VNC：虚拟网络控制台（Virtual Network Console）

VNF：虚拟化网络功能（Virtualized Network Function）

VNI：虚拟网络标识（Virtual Network Identifier）

VOI：虚拟操作系统设施（Virtual OS Infrastructure）

VoIP：IP 语音承载（Voice-over-IP）

VoLTE：LTE 语音承载（Voice-over-LTE）

VPC：虚拟私有云（Virtual Private Cloud）

VPN：虚拟专用网（Virtual Private Network）

VPT：漏洞优先级技术（Vulnerability Prioritization Technology）

VRF：虚拟路由转发（Virtual Routing Forwarding）；验证随机函数（Verifiable Random Function）

VRRP：虚拟路由冗余协议（Virtual Router Redundancy Protocol）

VSAM：虚拟存储访问方法（Virtual Storage Access Method）

VSS：来访用户服务器（Visitor Subscriber Server）

VT：威胁样本分析网站 Virus Total

VTEP：VXLAN 隧道端点（VXLAN Tunnel Endpoint）

VTS：船舶交通管理系统（Vessel Traffic System）

VTV：虚表核实（VTable Verification）

V&V：验证与确认（Verification & Validation）

VXEdDSA：可验证 XEdDSA（Verifiable X Edwards-curve DSA）

VXLAN：虚拟扩展局域网（Virtual Extensible Local Area Network）

V2C：车云通信（Vehicle-to-Cloud）

V2G：车电相联（Vehicle-to-Grid）

V2I：车联基础设施（Vehicle-to-Infrastructure）

V2V：车间通信（Vehicle-to-Vehicle）

V2X：车物通信（Vehicle-to-Everything）

W ~ Z

WA：瓦森纳约定（Wassenaar Arrangement）

WAAP：Web 应用与 API 保护（Web Application & API Protection）

WAF：Web 应用防火墙（Web Application Firewall）

WAM：Web 访问管理（Web Access Management）

WAN：广域网（Wide Area Network）

WANET：无线自组织网络（Wireless Ad-hoc NETwork）

WAP：无线接入点（Wireless Access Point）

WAPI：WLAN 认证与隐私基础设施（WLAN Authentication & Privacy Infrastructure）

WASI：WebAssembly 系统接口（WebAssembly System Interface）

WASM：WebAssembly（WebAssembly）

WAVM：WebAssembly 虚拟机（WebAssembly Virtual Machine）

WBEM：基于 Web 的企业管理（Web-Based Enterprise Management）

WBS：工作分解结构（Work Breakdown Structure）

WCF：Windows 通信基础库（Windows Communication Foundation）；Web 内容过滤（Web Content Filtering）

WDF：Windows 驱动框架（Windows Driver Framework）；Windows 防御防火墙（Windows Defender Firewall）

WEP：有线等效加密（Wired Equivalent Privacy）

WfMS：工作流管理系统（Workflow Management System）

WFN：规范化名称（Well-Formed Name）

WG：工作组（Working Group）

WIC：世界互联网大会（World Internet Conference）

WIDS：无线入侵检测系统（Wireless IDS）

WIF：Windows 身份基础框架（Windows Identity Foundation）

WLAN：无线局域网（Wireless Local Area Network）

WMI：Windows 管理规范（Windows Management Instrumentation）

WORM：一次写入、多次读取（Write-Once，Read-Many）

WoT：Web 物联网（Web of Things）

WPA：Wi-Fi 安全存取协议（Wi-Fi Protected Access）

WPAN：个人无线网络（Wireless Personal Area Network）

WPFS：弱完美前向保密（Weak Perfect Forward Secrecy）

WPS：Wifi 保护设置（Wifi Protection Setup）

WRGRU：权缩门控循环单元（Weight Reduction Gated Recurrent Unit）

WRT：工作恢复时间（Work Recovery Time）

WS：WebSocket，一种协议

WSL：Windows 的 Linux 子系统（Windows Subsystem for Linux）

WSS：安全 WebSocket（WebSocket Secure）；Web 安全服务（Web Security Service）；Web 服务安全（Web Services Security）

WSDL：Web 服务描述语言（Web Services Description Language）

WWW：万维网（World Wide Web）

W3C：万维网联盟（World Wide Web Consortium）

XACML：可扩展访问控制标记语言（Extensible Access Control Markup Language）

XAI：可解释人工智能（Explainable Artificial Intelligence）

XBT：比特币（Bitcoin）

XCCDF：可扩展配置检查表描述格式（The Extensible Configuration Checklist Description Format）

XDP：快速数据路径（Express Data Path）

XDR：扩展检测响应（Extended Detection & Response）；外部数据表示（External Data Representation）

XEdDSA：XEdDSA 算法（X Edwards-curve DSA）

XFF：X-Forwarded-For 首部行（X-Forwarded-For）

XML：可扩展标记语言（Extensible Markup Language）

XMPP：可扩展消息与存在协议（Extensible Messaging & Presence Protocol）

XMR：门罗币（Monero）

XOR：异或（Exclusive-OR）

XP：极限编程（Extreme Programming）

XPath：XML 路径语言（XML Path Language）

XSD：XML 模式定义（XML Schema Definition）

XSLT：可扩展样式表转换语言（Extensible Stylesheet Language Transformation）

XSS：跨站脚本（Cross Site Scripting）

XXE：XML 外部实体注入攻击（XML External Entity）

X3DH：扩展式三路 DH 协议（Extended Triple Diffie-Hellman）

YAML：YAML 序列化格式（YAML Ain't Markup Language）

YARA：YARA 规则语言（Yet Another Ridiculous Acronym）

ZCAIA：中关村网络安全与信息化产业联盟（Zhongguancun Cyberspace Affairs Industry Association）

ZKP：零知识证明（Zero-Knowledge Proof）

ZSK：区域签名密钥（Zone-Signing Key）

ZT：零信任（Zero Trust）

ZTA：零信任架构（Zero Trust Architecture）

ZTE：零信任边缘（Zero Trust Edge）

ZTNA：零信任网络访问（Zero Trust Network Access）

0~9

2B：面向企业（To Business）

2C：面向消费者（To Consumer）

2FA：双因素认证（Two Factors Authentication）

2G：面向政府（To Government）

3C：中国强制认证（China Compulsory Certification）

3DES：三重 DES（Triple DES）

3DH：三路 DH 协议（Triple Diffie-Hellman）

3GPP：第三代合作伙伴计划（3rd Generation Partnership Project）

5A：账户、认证、授权、审计和访问控制（Account, Authentication, Authorization, Audit & Access Control）

5G：第五代移动通信（5th Generation）

5W1H：何地、何时、何人、何事、何故、何以（Where, When, Who, What, Why, How）

参 考 文 献

［1］杨小牛，王巍，许小丰，等．构建新型网络空间安全生态体系实现从网络大国走向网络强国［J］．Engineering，2018，4（1）：105-116.

［2］冯登国．网络空间安全：理解与思考［J］．网络安全技术与应用，2021（1）：4.

［3］闫州杰，付勇，刘同，等．我国网络空间安全评估研究综述［J］．计算机科学与应用，2018，8（12）：5.

［4］郭启全．网络安全法与网络安全等级保护制度培训教程［M］．北京：电子工业出版社，2018.

［5］郑云文．数据安全架构设计与实战［M］．北京：机械工业出版社，2019.

［6］ALAHMADI B，AXON L，MARTINOVIC I. 99% false positives：a qualitative study of SOC analysts' perspectives on security alarms［Z/OL］．［2022-11-01］. https：//www. usenix. org/system/files/sec22sumer_alahmadi. pdf.

［7］奇安信安服团队．红蓝攻防：构建实战化网络安全防御体系［M］．北京：机械工业出版社，2022.

［8］KALOROUMAKIS P E，SMITH M J. Toward a knowledge graph of cybersecurity countermeasures［J］. Corporation，Editor，2021.

［9］贾焰，方滨兴．网络安全态势感知［M］．北京：电子工业出版社，2020.

［10］ROWLEY J. The wisdom hierarchy：representations of the DIKW hierarchy［J］. Journal of information science，2007，33（2）：163-180.

［11］罗伯茨，布朗．情报驱动应急响应［M］．李松柏，李燕宏，译．北京：机械工业出版社，2018.

［12］CIS. What is Cyber Threat Intelligence［EB/OL］.［2022-11-06］. https：//www. cisecurity. org/insights/blog/what-is-cyber-threat-intelligence.

［13］HUTCHINS E M，CLOPPERT M J，AMIN R M. Intelligence-driven computer network defense informed by analysis of adversary campaigns and intrusion kill chains［J］. Leading issues in information warfare & security research，2011，1（1）：80.

［14］JOSEPH S NYE. Deterrence in Cyberspace［EB/OL］.（2020-06-13）［2022-08-01］. https：//www. project-syndicate. org/commentary/deterrence-in-cyberspace-persistent-engagement-by-joseph-s-nye-2019-06.

［15］MOORE T. The economics of cybersecurity：principles and policy options［J］. International journal of critical infrastructure protection，2010，3（3-4）：103-117.

［16］汪玉凯．中央网络安全与信息化领导小组的由来及其影响［EB/OL］.（2014-03-03）［2022-08-01］. http：//theory. people. com. cn/n/2014/0303/c40531-24510897. html.

［17］中国警察网．新中国成立70年来网络安全保卫工作成就回眸［EB/OL］.（2021-09-20）［2022-08-11］. https：//www. thepaper. cn/newsDetail_forward_4477176.

［18］中国计算机学会计算机安全专业委员会．专委会介绍［EB/OL］.［2022-08-01］. http：//www. china-infosec. org. cn/index. php？m＝content&c＝index&a＝lists&catid＝51.

［19］国务院．国务院关于机构设置的通知［EB/OL］.（1998-03-29）［2022-08-01］. http：//www. gov. cn/zhengce/content/2010/11/17/content_7834. htm.

［20］公安部．计算机信息系统安全专用产品检测和销售许可证管理办法［EB/OL］.（2008-10-17）［2022-08-01］.https：//app. mps. gov. cn/gdnps/pc/content. jsp？id＝7424053.

［21］百度百科．国家计算机病毒应急处理中心［EB/OL］.（2019-12-09）［2022-08-11］. https：//baike. baidu. com/item/%E5%9B%BD%E5%AE%B6%E8%AE%A1%E7%AE%97%E6%9C%BA%E7%97%85%E6%AF%92%E5%BA%94%E6%80%A5%E5%A4%84%E7%90%86%E4%B8%AD%E5%BF%83/2054153.

［22］ CVERC. 国家计算机病毒应急处理中心 ［EB/OL］.［2022-08-01］. https：//www. cverc. org. cn.

［23］ CNITSEC. 体系简介 ［EB/OL］.（2021-11-22）［2022-08-01］. http：//www. itsec. gov. cn/zxjs/txjj/.

［24］ 百度百科. 公安部计算机信息系统安全产品质量监督检验中心 ［EB/OL］.（2022-06-25）［2022-08-01］. https：//baike. baidu. com/item/%E5%85%AC%E5%AE%89%E9%83%A8%E8%AE%A1%E7%AE% 97%E6%9C%BA%E4%BF%A1%E6%81%AF%E7%B3%BB%E7%BB%9F%E5%AE%89%E5%85%A8% E4%BA%A7%E5%93%81%E8%B4%A8%E9%87%8F%E7%9B%91%E7%9D%A3%E6%A3%80%E9% AA%8C%E4%B8%AD%E5%BF%83/6821437.

［25］ 吴翰清. 白帽子讲 Web 安全 ［M］. 北京：电子工业出版社，2014.

［26］ 国务院办公厅. 国务院办公厅关于成立国家信息化工作领导小组的通知 ［EB/OL］.（1999-12-23）［2022-08-11］. http：//www. gov. cn/gongbao/content/2000/content_60619. htm.

［27］ 袁春阳，周勇林，纪玉春，等. 应对病毒威胁建设国家级网络安全应急响应组织 ［J］. 信息网络安全，2009（9）：5-8.

［28］ 吴铭. 中国互联网应急中心：红色代码催生网络国家队 ［EB/OL］.（2013-08-05）［2022-08-01］. https：//web. archive. org/web/20190521062258/http：//news. ifeng. com/mil/2/detail_2013_08/05/28269621_1. shtml.

［29］ 人民网. "红客""黑客"大家谈 ［EB/OL］.（2001-05-15）［2022-08-11］. http：//www. people. com. cn/GB/guandian/182/5295/index. html.

［30］ 新华网. 有关负责人提醒网络运营者注意防范黑客攻击 ［EB/OL］.（2001-05-03）［2022-08-11］. https：//tech. sina. com. cn/i/c/65687. shtml.

［31］ 国信安办. 国家信息化工作领导小组、计算机网络与信息安全管理工作办公室关于选择我国计算机网络安全服务试点单位的公告 ［EB/OL］.（2001-04-26）［2022-08-11］. https：//code. fabao365. com/law _249137. html.

［32］ 国家信息化领导小组. 国家信息化领导小组关于我国电子政务建设指导意见 ［EB/OL］.（2002-08-05）［2022-08-01］. http：//www. cac. gov. cn/2002-08/06/c_1112139134. htm.

［33］ CNCERT. 今年上半年我国互联网安全事件分析 ［EB/OL］.（2003-09-23）［2022-08-01］. https：//www. cert. org. cn/publish/main/46/2012/20120330182944374981910/20120330182944374981910_. html.

［34］ 国家信息化领导小组. 国家信息化领导小组关于加强信息安全保障工作的意见 ［EB/OL］.（2003-09-07）［2022-08-01］. https：//www. tc260. org. cn/front/postDetail. html? id=201412111105253.

［35］ 左晓栋. 由《国家信息化发展战略纲要》看我国网络安全顶层设计 ［J］. 汕头大学学报（人文社会科学版），2016，32（4）：4.

［36］ 公安部. 关于信息安全等级保护工作的实施意见 ［EB/OL］.（2016-03-05）［2022-08-01］. https：//www. waizi. org. cn/law/9253. html.

［37］ 国家认监委. 关于建立国家信息安全产品认证认可体系的通知 ［EB/OL］.（2008-01-15）［2022-08-01］. https：//www. isccc. gov. cn/zxjs/gkwj/01/76852. shtml.

［38］ 郭启全.《网络安全等级保护条例（征求意见稿）》解读 ［EB/OL］.（2018-09-20）［2022-08-11］. http：//www. djbh. net/webdev/web/AcademicianColumnAction. do? p=getYszl&id=8a81825664ceff130165f-9c258dd006f.

［39］ 国家信息化领导小组. 国家信息化领导小组关于推进国家电子政务网络建设的意见 ［EB/OL］.［2022-08-01］. http：//wjzx. blcu. edu. cn/module/download/down. jsp? i_ID=1068017&colID=971.

［40］ 公安部. 关于开展全国重要信息系统安全等级保护定级工作的通知 ［EB/OL］.（2009-7-16）［2022-08-01］. https：//www. tc260. org. cn/front/postDetail. html? id=20140929100630.

［41］ 公安部. 信息安全等级保护备案实施细则 ［EB/OL］.（2007-10-26）［2022-08-11］. http：//audit. zhuma-dian. gov. cn/xxgk/news/902. html.

［42］ 吉林省密码管理局. 信息安全等级保护商用密码管理法规汇编 ［EB/OL］.（2013-09）［2022-08-11］.

http：//jlpca. gov. cn/zxfw/zlxz/201604/P020200609513540565029. pdf.

［43］公安部 . 关于开展信息安全等级保护安全建设整改工作的指导意见 ［EB/OL］.（2009-11-09）［2022-08-01］. http：//www. gov. cn/gzdt/2009-11/09/content_1460022. htm.

［44］公安部 . 关于推动信息安全等级保护测评体系建设和开展等级测评工作的通知 ［EB/OL］.（2010-12-29）［2022-08-01］. http：//www. dbcp. cn/fgbz/1229552019. html.

［45］公安部，国资委 . 关于开展信息安全等级保护专项监督检查工作的通知 ［EB/OL］.（2012-12-26）［2022-08-01］. http：//www. djbh. net/webdev/file/webFiles/File/zcbz/201226165238. pdf.

［46］国家发展和改革委员会 . 关于进一步加强国家电子政务网络建设和应用工作的通知 ［EB/OL］.（2015-07-28）［2022-08-01］. http：//www. npc. gov. cn/npc/c27716/201507/d5e08a891f5c4e35b865d2613562a576. shtml.

［47］新华社 . 2006—2020 年国家信息化发展战略 ［EB/OL］.（2009-09-24）［2022-08-01］. http：//www. gov. cn/test/2009-09/24/content_1425447. htm.

［48］国家发展和改革委员会，等 . 关于加强国家电子政务工程建设项目信息安全风险评估工作的通知 ［EB/OL］.（2008-09-10）［2022-08-01］. http：//www. gov. cn/zwgk/2008-09/10/content_1091973. htm.

［49］中国政府网 . 全国"扫黄打非"办就严打手机淫秽色情信息答问 ［EB/OL］.（2009-11-26）［2022-08-01］. http：//www. gov. cn/jrzg/2009-11/26/content_1473734. htm.

［50］中国政府网 . 九部门整治互联网和手机媒体淫秽色情及低俗信息 ［EB/OL］.（2009-12-08）［2022-08-01］. http：//www. gov. cn/jrzg/2009-12/08/content_1482854. htm.

［51］新华社 . 国办通知设立国家互联网信息办公室 王晨任主任 ［EB/OL］.（2011-05-04）［2022-08-01］. http：//www. gov. cn/rsrm/2011/05/04/content_1857301. htm.

［52］中国政府网 . 《信息安全产业"十二五"发展规划》印发 ［EB/OL］.（2009-12-08）［2022-08-01］. http：//www. gov. cn/gzdt/2011-12/08/content_2014739. htm.

［53］CNNIC. 2011 年中国互联网发展大事记 ［EB/OL］.（2022-08-16）［2022-11-06］. https：//www. cnnic. cn/n4/2022/0816/c50-332. html.

［54］国家发展和改革委员会 . 国家发展改革委关于印发"十二五"国家政务信息化工程建设规划的通知 ［EB/OL］.（2012-06-01）［2022-08-01］. https：//www. neac. gov. cn/seac/zcfg/201205/1075055. shtml.

［55］国务院 . 国务院关于大力推进信息化发展和切实保障信息安全的若干意见 ［EB/OL］.（2012-06-28）［2022-08-01］. http：//www. gov. cn/gongbao/content/2012/content_2192395. htm.

［56］人民网 . 十八大是在全面建成小康社会决定性阶段召开的一次重要大会 ［EB/OL］.（2012-12-06）［2022-08-01］. http：//theory. people. com. cn/n/2012/1206/c352852-19812018-2. html.

［57］国务院 . 国务院机构改革和职能转变方案 ［EB/OL］.（2013-03-15）［2022-08-01］. http：//www. gov. cn/2013lh/content_2354443. htm.

［58］国务院 . 国务院关于部委管理的国家局设置的通知 ［EB/OL］.（2013-03-21）［2022-08-01］. http：//www. gov. cn/zhengce/content/2013-03/21/content_7610. htm.

［59］十八届三中全会 . 中共中央关于全面深化改革若干重大问题的决定 ［EB/OL］.（2013-11-15）［2022-08-01］. http：//www. gov. cn/jrzg/2013-11/15/content_2528179. htm.

［60］人民网 . 2013 年国内十大信息安全热点事件 ［EB/OL］.（2015-07-28）［2022-08-01］. http：//theory. people. com. cn/n/2014/0807/c387081-25421419. html.

［61］科学网 . 国家保密科学技术研究所招聘 ［EB/OL］.（2013-09-22）［2022-08-01］.https：//talent. sciencenet. cn/index. php？s＝/Info/index/id/7130.

［62］百度百科 . 公安部信息安全等级保护评估中心 ［EB/OL］.（2020-07-16）［2022-08-01］.https：//baike. baidu. com/item/%E5%85%AC%E5%AE%89%E9%83%A8%E4%BF%A1%E6%81%AF%E5%AE%89%E5%85%A8%E7%AD%89%E7%BA%A7%E4%BF%9D%E6%8A%A4%E8%AF%84%E4%BC%B0%E4%B8%AD%E5%BF%83/14688086.

［63］国务院．国务院关于机构设置的通知［EB/OL］.（2018-03-24）［2022-08-11］.http：//www. gov. cn/ zhengce/content/2018/03/24/content_5277121. htm.

［64］赵盛烨．中国网络等级保护政策体系大全［EB/OL］.（2018-04-03）［2022-08-01］.https：//weibo. com/ ttarticle/p/show？id=2309404224726733029402.

［65］人民公安报．公安部启动全国信息安全大检查：重点指向500个国家级系统［EB/OL］.（2015-05-21）［2022-08-01］.https：//anquan. cas. cn/aqzx/gnyw/201905/t20190516_4549342. html.

［66］新华社．中共中央办公厅、国务院办公厅印发《关于加强社会治安防控体系建设的意见》［EB/OL］.（2015-04-13）［2022-08-01］.http：//www. gov. cn/xinwen/2015-04/13/content_2846013. htm.

［67］中央编办．中央编办调整工业和信息化部有关职责和机构［EB/OL］.（2015-07-10）［2022-08-01］. http：//app. scopsr. gov. cn/jgbzdt/gg/201811/t20181119_325723. html.

［68］全国扫黄打非工作小组办公室．关于我们［EB/OL］.［2022-08-01］.https：//www. shdf. gov. cn/shdf/ contents/749/236131. html.

［69］国务院．国务院关于印发"十三五"国家信息化规划的通知［EB/OL］.（2016-12-27）［2022-08-01］. http：//www. gov. cn/zhengce/content/2016-12/27/content_5153411. htm.

［70］刘奕湛．构建安全清朗的网络环境：我国网络社会治理能力持续提升［EB/OL］.（2017-02-13）［2022-08-01］.http：//www. xinhuanet. com/legal/2017-02/13/c_1120459898. htm.

［71］人民网．2016年国家网信办牵头开展"清朗"系列专项行动 剑指网络顽疾 形成持续震慑［EB/OL］.（2016-11-25）［2022-08-01］.http：//politics. people. com. cn/n1/2016/1125/c1001-28896890. html.

［72］国务院．国务院办公厅关于同意建立网络市场监管部际联席会议制度的函［EB/OL］.（2016-12-19）［2022-08-01］.http：//www. gov. cn/zhengce/content/2016-12/19/content_5150030. htm.

［73］小贝说安全．中央对党委党组网络安全工作责任制实施办法解密意义重大［EB/OL］.（2021-08-08）［2022-08-01］.https：//mp. weixin. qq. com/s/Vzbc3KLl8phRoFZvmiRt1A.

［74］中国科学院．我国初步构建天地一体化广域量子通信网络［EB/OL］.（2017-09-29）［2022-08-01］. https：//www. cas. cn/yw/201709/t20170929_4616453. shtml.

［75］人民邮电报．个人信息保护首入民法 信息属个人所有财产受个人支配［EB/OL］.（2017-03-15）［2022-08-01］.https：//www. sohu. com/a/128962098_354877.

［76］宋心蕊，袁勃．彩云长在有新天：习近平总书记指引清朗网络空间建设纪实［J］.中国网信，2022（2）.

［77］中国网信网．国家互联网信息办公室等四部门发布《互联网信息服务算法推荐管理规定》［EB/OL］.（2022-01-04）［2022-11-03］. http：//www. cac. gov. cn/2022/01/04/c_1642894606258238. htm.

［78］财政部．财政部关于印发《政务信息系统政府采购管理暂行办法》的通知［EB/OL］.（2018-01-02）［2022-11-03］.http：//www. ccgp. gov. cn/zcfg/mof/201801/t20180102_9425012. htm.

［79］国家密码管理局．国家密码管理局关于调整"国家密码管理局 行政审批事项公开目录"的通知［EB/OL］.（2017-10-16）［2022-11-03］.http：//www. sca. gov. cn/sca/xxgk/2017-10/16/content_1057242. shtml.

［80］新华社．中共中央关于深化党和国家机构改革的决定［EB/OL］.（2018-03-04）［2022-08-11］.http：// www. xinhuanet. com/politics/2018-03/04/c_1122485476. htm.

［81］新华社．中共中央印发《深化党和国家机构改革方案》［EB/OL］.（2018-03-21）［2022-08-11］.http：// www. xinhuanet. com/politics/2018-03/21/c_1122570517. htm.

［82］国务院．国务院机构改革方案［EB/OL］.（2018-03-17）［2022-08-11］.http：//www. gov. cn/guowuyuan/ 2018/03/17/content_5275116. htm.

［83］新华社评论员．抓住历史机遇 建设网络强国：一论习近平总书记在全国网络安全和信息化工作会议重要讲话［EB/OL］.（2018-04-21）［2022-08-11］. http：//www. xinhuanet. com/politics/2018-04/21/ c_1122720249. htm.

［84］ 张晓松，朱基钗．习近平出席全国网络安全和信息化工作会议并发表重要讲话［EB/OL］．（2018-04-21）［2022-08-11］.http：//www. gov. cn/xinwen/2018-04/21/content_5284783. htm.

［85］ 工信部．《移动互联网应用程序个人信息保护管理暂行规定》公开征求意见［EB/OL］．（2021-04-26）［2022-08-01］.http：//www. cac. gov. cn/2021-04/26/c_1621018189707703. htm.

［86］ 公安部．贯彻落实网络安全等保制度和关保制度的指导意见［EB/OL］．（2020-09-11）［2022-08-01］.https：//new. qq. com/rain/a/20200911A0GUKJ00.

［87］ 新华网．披露美国中央情报局CIA攻击组织（APT-C-39）对中国关键领域长达十一年的网络渗透攻击［EB/OL］．（2020-03-03）［2022-08-01］.http：//www. xinhuanet. com/world/2020/03/03/c_1210499250. htm.

［88］ 国办．国务院办公厅关于印发全国一体化政务大数据体系建设指南的通知［EB/OL］．（2022-10-28）［2022-11-03］.http：//www. gov. cn/zhengce/content/2022/10/28/content_5722322. htm.

［89］ 工信部．工业和信息化部关于印发《网络产品安全漏洞收集平台备案管理办法》的通知［EB/OL］．（2021-10-28）［2022-11-03］.https：//www. miit. gov. cn/zwgk/zcwj/wjfb/tz/art/2022/art_8c3a9f746c324ac-8a6c033f896356a0d. html.

［90］ 国务院新闻办公室．国务院新闻办公室发布《携手构建网络空间命运共同体》白皮书［EB/OL］．（2022-11-07）［2022-11-03］.http：//www. gov. cn/zhengce/content/2022/10/28/content_5722322. htm.

［91］ 信息安全测评联盟．联盟简介［EB/OL］．［2022-10-01］.http：//www. djbh. net/webdev/union/index. html.

［92］ 中国网信联盟．关于联盟［EB/OL］．［2022-10-01］.http：//www. zisia. org/nav/9. html.

［93］ 陈云轩，马斌．韩国网络安全体系特征与发展前景［J］.信息安全与通信保密，2022（6）：32-42.

［94］ 王舒毅．网络安全国家战略研究［M］.北京：金城出版社，2016.

［95］ 维基百科．K部门［EB/OL］．［2022-08-01］.https：//ru. wikipedia. org/wiki/%D0%A3%D0%BF%D1%80%D0%B0%D0%B2%D0%BB%D0%B5%D0%BD%D0%B8%D0%B5_%C2%AB%D0%9A%C2%BB.

［96］ 刘刚．俄罗斯网络安全组织体系探析［J］.国际研究参考，2021（1）：24-29.

［97］ 国务院．关于部委管理的国家局设置及有关问题的通知［EB/OL］．（1993-04-19）［2022-08-01］.http：//www. gov. cn/zhengce/content/2010-12/03/content_7991. htm.

［98］ 国务院．国务院关于机构设置的通知［EB/OL］．（2001-04-30）［2022-08-11］.http：//www. gov. cn/zhengce/content/2016-09/23/content_5111101. htm.

［99］ 白木．我国信息安全标准化与测评认证体系建设［J］.计算机安全，2003（2）：22-25.

［100］ 黄道丽．网络安全漏洞披露规则及其体系设计［J］.暨南学报（哲学社会科学版），2018，40（1）：94-106.

［101］ 史蕾．网络安全法下漏洞披露规制及美国立法借鉴［EB/OL］．（2018-04-25）［2022-08-11］.http：//www. deheng. com. cn/about/info/13363.

［102］ CAICT互联网法律研究中心．俄罗斯立法如何防范网络入侵［EB/OL］．（2021-09-09）［2022-08-01］.https：//www. secrss. com/articles/34222.

［103］ 西交苏州信息安全法律研究中心．《俄罗斯联邦关键信息基础设施安全法》全文翻译［EB/OL］．（2020-05-17）［2022-08-01］.https：//www. secrss. com/articles/19550.

［104］ 中新社．普京提出确保俄信息基础设施安全三大关键任务［EB/OL］．（2022-05-20）［2022-08-01］.https：//www. chinanews. com. cn/gj/2022/05-20/9759951. shtml.

［105］ 封化民，孙宝云．网络安全治理新格局［M］.北京：国家行政学院出版社，2018.

［106］ 工信部．工业和信息化部关于进一步防范和打击通讯信息诈骗工作的实施意见［EB/OL］．（2015-11-07）［2022-08-01］.http：//www. cac. gov. cn/2016-11/07/c_1119867463. htm.

［107］ 国家网信办．我国将出台网络安全审查制度［EB/OL］．（2014-05-22）［2022-08-01］.http：//www. cac. gov. cn/2014-05/22/c_126534290. htm.

［108］ 新华网．网络安全审查办公室对知网启动网络安全审查［EB/OL］．（2020-06-24）［2022-08-01］.

http：//www. news. cn/legal/2022-06/24/c_1128772927. htm.

[109] 工信部. 工业和信息化部关于印发《木马和僵尸网络监测与处置机制》的通知［EB/OL］.（2009-04-13）［2022-08-01］.https：//code. fabao365. com/law_56490_1. html.

[110] 工信部. 移动互联网恶意程序监测与处置机制［EB/OL］.（2011-11-17）［2022-08-01］.https：//baike. baidu. com/item/%E7%A7%BB%E5%8A%A8%E4%BA%92%E8%81%94%E7%BD%91%E6%81%B6%E6%84%8F%E7%A8%8B%E5%BA%8F%E7%9B%91%E6%B5%8B%E4%B8%8E%E5%A4%84%E7%BD%AE%E6%9C%BA%E5%88%B6/3034015.

[111] CNAAC. CNAAC 简介［EB/OL］.［2022-08-01］.https：//www. cnaac. org. cn/about. html.

[112] 工信部. 两部委关于依法清理整治涉诈电话卡、物联网卡以及关联互联网账号的通告［EB/OL］.（2021-06-17）［2022-08-01］.https：//www. miit. gov. cn/zwgk/zcwj/wjfb/tg/art/2021/art_247f451520874-ae29c964df562a7a2cb. html.

[113] CCTGA. 网络安全威胁信息共享平台［EB/OL］.［2022-08-01］.https：//share. anva. org. cn/views/intro. jsp.

[114] CNITSEC. 中国信息安全产品测评认证中心顺利通过 CNAB 认可［EB/OL］.（2004-10-11）［2022-08-01］.http：//www. itsec. gov. cn/zxxw/200410/t20041011_15172. html.

[115] CCRC. 中心大事［EB/OL］.（2020-03-05）［2022-08-01］.https：//www. isccc. gov. cn/zxjs/zxdsj/04/94152. shtml.

[116] 公安部安全与警用电子产品质量检测中心. 检测中心简介［EB/OL］.［2022-08-01］.http：//www. tcspbj. com/Department/Wzjs. aspx.

[117] 陈明奇. CNCERT/CC 运行部副主任陈明奇演讲［EB/OL］.（2005-12-21）［2022-08-01］. http://tech. sina. com. cn/i/2005-12-21/1741799008. shtml.

[118] 游志斌，薛澜. 美国应急管理体系重构新趋向：全国准备与核心能力［J］. 国家行政学院学报，2015.

[119] 徐原. 国际网络安全应急响应体系介绍［J］. 中国信息安全，2020，123（3）：33-36.

[120] BRUNNER E M, SUTER M. International CIIP handbook 2008/2009：An inventory of 25 national and 7 international critical information infrastructure protection policies［M］. Zurich：Center for Security Studies（CSS），ETH Zürich，2008.

[121] 华佳凡. 印度网络安全体系建设［J］. 信息安全与通信保密，2022（6）：21-31.

[122] 萨克斯，桑德斯. 基于数据科学的恶意软件分析［M］. 何能强，严寒冰，译. 北京：机械工业出版社，2020.

[123] 爱甲健二. 有趣的二进制：软件安全与逆向分析［M］. 周自恒，译. 北京：人民邮电出版社，2015.

[124] ELISAN C C. 恶意软件、Rootkit 和僵尸网络［M］. 郭涛，等译. 北京：机械工业出版社，2013.

[125] 史往生. 美国正在打造全球最大网络武器库 引发网络军备竞赛［EB/OL］.（2019-06-13）［2022-09-03］.http：//world. people. com. cn/n1/2019/0613/c1002-31133873. html.

[126] PAUL P. The unified kill chain：raising resilience against advanced cyber attacks［EB/OL］.（2023-02）［2023-03-14］.https：//www. unifiedkillchain. com/assets/The-Unified-Kill-Chain. pdf.

[127] SHALAGINOV A, FRANKE K, HUANG X. Malware beaconing detection by mining large-scale DNS logs for targeted attack identification［C］//18th International Conference on Computational Intelligence in Security Information Systems. Serbia：WASET. 2016.

[128] 黄洪，尚旭光，王子钰. 渗透测试基础教程［M］. 北京：人民邮电出版社，2018.

[129] 贾斯瓦尔. 精通 Metasploit 渗透测试［M］. 3 版. 北京：人民邮电出版社，2019.

[130] 杜佳薇. 网络空间态势感知：提取、理解和预测［M］. 北京：机械工业出版社，2018.

[131] 肖新光. 反病毒技术发展四部曲［J］. 程序员，2013（12）：68-71.

［132］360 企业安全研究院. 走近安全：网络世界的攻与防［M］. 北京：电子工业出版社，2018.

［133］BIANCO D. The Pyramid of Pain［EB/OL］.（2014-01-17）［2022-08-01］. http：//detect-respond. blogspot. com/2013/03/the-pyramid-of-pain. html

［134］MAVROEIDIS V，BROMANDER S. Cyber threat intelligence model：an evaluation of taxonomies，sharing standards，and ontologies within cyber threat intelligence［C］//2017 European Intelligence and Security Informatics Conference（EISIC）. New York：IEEE，2017：91-98.

［135］徐慧洋，白杰，卢宏旺. 华为防火墙技术漫谈［M］. 北京：人民邮电出版社，2015.

［136］GALLAGHER M，BIERNACKI L，CHEN S，et al. Morpheus：a vulnerability-tolerant secure architecture based on ensembles of moving target defenses with churn［C］//Proceedings of the Twenty-Fourth International Conference on Architectural Support for Programming Languages and Operating Systems. New York：ACM，2019：469-484.

［137］鲍旭华，洪海，曹志华. 破坏之王：DDoS 攻击与防范深度剖析［M］. 北京：机械工业出版社，2014.

［138］胡俊，沈昌祥，公备. 可信计算 3.0 工程初步［M］. 2 版. 北京：人民邮电出版社，2018.

［139］吴秋新，徐震，汪丹. 可信计算标准导论［M］. 北京：电子工业出版社，2020.

［140］韩宗达，邓宇涛，程祥. 不经意关键词检索技术综述［J］. 信息通信技术与政策，2022，48（5）：82-90.

［141］GRAHAM G S，DENNING P J. Protection：principles and practice［C］//Proceedings of the May 16-18，1972，spring joint computer conference. New York：ACM，1972：417-429.

［142］HARRISON M A，RUZZO W L，ULLMAN J D. Protection in operating systems［J］. Communications of the ACM，1976，19（8）：461-471.

［143］BREWER D F C，NASH M J. The Chinese Wall Security Policy［C］//IEEE symposium on security and privacy. New York：IEEE，1989：206.

［144］LEE R M. The Sliding Scale of Cyber Security，A SANS Analyst Whitepaper［R］. North Bethesda：SANS，2015.

［145］张文礼. 数据治理与数据安全治理的渊源［EB/OL］.［2022-08-01］ https：//www. secrss. com/articles/39498.

［146］白利芳，唐刚，闫晓丽. 数据安全治理研究及实践［J］. 网络安全和信息化，2021（2）：46-49.

［147］PÄÄKKÖNEN A. Asset management in an ICT company using ISO/IEC 19770［D］. Vaasa：University of Vaasa. 2017.

［148］上官晓丽，刘畅. 美国国家电信和信息管理局"软件物料清单"项目简析［J］. 保密科学技术，2021（8）：56-61.

［149］KRASNOV J，ROSE A. An introduction to offensive security［EB/OL］.（2020-04-16）［2022-08-01］. https：//www. bc-security. org/post/an-introduction-to-offensive-security/

［150］KOTT A，Wang C，ERBACHER R F. Cyber defense and situational awareness［M］. Berlin：Springer，2015.

［151］BEJTLICH R. The practice of network security monitoring：understanding incident detection and response［M］.［S. L.］No Starch Press，2013.

［152］BEJTLICH R. The TAO of network security monitoring：beyond intrusion detection［M］.［S. L.］：Pearson Education，2004.

［153］BIANCO D. A simple hunting maturity model［EB/OL］. http：//detect-respond. blogspot. com/2015/10/a-simple-hunting-maturity-model. html.

［154］STEFFENS T. Attribution of advanced persistent threats［M］. Berlin：Springer，2020.

［155］ WEISE J. Designing an adaptive security architecture for protection from advanced attacks ［R］. Santa Clara：Sun Microsystems，2008.

［156］ MACDONALD N，FIRSTBROOK P. Designing an adaptive security architecture for protection from advanced attacks ［R］. Stamford：Gartner，2014.

［157］ BODMER S. Reverse deception：organized cyber threat counter-exploitation ［M］. New York：McGraw Hill，2012.

［158］ 肖恩伯德莫，等. 请君入瓮：APT 攻防指南之兵不厌诈 ［M］. SwordLea，Archer，译. 北京：人民邮电出版社，2014.

［159］ BRANTLY A F. Strategic cyber maneuver ［J］. Small Wars Journal，2017（10）：1-12.

［160］ 肖新光. 将"关口前移"要求落到实处 ［EB/OL］.（2018-04-25）［2022-08-01］.https：//share. gmw. cn/theory/2018-04/25/content_28495299. htm.

［161］ DOUGHERTY C，SAYRE K，SEACORD R C，et al. Secure Design Patterns ［R］. Tokyo：JPCERT/CC，2009.

［162］ Wu J. Cyberspace endogenous safety and security ［J］. Engineering，2022，15（8）：179-185.

［163］ 奇安信战略咨询规划部，奇安信行业安全研究中心. 内生安全：新一代网络安全框架体系与实践 ［M］. 北京：人民邮电出版社，2021.

［164］ BODEAU D，GRAUBART R. Cyber Resiliency Engineering Framework ［R］. Mclean：MITRE，2011.

［165］ 杨林，于全. 动态赋能网络空间防御 ［M］. 北京：人民邮电出版社，2018.

［166］ CHIANG C，GOTTLIEB Y M，SUGRIM S J，et al. ACyDS：an adaptive cyber deception system ［C］//Military Communications Conference. New York：IEEE，2016：800-805.

［167］ 邬江兴. 网络空间内生安全 ［M］. 北京：科学出版社，2020.

［168］ 邬江兴. 网络空间拟态安全防御 ［J］. 保密科学技术，2014（010）：4-9.

［169］ 蚂蚁集团，信息产业信息安全测评中心. 安全平行切面白皮书 ［R］. 杭州：蚂蚁集团，2021.

［170］ MARTIN R A. Making security measurable and manageable ［C］//MILCOM 2008-2008 IEEE Military Communications Conference. New York：IEEE，2008：1-9.

［171］ Gartner. Innovation Insight for Attack Surface Management ［R］. Stamford：Gartner，2022.